互联网+职业技能系列微课版创新教材

Axure RP 8 交互原型设计案例教程 | 微课版

沙旭 陈成 主编

徐虹 林兆胜 副主编 / 王东 主审 / 张明 总顾问

人民邮电出版社

北京

图书在版编目（CIP）数据

Axure RP 8交互原型设计案例教程 : 微课版 / 沙旭，陈成主编. -- 北京 : 人民邮电出版社，2018.7
互联网+职业技能系列微课版创新教材
ISBN 978-7-115-46722-5

Ⅰ. ①A… Ⅱ. ①沙… ②陈… Ⅲ. ①网页制作工具—教材 Ⅳ. ①TP393.092.2

中国版本图书馆CIP数据核字(2017)第235915号

内 容 提 要

本书共分 15 章，其中，第 1 章至第 6 章属于基础操作部分，主要讲解了 Axure RP 的界面元素、常规元件的使用方法、样式的应用以及流程图的使用等；第 7 章至第 12 章属于中高级操作部分，重点讲解了事件、用例和动作、动态面板、表单、变量和函数、条件的运用；第 13 章至第 15 章介绍了自适应视图的使用方法、如何发布交互原型以及如何建立并使用团队合作项目。另外，学习能力强的读者，还可以扫描本书封底的二维码学习额外赠送的 Axure RP 高级教程。

本书特别适合 UX/UE 从业者（产品设计师、用户体验设计师）、业务分析师、产品经理以及相关项目人员、为企业或机构服务的咨询人员或内部员工使用；本书也可以作为 UI 设计培训班和相关大中专院校的专业培训教材，还可以作为广大自学者的自学教材。

◆ 主　　编　沙　旭　陈　成
副 主 编　徐　虹　林兆胜
主　　审　王　东
总 顾 问　张　明
责任编辑　刘　佳
责任印制　马振武

◆ 人民邮电出版社出版发行　　北京市丰台区成寿寺路 11 号
邮编　100164　　电子邮件　315@ptpress.com.cn
网址　http://www.ptpress.com.cn
北京市艺辉印刷有限公司印刷

◆ 开本：787×1092　1/16
印张：17　　　　　　2018 年 7 月第 1 版
字数：400 千字　　　2025 年 1 月北京第14次印刷

定价：49.80 元

读者服务热线：(010) 81055256　印装质量热线：(010) 81055316
反盗版热线：(010) 81055315
广告经营许可证：京东市监广登字 20170147 号

前言
Foreword

交互作为一个计算机用语而言，指的是当用户操作计算机时，程序在接收到相关的指令后会相应地做出反应，这一过程及行为称为交互。例如，当你访问网站时，使用鼠标单击某个文本标题，网页就跳转到另一个画面；当你打开自己的智能手机时，使用手指点击某个 App 图标可以打开相应的程序，使用手指滑动屏幕可以翻页，等等，这些都可以称为交互。由此可见，我们所说的交互其实就是人和机器（指的是计算机）之间的交互，简称人机交互。

弄明白了交互的含义，交互式原型设计也就迎刃而解了。举例说明：假如某客户让设计师为他制作一个网站，客户在看设计师的方案时，最希望能在计算机上亲身体会网站的各个板块究竟是什么效果，如果设计师设计的方案只是使用 Photoshop 这样的图像处理软件做出几个页面的图片效果图，然后给客户讲解如何从一个页面跳转到另一个页面，会显示什么动态效果，客户只会越听越糊涂。因为客户无法亲身体验设计师描述的效果，更何况设计师传达信息的方式方法也会影响客户的理解。可能你会问：为什么不让设计师把网站最终效果设计出来再给客户看，这样不就可以让客户亲身体会一下了吗？

设计网站需要编程，且耗时较长，网站设计出来了，客户对某些模块不满意，设计师还需要修改代码反复调整，这无疑会增加项目的成本，也会延缓项目完成的时间。如何解决这一困扰？

幸运的是，2002 年，在美国加利福尼亚州的海滨城市圣迭戈，有两个年轻人，一个叫维克多·许，一个叫马丁·史密斯，他们两人打算开发一款软件工具，目的是通过在网页设计稿中引入交互式设计来减少项目的成本和时间，这款软件就是 Axure RP。它的出现使得界面设计师无需学习专业的编程语言就可以快速设计出高保真的方案，实现了真正的交互式原型设计。

本书就是本着“不用学代码就能做交互原型”的宗旨来组织编写的。全书共分为 15 章，第 1 章至第 6 章属于基础操作部分，主要让读者了解并学会 Axure RP 中的基本工具和命令的使用方法；第 7 章至第 12 章是中高级操作部分，这也是 Axure RP 的核心内容和本书的写作重点；第 13 章至第 15 章则主要讲解了自适应视图的应用、发布交互原型的方法以及团队项目的创建和管理等。

在本书编写的过程中，笔者得到了新华教育集团和山东新华电脑学院各位领导和同事的鼎力支持与帮助，也得到了家人的大力相助，在此一并表示感谢！

最后，笔者真诚地希望通过阅读本书能够给您的学习带来一些收获，这也是写作本书的初衷所在，再次感谢您购买本书，祝您学习愉快！

编者

2018 年 5 月

目录
Contents

PART01

第1章

初识Axure RP

本章导读

- “工欲善其事，必先利其器”，本章主要介绍 Axure RP 的工作界面以及文件的基本操作方法
- 掌握 Axure RP 的撤销和恢复操作步骤、缩放和平移视图以及辅助线的应用等

学习目标

- 理解什么是交互式原型设计
- 文件的基本操作以及撤销和恢复的方法
- 视图的缩放和平移以及网格和辅助线的应用

技能要点

- 新建、保存、关闭和打开文档
- 撤销和备份文档
- 缩放和平移视图的方法
- 全局参考线和页面参考线区别

1.1 交互式原型设计和 Axure RP

Axure RP 是一款非常优秀的交互式原型设计软件。那么，什么是交互、什么是原型设计呢？Axure RP 做原型设计又有哪些优势呢？在本节中，你将找到答案。

1.1.1 Axure RP 简介

Axure 是 Ack-sure 的合写，代表美国 Axure 公司；RP 则是 Rapid Prototyping 的缩写，意思是“快速原型”。Axure RP 是由美国 Axure Software Solution 公司研发的一款专业的快速原型设计工具。它可以让负责定义需求、设计功能和界面的专家，能够快速创建应用软件或 Web 网站的流程图、原型图和 Word 说明文档。作为专业的原型设计工具，它能快速、高效地创建原型，同时支持多人协作设计和版本控制管理。

简单地说，即使你不懂得网页编程和手机 App 编程代码，也可以使用 Axure RP 快速设计出和最终产品完全相同的交互式原型。

1.1.2 软件的优势和用户群

Axure RP 是一款将抽象需求转化为可视化产物的强大原型设计工具，设计师无需花费数月学习编程语言，即可在很短的时间内设计出高保真的交互式原型。Axure RP 设计内容涵盖 Web、移动端、客户端的产品，是 Windows 和 Mac 平台上最出色的原型设计软件之一。它在构架图、示意图、流程图、交互设计、自动输出原型、自动输出 Word 说明文件等方面占有非常大的优势。Axure RP 还支持多人协作设计和版本控制管理，使用 Axure RP 有助于产品开发和减少项目风险。

Axure RP 的用户主要包括商业分析师（BA）、信息架构师（IA）、可用性专家（UE）、产品经理（PM）、（IT）咨询师、用户体验设计师（UX/UE）、交互设计师、界面设计师（UI）等，另外，架构师、程序开发工程师也在使用 Axure RP。

1.2 认识 Axure RP 界面

本节将学习 Axure RP 的工作界面以及界面中各个命令和工具的使用方法。兴趣是学习最好的老师，相信通过对本节的学习，你将和 Axure RP 成为好朋友。

1.2.1 Axure RP 界面元素

Axure RP8 的界面采用写字台式的界面结构。将 Axure RP8 界面简化一下就可以得到一张类似写字台的剖面图了，如图 1-1 所示。

位于界面顶部的分别是：标题栏、菜单栏、主工具栏和样式工具栏；左侧包含 3 个面板：页面面板、元件库面板和母版面板；右侧包括两个面板：检视面板和大纲面板。

图 1-1　Axure RP 的写字台式的界面布局

1. 标题栏

标题栏可显示当前打开或新建的原型文档名称、Axure RP 程序名称以及注册信息等。

2. 菜单栏

Axure RP 包括【文件】、【编辑】、【视图】、【项目】、【排列】、【发布】、【团队】、【账号】和【帮助】9 个主程序菜单，如图 1-2 所示。

文件(F)　编辑(E)　视图(V)　项目(P)　排列(A)　发布(P)　团队(T)　账号(A)　帮助(H)

图 1-2　Axure RP 的菜单栏

在每个菜单后面括弧中显示的字母是执行该菜单命令的快捷键。使用时，需要先按下【Alt】键，再按下某个菜单的快捷键。例如，执行【文件】菜单时，可按下【Alt+F】组合键，这与使用鼠标指针单击【文件】菜单的效果是相同的。

3. 主工具栏

主工具栏包括经常用的一些工具，如选择工具、对齐和分布工具等，如图 1-3 所示。

图 1-3　主工具栏

如果 Axure RP 的界面窗口过小，则主工具栏中的一些工具会自动隐藏，单击»按钮可显示隐藏的工具，如图 1-4 所示。

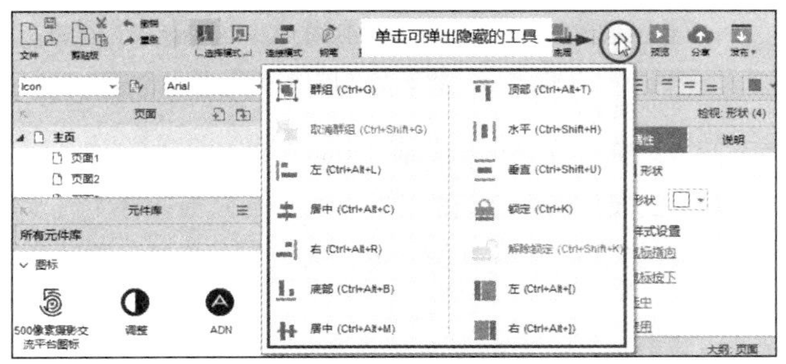

图 1-4　显示主工具栏隐藏的工具

当显示隐藏的工具时，工具的右侧会列出工具的名称和它的快捷键。如果将鼠标指针指向主工具栏中的某个工具，也会自动显示该工具的名称和快捷键，这也是学习快捷键的一种好方法，如图 1-5 所示。

图 1-5　显示工具的提示信息

根据个人的喜好，可以控制主工具栏的显示和隐藏，只要在菜单栏右侧空白处右击鼠标，从弹出的快捷菜单中取消选中“显示主工具栏”即可。还可以执行下面的【显示工具栏提示】命令，将工具下方的文字隐藏起来，如图 1-6 所示。

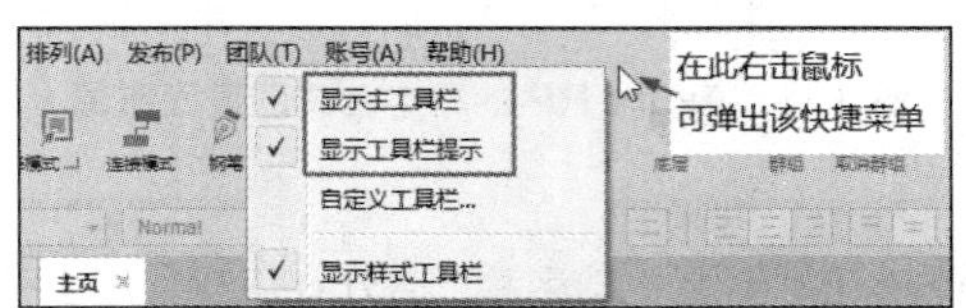

图 1-6　使用快捷菜单控制主工具栏的显示

4. 样式工具栏

样式工具栏主要针对图形和文字等进行格式化处理，如图 1-7 所示。

图 1-7　样式工具栏

与主工具栏一样，也可以在空白处右击鼠标在弹出的快捷菜单中控制样式工具栏的显示和隐藏。另外，在【视图】→【工具栏】子菜单命令中也可以控制样式工具栏的显示和隐藏。

5. 五大面板

在 Axure RP 写字台式的界面中，两侧分别是【页面】、【元件库】、【母版】、【检视】和【大纲】五大面板。通过【视图】→【面板】子菜单中的命令可控制这些面板的显示和隐藏。在主工具栏中单击（【Ctrl+Alt+[】和（【Ctrl+Alt+]】）两个按钮也可以分别控制左侧面板和右侧面板的显示和隐藏，如图 1-8 所示。

图 1-8　切换左右面板按钮

将鼠标指针放在两个面板之间，当指针变成垂直双向箭头时，按下鼠标左键并上下拖动可改变面板的高度；将鼠标指针放置在面板与页面之间的分界线处，当鼠标指针变成水平双向箭头时，按下鼠标左键并左右拖动可改变面板的宽度。将鼠标指针放在面板标题栏处双击可以折叠该面板，再次双击可展开该面板。

单击面板左上角的按钮可将面板变成浮动状态，面板变成浮动状态后，拖动其标题栏可以将面板放置在程序界面的任何位置，如图 1-9 所示。

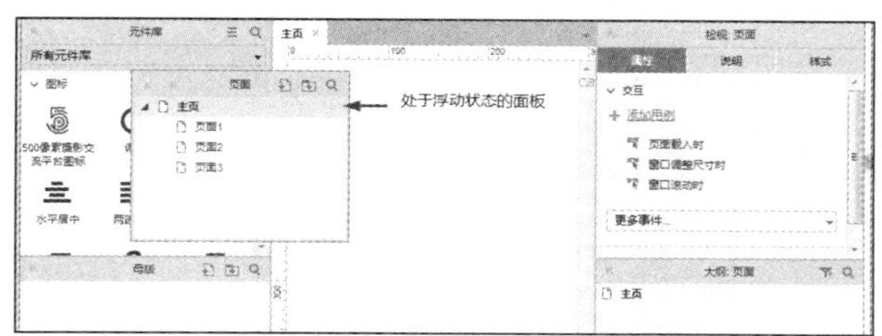

图 1-9　处于浮动状态的面板

单击浮动面板左上角的■按钮，可以将浮动的面板恢复到默认的位置。当面板处于浮动状态时，单击面板左上角的■按钮可以关闭该面板。

1.2.2　自定义和复位界面

通过前面的学习，我们已经可以自定义 Axure RP 的界面了，包括工具栏和五大面板的显示、隐藏以及调整面板的位置等。改变默认的程序界面后，执行【视图】→【复位视图】命令可以快速将程序界面恢复到默认状态，即恢复到写字台式的界面，如图 1-10 所示。

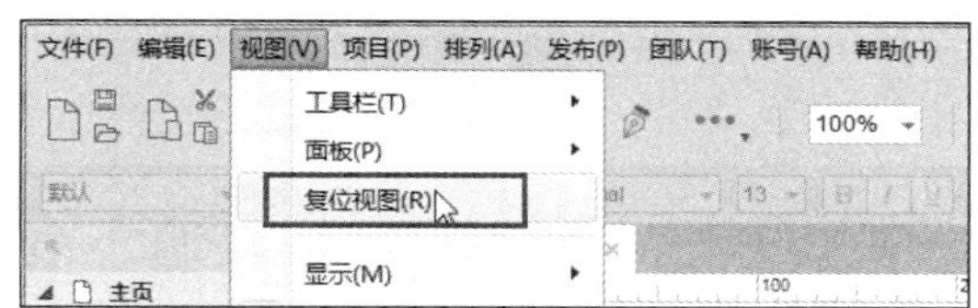

图 1-10　【复位视图】命令

1.3　文件的基本操作

文件的基本操作主要包括原型文档的新建、打开、关闭、保存以及导入等操作。这些操作的命令可在【文件】菜单中找到。另外，在主工具栏中也可以找到新建、保存和打开文档的按钮工具，如图 1-11 所示。

图 1-11　主工具栏的文件基本操作按钮

1.3.1　新建文件

默认状态下，启动 Axure RP 时，程序会自动创建一个包含 1 个主页和 3 个子页的原型文档，如果要新建文件，则可以执行【新建】(【Ctrl+N】) 命令。

1.3.2　保存文件

如果文档新建后是首次保存，则执行【保存】(【Ctrl+S】) 命令与执行【另存为】(【Shift+Ctrl+S】) 命令并无区别。Axure RP 源文件的后缀名是.rp。

1.3.3 打开文件

执行【打开】(【Ctrl+O】) 命令或单击主工具栏上的按钮可打开文档，也可以直接双击 RP 文件图标打开它。Axure RP 不但可以打开.rp 文档，而且可以打开其他类型的文档，如图 1-12 所示。

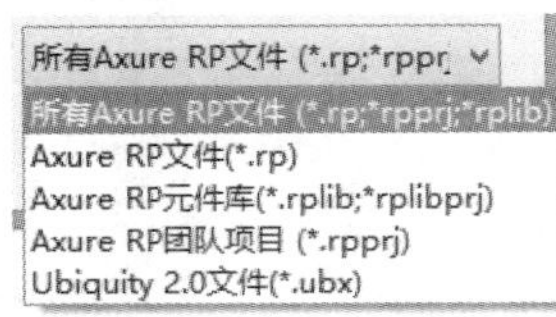

图 1-12 Axure RP 打开的文档类型

【.rp】是 Axure RP 的源文档格式，【.rplib】是元件库文档格式，【.rpprj】是团队项目文档格式，【.ubx】是 Ubiquity 的文档格式。

如果要打开最近使用过的文档，可以执行【文件】→【打开最近的文件】命令。

Axure RP 最多能记住 10 个最近打开过的文档，执行【清空最近的文件】命令可以将上面的文件列表清空。

扫码看视频教程

提示

Windows 版的 Axure RP 一次只能打开一个.rp 文档，如果要同时打开两个或者两个以上的.rp 文档，需要打开多个 Axure RP 程序；在 Mac 系统中，Axure RP 可以一次打开多个.rp 文档。

1.3.4 导入文件

导入文件和打开文件的区别在于：【导入】是将一个 RP 文件中一个或多个页面上的设计元素以及相关参数设置存放在当前打开或者新建的文档中，成为当前文档中的一部分，而【打开】则是将文件直接打开，原来打开的文件将被关闭。

1.3.5 关闭文档

由于 Windows 版的 Axure RP 只能在一个程序中打开一个 RP 文档，所以要想关闭一个文档，就必须将 Axure RP 程序关闭。退出 Axure RP 程序的组合键是【Alt+F4】。如果在退出程序之前，文档没有保存，则会弹出保存文件的提示信息。

1.4 撤销和恢复

在 Axure RP 中可以随时撤销到某个状态。撤销可以采用两种方法：一种是常用的撤销，另一种是从自动备份中撤销。

1.4.1 常用的撤销

常用的撤销是指执行【编辑】→【撤销】(【Ctrl+Z】) 命令。Axure RP 没有明确规定撤销的步骤，这意味着可以撤销多次。如果要恢复撤销的步骤，可执行【编辑】→【重做】(【Ctrl+Y】) 命令。【撤销】和【重做】也可以在主工具栏中找到对应的按钮工具，如图 1-13 所示。

图 1-13 【撤销】和【重做】按钮工具

1.4.2 自动备份和恢复

Axure RP 具有自动备份功能。在默认状态下，程序将自动备份的时间设置为 15 分钟，也可以自定义程序自动备份的时间间隔，执行【文件】→【自动备份设置】命令，在打开的【备份设置】对话框中，可输入备份的时间间隔，备份的时间间隔最短 5 分钟，最长 60 分钟。要想恢复备份的文件，可执行【文件】→【从备份中恢复】命令。

在打开的【从备份中恢复文件】对话框中，可以按照自动备份的日期和时间指定要恢复的文件，如图 1-14 所示。指定恢复的文件后，最好将其另存为一个 RP 文件。

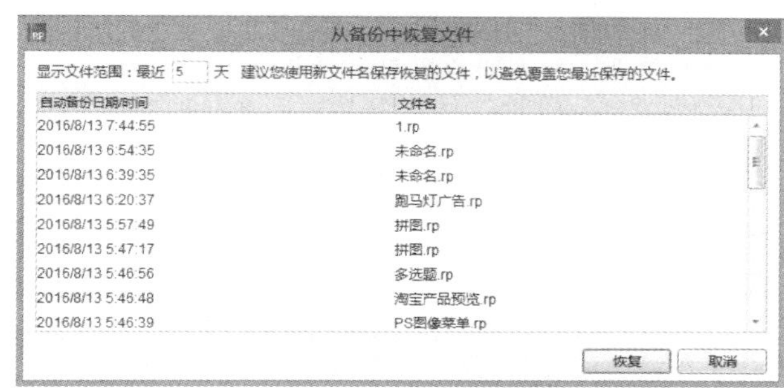

图 1-14 从备份中恢复文件列表

提示

从备份中恢复文件可以将 30 天内备份的文件恢复过来，但是如果你的计算机中安装了还原系统的软件，则该命令所能恢复的文件就另当别论了。

1.5 视图的操作

视图操作主要是缩放视图和平移视图，此项操作对文档本身不会有任何影响，只是更加方便设计原型。

1.5.1 缩放视图

Axure RP 缩放视图有 3 种方法。

（1）按【Ctrl】键和鼠标的滚轮配合缩放。

（2）按【Ctrl++】组合键放大视图、按【Ctrl+–】组合键缩小视图、按【Ctrl+0】组合键以100%实际像素大小显示当前视图。

（3）在主工具栏中输入或者选择缩放的数值，如图 1-15 所示。

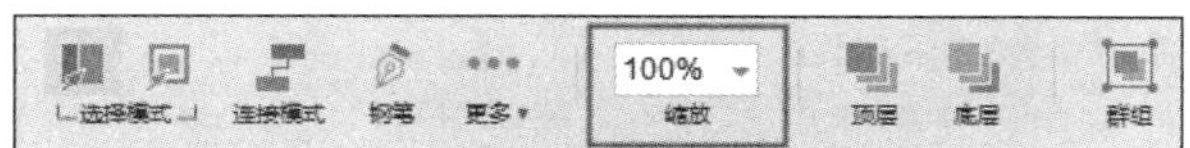

图 1-15 主工具栏的缩放设置

1.5.2 平移视图

Axure RP 平移视图有 3 种方法。

（1）按【空格】键将鼠标临时切换为抓手工具。

（2）使用页面工作区中的水平滚动条和垂直滚动条。

（3）直接按鼠标滚轮可上下平移视图，按【Shift】键与鼠标滚轮配合可左右平移视图。

1.6 网格和辅助线

网格和辅助线在原型设计中能够帮助我们准确定位和对齐对象，是必须掌握的辅助工具。设置网格和参考线的参数可执行【排列】→【网格和辅助线】命令或者在页面工作区中右击鼠标，从弹出的快捷菜单中执行【网格和辅助线】。

1.6.1 网格

显示网格可执行上面【网格和辅助线】命令中的【显示网格】（【Ctrl+'】），此时页面中显示出蓝色的点状网格。如果想改变网格大小并把网格由点状变成实线、由蓝色变成其他颜色，则执行【网格和辅助线】→【网格设置】命令，在打开的【网格设置】对话框中设置“间距”“样式”及“颜色”参数，如图 1-16 所示。

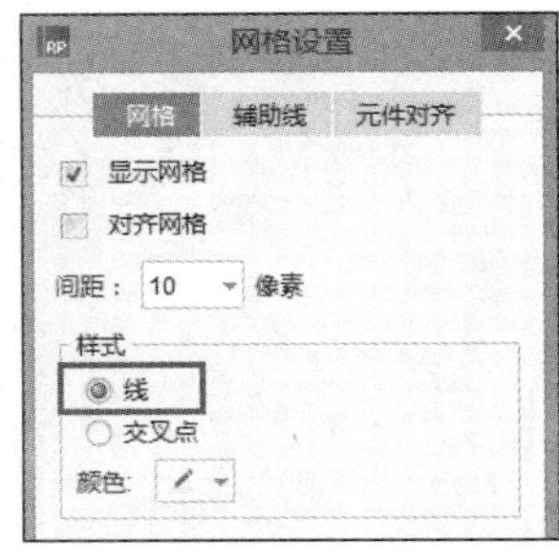

图 1-16 网格设置

1.6.2 辅助线

Axure RP 中的辅助线共分为 4 类：全局辅助线、页面辅助线、自适应视图辅助线和打印辅助线。

1. 全局辅助线和页面辅助线

全局辅助线也叫作跨页辅助线，就是在一个页面中创建的辅助线在其他页面中也会同时显示。默认状态下，全局辅助线是品红色的；页面辅助线也叫局部辅助线，指的是在当前创建的辅助线，只对当前页面有效，对其他页面无效，默认状态下，页面辅助线是青色的。此时如果进入当前文档的其他页面就会发现全局辅助线依然存在，而页面辅助线却消失了。

2. 创建辅助线

创建辅助线有两种方法。

（1）执行【网格和辅助线】→【创建辅助线】命令。在打开的对话框中的【预设】下拉列表中选择预先设置好的网格，也可以分别设置列和行的相关参数，如果不勾选“创建为全局辅助线”选项，则创建的是页面辅助线，勾选该选项创建的是全局辅助线。

（2）从标尺上拖出参考线。Axure RP 标尺的单位是像素，这也是网页界面和手机 App 界面原型设计时常用的单位，默认状态下，水平标尺和垂直标尺的 0 像素刻度位于页面的左上角，也就是说，两个标尺的坐标原点位于页面的左上角。

使用鼠标可以从两个标尺上直接拖出青色的页面辅助线，如果按【Ctrl】键，则可以从两个标尺上拖出品红色的全局参考线。

3. 移动辅助线

直接将鼠标的指针放在辅助线上，当指针变成双向箭头时，可以按下鼠标左键改变辅助线的位置。

4. 设置辅助线的颜色

当页面或者设计元素的颜色与辅助线颜色非常相近不便于区分时，可以改变辅助线的颜色，执行【网格和辅助线】→【辅助线设置】命令可自定义辅助线的颜色。

5. 隐藏和显示辅助线

辅助线暂时不用时可以将其隐藏，方法是：在【网格和辅助线】的子命令菜单中选择要隐藏的辅助线，如果要显示隐藏的辅助线，则再次执行相同的命令即可。

默认状态下，创建的辅助线显示在页面对象的上方，根据需要也可以将辅助线显示在对象的下方，方法是：执行【网格和辅助线】→【在后面显示辅助线】命令。

6. 删除辅助线

不用的辅助线可以删除。删除辅助线分两种情况：一种情况是删除几条，另一种情况是删除全部参考线。如果只是想删除几条辅助线，则可以使用鼠标直接选择要删除的辅助线，然后按【Delete】键删除；或者在一条辅助线上右击鼠标，从弹出的快捷菜单中执行【删除】命令。如果要删除多条辅助线，则可以按下鼠标左键框选多条辅助线，然后按【Delete】键删除。如果要删除所有的参考线，则可以执行【网格和辅助线】→【删除所有辅助线】命令。

7. 锁定和解锁辅助线

为了防止创建的辅助线被错误地改变位置，可以将其锁定，方法有两种：一种方法是在辅助线上右击鼠标，从弹出的快捷菜单中执行【锁定】命令。辅助线被锁定后，将鼠标指针指向辅助线时，就会显示🔒标志表示该参考线已被锁定。

使用上述方法可锁定一条或几条辅助线。解锁时可以再右击锁定的辅助线，从弹出的快捷菜单中取消锁定。另一种锁定辅助线的方法是执行【网格和辅助线】→【锁定辅助线】命令，使用此方法锁定的是页面上的所有辅助线。

8. 对齐辅助线

默认状态下，Axure RP 已经设置了对象对齐辅助线，如果要取消对象对齐辅助线，则可以执行【网格和辅助线】→【对齐辅助线】命令，在弹出的命令列表中取消选中【对齐辅助线】即可。

本章总结

通过本章的学习，读者应熟悉 Axure RP 的工作界面，熟练使用该软件新建、打开、保存和关闭文件；能够使用撤销和恢复命令；能使用多种方法对视图进行缩放和平移；还应该熟练掌握创建和编辑参考线的方法。

PART02

第2章

图形元件

本章导读

- 在本章中，将学习图形元件创建和编辑方法
- 在本章中，还会学习创建、载入和编辑元件库的方法

效果欣赏

学习目标

- 掌握元件库面板的用法
- 掌握变换图形元件的各种方法

- 掌握填充和描边图形的方法
- 熟练掌握钢笔工具的用法
- 熟练掌握编辑自定义形状
- 熟练掌握自定义元件库和卸载、载入元件库的方法

技能要点

- 复制图形元件
- 钢笔工具的用法
- 编辑图形形状
- 群组、结合和合并三者的区别
- 创建和编辑自定义元件库

2.1 图形元件的基本操作

本节将学习图形元件基本操作，包括图形元件的选择、变换、镜像、锁定对齐、分布、排列、群组、隐藏和显示以及复制等基本操作。

2.1.1 认识元件库面板

Axure RP 将所有与设计原型的相关对象统称为元件（Widgets），并且专门存放于元件库面板中。Axure RP 提供了三类元件库，分别是：默认、流程图和图标。其中，默认元件库包含了最常用的元件，它又将元件分为 4 个子类别：基本元件、表单元件、菜单和表格以及标记元件。流程图元件库包含设计流程图时常用的元件，其中矩形、椭圆、图像和快照 4 个元件也可以在默认元件库中找到。图标元件库包含日常生活中常见的图标接近 700 个，如移动设备中的图标、著名网站的标志等。

当图标数量太多而不容易查找某个图标时，可以使用元件的查找功能快速查找。单击元件库面板上的按钮，然后输入要查找的图标名称即可，如图 2-1 所示。

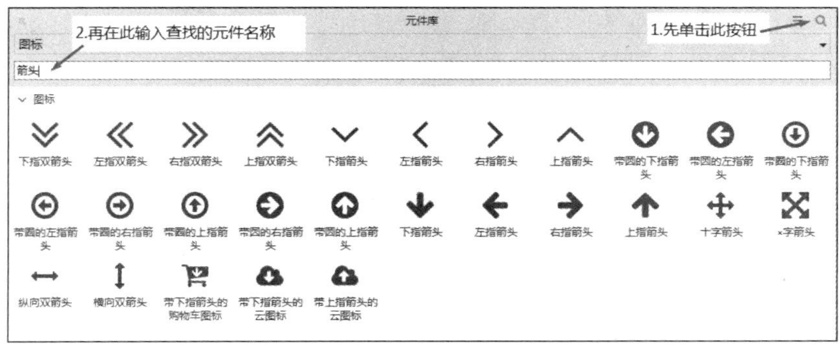

图 2-1　查找元件

2.1.2 使用图形元件

与一般的图形处理软件不同，Axure RP 创建图形元件的方法是：使用鼠标从【元件库】面板中将某个元件拖到页面中。

2.1.3 选择图形元件

Axure RP 提供了两种选择工具按钮：相交选择模式（【Ctrl+1】）和包含选择模式（【Ctrl+2】），这两个按钮可以在主工具栏上找到，如图 2-2 所示。

图 2-2 在页面上应用元件

【相交选择模式】就是按鼠标左键拖出一个矩形框，凡是被矩形框包围和穿过的对象都将被选中。

【包含选择模式】就是按鼠标左键拖出一个矩形框，凡是被矩形框包围的对象都将被选中，不完全包围的对象都不被选中。

提示

使用上述两个选择工具选择对象时，还可以按【Shift】键或者【Ctrl】键来加选和减选多个对象。

除了使用选择工具选择对象外，还可以在页面上没有元件的位置右击鼠标，从弹出的快捷菜单中执行选择对象的命令，如图 2-3 所示。

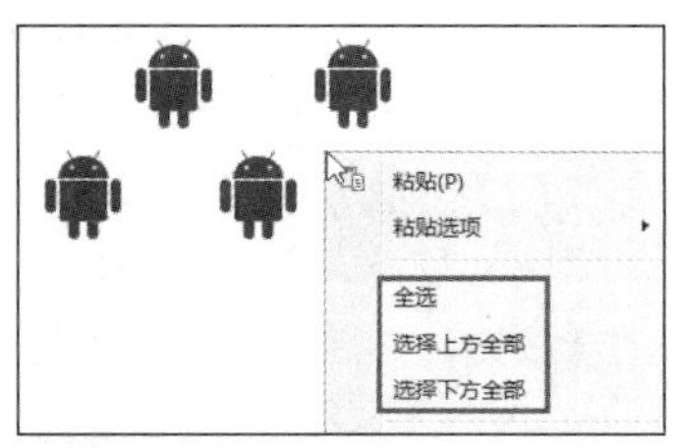

图 2-3 选择对象的快捷菜单

【全选】与执行【编辑】→【全选】(【Ctrl+A】) 一样，可以选择当前页面的所有对象。

【选择上方全部】选择位于鼠标指针上方的所有对象，与穿过鼠标指针所在水平线相交的对象不会被选择。

【选择下方全部】选择位于鼠标指针下方的所有对象，与穿过鼠标指针所在水平线相交的对象不会被选择。

提示

在【大纲】面板中，也可以使用鼠标选择元件对象，按【Ctrl】键单击可选择【大纲】面板中连续的多个元件，按【Ctrl】键单击可以选择不连续的多个元件。

2.1.4 变换图形元件

变换包括移动、缩放、旋转等操作。变换对象可以使用鼠标，也可以使用样式工具栏，还可以使用【检视】→【样式】面板。

1. 使用鼠标变换

使用鼠标变换对象时，最好使用选择工具。选择对象后，会出现一个绿色的边界框。鼠标指针放在边界框内按下左键拖动即可移动位置，鼠标放在4个角或者4条边处的小方格上，指针会变成双向箭头，此时可改变宽度和高度，如图2-4所示。

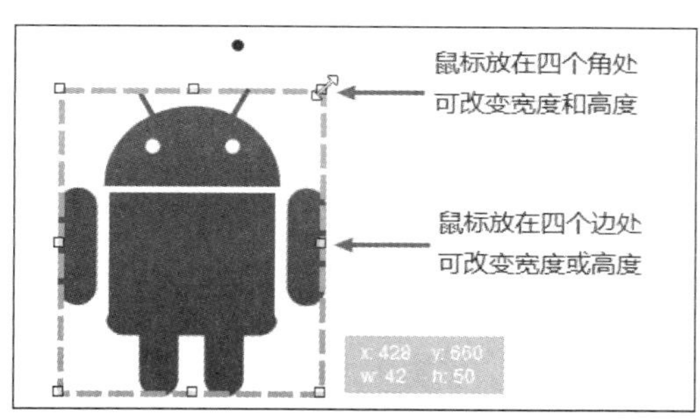

图2-4 变换对象大小

提示

如果要按比例缩放对象大小，则按【Shift】键并将鼠标指针放在4个角中的任意一角上，按下鼠标左键拖动即可。

使用鼠标旋转对象需先按下【Ctrl】键，然后将鼠标指针放在边界框周围8个小方格的任意一个上，此时鼠标指针变成弯曲箭头，按住鼠标左键拖动即可旋转对象，如图2-5所示。

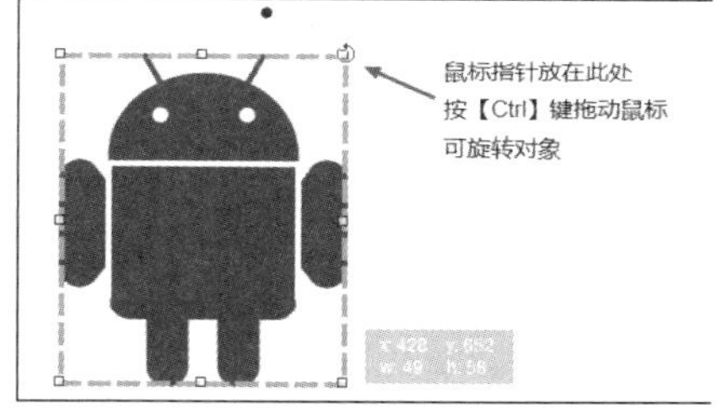

图2-5 变换对象的方向

2. 使用样式工具栏变换

在样式工具栏中，可以通过设置参数精确变换元件的位置和大小，如图2-6所示。

图2-6 样式工具栏的变换参数

x表示水平改变位置，y表示垂直改变位置，w表示改变对象的宽度，h表示改变对象的高度。如果要按比例改变对象的大小，可单击【保持宽高比例】按钮，相当于使用鼠标缩放时按下【Shift】键。

3. 使用【样式】面板变换

【样式】面板是【检视】面板的一个子面板，在该面板中，除了和样式工具栏一样可精确变换元件的大小和位置外，还可以精确旋转对象。选择多个图形元件对象时，在【样式】子面板中可以看到变换分成了两部分，上面的“位置+尺寸”针对的是选择的多个元件对象，也可以理解为将选择的多个对象作为一个整体来变换大小和位置；下面的“每个元件”针对的是选择的多个对象中的每个对象，如图2-7所示。

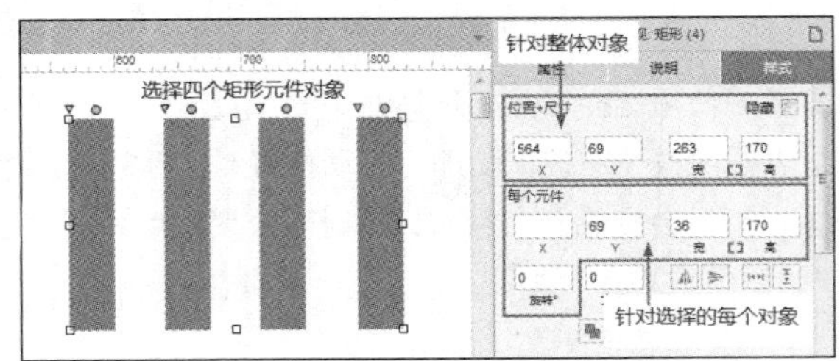

图 2-7　样式面板中的变换参数

2.1.5　镜像图形元件

镜像也可叫作翻转，分为水平镜像和垂直镜像。选择对象后，在【样式】子面板中只要单击【水平镜像】按钮和【垂直镜像】按钮即可实现镜像操作。除了使用【样式】子面板中的两个镜像按钮外，还可以在要镜像的元件上右击鼠标，从弹出的快捷菜单中执行【变换形状】→【水平镜像】或者【垂直镜像】命令。

2.1.6　锁定和解锁图形元件

在 Axure RP 中，锁定对象有两种方法。

（1）使用锁定按钮：

在主工具栏中可以找到【锁定】和【解除锁定】两个按钮，如图 2-8 所示。

图 2-8　主工具栏的【锁定】和【解除锁定】按钮

（2）使用菜单命令：

执行【排列】→【锁定】→【锁定位置和尺寸】(【Ctrl+K】) 或者【解除锁定位置和尺寸】(【Ctrl+Shift+K】) 命令。

2.1.7　对齐和分布图形元件

对齐至少要选择两个对象，分布至少要选择 3 个对象。在 Axure RP 中有 3 种方法可以完成对齐和分布。

（1）使用主工具栏的按钮：

单击工具栏上的【对齐】和【分布】按钮，如图 2-9 所示。

图 2-9　主工具栏的【对齐】和【分布】按钮

（2）使用快捷菜单：

先选择 3 个或 3 个以上的元件，然后右击鼠标，从弹出的快捷菜单中可以找到【对齐】和【分布】命令。

（3）使用主程序菜单：

执行【排列】→【对齐】或者【分布】命令。

除了使用上面的【对齐】按钮对元件对齐之外，还可以使用 Axure RP 软件提供的元件对齐功能将两个元件对齐。但是，当将两个矩形相邻的边界对齐时，对齐的边看起来会变粗，如图 2-10 所示。

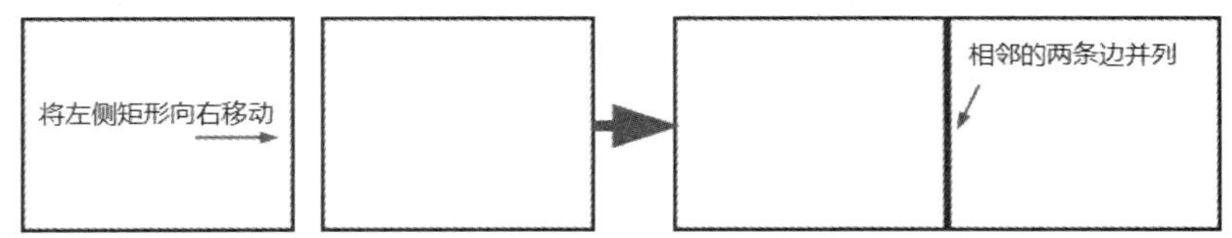

图 2-10　两个矩形相邻的边并列对齐

这是因为默认状态下，程序采用的边界对齐方式是边框并排方式，可以执行【项目】→【项目设置】命令将边界对齐设置为“边框重叠”，此时，再将一个右边界和另一个矩形的左边界对齐时就会发现两个边界完全重叠了，如图 2-11 所示。

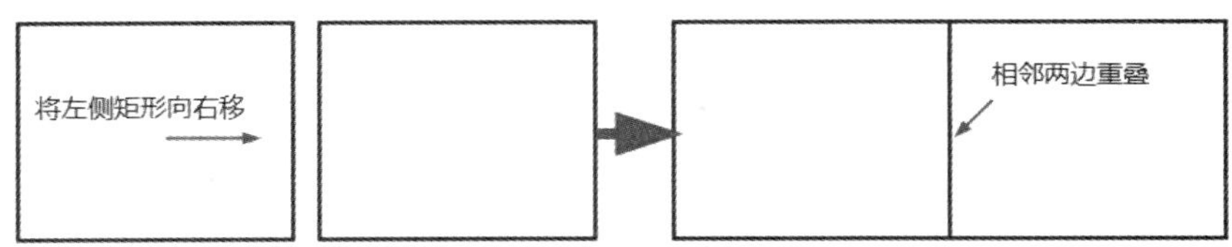

图 2-11　两个矩形相邻的边重叠

“边框重叠”和“边框并排”究竟有什么区别呢？只要选择一个图形元件并设置较粗的描边并适当放大视图，再选择这两个选项就能直观地看出二者的区别，如图 2-12 所示。

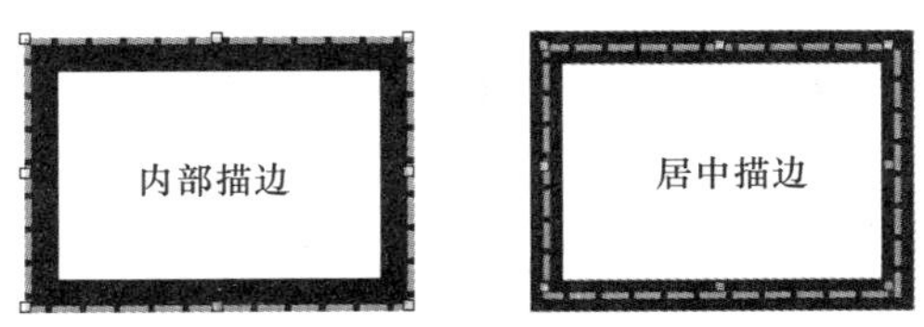

图 2-12　边框重叠和边框并排的区别

虚线表示图形元件的形状范围，实际上就是路径线条，黑色粗线是描边范围。可以看出：“边框重叠”是居中描边（描边范围在路径两侧），“边框并排”是内部描边（描边范围在路径内侧）。

2.1.8　排列图形元件的顺序

从元件库中拖出的元件放到页面后是有先后顺序的，先放置的元件在下层位置，后放置的元件在上层位置。

如果要改变页面中元件的排列顺序（也就是上下层次），Axure RP 有 4 种方法。

1. 使用主工具栏的按钮

主工具栏的排列顺序按钮，如图 2-13 所示。

图 2-13　主工具栏的排列按钮

2. 使用快捷键菜单

在元件对象上右击鼠标，从弹出的快捷菜单中可执行【顺序】→【排列顺序】命令。

提示　页面中的所有元件对象都可以在【大纲】面板中找到，也可以像在页面中右击元件那样，在【大纲】面板中右击选择的一个或者多个元件，弹出的快捷菜单与在页面中右击弹出的快捷菜单内容一样。

3. 使用主菜单命令

选择元件并单击【排列】主菜单，即可列出 4 个排列顺序的命令，分别是【置于顶层】(【Shift+Ctrl+]】)、【置于底层】(【Shift+Ctrl+[】)、【上移一层】(【Ctrl+]】)、【下移一层】(【Ctrl+[】)。

4. 使用【大纲】面板

在【大纲】面板中，使用鼠标将元件对象上下拖动，即可改变该对象的排列顺序。

2.1.9　编组图形元件

把多个元件组成群组可以将其作为一个整体操作，Axure RP 有 3 种组成群组的方法。

1. 使用主工具栏的按钮

主工具栏的【群组】和【取消群组】按钮，如图 2-14 所示。

图 2-14　主工具栏的【群组】和【取消群组】按钮

2. 使用快捷键菜单

选择多个元件对象后右击鼠标，从弹出的快捷菜单中可执行【群组】或【取消群组】命令。

3. 使用主菜单命令

选择对象后执行【排列】→【群组】(【Ctrl+G】) 可将对象组成群组，执行【取消群组】(【Ctrl+Shift+G】) 命令可将群组对象解散。

另外，也可以使用【大纲】面板管理群组对象。如果要将一个或者几个元件添加到一个群组中，也可以使用【大纲】面板来完成。具体方法如下。

（1）选择要添加到群组中的对象。

（2）在【大纲】面板中将其拖到群组中，如图 2-15 所示。

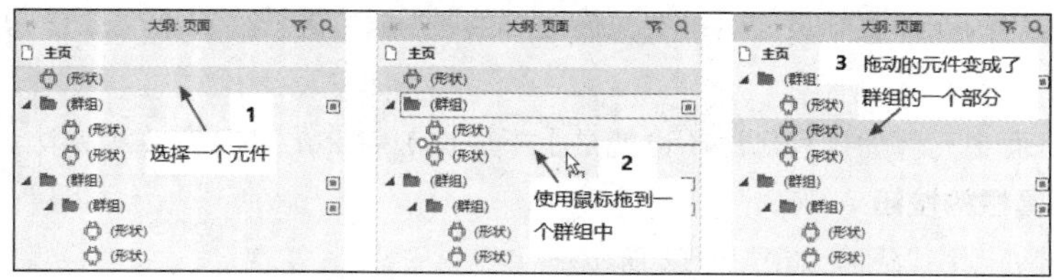

图 2-15　使用【大纲】面板向群组中添加新对象

同样，在【大纲】面板中也可以将一个群组拖到另一个群组中，建立嵌套群组，如图 2-16 所示。

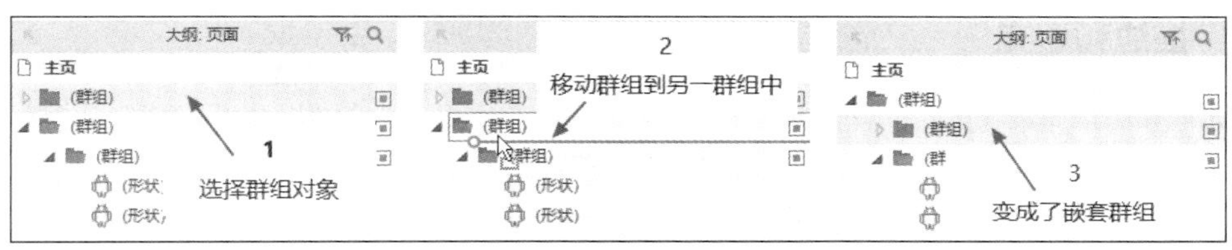

图 2-16 使用【大纲】面板建立嵌套群组

2.1.10 隐藏图形元件

在做交互原型设计时，经常需要将某个元件对象隐藏起来。Axure RP 提供了 3 种隐藏元件对象的方法。

1. 使用样式工具栏的选项

选择对象并在【样式工具栏】中勾选“隐藏”选项。

2. 使用快捷键菜单

右击要隐藏的对象，从弹出的快捷菜单中执行【设为隐藏】命令。

3. 使用【样式】子面板

选择对象后，在【检视】→【样式】子面板中勾选“隐藏”选项。

如果是群组对象，则在【大纲】面板中可以单击右侧的【从视图中隐藏】按钮▣，将群组对象从当前视图中彻底隐藏，而不像上面隐藏对象那样显示为黄色。

2.1.11 复制图形元件

Axure RP 复制图形元件对象的方法有 3 种。

1. 使用常规方法复制

执行【编辑】→【复制】(【Ctrl+C】)、【粘贴】(【Ctrl+V】) 命令。这并非 Axure RP 独有的方法，几乎所有的程序都可以使用该方法。

如果在【复制】(【Ctrl+C】) 对象元件时，有些被复制的元件被锁定了，那么执行【粘贴】命令后，只会将未锁定的对象复制过来。

如果要将锁定的对象一起复制过来，则需要在页面中右击鼠标，从弹出的快捷菜单中执行【粘贴选项】→【粘贴包含锁定的元件】(【Ctrl+Alt+V】) 命令。执行【粘贴包含锁定的元件】命令后，锁定的元件也一起被复制了过来，而且复制过来的那个锁定的元件仍然处于锁定状态。

2. 斜向等距快速复制

选择要复制的元件对象后，反复按【Ctrl+D】组合键可快速等距斜向复制元件对象。

3. 使用鼠标移动时复制

按【Ctrl】键再移动某个元件就可以实现复制。

2.2　编辑图形元件的样式和形状

本节将学习编辑图形元件的方法和技巧，主要包括对图形元件描边和填充颜色、添加投影、设置不透明度、布尔运算以及钢笔工具的使用。

2.2.1　描边和填充

从元件库中拖曳到页面的元件大多是有描边和填充色的，但是，在做原型设计时，这些默认的颜色往往不能满足要求，这就需要重新设置。有以下两种方法设置描边和填充。

1. 使用样式工具栏

在样式工具栏中，可以使用相关按钮对图形元件指定填充颜色和描边颜色，也可以设置描边的宽度以及描边的类型是虚线还是实线，如果不是封闭的图形元件，还可以通过样式工具栏对其添加各种箭头，如图 2-17 所示。

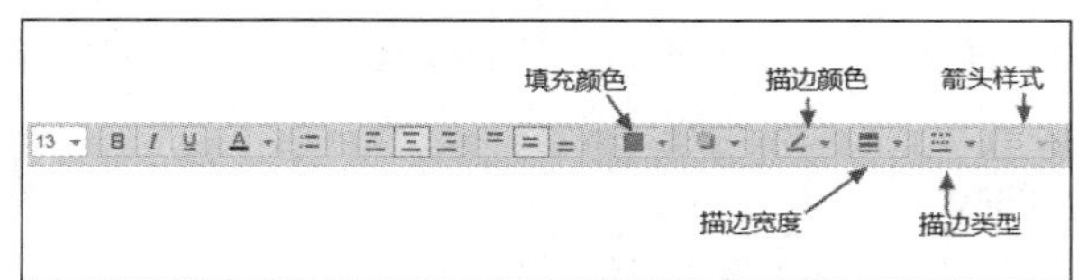

图 2-17　样式工具栏的填充和描边按钮

无论是描边还是填充，Axure RP 不但允许使用单色（一种颜色），而且可以使用渐变色（两种或者两种以上的颜色）。选择“渐变”填充类型后，可以将鼠标指针放在渐变条的下方，当鼠标指针变成 标志时，单击即可添加一个色标，如图 2-18 所示。

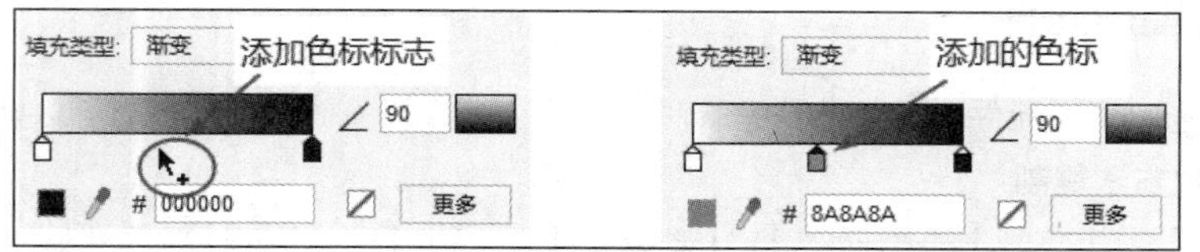

图 2-18　添加颜色色标

如果要删除某个色标，则使用鼠标将其拖走即可；要改变某个色标的颜色，可选择该色标再单击下方颜色列表中的颜色。在颜色设置面板中，还可以对单色或者渐变色中的某种颜色设置不透明度。当不透明数值为 100%时，表示颜色是完全不透明的；当不透明数值为 0%时，表示颜色是完全透明的；当不透明数值在 0%~100%之间时，表示颜色是半透明的。

注意

➢ 在颜色设置面板中分别对描边和填充颜色设置不同的不透明度之后，仍然可以使用【样式】子面板中的“不透明”参数继续设置整体不透明度。

➢ 【样式】子面板中的“不透明”不只针对图形元件，对图像、群组等都有效。

如果想从 Axure RP 颜色设置面板之外的位置获取颜色，则可以使用面板中的吸管工具单击某个位置，获取新的颜色。

提示

Axure RP 的颜色设置面板中的颜色都是网页安全色，这种颜色值是使用十六位进制换算的 RGB 颜色，如果每两个连续的数字或者字母相同，搭配的 RGB 颜色就是网页安全色，如 #00FF99、#AACC00 等，这样的颜色共有 216 色。

2. 使用【检视】→【样式】子面板

【检视】→【样式】子面板中提供了填充和描边更详细的参数设置，【样式工具栏】中图形元件填充和描边的按钮工具，在该面板中也存在，而且按钮工具图标也相同。不过【样式】子面板对描边又增加了一个“边界可见”选项。设置“边界可见”选项，可以控制图形元件描边时哪条边是可见的，哪条边是不可见的，如图 2-19 所示。

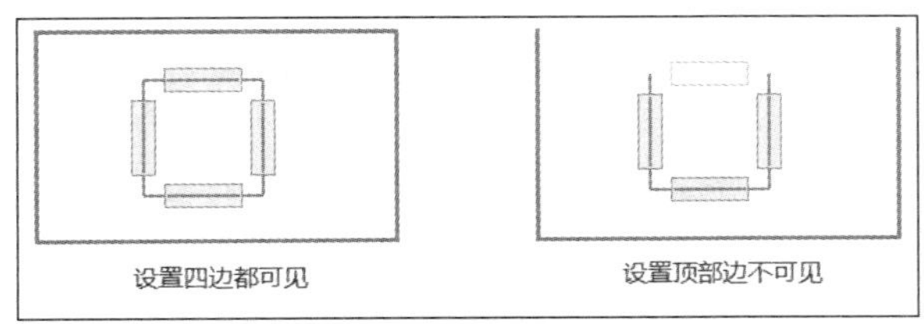

图 2-19　设置边界可见前后的图形比较

2.2.2　添加阴影

阴影分为外部阴影（也可以叫投影）和内部阴影，通过样式工具栏可以为图形元件对象添加外部阴影，如图 2-20 所示。

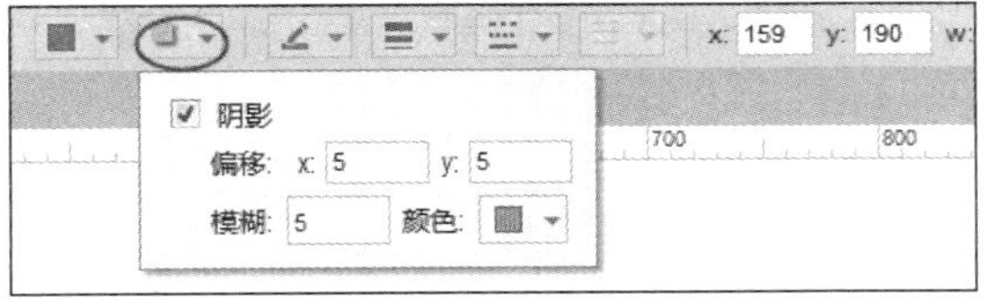

图 2-20　样式工具栏的外阴影参数

“偏移”控制阴影到图形元件的水平距离（x）和垂直距离（y）；“模糊”控制阴影的虚化程度；“颜色”控制阴影的颜色，默认是灰色。对图形元件添加内阴影，在样式工具栏中无法实现，需要通过【样式】子面板来实现，如图 2-21 所示。

可以看出，内阴影比外阴影增多了一个“扩展”选项，设置“扩展”参数，内部阴影覆盖的范围会更广。

图 2-21　【样式】子面板中的【外阴影】和【内阴影】选项

2.2.3　使用钢笔工具

Axure RP 虽然不是一款专业的矢量绘图软件，但它具有一定的图形绘制能力，尤其是做原型设计时需要的各种图形及处理功能可谓一应俱全。本小节主要学习钢笔工具的使用方法。钢笔工具（【Ctrl+4】）位于主工具栏中，如图 2-22 所示。

图 2-22　主工具栏的【钢笔】工具

钢笔工具的基本使用方法如下。

1. 绘制直线

使用钢笔工具单击即可绘制直线段，按【Enter】键或者【Esc】键可结束绘制；也可以在结束的位置双击鼠标，结束绘制。

2. 绘制平滑曲线

使用钢笔工具按下鼠标左键并拖动可以绘制平滑的曲线。在按下鼠标拖动时会出现两条位于同一直线且方向相反的橙色直线，这便是控制曲线弯曲度和弯曲方向的控制手柄线。

扫码看视频教程

在使用钢笔工具绘制曲线时，如果使用鼠标右击，则会在右击位置和上一锚点之间出现两条方向相反但位于同一直线的橙色控制手柄线，如图 2-23 所示。

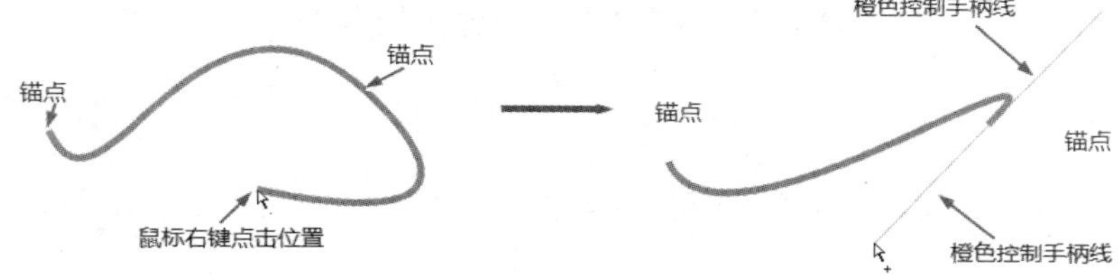

图 2-23　使用钢笔工具右击调整控制手柄线

技巧

- 位于同一个结点上的两条控制手柄线如果对称，则绘制的曲线对称。
- 控制手柄越长，其所控制的曲线弯曲度就越大，反之，就越小。
- 控制手柄向哪个方向延伸，其所控制的曲线就往哪个方向弯曲。
- 如果将一个锚点的两条控制手柄线都去掉，则这个点就变成了直线点。

3. 绘制转折曲线

使用钢笔工具绘制曲线时按下【Ctrl】键拖动，则只有靠近鼠标指针一侧的橙色控制手柄线变动，另一条控制手柄线保持不同，这样可以绘制出转折的曲线，如图 2-24 所示。

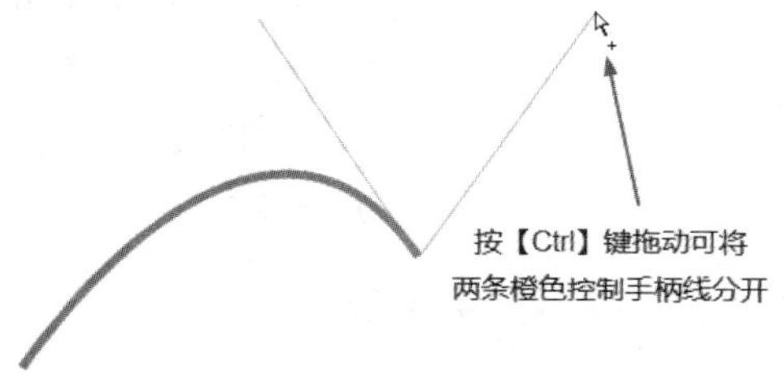

图 2-24　使用钢笔工具绘制转折线

2.2.4　编辑形状

下面学习编辑图形元件的方法和命令。

1. 将一个形状切换成其他图形

从元件库中拖到页面上的图形元件都可以换成常用的形状，如圆形、五角星、标签等形状，方法是：选择图形元件后，在其右上角会出现一个灰色小圆圈标志，单击该标志可弹出一个图形列表，选择一个图形即可更换形状。另外，也可以选择一个形状后，在右侧的【检视】→【属性】子面板中找到相同的图形列表。

2. 使用黄色小圆点编辑形状

有些图形元件被选中时，会出现数量不等的黄色小圆点，如扇形和双向箭头形状。使用鼠标拖动这些黄色小圆点可以很方便地改变它们的形状。

3. 使用黄色小三角圆角化矩形

从元件库中拖曳一个矩形到页面中，选择该图形元件后，会在其左上角位置出现一个黄色的小三角标志，使用鼠标拖动该按钮可以控制矩形 4 个角的圆角大小。

默认状态下，矩形的四个直角同时圆角化，如果只对某个角圆角化，则需要在【检视】→【样式】子面板中通过“圆角化”参数右侧的按钮实现。单击该按钮，在弹出的列表中可单击去掉无需圆角化的角。在【样式】子面板中设置好圆角化的角之后，在页面中拖动黄色小三角标志时就只有指定的角变成圆角，如图 2-25 所示。

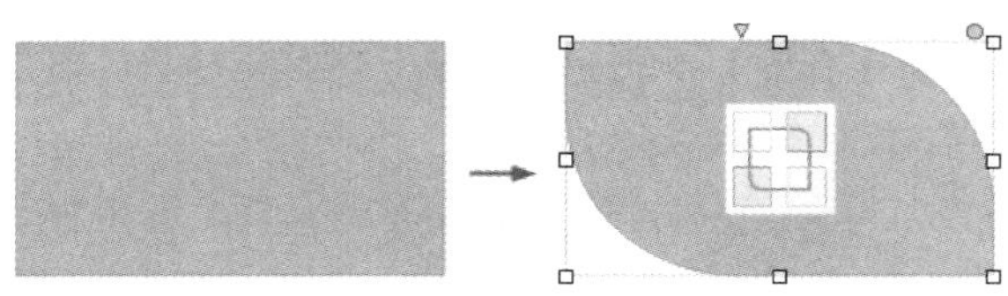

图 2-25　局部圆角化矩形

4. 转为自定义形状

从默认元件库拖曳到页面中的基本图形元件，只能改变其大小、方向和位置外，无法任意改变其形状。如果要改变它的形状，需要先将其转为自定义形状，方法有两种：一种方法是在该图形上右击鼠标，从弹出的快捷菜单中执行【转换为自定义形状】命令；另一种方法是：选择图形元件后，在其右上角单击灰色的小圆圈标志，在弹出的图形列表中单击最下方的【转换为自定义形状】命令。

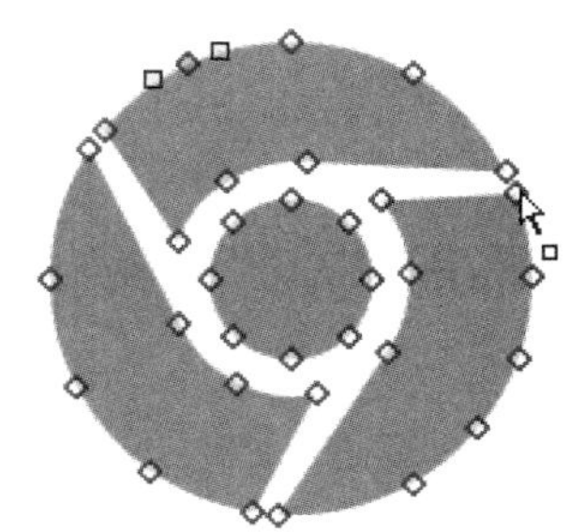

图 2-26　双击图标边框线进入自定义形状模式

使用上面两种方法都可以将基本元件库中的元件转换为自定义形状，但是，如果元件是从图标元件库中拖曳出的，则【转换为自定义形状】命令无效。这是什么原因呢？原来，图标元件库中的形状都是由自定义图形制作的，它本身就是自定义形状了，所以，图标元件库中的形状只要双击其边框线就可进入自定义形状模式，如图 2-26 所示。

将图形元件转为自定义形状后，可以使用主工具栏中的锚点工具（【Crtl+5】）按钮来编辑形状。如果主工具栏中没有显示该工具，则可以单击钢笔工具右侧的按钮，弹出隐藏的工具，从中选择锚点工具即可。下面重点学习锚点工具的用法。

（1）使用锚点工具可改变锚点和控制点的位置，从而改变图形的形状，也可以在锚点上右击鼠标，从弹出的快捷菜单中执行【删除】、【直线】和【曲线】命令来改变图形的形状。

（2）使用锚点工具在自定义形状的边框线上单击可以添加锚点。

（3）在锚点上双击可在直线点和曲线点之间切换，这与右击该点，然后从弹出的快捷菜单中执行【曲线】和【直线】作用相同。

注意

将基本元件图形转为自定义形状后，再次右击自定义形状，在弹出的快捷菜单中执行【变换形状】→【曲线点】或【直线点】命令，可将整个形状的点同时转为曲线点或者直线点。

（4）按【Ctrl】键拖动控制点可将两个控制点分开。

（5）选择某个锚点按【Delete】键可删除该点，但路径不会被打断，这与右击该点，从弹出的快捷菜单中执行【删除】命令作用相同。

2.2.5 结合和分离

【结合】和【分离】可视为互为逆向操作，【结合】可以将多个图形元件结合在一起成为一个整体对象，结合后的对象采用最底层图形元件的样式，但结合后的每个图形元件仍然保留原来的形状，其独立性的本质并未改变。

执行【结合】后，再对其【分离】，则分离后的每个元件不会恢复到【结合】前的样式，而是继续保留了与结合时相同的样式。

需要注意的是，结合多个对象元件后，有时会出现镂空，而有时几个图形元件的外观保持不变，如图 2-27 所示。

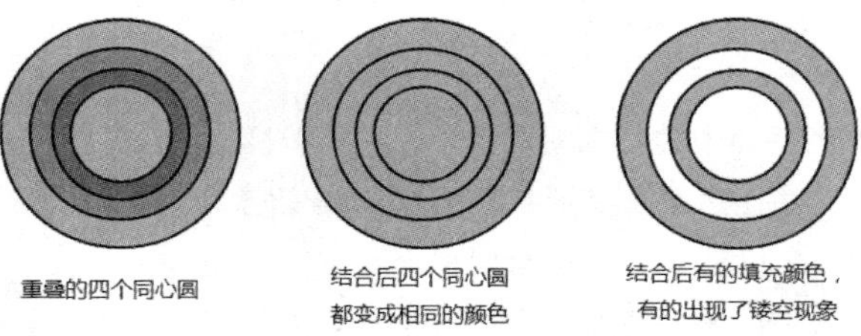

图 2-27 同样的图形元件结合的结果不同

为什么同样的图形元件，应用【结合】后的效果不同呢？答案在于圆形的方向问题。前面已经学习了钢笔工具的用法。下面先使用钢笔工具沿着顺时针方向绘制两个封闭且重叠的图形，然后再沿着逆时针方向绘制两个封闭且重叠的图形，如图 2-28 所示。

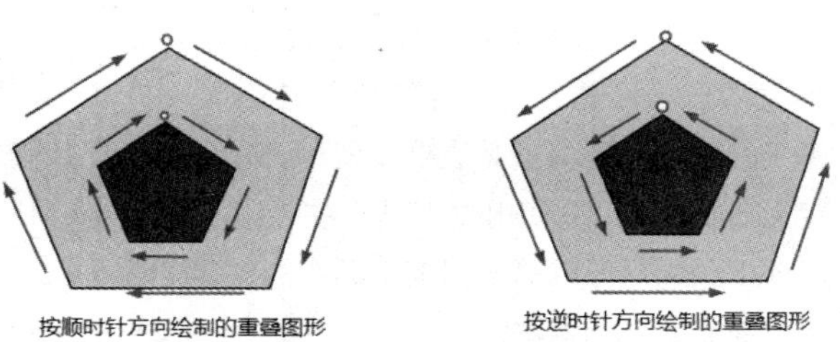

图 2-28 使用钢笔工具按顺时针方向绘制的两个形状

接下来，分别选择左侧的两个重叠图形并执行【结合】命令，对右侧的两个重叠图形同样执行【结合】命令，会发现两组图形的结果相同，如图 2-29 所示。

继续使用钢笔工具绘制两个重叠的图形，但是这一次绘制的两个图形，一个沿顺时针方向，一个沿逆时针方向，如图 2-30 所示。

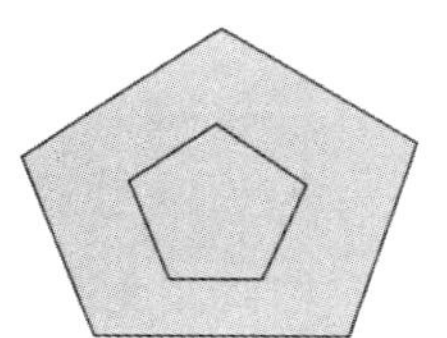

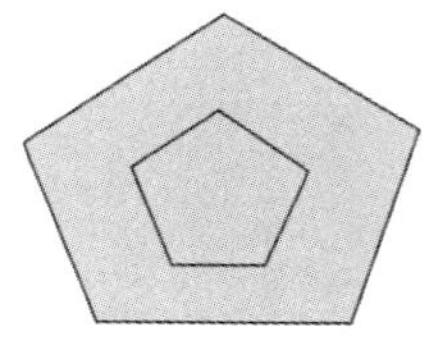

图 2-29　方向相同的重叠图形结合的结果

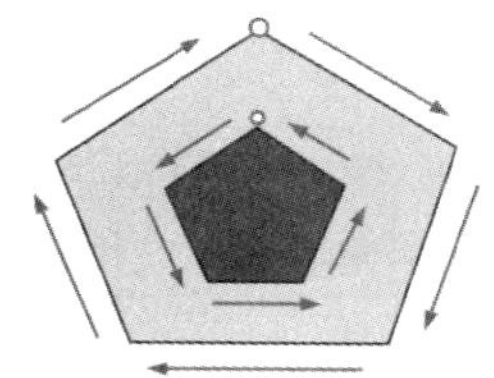

图 2-30　绘制的两个方向相反的重叠图形

再次选择两个重叠的图形并执行【结合】命令，奇怪的现象发生了，两个图形重叠的位置竟然变成了镂空的，如图 2-31 所示。原来【结合】竟然与绘制图形的方向有关系。但是，钢笔工具可以在绘制形状时控制图形的绘制方向，而从【元件库】中创建的基本元件图形是已经预设好的形状，那么如何改变它们的绘制方向呢？这个就只能通过【水平镜像】工具和【垂直镜像】工具来改变了，使用其中的一个工具可以将一个图形的绘制方向反转过来。例如，从【元件库】面板中拖曳出一个椭圆形元件，然后将其复制一个放在原来椭圆的上方并适当将复制的椭圆变小，选择小椭圆后，单击【检视】→【样式】子面板中的【水平镜像】工具或者【垂直镜像】工具，再选择这两个椭圆并执行【结合】命令，镂空就出现了，如图 2-32 所示。

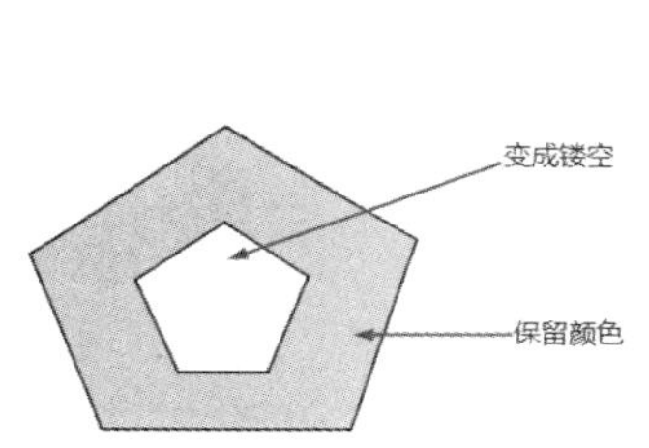

图 2-31　【结合】后出现了镂空

图 2-32　镂空的圆

在 Axure RP 中调用【结合】和【分离】命令的方法有两种。

1. 使用快捷菜单中的命令

在选择的图形元件上右击，从弹出的快捷菜单中执行【变换形状】→【结合】或者【分离】命令。

2. 使用【样式】子面板中的按钮

单击【样式】子面板中的【结合】按钮和【分离】按钮。

2.2.6　布尔运算

Axure RP 的图形元件布尔运算包括 4 种：合并、减去、相交和排除。

合并：就是两个或者两个以上的图形元件相加合并在一起。

减去：是指下面的图形元件减去上面的图形元件，相减范围是二者相交的范围。

相交：是指保留两个或者多个图形元件相交的部分。

排除：多个图形元件重叠时，重叠数量为偶数的范围将被排除掉而变成空的范围，重叠数量为奇数的范围将被保留，这就是所谓的“奇偶法则”，如图 2-33 所示。

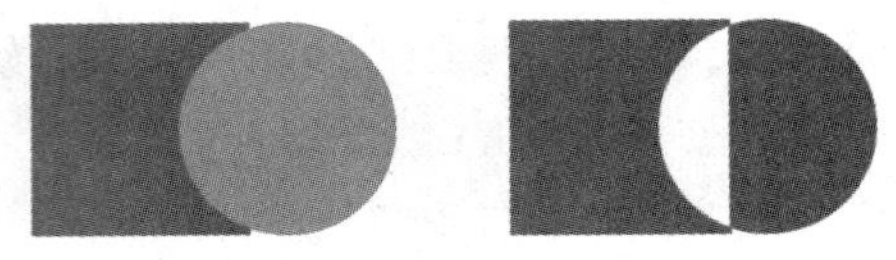

图 2-33 【排除】前后比较

在 Axure RP 中执行图形元件的布尔运算有两种方法。

1. 使用快捷菜单

选择要进行布尔运算的图形元件并在其上右击鼠标，从弹出的快捷菜单中执行【变换形状】→【合并】、【减去】、【相交】或者【排除】命令即可。

2. 使用【样式】子面板

当选择至少两个图形元件后，在【样式】子面板中会显示出布尔运算的 4 个按钮。

2.3 自定义元件库

为了提高原型设计效率，可以将原型设计中常用的形状放在自定义的元件库中，就如同 Axure RP 安装时自带的图标元件库一样，需要使用这些元件时，直接从元件库中拖曳到页面中，这无疑会极大地提高工作效率。本节将学习自定义元件库的方法和步骤。

2.3.1 创建元件库

创建自己的元件库的具体步骤如下。

（1）在【元件库】面板中单击【选项】按钮，在弹出的菜单中执行【创建元件库】命令。

（2）在打开的【保存 Axure RP 元件库】对话框中指定保存的位置、元件库名称，设置完成后单击【保存】按钮。

（3）稍等片刻，会重新启动一个 Axure RP 程序，与先前打开的 Axure RP 不同的是，【页面】面板名称在新的程序界面中已经改成了【元件库页面】，如图 2-34 所示。

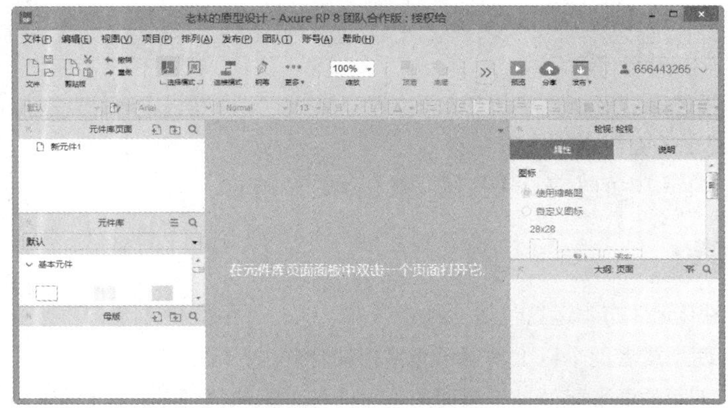

图 2-34 重新启动的 Axure RP 程序界面

（4）添加元件页面。在【元件库页面】面板中单击【添加元件】按钮添加页面，每个元件要单独占据一个页面。

（5）在【元件库页面】面板中双击某个页面以打开该页面。

（6）使用本章前面所学的创建和编辑图形元件的方法，在当前页面中创建出手机模型，在样式工具栏或者【样式】子面板中将横纵坐标值都设置为 0，这样，绘制的图形元件就放在了元件库页面的左上角位置了。

重复步骤（5）和步骤（6），完成其余元件的绘制。

（7）执行【文件】→【保存】（【Ctrl+S】）命令，保存当前绘制的元件，然后关闭当前程序，返回原来的 Axure RP 程序界面。

（8）如果 Axure RP 的【元件库】面板中没有列出刚刚创建的三个元件图形，那么可以在【元件库】面板中单击【选项】按钮，在弹出菜单中执行【刷新元件库】命令。

如果在自定义元件时，在【元件库页面】面板中创建了文件夹，而且将自定义的元件放在不同的文件夹中，则返回 Axure RP 主程序并执行【刷新元件库】命令后，【元件库】面板中的元件将按文件夹分类显示元件，如图 2-35 所示。

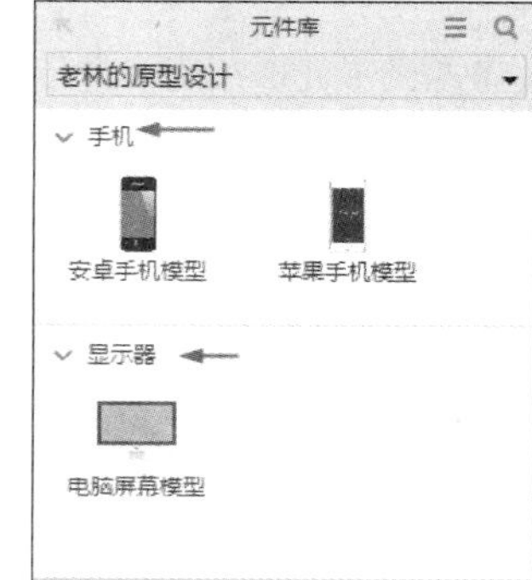

图 2-35　分类显示的元件

2.3.2　编辑元件库

自定义的元件库可以随时再次编辑，方法是：在元件库面板中单击【选项】按钮，在弹出的菜单中执行【编辑元件库】命令。

执行【编辑元件库】命令后会再次进入与 2.3.1 小节中自定义元件库一样的程序界面，可以修改已经定义好的元件，也可以继续创建新的元件。

2.3.3　卸载和导入元件库

可以随时将自定义的元件库或者载入的元件库卸载。在【元件库】面板中单击【选项】按钮，然后在弹出菜单中执行【卸载元件库】命令。

注意

Axure RP 安装时自带的默认、流程图和图标三个元件库是无法直接卸载的。

将刚才自定义的元件库卸载后，【元件库】面板中只留下了 Axure RP 自带的三个元件库。当然，要想再次载入卸载的元件库，在【元件库】面板中单击【选项】按钮，在弹出的菜单中执行【载入元件库】命令。在打开的对话框中选择要载入的元件库并单击【打开】按钮即可。

载入元件库后，在【元件库】面板的下拉列表中可以看到载入的元件库名称。如果计算机已经连网并且注册了 Axure 账号，那么还可以在线从 Axure 共享库中载入自己想要的元件库。方法是：在【元件库】面板中单击【选项】按钮，在弹出的菜单中执行【从 Axure 共享库中载入】命令，弹出“载入在线元件库”对话框，如果你已经登录 Axure 账户，则该对话框总以暗青色显示用户名并允许单击右侧的按钮查找自己喜欢的元件库。如果尚未登录 Axure 账号或者没有注册这个账号，则可以在弹出的【载入在线元件库】对话框中单击【登录】登录你的 Axure 账号。

还可以从 Axure 官网下载元件库，方法是：在【元件库】面板中单击【选项】按钮，在弹出的菜单中执行【下载元件库】命令，可以在打开的 Axure 官网中下载想要的元件库。

案例演练　手机外壳和界面设计

【案例导入】

二毛刚刚学了一周的 Axure RP，对于老师在课堂上讲到的知识点和演示案例都掌握得比较扎实，他感觉 Axure RP 学起来并不太吃力。周末到了，老师给同学们布置了作业：用本周所学的基本图形元件绘制一个带界面图标的手机模型，并且要求把手机及其屏幕上的各个图标分别做成自定义的元件库。二毛完成的效果如图 2-36 所示。

图 2-36　手机模型和界面图标

【操作说明】

这个手机外壳是典型的大黑扁平风格，也是时下比较流行的 UI 设计风格。要完成本案例效果，最好先创建自定义的元件库，然后分别绘制相应的图标，图标完成后，再返回 Axure RP 主程序中，利用自定义的元件库完成手机界面元素的拼装。老师布置这项作业的目的就是让学生灵活运用第 2 章的内容完成相应的案例操作，在巩固复习的同时能学以致用，为后面深入学习原型交互打下良好的基础。下面来看看二毛的制作步骤吧！

【案例操作】

（1）启动 Axure RP 程序，软件自动创建带有一个主页和三个子页面的文档。

（2）在【元件库】面板中单击【选项】按钮，在弹出的菜单中执行【创建元件库】命令，如图 2-37 所示。

（3）在弹出的【保存 Axure RP 元件库】对话框中指定自定义的元件库保存的位置以及名称，如图 2-38 所示。

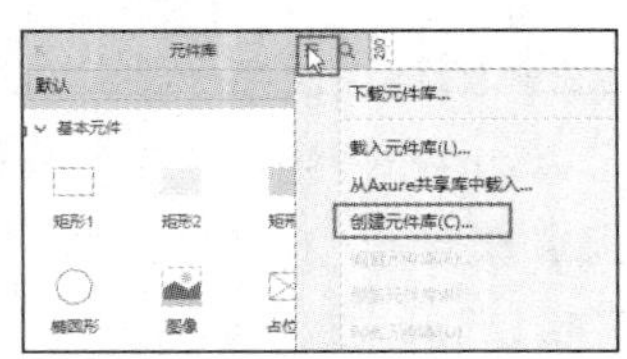

图 2-37　执行【创建元件库】命令

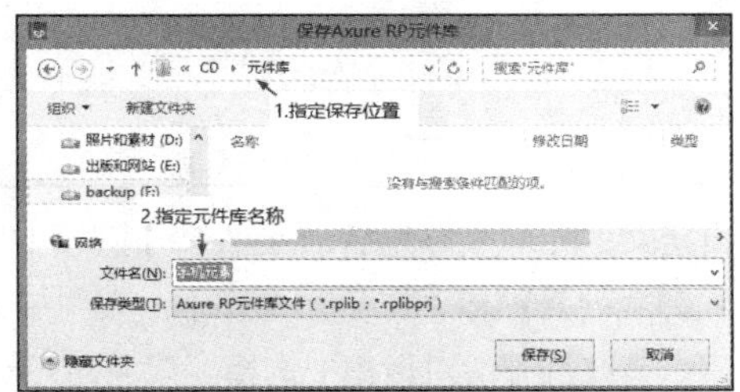

图 2-38　指定自定义的元件库保存的位置和名称

（4）单击【保存 Axure RP 元件库】对话框右下角的【保存】按钮，启动另一个 Axure RP 程序界面，在【元件库页面】面板中可以看到名为“新元件 1”的页面，如图 2-39 所示。

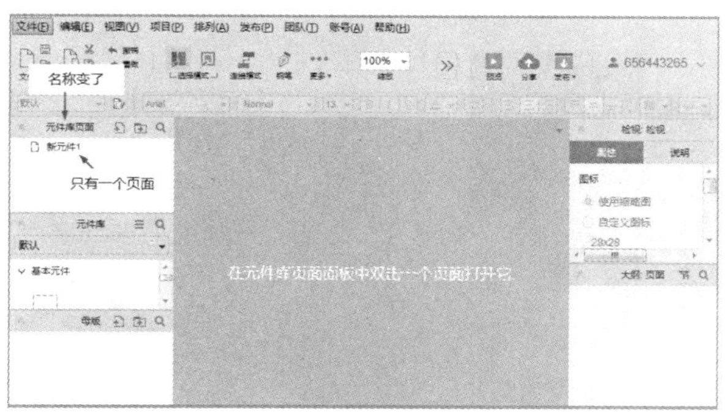

图 2-39　自定义元件库程序界面

（5）单击【元件库页面】面板右上角的【添加文件夹】按钮，添加两个文件夹并将其分别命名为“手机图标”和“手机模型”，如图 2-40 所示。

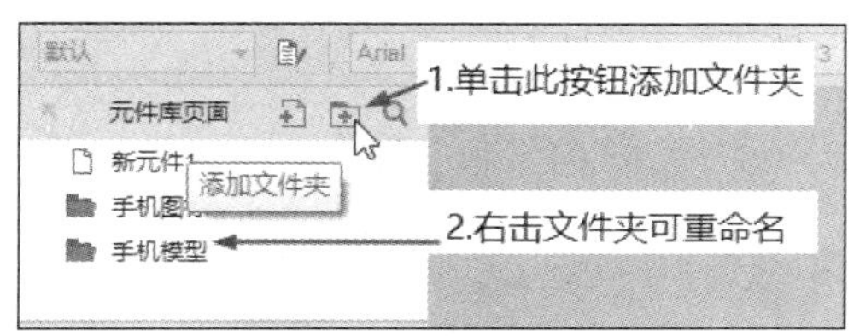

图 2-40　添加文件夹

（6）将“新元件 1”页面重命名为“影片”，然后将其拖到“手机图标”文件夹中，如图 2-41 所示。

（7）双击“影片”页面，在程序中打开该页面，如图 2-42 所示。

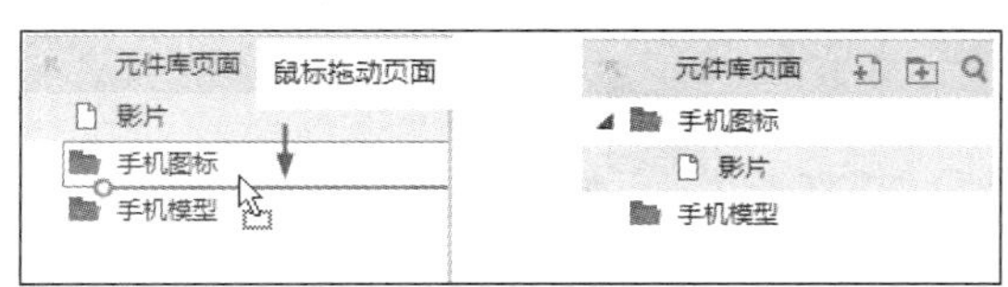

图 2-41　重命名页面并将其移动到文件夹中

图 2-42　双击打开的页面

（8）在该页面中，二毛绘制的是手机屏幕上代表播放影片的图标。

具体的操作流程如下。

（1）在当前页面中分别创建一条水平和垂直的页面辅助线，然后从默认的基本元件库中拖曳出一个圆形，将该圆形的圆心位置与聊天参考线的位置对齐，如图 2-43 所示。

（2）再从基本元件库中拖曳出一个矩形元件并调整到合适大小，将该矩形的左下角与圆心的位置对齐，如图 2-44 所示。

（3）按【Ctrl】键将矩形复制一个并将其右上角与圆心对齐，如图 2-45 所示。

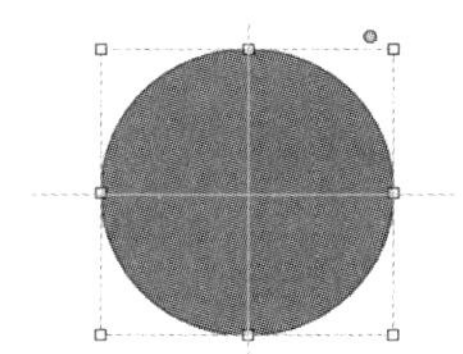

图 2-43　圆心对齐参考线相交的点

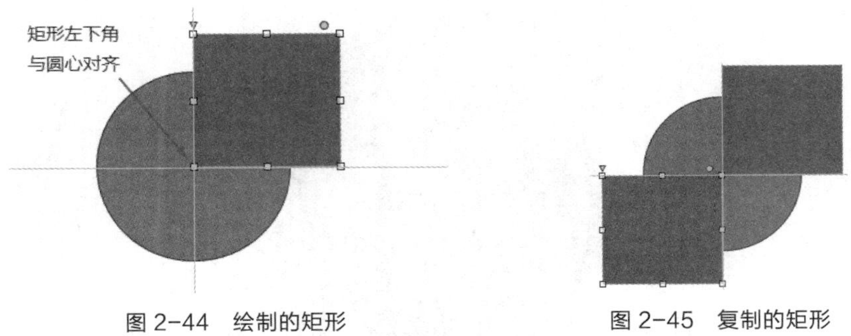

图 2-44　绘制的矩形　　图 2-45　复制的矩形

（4）选择全部三个图形元件，在右侧的【检视】→【样式】子面板中单击【相减】按钮，得到图 2-46 所示的图形。

（5）将相减后的图形填充为黑色，去掉描边，按【Shift】键按比例缩小一些，从基本元件库中再拖曳出一个圆形，将其描边色变成黑色，描边宽度设为最大，去掉填充色，如图 2-47 所示。

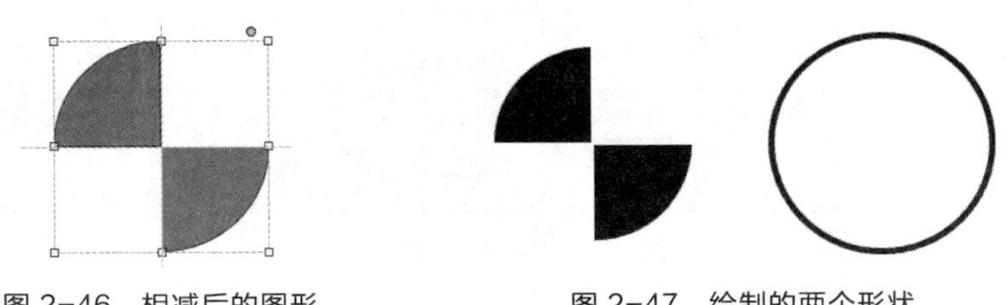

图 2-46　相减后的图形　　图 2-47　绘制的两个形状

（6）选择这两个图形，在主工具栏中分别单击【水平居中】和【垂直居中】按钮，如图 2-48 所示。

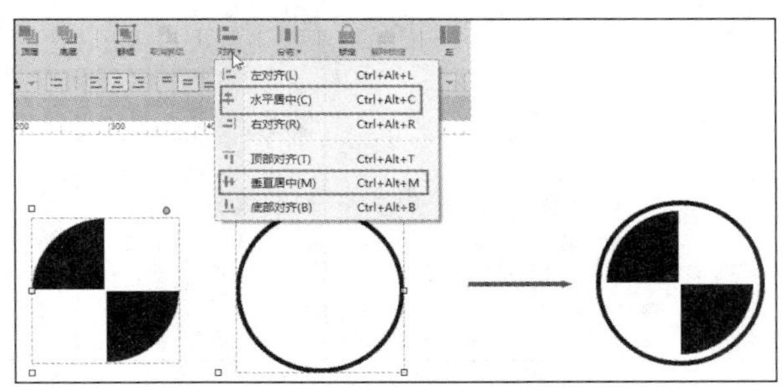

图 2-48　居中对齐后的图形

（7）选择居中对齐后的两个图形，执行【群组】（【Ctrl+G】）命令将其组成一个群组，完成第一个图标的制作。

（8）返回到 Axure RP 主程序并刷新元件库，就可以看到自定义的元件了，至此，二毛自定义的第一个元件就大功告成了。

二毛完成了第一个元件的制作，稍稍叹了口气，看来并不像自己当初想象的那样轻松啊，图标虽小，学问挺大，里面的细节问题还是挺多的。在本例中，他又收获了两点。

➢ 【结合】和【群组】真不一样。

➢ 如何让图形的描边更粗一些？

二毛有了第一个案例制作的经验，他又一连设计了十多个元件，如图 2-49 所示。

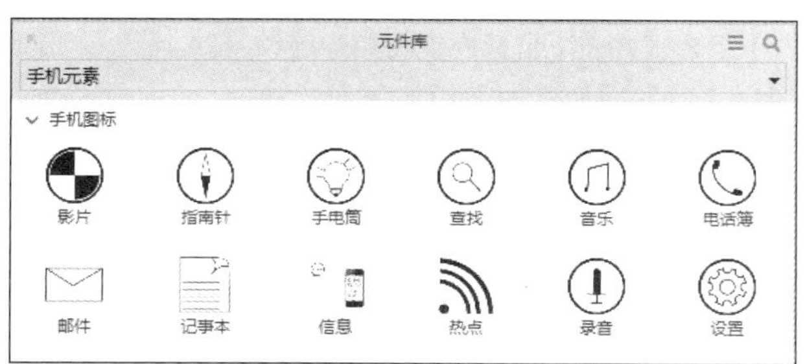

图 2-49　二毛设计的图形元件

"二毛，一起去游泳馆吧，快点!"正当二毛准备攻克那个中国结标志的时候，窗外几个小伙伴喊他去游泳。小伙伴们的盛情邀请不好推却，二毛只好把还未做完的元件库文件先保存起来，同时将其备份到了网络云盘上，这也是二毛多年来养成的一个习惯。

图 2-50　中国结标志

和几个小伙伴游完泳，二毛他们几个又去了同学小王家里。恰巧，小王正在家里做老师布置的作业。看到二毛他们来了，小王一脸无奈的样子。原来，小王被其中的一个图形元件的做法难住了，究竟是什么图形这么难做呢？二毛一问得知，难住小王的正是自己刚要做却没有来得及做的中国结标志，如图 2-50 所示。

这对二毛而言，不算难事，于是，他给小王分析了制作中国结标志的大概思路，但是二毛讲了半天，小王还是弄不明白，二毛急了，他索性就在小王的计算机上现场演示一番。下面再来看看二毛制作中国结标志的流程和方法。

制作中国结标志

（1）由于二毛把自己还没做完的元件库文件保存到了云盘中，所以就在小王的计算机上把他自己的元件库从云盘上下载下来并导入了 Axure RP 程序中。他的小算盘是：给小王演示具体操作步骤的同时，顺便自己也完成了任务，可谓一举两得。

（2）执行【编辑元件库】命令后，二毛打开了自己的元件库编辑界面，他首先创建了一个新的元件库页面并命名为"中国结"，如图 2-51 所示。

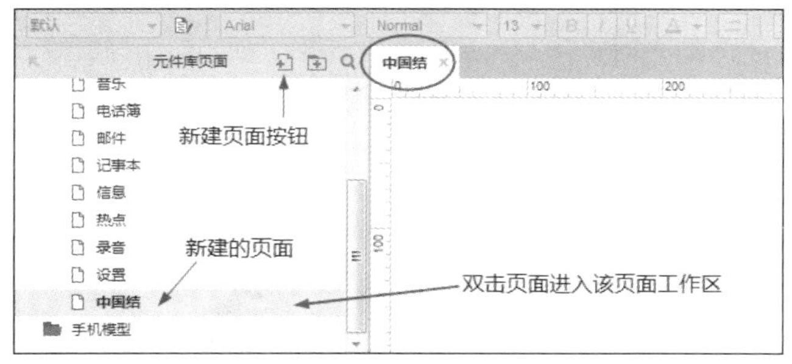

图 2-51　新建元件库页面

（3）创建一个宽高比为 600 像素、高度为 100 像素的矩形。

（4）为了便于对齐后面矩形之间的边界，执行【项目】→【项目设置】命令，在打开的对话框中确保勾选了"边框重叠"选项。

（5）按【Ctrl+Shift】组合键并按下鼠标左键将矩形连续复制 4 个，一定要做到两个相邻的矩形边界重叠，如图 2-52 所示。

（6）删除第 2 个和第 4 个矩形，这样就得到了行间距为 100 像素的三个矩形，与矩形的高度一样，如图 2-53 所示。

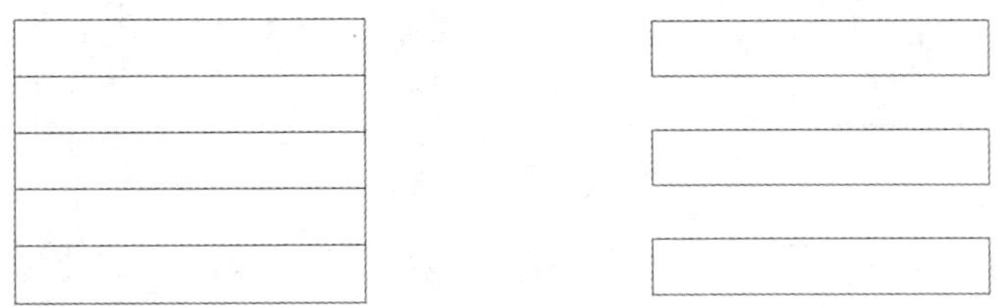

图 2-52　复制的矩形　　图 2-53　删除后的三个矩形

（7）选择这三个矩形并执行【合并】运算，使这三个矩形成为一个对象

（8）将合并后的三个矩形复制一个并将其旋转 90 度，再将两组图形进行【水平居中】和【垂直居中对齐】，然后选择这两组图形再次执行【合并】运算，最后将其旋转 45 度，如图 2-54 所示。

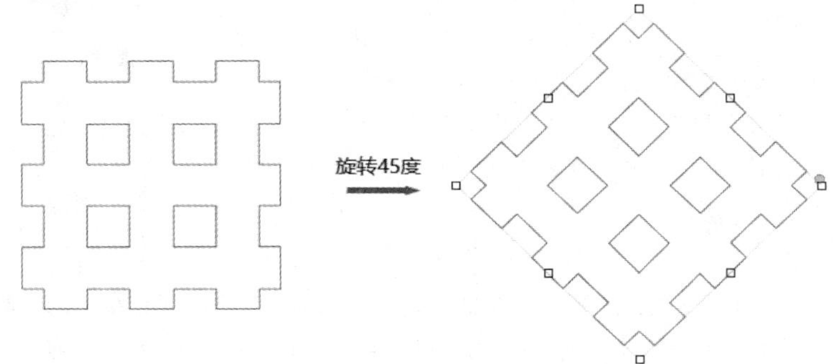

图 2-54　再次【合并】后的图形

（9）在页面中分别创建直径为 300 像素和直径为 100 像素的两个圆，并将这两个圆做成同心圆，再使用【相减】布尔运算将其做成一个圆环，如图 2-55 所示。

（10）复制一个圆环，在一个圆环的上面绘制一个矩形，使矩形刚好覆盖一半的圆环，然后使用【相减】布尔运算得到圆环的一半造型，如图 2-56 所示。

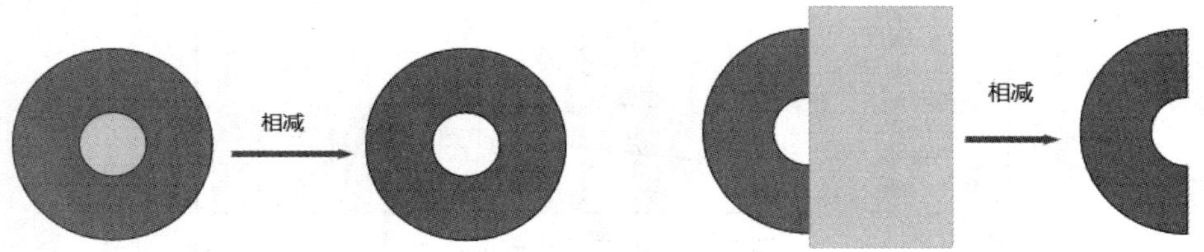

图 2-55　绘制的两个同心圆　　图 2-56　运算得到的半圆环

（11）在另一个圆环的上面绘制一个矩形，使之刚好覆盖四分之一的圆环，且矩形一角刚好在圆环的圆心点位置，然后也使用【相减】布尔运算得到四分之三圆环的造型，如图 2-57 所示。

（12）将运算后的半圆环复制三份，将运算后的四分之三圆环复制一份，将这些图形分别移动到图 2-58 所示的位置并适当变换一下角度。

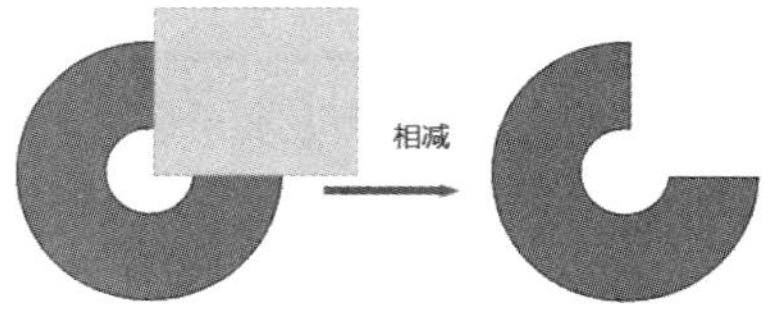

图 2-57　运算得到的四分之三圆环

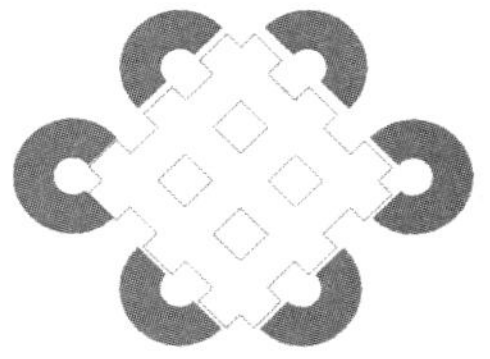

图 2-58　排列

（13）将 4 个半圆环和两个四分之三圆环分别移动到中间大图形边缘，然后使用【相加】布尔运算完成图 2-59 所示的效果。

（14）最后在完成的中国结上面相应的位置绘制 8 个小矩形并使用【相减】布尔运算完成最终效果的制作，如图 2-60 所示。

图 2-59　所有图形相加后的效果

图 2-60　完成最终效果

"这么复杂？二毛，学习 Axure RP 有什么诀窍吗？"小王问。

"诀窍嘛，就是兴趣，兴趣是学习最好的老师！"二毛答道。

二毛回到家已经是下午 5 点多了，吃过晚饭后，二毛又完成了最后一个模型—苹果手机模型。二毛的思路是：使用圆角矩形绘制手机的轮廓，使用圆形和矩形绘制手机的各个按钮，光感效果使用渐变色和不透明度设置配合完成。下面看看二毛设计手机模型的过程。

制作手机模型

（1）载入前面自定义的元件库并执行【编辑元件库】命令，在【元件库页面】面板的"手机模型"文件夹下新建一个页面并命名为"苹果手机"，如图 2-61 所示。

（2）从【元件库】面板中拖曳一个矩形，设置填充色为黑色，描边色为无色，然后将形状调整成圆角，在【检视】面板中将该图形命名为"第一个圆角矩形"，如图 2-62 所示。

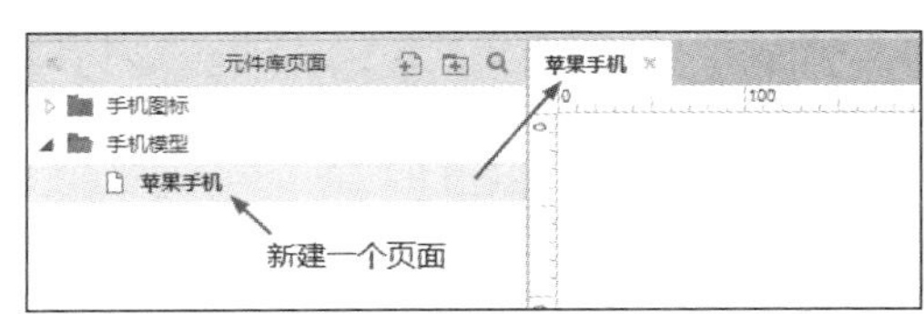

图 2-61　新建一个页面

图 2-62　创建第一个圆角矩形

给创建的图形命名便于以后再次编辑该对象时，能通过【大纲】面板准确找到它，尤其是多个对象重叠时，使用此方法非常有效。

（3）再创建一个小一点的圆角矩形，放置在大圆角矩形的上方，使用【水平居中】（【Alt+Ctrl+C】）和【垂直居中】（【Alt+Ctrl+M】）命令使两个圆角矩形中心对齐，将该矩形的描边色设置为灰色，将该图形命名为“第二个圆角矩形”，如图 2-63 所示。

（4）复制“第二个圆角矩形”，将其命名为“渐变光感”，对该图形执行【转换为自定义形状】命令，然后使用锚点工具（【Ctrl+5】）将形状编辑为图 2-64 所示的效果。

图 2-63 创建第二个圆角矩形

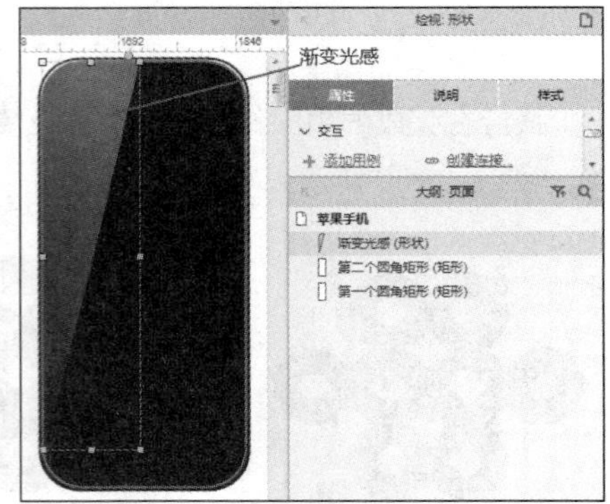

图 2-64 编辑后的第三个图形

（5）创建一个白色矩形作为手机屏幕，如图 2-65 所示。

（6）手机其他元素的创建，都比较简单了，在此不再一一列举，最终完成的手机模型如图 2-66 所示。

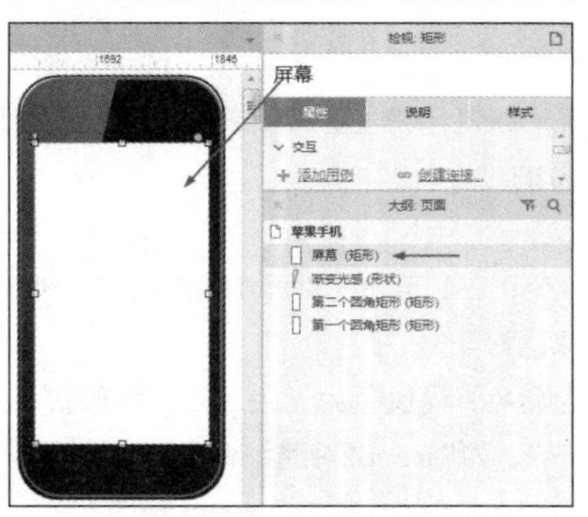

图 2-65 添加白色屏幕

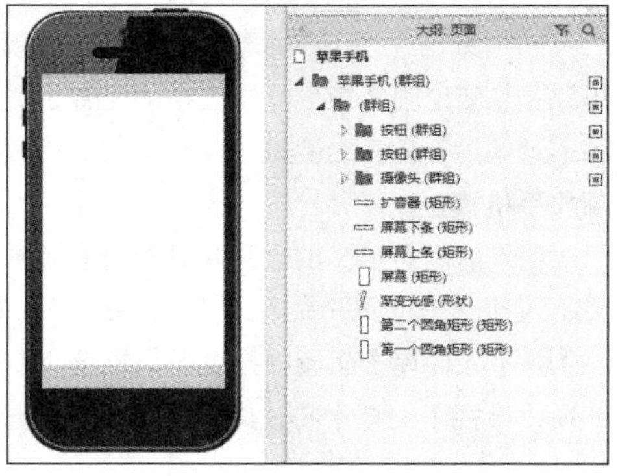

图 2-66 完成的手机模型

有了手机模型，也有了各种手机界面图标，将图标拖曳至手机屏幕上就是十分轻松的事情了。

本章总结

通过本章的学习，读者应熟悉 Axure RP【元件库】面板，掌握编辑图形元件的方法和各种技巧，而且能够创建自定义元件库。在本章中，读者要着重区分群组、结合和合并的不同之处，以免混淆；一定要掌握编辑图形元件的方法，这是绘制其他复杂原型的基础。

PART03

第3章

图像元件

本章导读

- 主要学习如何在 Axure RP 中编辑和处理图像
- 熟练掌握切割图像和圆角化图像工具的使用方法

效果欣赏

学习目标

- 掌握导入图片的方法以及常用图片格式的优缺点

- 掌握将图形转成图片的方法
- 掌握固定边角的应用
- 熟练掌握切割图片、裁剪图片的方法
- 熟练掌握给图片添加边框的方法
- 能够熟练运用 Axure RP 提供的图片编辑工具灵活编辑图片

技能要点

- 固定边角
- 裁剪图片和切割图片
- 圆角化图片
- 给图像添加边框

3.1 置入图像

图形图像是原型设计中必不可少的重要元素，第 2 章主要学习在 Axure RP 中创建和编辑图形元件的方法，本节主要学习置入图像的方法。

3.1.1 认识图像元件

可以在【元件库】面板中的默认元件库和流程图元件库中分别找到图像元件，然后将图像元件从【元件库】拖到页面中。与矩形元件相比，图像元件也有一个黄色的小三角，但没有灰色的小圆点，这表示图像元件无法转换成其他形状，如图 3-1 所示。

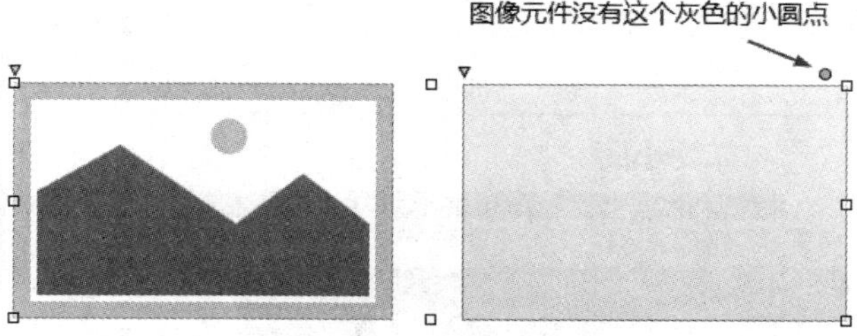

图 3-1 图像元件的外观

3.1.2 置入图像的方法

在 Axure RP 中置入图像的方法有 3 种。

1. 使用图像元件置入图像

从【元件库】中将图像元件拖曳到页面中，然后执行下列任意一种操作。

- 双击该图像元件。
- 右击该元件，从弹出的快捷键菜单中执行【导入图片】命令。
- 选择图像元件后，在【检视】→【样式】子面板中单击【导入】按钮。

执行上述任一命令均可弹出【打开】对话框，在该对话框中可以选择要置入的图形图像文件。Axure RP 支持导入的图形图像格式主要有以下几种。

【GIF】网页中常用的图片和动画格式，支持透明背景，但不支持半透明背景，最多支持存储 256 种颜色，不太适合保存色彩丰富的图片，可以用于保存 LOGO 图片。

【JPG】网页中常用的图片格式，不支持透明和半透明背景，不支持动画，支持的颜色多达 1670 万种，适合保存色彩丰富的照片。此格式的图片通常采用有损压缩而比较小。

【PNG】网页中常用的图片格式，但比 GIF 和 JPG 格式出现得要晚，支持透明和半透明的背景，不支持动画，色彩数量和 JPG 格式几乎相当。

【BMP】Windows 操作系统中的标准图像文件格式，不支持透明和半透明背景，不支持动画，支持的颜色数量和 JPG 相当，此格式的文件通常比较大。

【SVG】基于可扩展标记语言的二维矢量图形格式，支持透明和半透明背景，不支持动画，支持的颜色数量和 JPG 相当，此格式的文件比较小。

扫码看视频教程

2. 将图像直接拖曳至页面中

还可以在资源管理器窗口中选择图片，使用鼠标将其拖曳到 Axure RP 页面中，使用此方法可以在 Axure RP 中同时导入多幅图片。

3. 使用【粘贴】命令

从其他程序中复制图像或者使用抓图软件抓图后，在 Axure RP 中执行【编辑】→【粘贴】(【Ctrl+V】) 命令也可以获取图像。

3.1.3 将图形粘贴为图像

从外部程序复制图形，或者从 Axure RP 页面复制图形后，都可以在 Axure RP 页面上右击鼠标，从弹出的快捷菜单中执行【特殊粘贴】→【粘贴为图片】命令，将矢量图变成位图。

3.1.4 将图形转为图像

如果要将 Axure RP 页面中的图形转换为图像，可以右击该图形，从弹出的快捷菜单中执行【转成图片】命令。

3.2 编辑图像

虽然 Axure RP 在图像处理方面的功能远不及专业图像处理软件，如 Adobe Photoshop，但是对图像执行裁剪、圆角化、添加边框线等基本操作还是非常方便的。

3.2.1 适合图像

该功能可以控制导入的图像是按其原始大小显示还是按照用户设置的大小来显示。在【检视】→【样式】子面板中可以找到【适合图像】按钮。

下面练习【适合图像】工具的用法。首先从【元件库】面板中拖动一个图像元件到页面中，然后调整到合适的大小。双击该图像元件导入一幅尺寸大于图像元件的图像，此时图像元件会自动变大。改变图像尺寸后，在【样式】子面板中单击【适合图像】按钮，则图像又会变成刚导入时的大小。

3.2.2 固定边角

该功能可以在拉伸图像大小时，限定拉伸的范围。执行该命令的方法有两种。

➢ 在【检视】→【样式】子面板中单击【固定边角】按钮。

➢ 右击图像，从弹出的快捷菜单中执行【固定边角】命令。

执行【固定边角】命令后，图像左侧和顶部位置分别出现两个红色的小三角控制点，拖动这些控制点可以设置固定边角的范围，如图 3-2 所示。

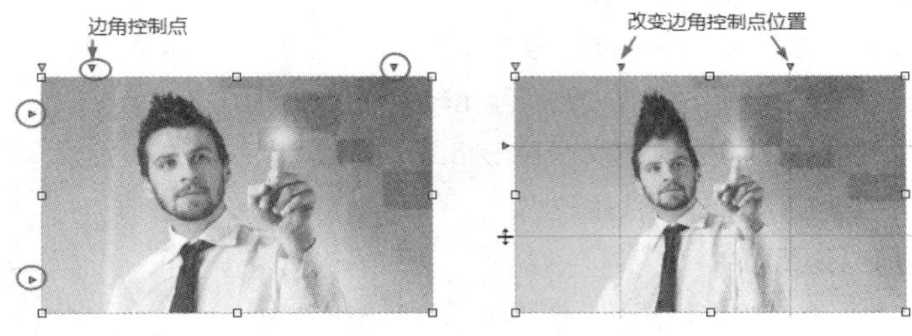

图 3-2 调整固定边角范围

调整好图像边角固定的范围后，再对图像进行缩放，可以使固定边角范围的图像基本不变，固定边角范围之外的区域会被拉伸，如图 3-3 所示。

图 3-3 改变图像大小

如果要取消【固定边角】命令，只需要再次执行该命令即可。

3.2.3 裁剪图像

该功能可以对图像进行裁剪。执行该命令的方法有 3 种。

➢ 在【检视】→【样式】子面板中单击【裁剪图片】按钮。

➢ 右击图像，从弹出的快捷菜单中执行【裁剪图片】（【Ctrl+7】）命令。

➢ 在主工具栏中也可以找到【裁剪】（【Ctrl+7】）按钮。

默认状态下，执行【裁剪图片】后，图像上会出现一个矩形框，同时右上方出现一行灰底的文本菜单命令。矩形框就是裁剪图像的范围，也叫裁剪框，可使用鼠标调整裁剪范围；右上方的文本菜单命令可以控制裁剪的方式，裁剪完毕双击裁剪范围，如图 3-4 所示。

图 3-4　执行裁剪图片命令后的初始状态

【裁剪】将裁剪框内的范围保留下来，其余部分被删除。

【剪切】将裁剪框内的范围剪切掉，其余部分被保留。

【复制】将裁剪框内的图像复制到剪贴板，然后使用【粘贴】(【Ctrl+V】) 命令将其粘贴到其他位置。

3.2.4　切割图像

该功能可以将图片横向或者纵向切割，也可以同时对图片进行横向和纵向切割。执行该命令的方法有 3 种。

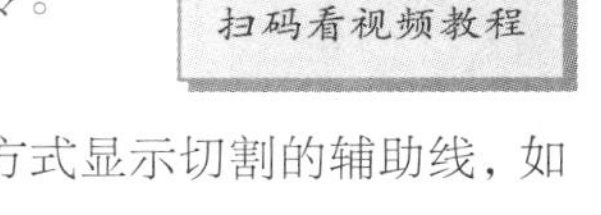

- 在【检视】→【样式】子面板中单击切割图片按钮。
- 右击图像，从弹出的快捷菜单中执行【切割图片】(【Ctrl+6】) 命令。
- 在主工具栏中也可以找到【切割】(【Ctrl+6】) 按钮。

执行切割图片命令后，鼠标指针会变成标志，同时根据选择的切割方式显示切割的辅助线，如图 3-5 所示。

图 3-5　切割时的状态

3.2.5　圆角化图像

对图片进行圆角化的方法有两种。

- 使用鼠标拖动图片左上角的黄色小三角标志，如图 3-6 所示。

➢ 在【检视】→【样式】子面板中输入圆角半径的大小，如图 3-7 所示。

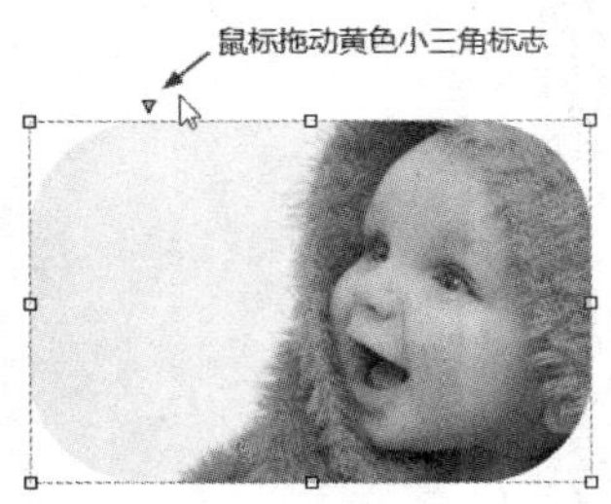

图 3-6　鼠标控制图片圆角化

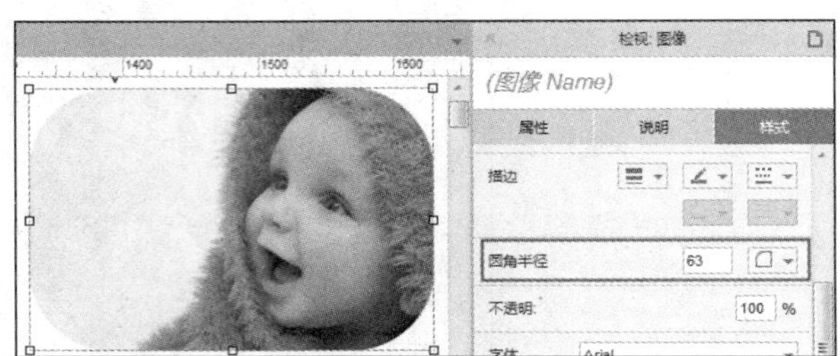

图 3-7　使用数值控制圆角化大小

使用【样式】子面板中的“圆角半径”参数右侧的按钮，还可控制圆角化作用在哪个角上，如图 3-8 所示。

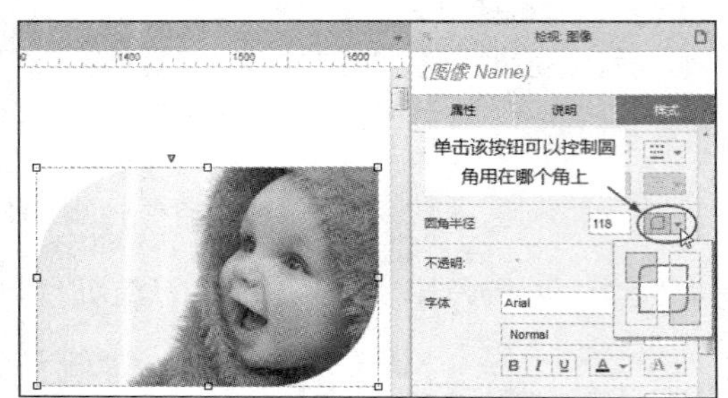

图 3-8　控制圆角化的半径

3.2.6　给图像添加边框

在 Axure RP 中，可以为图像添加普通图形元件那样的边框效果。

对图像添加边框有两种方法。

➢ 在【检视】→【样式】子面板中设置“描边”参数，包括线宽、边框颜色和边框类型 3 个按钮。

➢ 在主工具栏中也可以找到与【样式】子面板中相同的边框设置按钮。

3.2.7　优化图片

该功能可以在保证图片基本质量不变的情况下减小图片大小，目的主要是提高图片预览时下载的速度。不过，将图片优化后，或多或少都会导致图片有些模糊，尤其是文本部分，模糊得更加严重一些。

当 Axure RP 导入的图片大于 500KB 时，会自动弹出一个优化图像的警告对话框，单击【是】按钮可优化图片，单击【否】按钮不优化图片。对于已经导入 Axure RP 中但未经优化的图像，也可以右击图片，在弹出的快捷菜单中执行【优化图片】命令进行优化。

案例演练　从“山寨”学习原型设计

【案例导入】

“山寨”一词常被人们认为就是假冒伪劣产品的代名词，其实不然，好多知名品牌的产品一开始就是从“山寨”别人的产品开始的。学习交互原型设计也可以借鉴这个方法。可以将一些网站的界面保存成图片并置入 Axure RP 中，再借助 Axure RP 工具和命令将不需要的部分去掉，然后添加相应的内容并生成交互，这种方法简单、快捷，特别适合交互原型设计初学者使用，二毛就是其中一位，而且他从“山寨”中还学到了不少技巧呢。让我们看看他“山寨”的作品吧，本案例完成的效果如图 3-9 所示。

图 3-9　二毛的山寨网页

【操作说明】

将网站页面保存成图片的方法有两种：使用抓屏软件抓图或者使用网页浏览器自带的保存为图片命令。使用抓图软件抓屏的图片可直接粘贴到 Axure RP 中；使用网页浏览器保存的网页图片可以置入 Axure RP 中使用。但是要注意，当图片大于 500KB 时，出现压缩图片的提示，最好选择【否】，也就是不压缩，否则置入的图片质量会大打折扣。下面看看二毛设计的“山寨”网页吧。

【案例操作】

（1）在 360 网页浏览器地址栏中输入“http://www.un.org/zh/index.html”并按回车键，打开联合国中文网，如图 3-10 所示。

图 3-10　联合国中文网首页

（2）执行【文件】→【保存网页为图片】命令，将当前网页保存为 PNG 图片。

（3）启动 Axure RP 软件，在主页页面中将步骤（2）获得的 PNG 图片添加进来，选择该图片后，在【样式工具栏】中将其 x 和 y 坐标值都设置为 0，也就是将图片左上角与当前页面的左上角对齐。

（4）重新设置欢迎词。在网页欢迎词的位置添加一个无边框的矩形，然后使用填充颜色列表框中的吸管工具吸取要填充的颜色，如图 3-11 所示。

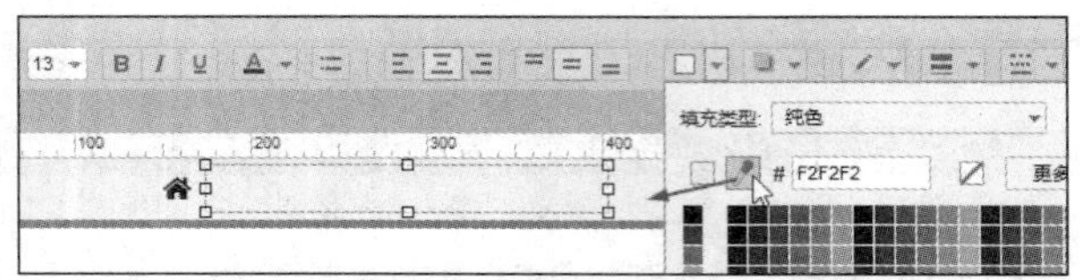

图 3-11　使用吸管工具吸取要填充的颜色

（5）添加一个文本标签元件并输入自己喜欢的欢迎词，如图 3-12 所示。

（6）使用相同的方法，更换原来的标志和文本，换成二毛自己的头像和店名，如图 3-13 所示。

图 3-12　输入的新欢迎词

图 3-13　更换标志和文本

对于网页的其他部分，二毛也是使用上面方法完成的。鉴于本书篇幅所限，就不再一一列举二毛的所有操作步骤了。

本章总结

通过本章的学习，读者应熟悉掌握导入图片方法以及如何对图像进行一些简单的编辑，如固定边角、裁剪和切割图片以及对图片添加圆角等操作。读者不但要掌握这些命令的使用方法，更重要的是掌握在什么情况下使用这些命令。另外，对于 Axure RP 支持导入的图片格式也应有所了解，知道每种格式的图片有什么特点等。需要注意的是：Axure RP 毕竟不是一款专业的图像处理和图形绘制软件，特殊的图像和图形，建议最好在专业的图像处理软件（如 Photoshop）和图形绘制软件（如 Illustrator）中创建和编辑，然后将其导入 Axure RP 中使用。

PART04

第4章

文字处理

本章导读

- 本章将学习如何在元件上添加文本以及如何格式化文本，如设置字体、字号、对齐方式等
- 学习表格的制作

效果欣赏

学习目标

- 掌握在元件中添加文本的方法

- 掌握格式化文本的方法
- 掌握创建表格以及编辑表格的方法
- 熟练掌握格式刷工具的用法
- 熟练使用已经学过的图形、图像和文本元件设置静态的网页和手机 UI 界面

技能要点

- 格式化文本
- 格式刷工具的用法
- 表格的处理

4.1 添加文本

大多数元件都可以添加文本，本节将学习如何在 Axure RP 中添加文字。

4.1.1 应用文本元件

可以从【元件库】面板中的默认元件库中找到文本类元件，如图 4-1 所示。

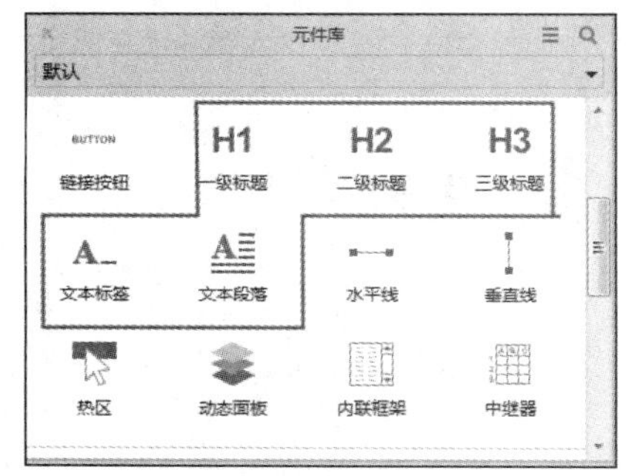

图 4-1 文本类元件

Axure RP 的一级标题、二级标题和三级标题延续了网页代码设计中的标准。通常网页代码中分成 H1 ~ H6 共 6 个级别的标题：H1 表示一级标题，代表重中之重，它在页面中与关键字一样重要，一般运用于网站标题或者头条新闻，在一些大型网站中也运用在 LOGO 上。H2 表示二级标题，主要出现在页面主体内容的文章标题和栏目标题上。H3 表示三级标题，一般出现在主要页面的边侧栏。H4、H5 和 H6 一般出现较少。另外，Axure RP 还提供了文本标签和文本段落等文本类元件。

扫码看视频教程

提示

由于 Axure RP 只是一个交互型设计软件，并非真正的网页设计软件，因此，对于标题文本的级别在原型设计中可任意使用，不用考虑文字级别的问题。

4.1.2 在其他元件中添加文本

在 Axure RP 中，添加文本并非一定要用前面所说的标题文本、标签文本和段落文本等文本类元件，实际上大多数的元件都可以添加文本。例如，基本元件中除了热区、动态面板、内联框架和中继器之外的其他元件都可以添加文本；标记元件中除了快照之外，其他的元件都可以添加文本。

另外，所有的图标类元件和流程图元件（快照除外）也都可以直接添加文本。实际上，一级标题、

二级标题等文本类元件就是使用矩形图形元件添加的文本。

4.1.3 添加文本的方法

添加文本的方法归纳起来有 4 种。

1. 双击元件输入文本

双击元件后，元件中会出现一个闪烁的文本光标，此时可以输入文本。

2. 直接选择元件输入文本

选择元件后，直接通过键盘输入文本。

3. 右击元件输入文本

在元件上右击，从弹出的快捷菜单中执行【编辑文本】命令，然后输入文本。

4. 从外部程序复制文本

还可以从其他的程序（如 Word、Excel 等办公软件）中复制文本，然后将文本粘贴到 Axure RP 的元件中。方法是：在其他程序中选择要复制的文本并按【Ctrl+C】组合键复制，切换到 Axure RP 的界面后，右击鼠标，从弹出的快捷菜单中执行【粘贴】(【Ctrl+V】) 或者执行【特殊粘贴】→【粘贴为纯文本】(【Ctrl+Shift+V】) 命令。

那么【粘贴】和【粘贴为纯文本】有什么区别呢？实际上，许多时候，从外部文字处理程序（如金山的 WPS 等）或者从网页浏览器的网页上复制到 Axure RP 中的文本，无论是执行【粘贴】还是【粘贴为纯文本】，得到的文本效果并无区别。但是，如果在 Axure RP 中对文本设置字体、字号、颜色等格式后，再复制这些文本，然后执行【粘贴】(【Ctrl+V】) 命令，可以看出粘贴的文本与复制时的文本格式相同；如果执行【粘贴为纯文本】(【Ctrl+Shift+V】) 命令，则粘贴后的文字只保留文字的内容，原来的字体、字号及颜色全部消失了。

4.1.4 适合文本大小

适合文本大小是指文本框架的宽度或者高度与框架内文本的宽度或者高度大小匹配。可以双击文本框架边缘的控制点快速实现框架适合文本的操作。

双击框架左右两条边的任意一个控制点，可以使框架宽度适合文本的宽度；同样，双击框架上下两条边的任意一个控制点，可以使框架高度适合文本的高度。

双击框架 4 个角的任意一个控制点，可以使框架大小适合文本大小。除了双击控制点使框架适合文本之外，还可以单击【检视】→【样式】子面板中的【适合文本宽度】按钮 和【适合文本高度】按钮 。

4.2 应用表格

表格也是原型设计中常用的一项元素，尤其是在使用中继器元件收集和管理数据时，表格大有用武之地，Axure RP 具备简单创建和编辑表格的功能。

4.2.1 创建表格

Axure RP 有两种创建表格的方法。

1. 使用表格元件

在默认的【元件库】面板中，可以从【菜单和表格】元件库中找到表格的图标。将表格元件拖曳到页面中，会得到一个三行三列的表格。

2. 使用特殊粘贴命令

Axure RP 支持从金山 WPS 办公软件、微软 Office 办公软件复制表格数据。图 4-2 是在金山 WPS 表格处理软件中生成的表格。Axure RP 也支持在记事本这样的纯文本程序中使用【Tab】键分列、使用【Enter】键换行的数据，如图 4-3 所示。

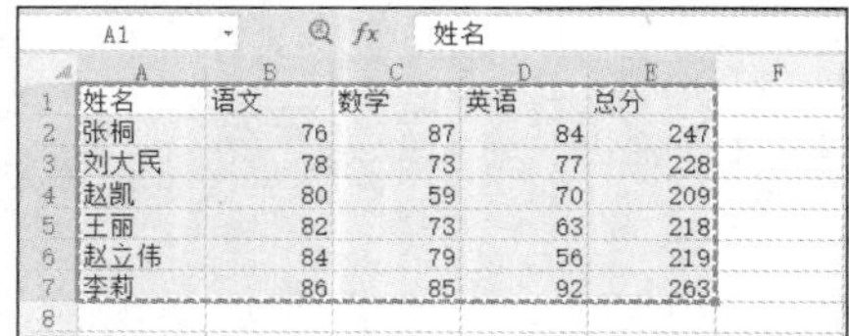

姓名	语文	数学	英语	总分
张桐	76	87	84	247
刘大民	78	73	77	228
赵凯	80	59	70	209
王丽	82	73	63	218
赵立伟	84	79	56	219
李莉	86	85	92	263

图 4-2 WPS 中的表格

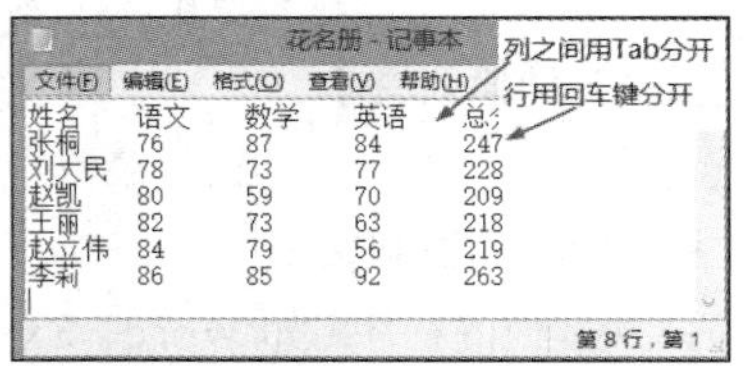

图 4-3 使用记事本输入的数据

对上面的数据执行【复制】(【Ctrl+C】) 命令后，切换到 Axure RP 程序界面中并在页面上右击鼠标，从弹出的快捷菜单中执行【特殊粘贴】→【粘贴为表格】命令，可以生成 Axure RP 的表格，如图 4-4 所示。

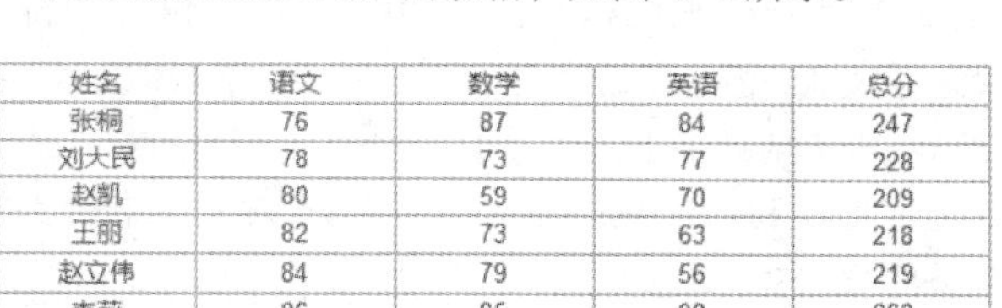

姓名	语文	数学	英语	总分
张桐	76	87	84	247
刘大民	78	73	77	228
赵凯	80	59	70	209
王丽	82	73	63	218
赵立伟	84	79	56	219
李莉	86	85	92	263

图 4-4 粘贴为表格

4.2.2 选择表格

在 Axure RP 中可以非常便捷地选择列、行、单元格，方法与专业的表格处理软件颇为相似，所以，如果读者掌握了金山 WPS 表格处理软件或微软 Excel 表格软件的基础操作，可以跳过本小节直接学习下一章。

1. 选择列

将鼠标指针放在一列的顶部位置，当鼠标指针变成一个纵向下指的粗黑箭头时，单击鼠标可选择一列数据，如图 4-5 所示。如果配合使用【Shift】键或【Ctrl】键，可以同时选择多列，如图 4-6 所示。

选择列

姓名	语文	数学	英语	总分
张桐	76	87	84	247
刘大民	78	73	77	228
赵凯	80	59	70	209
王丽	82	73	63	218
赵立伟	84	79	56	219
李莉	86	85	92	263

图 4-5 使用鼠标单击选择列

按【Alt】或者【Ctrl】单击可选择多列

姓名	语文	数学	英语	总分
张桐	76	87	84	247
刘大民	78	73	77	228
赵凯	80	59	70	209
王丽	82	73	63	218
赵立伟	84	79	56	219
李莉	86	85	92	263

图 4-6 使用鼠标选择多列

除了上面的方法之外，还可以右击表格，从弹出的快捷菜单中执行【选择列】命令。

2. 选择行

选择行和选择列的方法基本相同，将鼠标指针放在表格的左边，鼠标指针会变成一个横向右指的粗黑箭头，此时单击即可选择一行。配合使用【Shift】键或【Ctrl】键，可以同时选择多行，如图 4-7 所示。

选择行

姓名	语文	数学	英语	总分
张桐	76	87	84	247
刘大民	78	73	77	228
赵凯	80	59	70	209
王丽	82	73	63	218
赵立伟	84	79	56	219
李莉	86	85	92	263

图 4-7　使用鼠标单击选择行

除了上面的方法之外，也可以右击表格，从弹出的快捷菜单中执行【选择行】命令。

3. 选择单元格

使用鼠标直接单击可选择一个单元格，如果要选择多个单元格，则可以在按住【Shift】键或【Ctrl】键的同时单击鼠标。还可以按下鼠标左键拖曳鼠标，选择多个连续的单元格。

4. 选择整个表格

使用鼠标拖曳的方法将所有单元格选中就等于选择整个表格了吗？不是的，如果用这样的方法选择所有的单元格，再按【Delete】键，删除的只是单元格中的文字内容，表格并未删除。选择整个表格的正确方法是：单击表格线，当表格周围出现 8 个小方格（控制点）时，就表示选择了整个表格，此时再按【Delete】键删除的就是整个表格了。

4.2.3　编辑表格

编辑表格主要是指改变表格的大小、改变行高和列宽以及插入、删除行和列等。

1. 改变表格大小

使用前面的方法选择整个表格后，将鼠标指针放在 8 个控制点上，当鼠标指针变成双向白箭头指针时，按下左键拖动即可改变表格大小。

2. 改变行高和列宽

选择表格后，将鼠标指针放在列线或行线上，鼠标指针会变成双向黑箭头，此时按下鼠标左键拖动即可改变列宽或者行高。

3. 插入行和列

如果要在现有的表格中插入行或列，可以右击某个单元格，从弹出的快捷菜单中执行相应的插入行和列的命令。还可以在【检视】→【属性】子面板中单击插入行和插入列按钮，如图 4-8 所示。

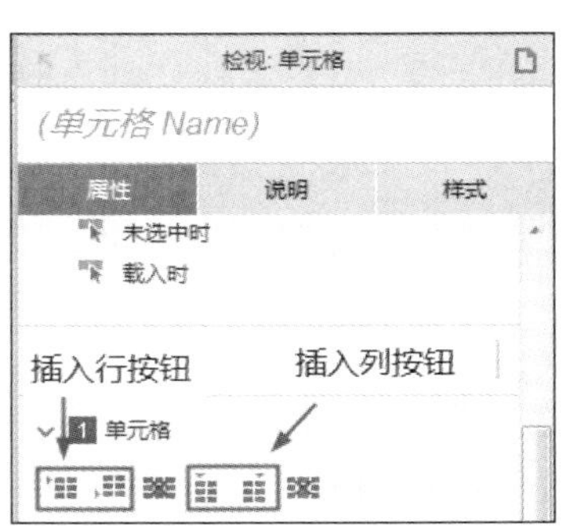

图 4-8　插入行和列按钮

4. 删除行和列

删除行或列的方法与插入行和列的方法基本相同，一种方法是右击某个单元格，从弹出的快捷菜单中选择【删除行】或者【删除列】命令。另一种方法是通过程序界面右侧的【检视】→【属性】面板中的【删除行】和删除【列】按钮。

5. 设置单元格的边框和底色

选中单元格，在【样式工具栏】或者【样式】子面板中可以设置边框色和底色，其方法与设置一般图形的边框色和填充色没有区别。

4.3 格式化文本

格式化文本是指对文本设置相应的参数，包括设置文本的字体、字号、颜色，加粗，倾斜，添加下划线，对齐，设置行间距等。

4.3.1 使用样式工具栏

设置文本的一般格式，可通过 Axure RP 的样式工具栏进行操作，如图 4-9 所示。

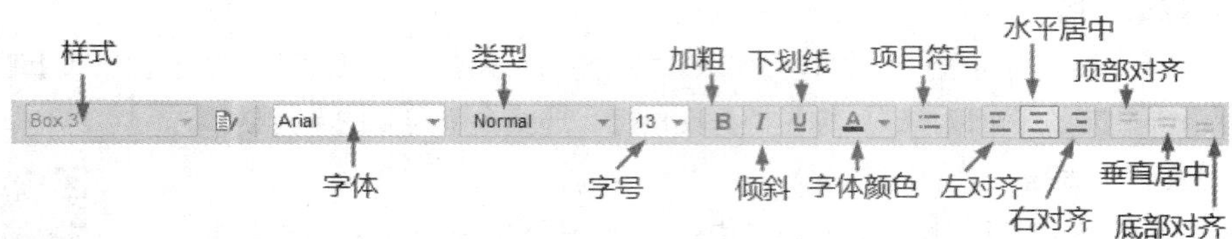

图 4-9　样式工具栏的文本格式化选项

4.3.2 使用【样式】子面板

【样式】子面板包含了样式工具栏中的所有参数和按钮，还增加了【文字投影】、【行间距】和【边距】选项，如图 4-10 所示。

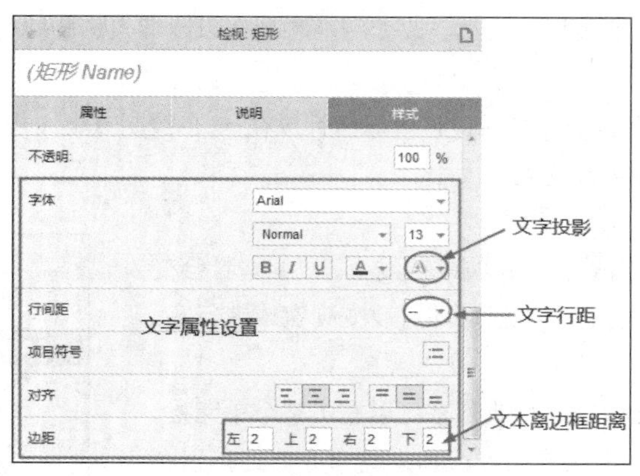

图 4-10　【样式】子面板中的文本属性设置

【文字阴影】可以对文字添加阴影，与“阴影”参数中的阴影不同的是：前者只对文本添加阴影，后者是对图形或图像元件添加阴影。

【文字行距】可通过该参数设置段落文字行和行之间的距离。

【边距】控制文本与矩形 4 条边的距离。

在【样式】子面板的顶部还有一个“文本旋转”参数，设置该参数可以使矩形框架内的文本旋转，而矩形文本框架不变，如图 4-11 所示。与文本旋转不同，左侧的对象旋转参数是指文本框架旋转，至于文本是否旋转，要看文本旋转参数的设置，如图 4-12 所示。

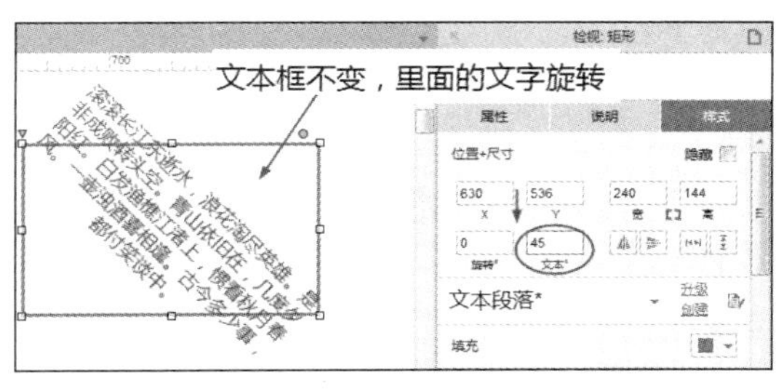

图 4-11　文本旋转

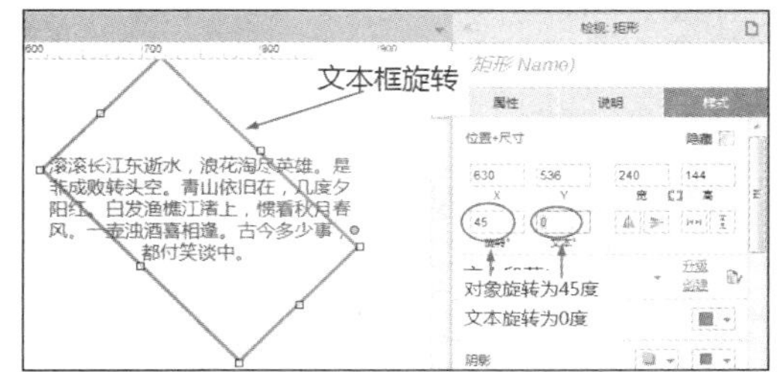

图 4-12　对象旋转

4.3.3　使用格式刷

如果读者用过 Word 文字处理程序，那么对于其中的格式刷应该有深刻的印象。其实，Axure RP 中也有一个类似的格式刷工具（【Ctrl+9】），在主工具栏中就可以找到它，如图 4-13 所示。

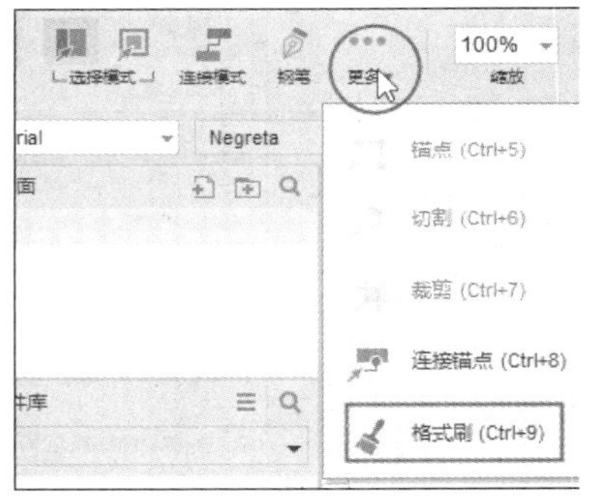

图 4-13　格式刷工具

格式刷工具的用法如下。

（1）选择带文本的元件，如图 4-14（a）所示，没有必要双击选择里面的文字，如图 4-14（b）所示。

建议这样选择　　不建议这样选择

图 4-14　选择带文本的元件

（2）按【Ctrl+9】组合键执行【格式刷工具】命令，在打开的【格式刷】对话框中，选择已经设置好的“元件样式”，下面参数会自动改变，或者也可以逐一修改各个参数，例如，将字体设置为“宋体”，将字号设置为“20”，将字体颜色设置为红色，如图 4-15 所示。设置完成后，单击【格式刷】对话框下方的【应用】按钮，可以将设置的选项应用于选择的文本。

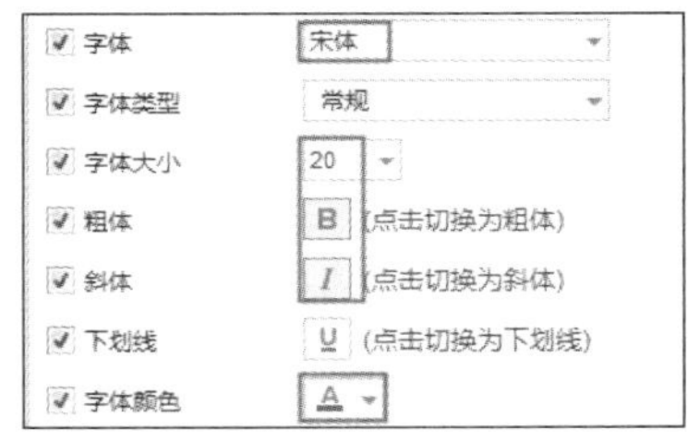

图 4-15　设置【格式刷】选项

如果要将一段文本的样式应用于另一段文本中，则可以打开【格式刷】对话框后，选择要复制的段落文本，然后单击【复制】按钮，接下来选择要应用该样式的文本并单击【应用】按钮。

扫码看视频教程

案例演练　网页文字排版

【案例导入】

文字是网页中的基本元素之一，必须重视网页中的文字板式设计。如果文字版式设计能力比较弱，那么设计的原型也不会得到客户的认可。作为初学者而言，模仿就是最好的老师。二毛深知这一点，自从学习了 Axure RP 的文字处理这一章节后，二毛每天都坚持在软件中模仿一个网页的文字板式。今天，他又仿照东方头条首页在 Axure RP 中练习了文字排版。二毛完成的效果如图 4-16 所示。

图 4-16　本例效果

【操作说明】

文字排版看似简单实则蕴含着很高的技术含量，在网页中，文字排版要考虑字体、字号、行长、行距及背景等问题。中文字体一般使用微软雅黑或华文细黑体；正文字号一般在 14～18 像素；每行通常在 30～40 个汉字比较合适；行距则一般采用字号的 1.5～1.8 倍比较合适；如果要添加背景色，则以浅灰色或者浅黄色为宜，字体颜色一般采用深灰色、黑色、藏蓝色为主。下面来看看二毛的制作步骤吧！

【案例操作】

（1）启动 Axure RP 程序，进入主页后先拖出左右两条参考线作为网页宽度的参照，如果排版时，网页左侧正好对齐当前页面的左侧位置（也就是 x 坐标值为 0），则可以只拖出右侧参考线，二毛模仿的东方头条网站页面宽度是 1 000 像素。

（2）使用矩形元件绘制搜索框并输入“阿联首回应换鞋风波”字样，字号为 14px，字体用微软雅黑，字体颜色为“#333333”，在右侧红色矩形内输入“搜索”字样，字号为 18px，字体为微软雅黑，字体颜色是白色，如图 4-17 所示。

图 4-17　在搜索框中输入文字

（3）在搜索框下方输入图 4-18 所示的文字，字体是微软雅黑，字号是 14px，字体颜色为“#9D9D9D”。

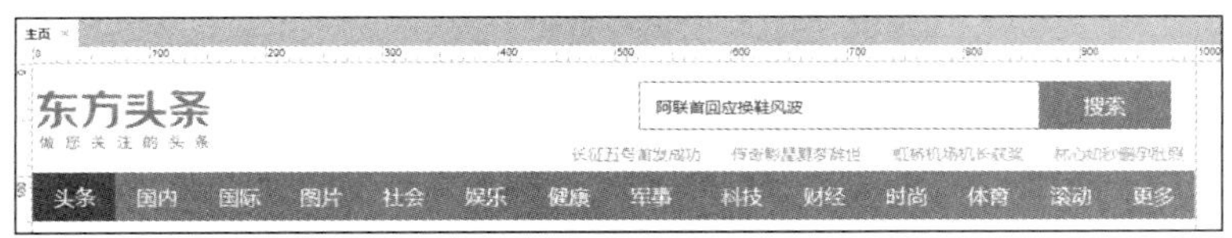

图 4-18　在搜索框下方输入的文字

（4）将搜索框右侧的“搜索”复制到下方并输入“头条”字样，然后将“头条”横向复制 13 个并分别输入图 4-19 所示的文字。

图 4-19　导航条的文字

（5）输入大标题“热点要闻”，字体是“华文大黑”，字号为 24px，为了让字体在网页中正常显示，可以右击鼠标，从弹出的快捷菜单中执行【转换为图片】命令，如图 4-20 所示。

（6）输入深灰色标题文字，字体是微软雅黑，加粗，字号为 20px，文字颜色是“#333333”，如图 4-21 所示。

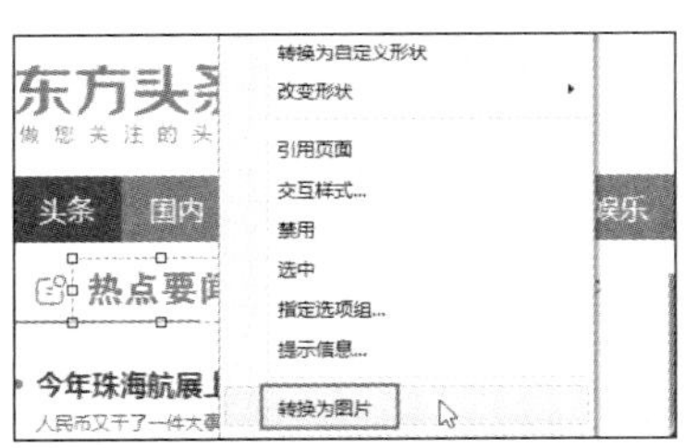

图 4-20　文本转为图片

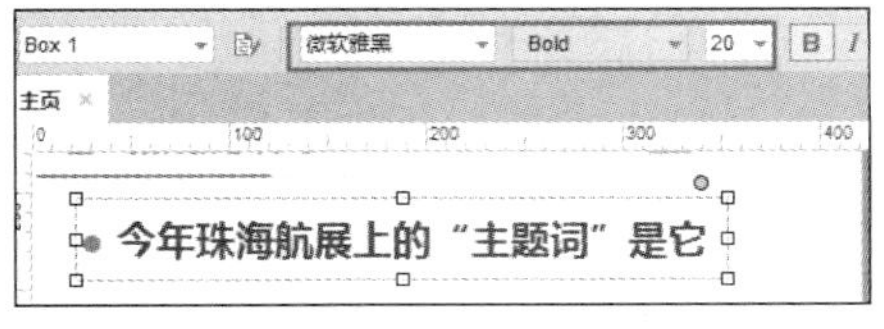

图 4-21　输入的标题文字

（7）在大标题下方输入标题小文本，文本属性与“阿联首回应换鞋风波”相同，如图 4-22 所示。

（8）将输入的标题大文本和标题小文本全部选中并向下复制 3 个副本，将每个副本的文本内容更改为图 4-23 所示的内容。

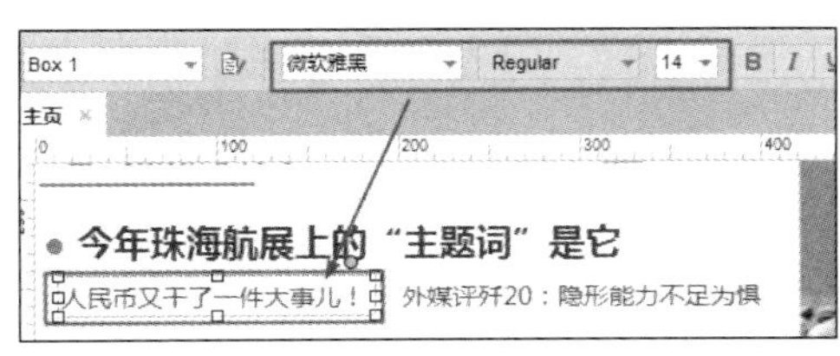

图 4-22　输入的标题小文字

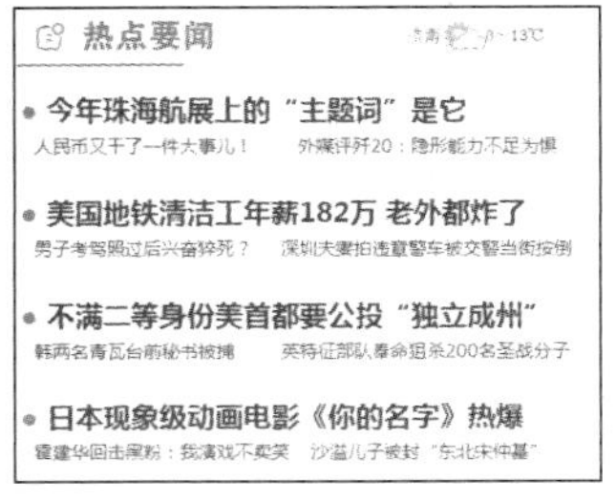

图 4-23　输入的标题大小文本

使用同样的方法，二毛完成了整个首页的文字编排。

本章总结

通过本章的学习，读者应熟悉掌握在元件中添加文本以及对文本进行格式化的操作，学会如何使用格式刷工具快速应用某个元件的样式。在本章中，还学到了创建和编辑表格的方法，如果读者有其他软件的基础，如微软办公软件或者金山办公软件，那么在学习本章内容时，一定要注意比较软件之间工具和命令的异同之处，这对学习很有帮助，可大大提高学习效率。

PART05

第5章

应用样式

本章导读

■ 本章主要学习元件样式和页面样式，在 Axure RP 中，这两种样式的应用能极大提高工作效率，这对统一版面风格起着重要的作用

■ 在本章中，还将学习【页面】面板的使用方法

效果欣赏

学习目标

■ 掌握元件样式的创建和应用

- 熟练掌握【页面】面板的使用方法
- 掌握页面样式的创建和应用
- 熟练掌握编辑元件样式和页面样式的方法

技能要点

- 创建元件样式和页面样式
- 编辑元件样式和页面样式
- 页面的添加、删除、复制、移动等

5.1 元件样式

在前面的章节中依次学习了图形、图像和文本等各类元件的使用方法，本节将使用元件样式来快速格式化这些元件。

5.1.1 打开元件样式编辑器

在 Axure RP 中，打开元件样式编辑器有 3 种方法。

1. 使用【元件样式编辑器】命令

执行【项目】→【元件样式编辑器】命令会打开【元件样式编辑器】对话框，默认状态下，Axure RP 提供了 6 个标题元件样式和一个文本段落样式，如图 5-1 所示。

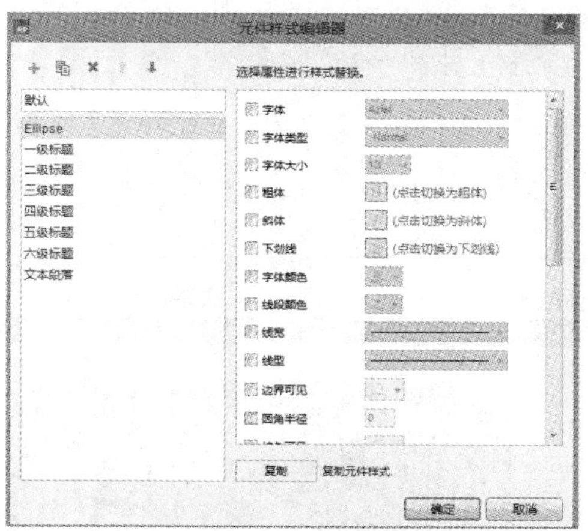

图 5-1 【元件样式编辑器】对话框

2. 使用样式工具栏的按钮

在样式工具栏中单击左侧的【管理元件样式】按钮，也可以打开【元件样式编辑器】对话框，如图 5-2 所示。

图 5-2 工具栏的【管理元件样式】按钮

3. 使用【样式】子面板

还可以在页面上选择一个元件，然后单击【样式】子面板中的【管理元件样式】按钮打开【元件样式编辑器】对话框。

5.1.2 元件样式的基本操作

打开【元件样式编辑器】对话框之后，可以新建、复制、删除和移动元件样式。

1. 新建元件样式

单击【元件样式编辑器】对话框顶部的【添加】按钮可添加一个新的元件样式。

2. 重命名元件样式

在【元件样式编辑器】对话框中新建元件样式时就可以对其重命名，如果要重命名已经命名的元件样式，则可以先选择该样式，然后在其名称处单击或者右击，当文本框被激活时可以输入新的名称。

3. 复制元件样式

在【元件样式编辑器】对话框中选择一个元件样式后，单击顶部的【复制】按钮可以复制元件样式。如果想将当前页面上的元件使用的样式复制到【元件样式编辑器】对话框的新建元件样式中，则可以在【元件样式编辑器】对话框中选择新建的样式，然后单击【复制】按钮。

4. 删除元件样式

在【元件样式编辑器】对话框中选择要删除的元件样式，然后单击顶部的【删除】按钮即可。

5. 移动元件样式的顺序

在【元件样式编辑器】对话框中可以直接按下鼠标左键向上或者向下拖动以改变元件样式的上下顺序；也可以先选中要移动的样式，然后单击顶部的【向上移动】按钮或【向下移动】按钮。

5.1.3 应用元件样式

有两种方法可以应用元件样式。

（1）通过【样式工具栏】

在页面中选择元件后，单击【样式工具栏】左侧的元件样式列表按钮，从弹出的样式列表中选择要应用的元件样式。

（2）通过【样式】子面板

选择页面中的元件后，在程序界面右侧的【检视】→【样式】子面板中也可以找到元件样式列表按钮。

5.1.4 更新元件样式

图 5-3 出现“升级”链接

对当前的元件重新设置样式参数时，在【样式】子面板中的样式列表按钮处会自动显示“升级”字样的链接设置，如图 5-3 所示。

单击“升级”链接后，对当前元件的样式设置的参数会自动更新到目前应用的元件样式中，这表示升级后的元件样式将采用新的参数设置。

5.2 页面样式

Axure RP 中不但有元件样式，而且有页面样式。页面样式就是专门针对页面进行的各种参数设置。本节主要学习【页面】面板的基本操作以及页面样式的创建和应用等。

5.2.1 【页面】面板的基本操作

【页面】面板是 Axure RP 中专门用于管理页面的地方。默认状态下，Axure RP 启动后会在【页面】面板中自动创建包含一个主页和三个子页的文件。执行【视图】→【面板】→【页面】命令可以控制【页面】面板的显示和隐藏。在【页面】面板中，可以添加、删除和移动页面以及存放页面的文件夹，下面就来学习【页面】面板是如何管理页面的。

1. 添加页面/文件夹

有两种方法可以添加页面/文件夹：单击【添加页面】按钮/【添加文件夹】按钮或者右击页面，在弹出的快捷菜单中，执行【添加】中的相应子菜单命令。

通过右击页面弹出的快捷菜单中，“页面之前”是指添加的页面在当前页面的前面，使用该命令添加的页面与原页面是一个级别的，如图 5-4 所示。

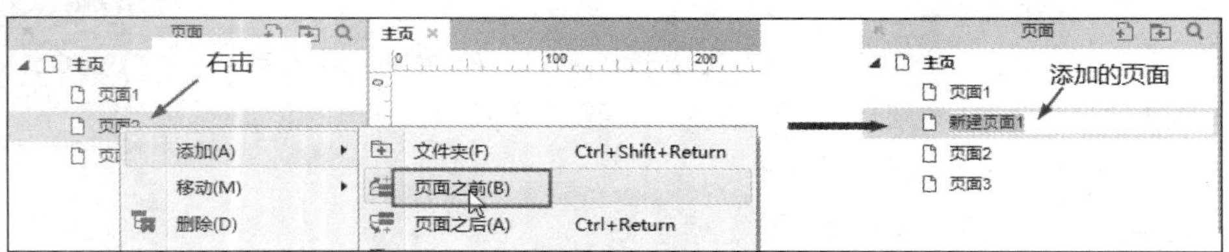

图 5-4 页面之前添加新页面

同样道理，使用“页面之后”(【Ctrl+Return】)添加的页面就是在当前页之后，所添加的页面与原页面也是一个级别的。如果执行【添加】→【子页面】命令，则创建的页面将成为当前页的一个子页面，如图 5-5 所示。

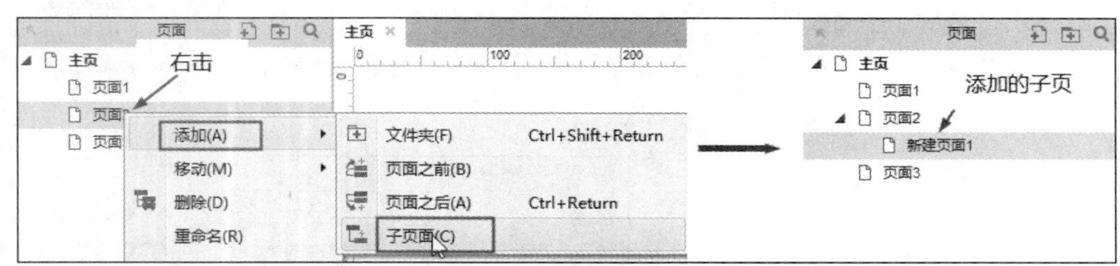

图 5-5 创建子页面

2. 删除页面/文件夹

可按【Delete】键或右击鼠标，从弹出的快捷菜单中执行【删除】命令来删除选择的页面或文件夹。

3. 移动页面/文件夹

有两种方法可以移动页面/文件夹：使用鼠标直接拖动或右击页面/文件夹，从弹出的快捷菜单中执行相应的移动页面/文件夹命令，如图 5-6 所示。

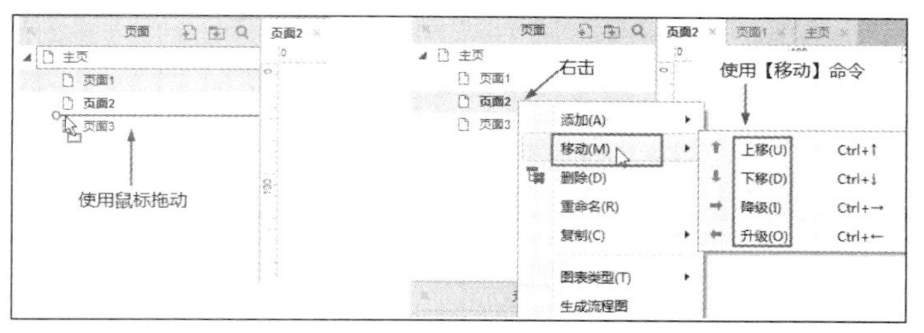

图 5-6 使用按钮移动

使用上面的两种方法移动页面/文件夹，既可以按级别相同的顺序【上移】(【Ctrl+↑】)和【下移】(【Ctrl+↓】)，也可以将页面/文件夹【降级】(【Ctrl+→】)或者【升级】(【Ctrl+←】)排列。在【页面】面板中，文件夹可作为页面的子文件夹，页面也可以作为文件夹的子页面。

4. 重命名页面/文件夹

有两种方法可以重命名页面/文件夹：可先选择页面/文件夹，然后再单击一次页面/文件夹的名字，即可激活文本输入框；或者右击页面，从弹出的快捷菜单中执行【重命名】(【F2】)命令，然后输入新的名称即可。

5. 复制页面/文件夹

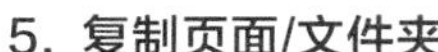

右击页面/文件夹，从弹出的快捷菜单中执行【复制】中的子命令。如果选择执行的复制命令是【页面】/【文件夹】，则复制的页面/文件夹只能是选中的页面/文件夹，其下的子页/子文件夹不会被复制。如果执行的复制命令是【子项】，那么复制的页面/文件夹中会包含其下的子页/子文件夹。

6. 查找页面/文件夹

当【页面】面板中的页面比较多，查找不方便时，可以单击【页面】面板顶部的【查找】按钮🔍。使用页面查找功能输入页面的完整名字或只输入页面名称中的某几个字，即可在页面中显示出要查找的页面，其他页面则被隐藏。

7. 关闭和打开页面

如果在 Axure RP 打开的页面比较多，可以根据情况选择关闭几页或关闭全部。如果要关闭一页或几页，可以单击页面标签右侧的×标志。还可以在页面标签上右击鼠标，从弹出的快捷菜单中执行【关闭标签】(【Ctrl+W】)、【关闭全部标签】(【Shift+Ctrl+W】)和【关闭其他标签】命令。单击页面标题栏右侧的小黑三角按钮同样可以弹出关闭页面标签命令。如果要将【页面】面板中的某个页面打开，则可以直接双击该页面。

8. 切换页面

单击相应的页面标签即可切换到相应的页面；也可以单击页面标题栏右侧的小黑三角按钮，在弹出的命令列表中选择相应的页面即可。

Axure RP 还提供了切换页面的快捷键，按【Ctrl+Shift+Tab】组合键可以向后切换页面，按

【Ctrl+Tab】组合键可以向前切换页面，二者都可以循环切换页面。

5.2.2 页面格式化

页面格式化就是设置页面的相关属性，设置页面属性是在【检视】面板中进行的。默认状态下，如果不选择页面上的任何元件，则【检视】面板标题栏上将出现“页面”字样，此时【样式】子面板中显示页面的样式参数，如图 5-7 所示。

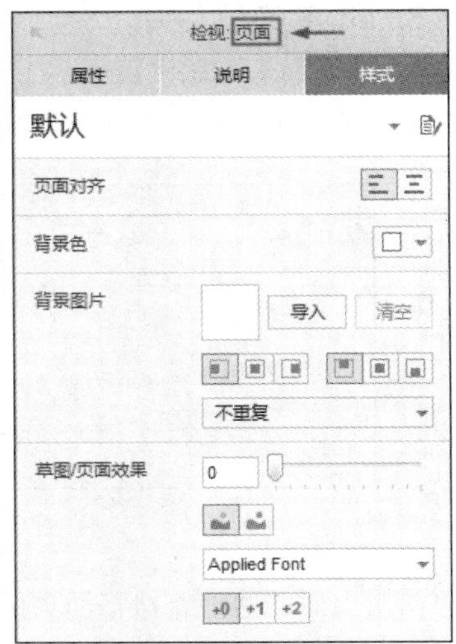

图 5-7　页面样式参数

如果选择了页面上的一个或多个元件，则【检视】面板标题栏上将出现元件的名称，此时，可以单击【检视】面板标题栏右侧的【页面】按钮，在页面样式和元件样式之间切换，如图 5-8 所示。

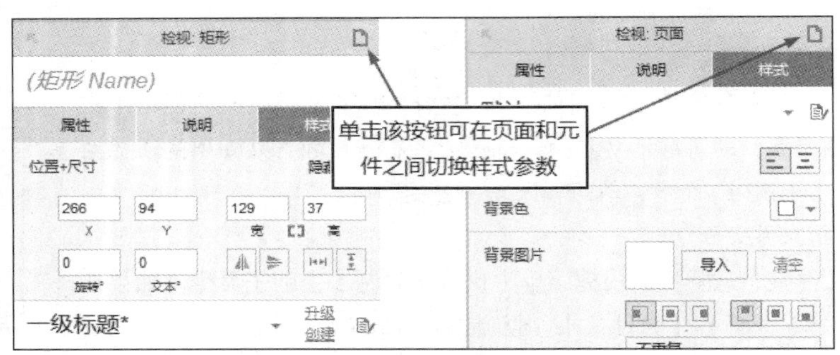

图 5-8　切换页面样式和元件样式

下面讲解页面【样式】子面板中的参数。

1. 页面对齐

页面对齐是指控制页面中的元件在浏览器窗口中的位置，包含左对齐和水平居中对齐两种。

【左对齐】是在浏览器中，页面中的所有元件作为一个整体靠左对齐，这也是 Axure RP 默认的页面对齐方式，如图 5-9 所示。

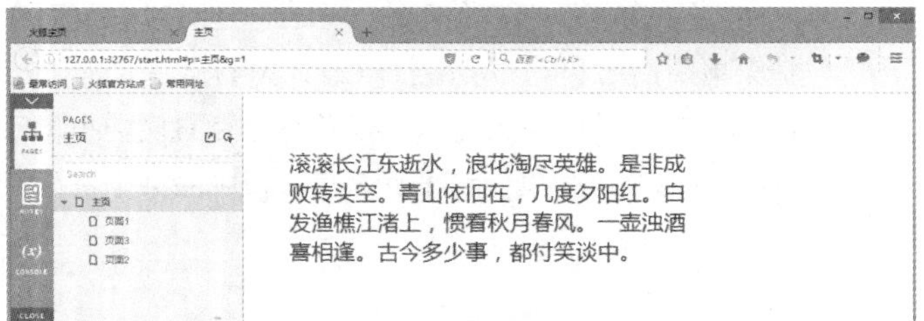

图 5-9　页面左对齐

【水平居中】是在浏览器中，页面中的所有元件作为一个整体居中对齐，如图 5-10 所示。

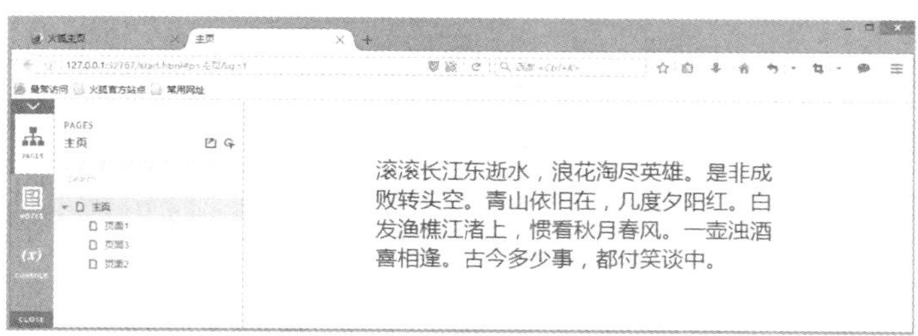

图 5-10　页面居中对齐

2. 背景色

通过该参数可以给浏览的页面添加一种颜色作为背景，但不能给页面添加渐变色作为背景色，这一点与图形元件的填充色不同。单击背景参数栏右侧的 按钮，可以打开背景颜色设置列表。给页面指定一种背景色后，会在 Axure RP 的页面中直接显示出来。

3. 背景图片

通过该参数可以给页面指定图片作为其背景，单击背景图片参数栏右侧的【导入】按钮可弹出导入图片对话框，在该对话框的文件类型下拉列表中列出了可供导入的图片格式，主要包括 GIF、JPG、PNG、BMP、SVG 等。如果要清除作为页面背景的图片，可以单击背景图片参数栏右侧的【清空】按钮，如图 5-11 所示。

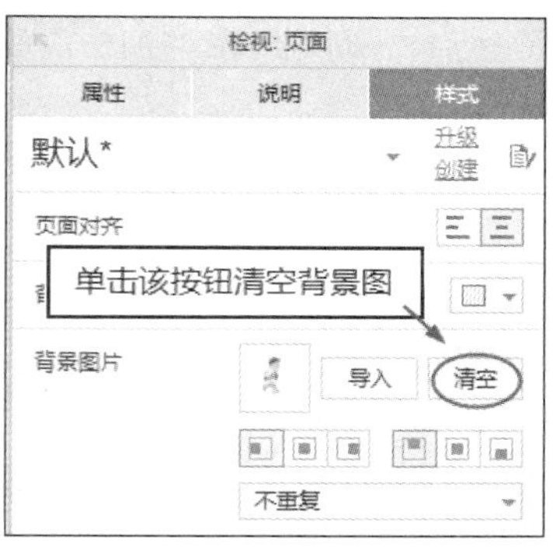

图 5-11　清空背景图片按钮

在背景图片参数栏中，还可以设置背景图片在页面中的对齐方式，包括水平方向左、中、右对齐和垂直方向上、中、下对齐，如图 5-12 所示。

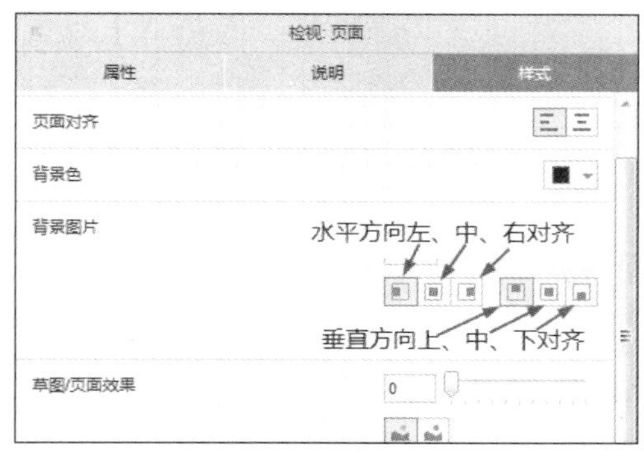

图 5-12　背景图片的对齐方式

水平方向左、中、右 3 种对齐方式必须和垂直方向上、中、下 3 种对齐方式配合使用，例如，采用水平方向左对齐，垂直方向顶部对齐。

4. 草图/页面效果

设置该参数栏的草图参数，可让页面上的图形元件变成手绘线条的效果。

还可以在草图/页面效果参数栏中设置背景图片重复的方式，包括不重复、重复、水平重复、垂直重复、填充和适应等选项，各种选项的效果如图 5-13 所示。

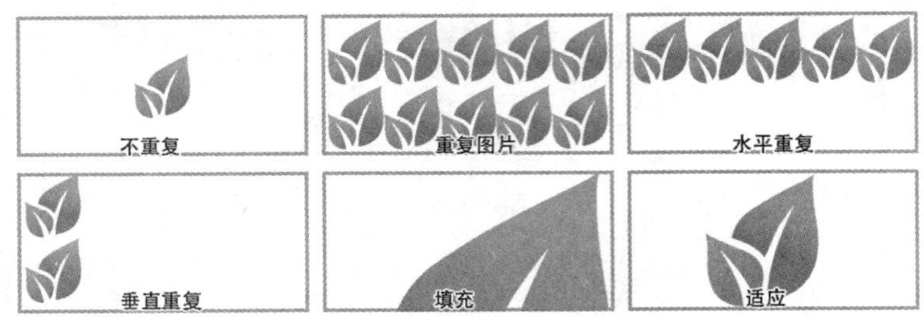

图 5-13　背景图像重复的方式示例图

如果想在预览页面时显示灰色，可以单击页面【样式】子面板中的【灰度】按钮，如果要显示原来的颜色，则可以单击【原色】按钮。

默认状态下，页面中显示的文字字体是通过样式工具栏中的字体设置的，如果要统一指定显示在页面上字体，则可以在“草图/页面效果”参数栏中指定统一使用的字体，如图 5-14 所示。

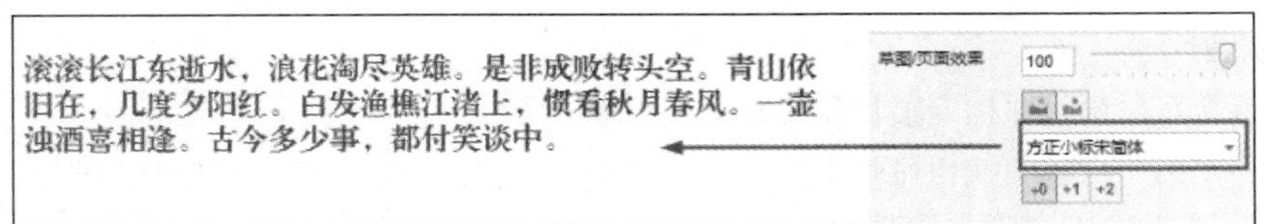

图 5-14　指定页面统一显示的字体

对于图形元件，还可以对其边框添加加粗效果，只要单击“草图/页面效果”参数栏底部的增加线宽按钮即可，如图 5-15 所示。

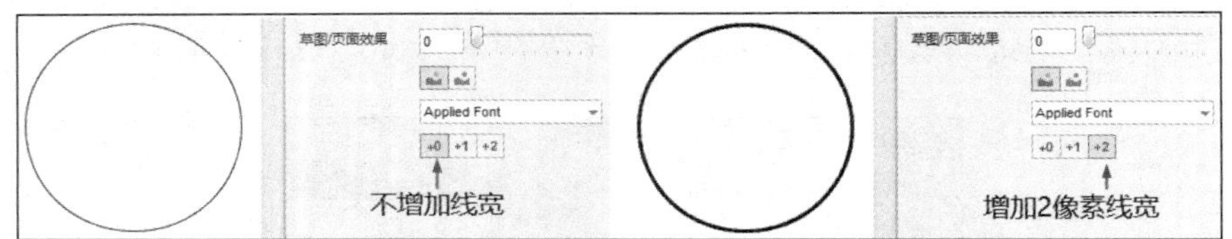

图 5-15　增加线宽按钮

5.2.3　创建和应用页面样式

可以将设置好的页面属性参数保存到页面样式中，以后应用时，可以直接使用创建好的样式，而且可以使多个页面使用同一个页面样式，这对统一版式、提高效率有很大帮助。在 Axure RP 中，创建页面样式是通过【页面样式编辑器】对话框进行的，打开【页面样式编辑器】对话框有两种方法。

1. 使用【项目】菜单命令

执行【项目】→【页面样式编辑器】命令。

2. 使用页面的【样式】子面板

在【样式】子面板中，单击【管理页面样式】按钮。

使用以上两种方法都可以打开【页面样式编辑器】对话框。该对话框中显示的参数与页面的【样式】子面板中的参数一样，单击对话框顶部的【添加】按钮可新建一个页面样式。将创建的页面样式应用于某个或某些页面后，可以继续修改和编辑页面的样式参数，此时，在页面的【样式】子面板中对应于当前页面的样式名称右侧会自动显示“升级”字样。单击“升级”后，对页面样式参数所做的更改就会更新到当前选择的页面样式中。

案例演练　网页版面设计

【案例导入】

Axure RP 虽然只是一款原型交互设计软件，但是在网页排版方面却不逊于专业的网页软件（如 Dreamweaver），而且更方便。要想使用 Axure RP 设计出高保真的网页原型，就必须熟练使用它的工具和命令，尤其是样式的应用，能极大地提高原型设计效率。在本例中，二毛将使用 Axure RP 设计悠哉网的首页，通过本例的学习，读者可以充分领会到样式在原型设计中的应用。本案例完成效果如图 5-16 所示。

图 5-16　本例效果

【操作说明】

因为本例主要针对悠哉网的首页进行网页排版设计，所以主要使用的是元件样式。通过观察悠哉网首页（http://bj.uzai.com），可以看出使用了哪些元件样式，如导航条、小标题、分类标题、正文、图片等都可以创建各自的样式。在应用元件样式时，最好是在排版的同时创建并使用样式，以避免排版完毕后再逐个添加样式的麻烦。另外，虽然本例是模仿悠哉网首页排版，但是也要在设计中添加自己的一些想法，没有必要完全照抄别人的东西。下面来看看二毛的制作步骤吧！

【案例操作】

（1）启动 Axure RP 程序，将主页名称改为“首页”，在首页顶部使用【元件库】中的文本标签元件添加“下载手机客户端”，默认状态下，使用文本标签元件添加的文字都自动应用名为“Label”的元件样式，如图 5-17 所示。

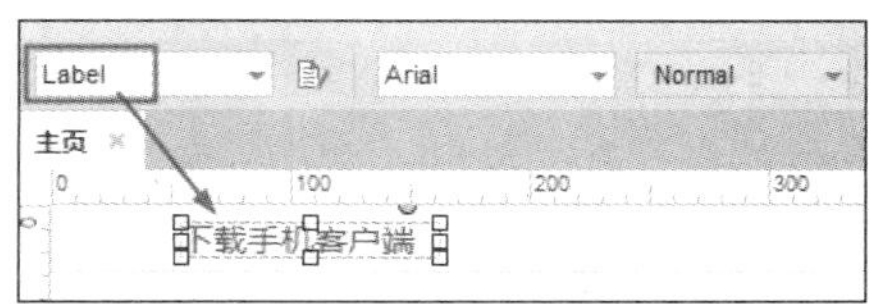

图 5-17　应用“Label”的文字

（2）单击管理元件样式按钮打开【元件样式编辑器】对话框，将“Label”名称改为“悠哉网文本 1”，如图 5-18 所示。

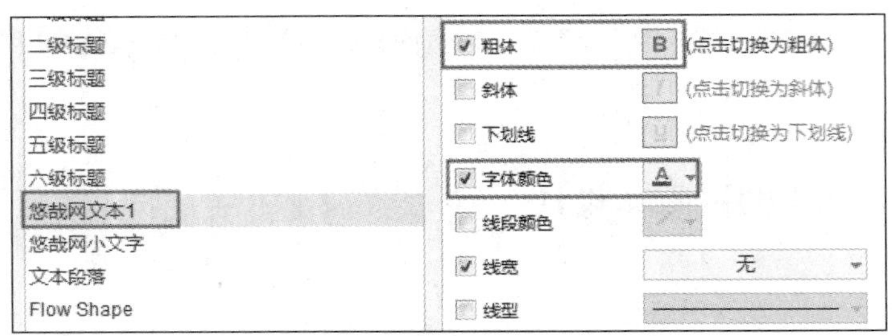

图 5-18　更改样式名称

（3）使用同样的方法输入其他应用“悠哉网文本 1”样式的文字，如图 5-19 所示。

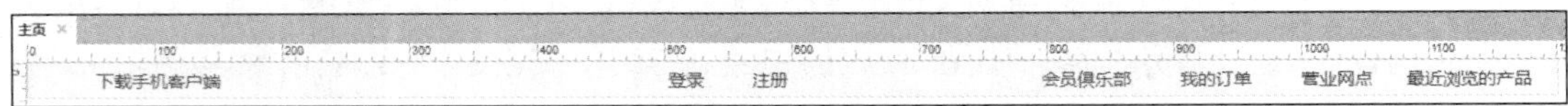

图 5-19　输入的其他文字

（4）创建图 5-20 所示的图形并输入文本，将背景色设置为品红色，字号为 12，文字的颜色为白色，如图 5-20 所示。

图 5-20　创建图形并输入文字

（5）选择步骤（4）创建的彩色图形元件，在【元件样式管理器】对话框中单击底部的【复制】按钮，将当前选择的元件所用的样式参数复制到【元件样式管理器】对话框中，然后重新命名当前图形所用样式为“悠哉网图形文字 2”。

（6）选择“营业网点”所在矩形并应用步骤（5）定义的“悠哉网图形文字 2”元件样式，如图 5-21 所示。

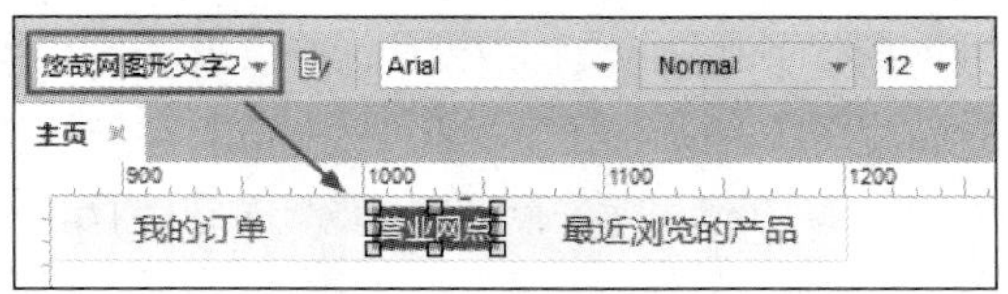

图 5-21　应用元件样式

（7）创建并设置好“搜索”图形样式，如图 5-22 所示，然后在【元件样式管理器】对话框中新建一个样式并命名为“悠哉网导航文字”，选择该样式后，单击对话框底部的【复制】按钮，将选择元件的样式复制到新建的元件样式中。

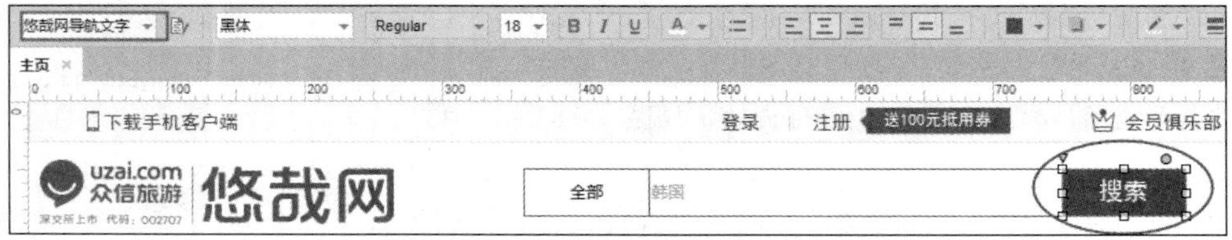

图 5-22　新建元件样式

（8）将“搜索”所在矩形复制到下方生成导航栏，这些文本所在矩形都应用了相同的样式，如图 5-23 所示。

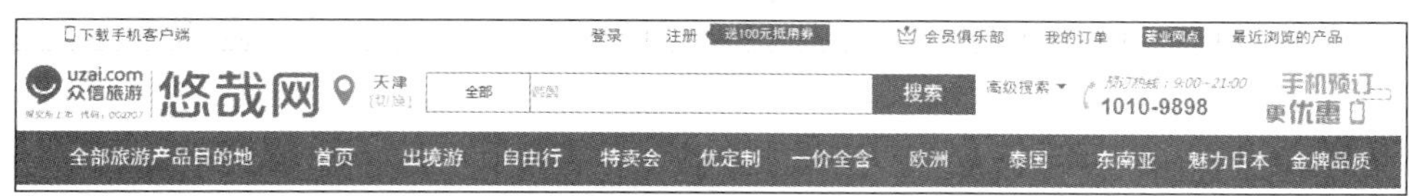

图 5-23　复制的元件都应用相同样式

（9）使用与步骤（8）相同的方法，将“登录”文本标签复制到导航栏下方，然后更改文本内容，得到图 5-24 所示的文字内容，这些文字所在的矩形也都应用了与“登录”文本标签相同的元件样式。

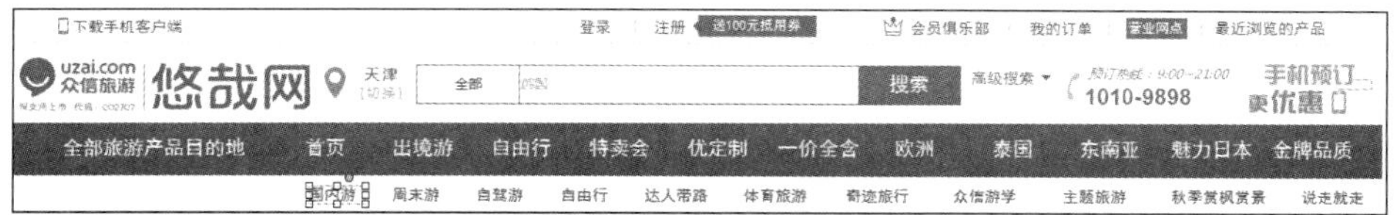

图 5-24　添加的文本

（10）打开【元件样式编辑器】对话框，在对话框中选择“悠哉网文本 1”，然后勾选字体加粗选项并将字体颜色设置为品红色，如图 5-25 所示。

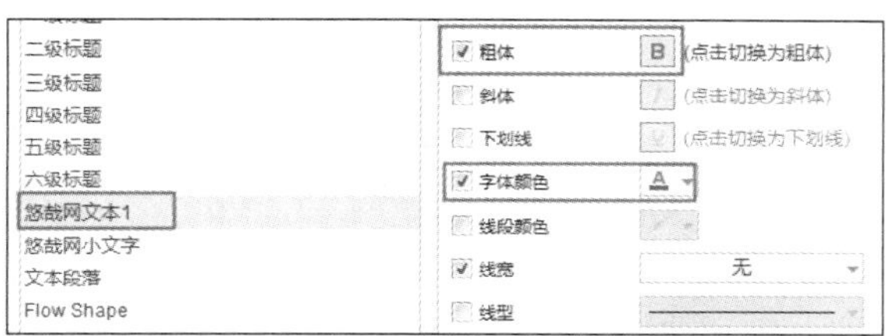

图 5-25　编辑元件样式

（11）单击【确定】按钮，就会发现应用此样式的所有元件的字体都发生了改变，如图 5-26 所示。

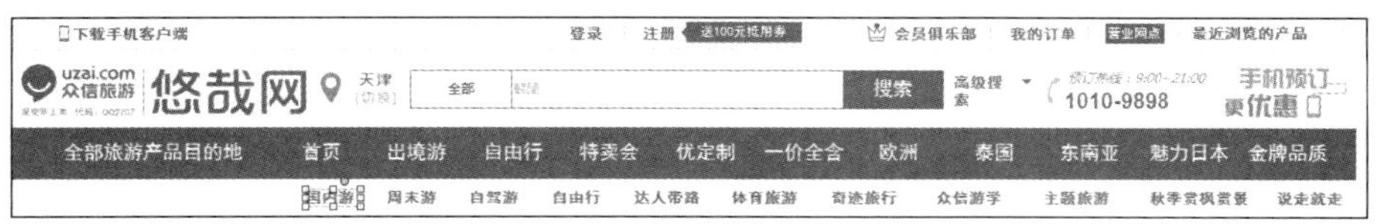

图 5-26　更新样式后的文本

使用同样的方法，二毛完成了悠哉网整个首页的设计。

本章总结

通过本章的学习，读者应熟练掌握元件样式和页面样式的创建以及使用方法。在本章中，还学习了【页面】面板的使用方法，包括新建、删除、复制页面的基本操作。

PART06

第6章 流程图

本章导读

■ 在本章中，将学习流程图元件的使用方法，千言万语不如一张图，使用流程图来表达自己的设计思想无疑是直观和高效的

■ 在本章中，还会接触到一些交互的概念

效果欣赏

比赛程序工作流程图

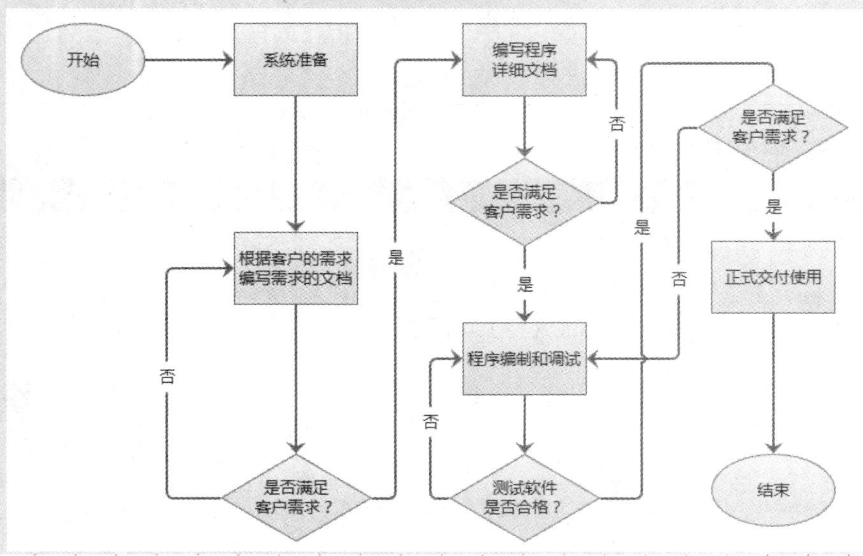

学习目标

- 掌握流程图元件的使用方法
- 掌握流程图中各个元件的含义
- 熟练使用链接工具连接流程图元件
- 熟练掌握快速生成流程图的方法
- 熟练掌握导出流程图的方法

技能要点

- 编辑流程图元件的链接锚点
- 在流程图上添加文字说明
- 编辑流程图连接线

6.1 使用流程图元件

使用 Axure RP 的流程图元件可以快速创建各种流程图，本节将学习如何使用流程图元件生成流程图。

6.1.1 认识流程图元件

在【元件库】面板中，可以找到流程图元件库，如图 6-1 所示。

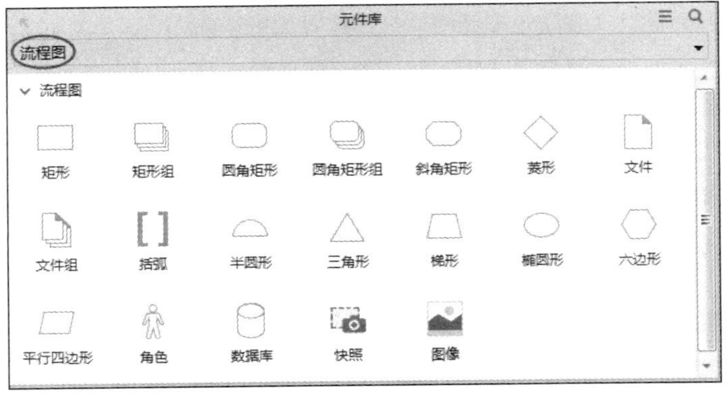

图 6-1 流程图元件库

可以看出，除了快照和图像两个元件之外，其余的流程图元件都是由一些基本图形构成的。这些图形与我们在默认元件库中使用的矩形、椭圆等元件并无本质上的区别，换言之，使用默认元件库中的元件，也可以生成流程图。

凡事都有规可循，为便于识别，流程图也有一套约定成俗的标准图形。Axure RP 中主要流程图元件的含义如表 6-1 所示。

表 6-1　流程图图标含义

序号	元件	含义	序号	元件	含义
1	矩形	要执行的处理环节，用作处理框	11	三角形	控制数据传递，一般和线条结合使用
2	矩形组	用作多个处理环节，一般指多个页面	12	梯形	用于手动操作
3	圆角矩形	表示开始或者结束，用作起止框	13	椭圆形	表示开始或者结束，用作起止框
4	圆角矩形组	用作多个起止框组合，一般用作多个开始和结束	14	六边形	流程的起始、准备
5	斜角矩形	可自定义，不常用	15	平行四边形	表示数据的输入或者输出，用作输入输出框
6	菱形	表示判断和决策，用作判断框	16	角色	模拟流程中执行操作的角色，未必一定指的是人
7	文件	生成或者调用的文件	17	数据库	表示保存网站数据的数据库
8	文件组	生成或者调用的多个文件	18	快照	调用的某个页面
9	括弧	注释说明，用作注释框	19	图像	表示一张图片
10	半圆形	页面跳转			

Axure RP 提供的这 19 个流程图元件中，“快照”元件是比较特别的一个。快照元件其实就是矩形元件，只不过我们可以在快照元件中引用某个页面的内容而已。快照元件具体用法是：将快照元件拖曳到页面中，然后就可以在快照元件中添加引用的页面了。快照引用页面有 3 种方法。

1. 双击页面中的快照元件

在打开的【引用页面】对话框中选择要引用的页面，如图 6-2 所示。

图 6-2　选择引用的页面

2. 右击页面中的快照元件

右击页面中的快照元件，从弹出的快捷菜单中执行【引用页面或者母版】命令。

3. 通过【属性】子面板添加引用页面

选择页面上的快照元件后，在【检视】→【属性】子面板的“快照”参数栏中单击“添加引用页面”。

快照引用的页面不可以是快照所在的页面。当快照引用了一个页面后，引用页面的内容如果发生了改变，则快照也会实时发生改变。默认状态下，快照引用页面后，会自动调整引用页面的大小比例，以适合快照元件的大小。

如果要在快照中显示页面的真实大小，则可以通过以下两种方法实现。

（1）右击快照。在弹出的快捷菜单中取消选择【适应比例】该选项。

（2）通过【检视】→【属性】子面板。选择快照元件后，在【属性】子面板中取消选择“适应比例”选项。默认状态下，取消选择元件的“适应比例”后，快照元件中的页面上的元素就以 100%的比例显示出来，超出快照元件大小的范围会被元件遮住。快照的缩放不会影响引用页面中的对象的大小。当然也可以在【属性】子面板中设置引用页面在快照元件中的大小和偏移，例如，将引用页面向右偏移 20 像素，向下偏移 50 像素，并且将引用页面整体大小缩放到原来的一半，如图 6-3 所示。

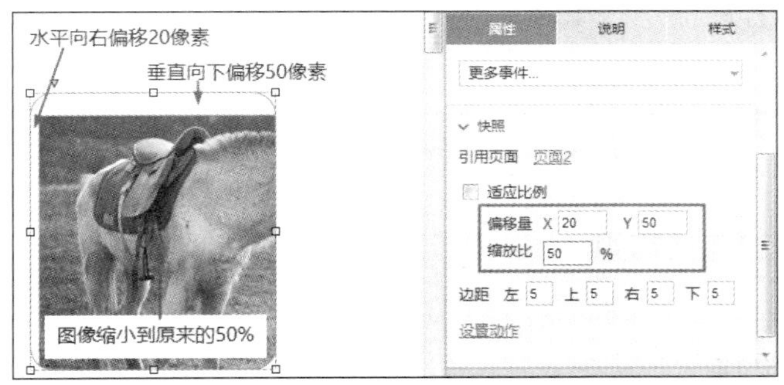

图 6-3　设置引用页面在快照中的偏移量和大小

无论是否选择“适应比例”，都可以设置引用页面在快照中的边距，默认状态下，引用页面在快照元件 4 条边的边距都是 5 像素，如图 6-4 所示。

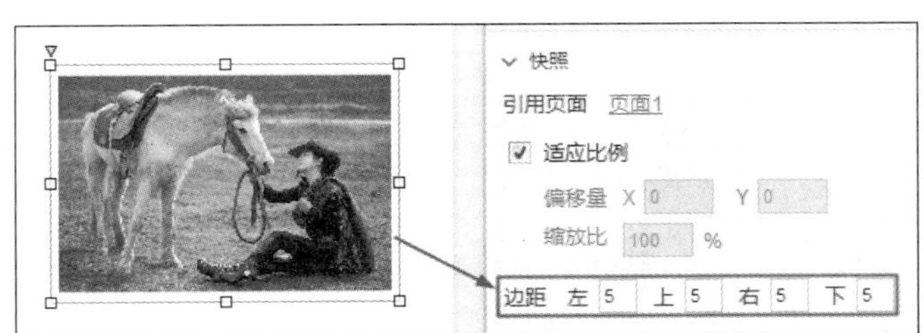

图 6-4　快照周围 4 条边的边距

6.1.2　连接流程图元件

使用主工具栏的【连接模式】工具（【Ctrl+3】）可以将流程图元件连接起来。首先在页面创建相应的流程图元件，然后使用【连接模式】工具将各个元件连接起来。使用该工具连接元件时，会在元件周围出现 × 标志，该标志就是元件中可以连接的点，按下鼠标左键并将鼠标指针拖到另一个元件（目标元件），此时另一个元件也会出现 × 标志。将鼠标指针对准要连接的 × 标志时，该标志处出现一个红色的小圆圈，释放鼠标左键即可连接起来。

6.1.3　编辑流程图的连接线

流程图之间是用连接线连接的，可以使用【连接模式】工具编辑连接线连接的位置，也可以设置连接的颜色、宽度、类型以及是否添加箭头等操作，如图 6-5 所示。

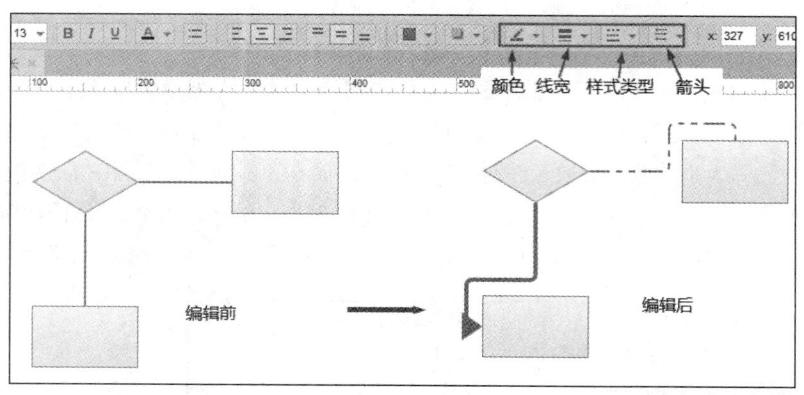

图 6-5　编辑后的连接线

6.1.4　编辑元件的连接锚点

编辑元件的连接锚点主要包括移动、添加和删除三项操作。

1．移动连接锚点位置

默认状态下，一个元件上通常会有 4 个连接锚点。如果要添加、删除或者移动连接的锚点，可以使用主工具栏上的【连接锚点】工具（【Ctrl+8】）。

首先要选择页面上的元件，然后选择【连接锚点】工具，此时元件周围出现 4 个小圆圈，如图 6-6 所示。

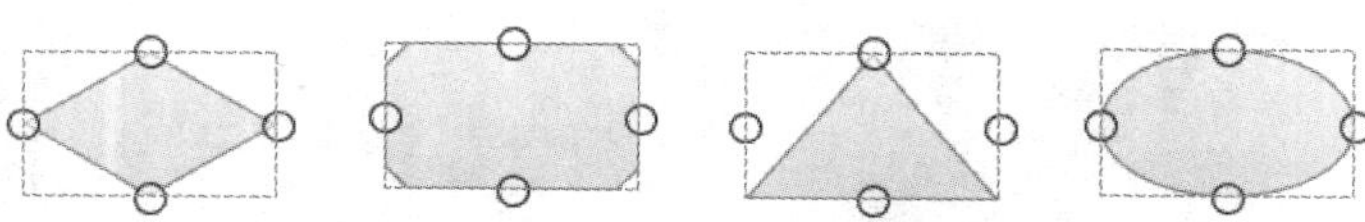

图 6-6　【连接锚点】工具

使用【连接锚点】工具拖动某个小圆圈即可改变连接锚点的位置，如图 6-7 所示。

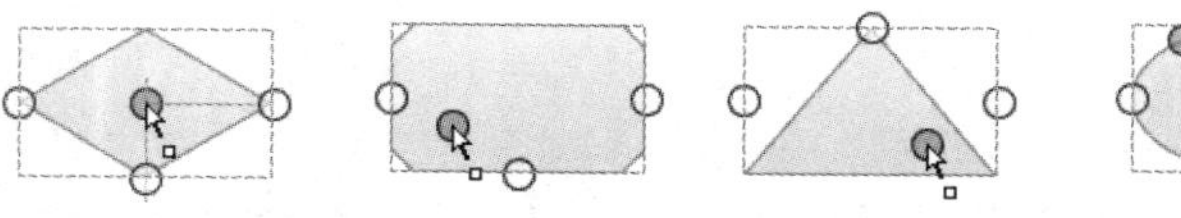

图 6-7　改变连接锚点的位置

如果要同时移动多个连接锚点，则可以按【Shift】键配合鼠标选择。

2．添加连接锚点

使用【连接锚点】工具直接在原件上单击即可添加更多的连接锚点。

3．删除连接锚点

使用【连接锚点】工具选择要删除的连接锚点并按【Delete】键，即可删除多余的连接锚点，或者使用【连接锚点】工具右击要删除的连接锚点，从弹出的快捷菜单中执行【删除】命令，也可以删除多余的连接锚点。

6.2 使用页面生成流程图

在【页面】面板中也存在流程图的影子，甚至可以直接将当前的页面结构生成流程图，本节介绍使用【页面】面板生成流程图的方法。

6.2.1 页面类型

默认状态下，启动 Axure RP 时自动生成的 4 个页面都是普通的页面，可以使用鼠标右击某个页面，在弹出的快捷菜单中执行【页面类型】中的两个子菜单命令—【页面】和【流程图】，如图 6-8 所示。如果执行【流程图】命令，则当前页面的图标就变成了流程图的图标，如图 6-9 所示。

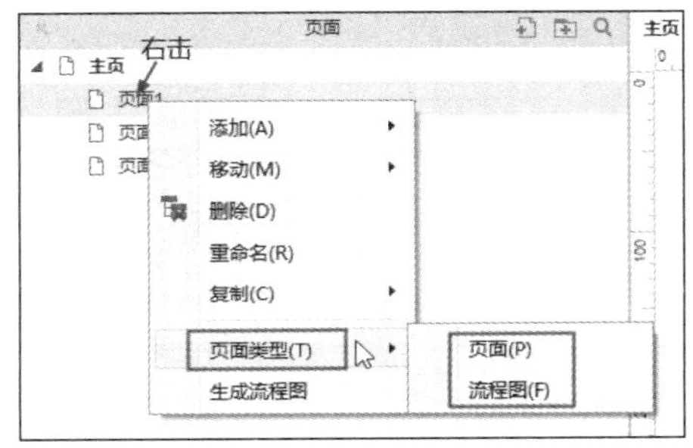

图 6-8 【页面类型】命令

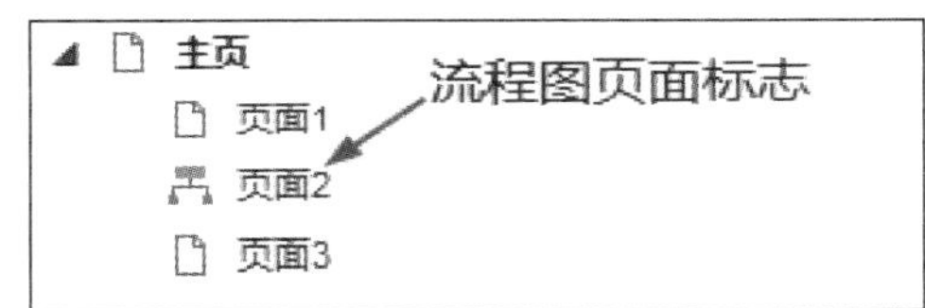

图 6-9 【页面类型】命令

6.2.2 从页面生成流程图

在各个页面上编辑好相应的内容之后，就可以将关联的页面生成有层次的流程图。

1. 重命名页面

重命名每个页面并在每个页面添加相应的图文以及交互内容。

2. 生成流程图

在哪个级别的页面上生成流程图，就在哪个页面上右击，从弹出的快捷菜单中执行【生成流程图】命令，弹出【生成流程图】对话框，如图 6-10 所示。

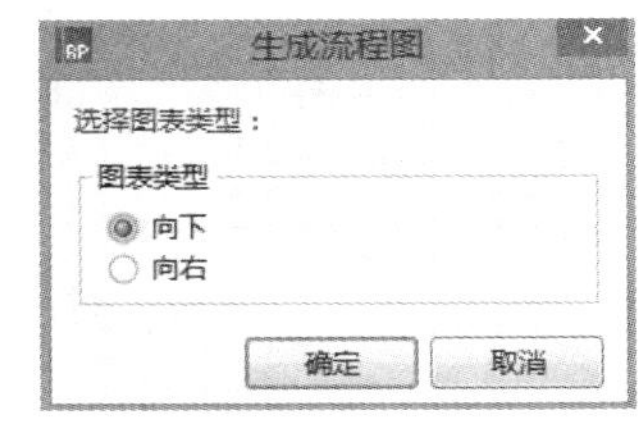

图 6-10 【生成流程图】对话框

对话框中的两个选项主要控制生成流程图的类型，如果选择“向下”类型，则生成的流程图是横向排列的；如果选择“向右”类型，则生成的流程图是纵向排列的。对于已经从页面生成的流程图，还可以使用主工具栏的【连接模式】工具（【Ctrl+3】）调整每个对象的位置。当使用该工具移动流程图中的某个图标时，连接线会自动改变，也可以使用该工具调整连接线连接到的点的位置。

6.3 导出流程图

生成流程图后，根据不同的用途，流程图可以网页的形式导出，也可以图片的形式导出，本节将学习这两种导出流程图的形式。

6.3.1 导出为图片

执行【文件】菜单下的【打印】、【打印主页】、【导出主页为图片】和【导出所有页面为图片】4个命令都可以将流程图导出为图片。

1. 通过打印输出为图片

如果想通过打印命令输出图片，那么必须有个前提：你的计算机中安装了 Adobe Acrobat 程序或者类似的打印驱动程序。安装该程序后，执行【打印】(【Ctrl+P】) 或者【打印主页】命令，在弹出的对话框中单击【打印】按钮，可以弹出打印对话框，从“常规”选项卡中选择打印机为“AdobePDF”，然后再次单击下方的【打印】按钮，即可将页面输出为 PDF 格式的图片。

扫码看视频教程

2. 通过导出命令输出为图片

执行【导出主页为图片】或者【导出所有页面为图片】命令可以将页面导出为 PNG、JPG、GIF 和 BMP 4 种格式图片。

提示

【导出主页为图片】和【导出所有页面为图片】的区别在于：前者只是将 Axure RP 中的一个主页导出为图片格式，而后者是将所有页面都导出为图片格式，为了便于管理导出的多个图片，程序会提示选择一个目录位置保存这些图片。

6.3.2 导出为网页格式

如果要将流程图页面导出为网页格式，则执行【发布】→【生成 HTML 文件】(【F8】) 命令，也可以单击【主工具栏】右侧的【发布】按钮，在弹出的列表命令中执行【生成 HTML 文件】。执行【生成 HTML 文件】命令后，在弹出的对话框中，指定保存 HTML 文件的目录位置，在“打开”栏中可以保持默认选项，单击【生成】按钮，即可将当前的文档输出为网页格式。输出完毕后，由于默认勾选了“默认浏览器”选项，所以会自动打开网页浏览器浏览输出的效果。如果流程图是通过页面创建的，则生成 HTML 文档后，单击流程图中的某个矩形元件，会自动跳转到对应的页面，这也是最简单的一种交互了。

扫码看视频教程

案例演练 程序工作流程图设计

【案例导入】

小吴是一名程序开发工程师，他所在的公司近期要举行一次员工程序开发大赛，其中有一个环节是参赛人必须使用电子课件现场阐述程序工作流程，并且需要对每个流程环节进行图文展示。小吴开发程序是专家，设计这样的电子课件可把他难住了。于是，他找到了自己的好朋友二毛，并将自己手绘的程序工作流程图交给了二毛。二毛虽然没有制作流程图的经验，但是他是个爱钻研的人，遇到困难从不退缩。经过近 2 个小时的不懈努力，二毛终于完成了程序工作流程图的设计。

本案例完成效果如图 6-11 所示。

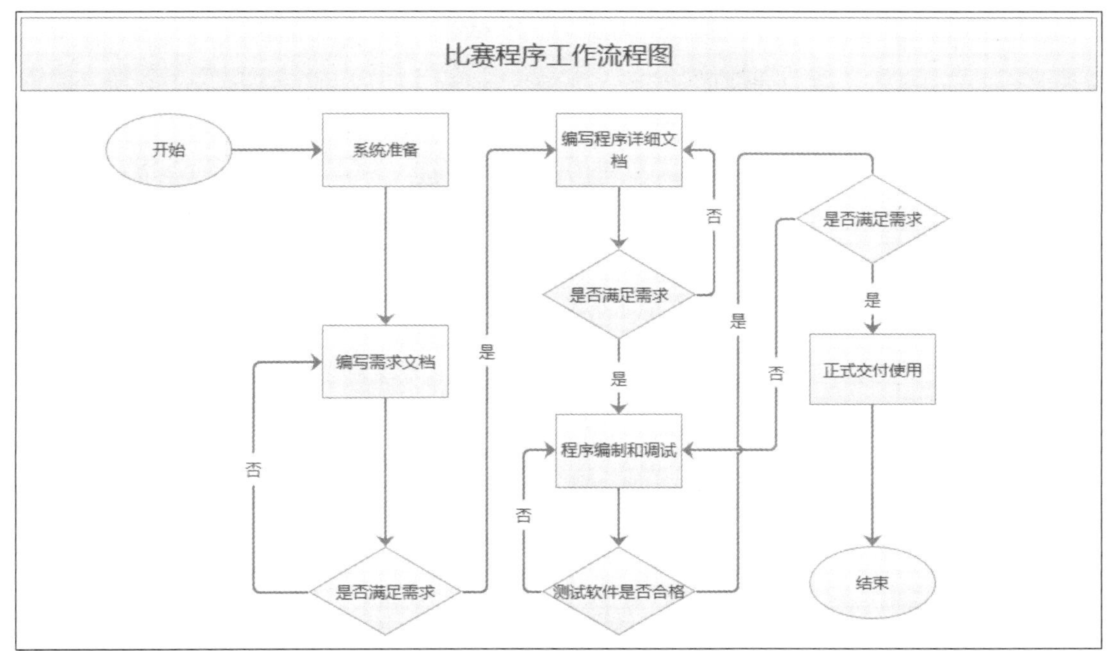

图 6-11　本例效果图

【操作说明】

因为小吴已经提供了流程图的图纸，所以二毛在 Axure RP 中绘制出草图中的流程图并不感觉十分困难。由于需要对流程图中的每个环节添加图文说明，所以需要对流程图中的每个元件添加引用页面，在引用的页面中再添加图文说明，这是本例最烦琐的部分。下面来看看二毛的制作步骤吧！

【案例操作】

（1）启动 Axure RP 程序，将主页命名为“流程图”，最好将页面类型也改为流程图，按照提供的流程图草稿绘制出图 6-12 所示的图形元件。

（2）选择【样式工具栏】中的链接模式工具，按照草图连接的方式将页面中的元件连接起来，如图 6-13 所示。

（3）双击流程线并根据草图输入“是”或“否”，如图 6-14 所示。

至此，二毛就完成了小吴给的流程图，接下来，需要将流程图中的每个图形元件与【页面】面板中要引用的页面建立关联。

图 6-12　绘制的图形元件

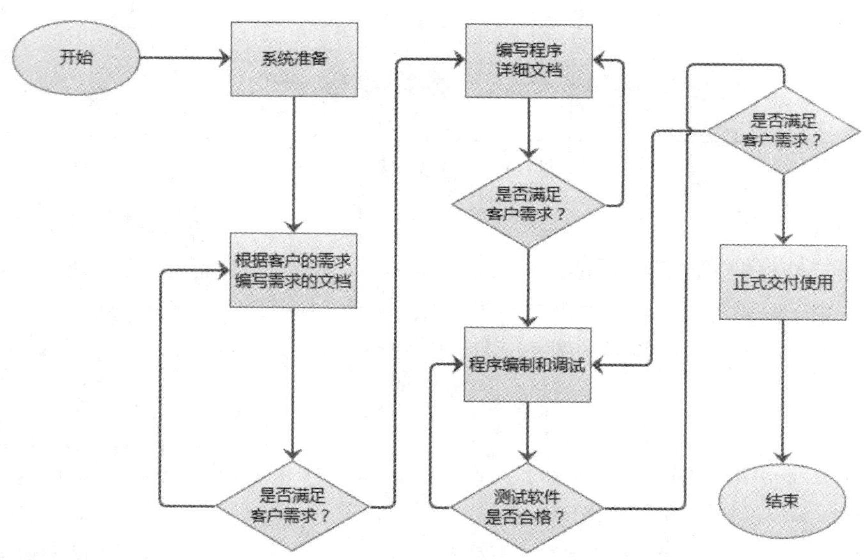

图 6-13　连接流程图元件

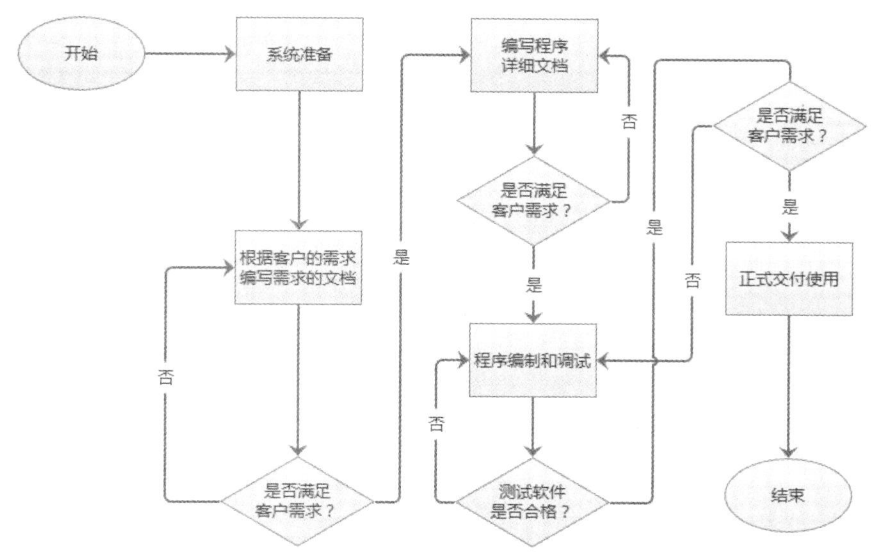

图 6-14　输入“是”或“否”

（4）在【页面】面板中建立与流程图元件分别对应的流程图页面，如图 6-15 所示。

（5）在“开始”元件上右击鼠标，从弹出的快捷菜单中选择【引用页面】命令，在打开的【引用页面】对话框中选择“开始”流程图页面，如图 6-16 所示。

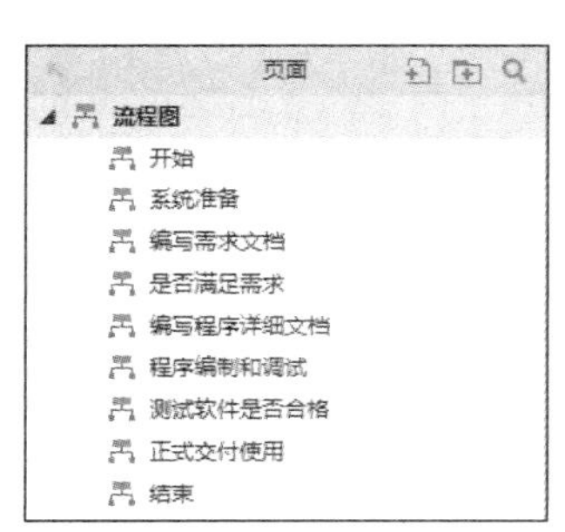

图 6-15　建立的流程图页面

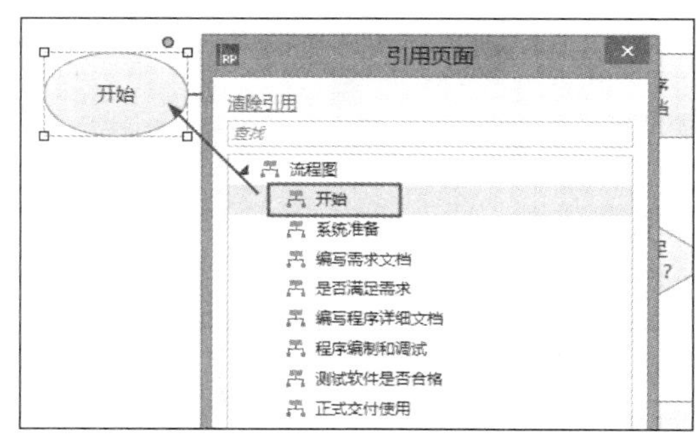

图 6-16　选择引用页面

（6）使用与步骤（5）相同的方法，完成对其余流程图引用页面的操作。

（7）在每个流程图引用的页面中输入相关的文本并插入相关的图片。

（8）为了便于浏览电子课件，二毛从【页面】面板中将“流程图”页面缩略图拖到了“开始”页面的顶部位置，这样会在“开始”页面顶部位置自动生成一个矩形元件并自动引用“流程图”页面，然后将“流程图”页面重命名为“比赛程序工作流程图”，此时，矩形元件中的文本也会自动更新，如图 6-17 所示。

（9）为了在每个页面中都出现一个能随时返回首页的链接，二毛在步骤（8）创建的矩形元件上右击鼠标，从弹出的快捷菜单中执行【转为母版】命令，在弹出的对话框中输入母版名称并将拖放行为设置为“固定位置”，如图 6-18 所示。

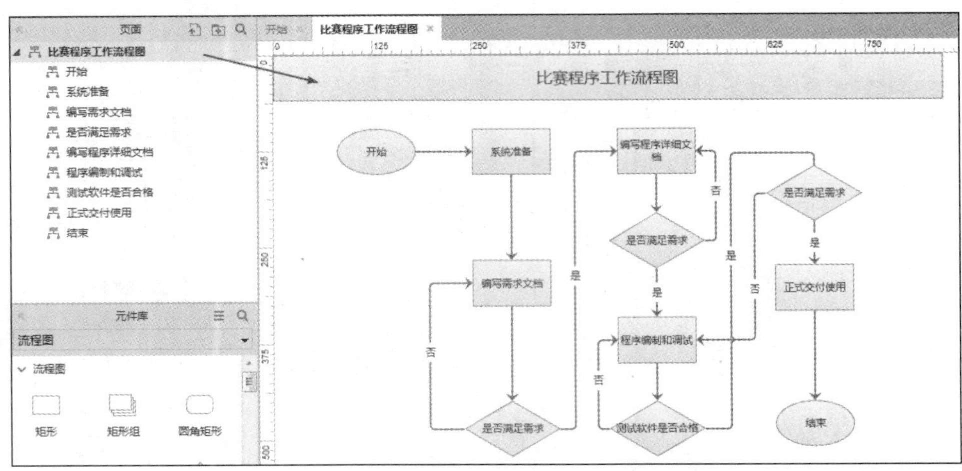

图 6-17　在顶部生成引用首页的矩形元件

（10）从【母版】面板中将创建的“返回首页”母版拖曳到各个页面中，如果要查看母版使用情况，则可以在“返回首页”母版上右击，从弹出的快捷菜单中执行【使用情况】命令，在打开的【母版使用情况】对话框中就可以看到该母版应用到了哪些页面中，如图 6-19 所示。

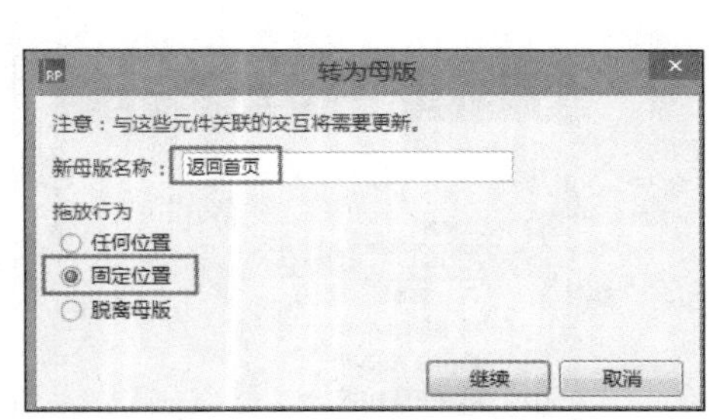

图 6-18　设置拖放行为

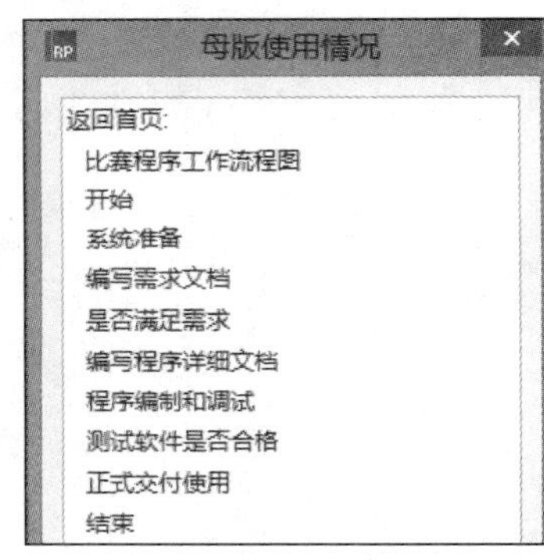

图 6-19　母版使用情况

（11）最后按【F8】键将当前的流程图文件输出为 HTML 格式，这样，小吴就能通过浏览器来查看他的电子课件了。

本章总结

通过本章的学习，读者应熟练掌握流程图元件的使用方法以及建立流程图的方法，熟练使用【链接模式】工具建立并调整流程图，熟练运用【链接锚点】工具移动、添加和删除链接点，掌握使用当前文档中的页面快速生成流程图的方法。读者还要知道如何将当前的流程图输出为图片格式，以及如何将当前的流程图输出为网页格式。

PART07

第7章

事件

本章导读

- 本章将重点学习事件，事件是交互的导火索，是迈向交互的第一步
- 在本章中，将重点学习元件事件和页面事件两种类型的事件

效果欣赏

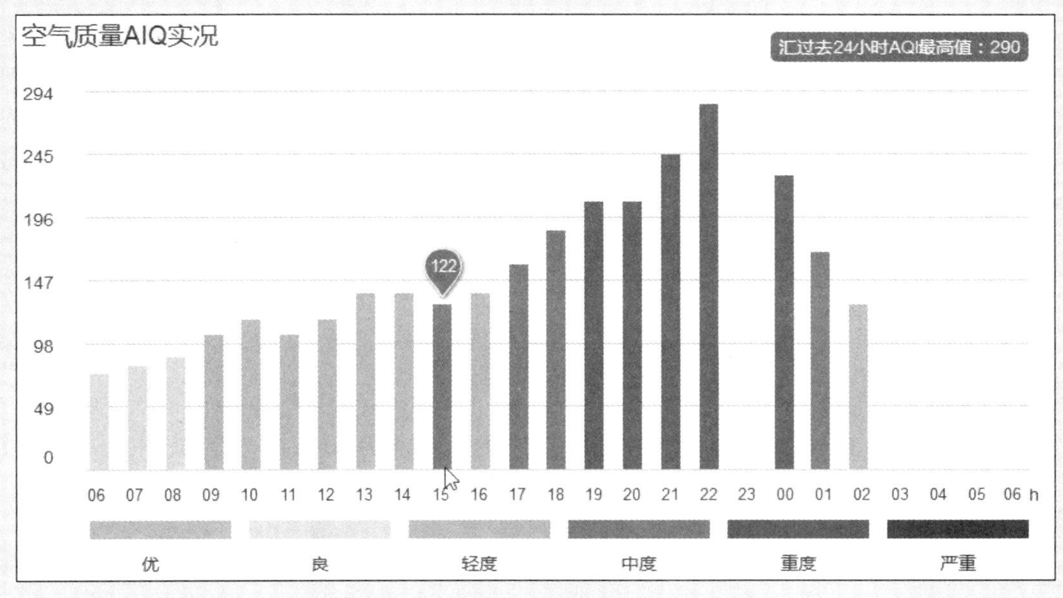

学习目标

- 了解交互的基本要素
- 掌握事件、用例和动作之间的关系
- 熟练掌握常用的元件事件
- 熟练掌握常用的页面事件

技能要点

- 元件事件的【载入时】和页面事件的【页面载入时】的区别
- 元件事件的【键盘按键按下时】和页面事件的【页面键盘按键按下时】的区别
- 元件事件的【键盘按键松开时】和页面事件的【页面键盘按键松开时】的区别
- 元件事件的【鼠标离开】和【鼠标移动】的区别
- 元件事件的【鼠标进入】和【鼠标指向时】的区别

7.1 交互基础

本节着重了解交互的基础知识，包括事件、动作、用例等核心概念，以便为深入学习交互原型设计打下良好的基础。

7.1.1 交互三要素

众所周知，由于静态线框图缺少人机互动，所以在原型设计领域早已被淘汰。Axure RP 的优势在于通过一个简单的向导式操作界面可以让非专业程序开发人员使用自己熟悉的语言对静态线框图定义交互逻辑和指令，从而免去了编程的复杂性，这使得相当一部分 UX/UE 人员无需花费数月时间去学习复杂的编程语言，只需要在短短的数小时内就能通过 Axure RP 设计出高保真的交互原型，这就是 Axure RP 拥有庞大用户群的一个重要原因。

Axure RP 中的交互就是指把静态线框图变成可用鼠标单击的交互式 HTML 原型的功能。一个完整的 Axure RP 交互通常是由三部分内容构成的。

- 什么情况下发生交互？
- 在什么地方发生交互？
- 交互将产生什么结果？

例如，在网页浏览器中单击网页中的某个文本链接时，画面会切换到另一个网页中，如图 7-1 所示。

这是一个非常简短但非常完整的交互。具体分析如下。

该交互是在什么情况下发生的？是在鼠标单击时发生的。

又是在什么地方发生的交互？是在文本上发生的。

这个交互产生了什么样的结果？结果就是画面跳转到了另一个页面。

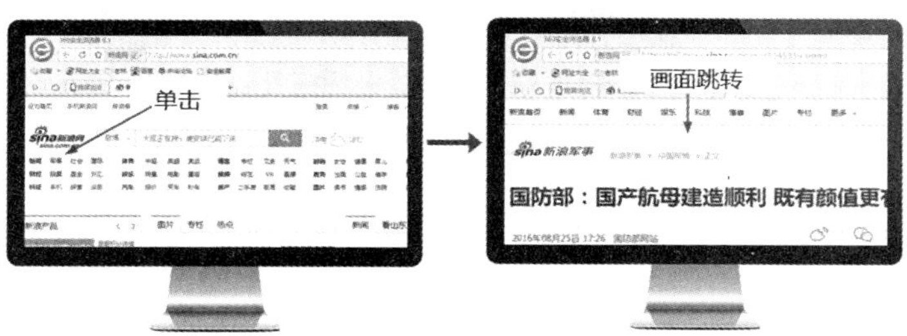

图 7-1　单击页面跳转

也可以将该交互连续起来描述出这样一个情景：由于鼠标单击且单击的是超链接文本，所以直接导致了页面的跳转。如果用专业的术语描述，这里所说的情景就是 Axure RP 中的“用例”（也有人将其叫作“行为”）。在什么情况下发生的交互就是“事件”；交互产生的结果就是“动作”。因此，交互的三要素用专业术语描述就是：事件、用例和动作。

7.1.2　一分钟学会交互

下面使用 Axure RP 制作一个简单的交互，这个例子将成为以后深入学习事件、用例和动作的基础。

（1）从【元件库】面板中拖动一个“主要按钮”到页面中。

（2）选择页面上的按钮元件，在【检视】→【属性】子面板中双击“鼠标单击时”事件，如图 7-2 所示。

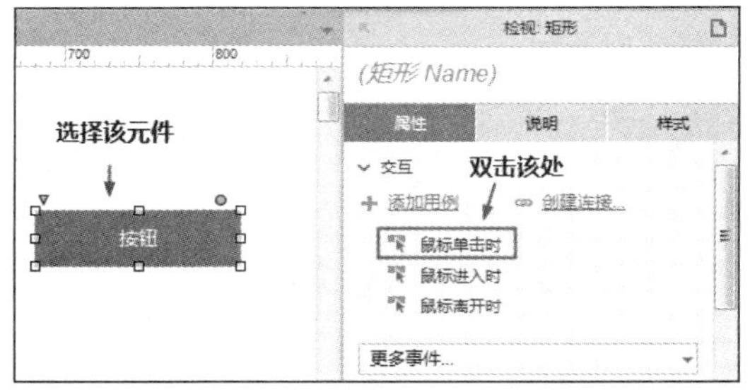

图 7-2　添加事件

（3）在弹出的【用例编辑】对话框中单击“打开链接”左侧的三角标志▶展开隐藏的动作，单击“当前窗口”，在【配置动作】栏中的“超链接”文本框中输入网址“http://www.sdxhce.com”，如图 7-3 所示。

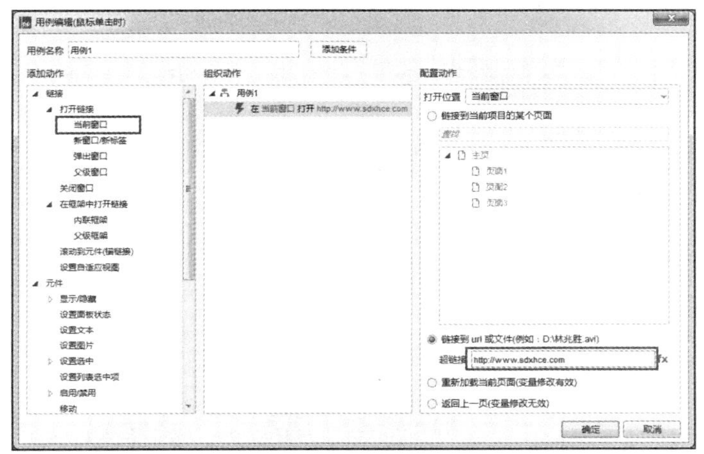

图 7-3　添加动作

（4）按【F5】键在网页浏览器中打开这个最简单的原型预览交互效果。

在打开的网页浏览器中，将鼠标指针放在按钮上，鼠标指针会变成手形标志，表示该处可产生交互行为，如图 7-4 所示。

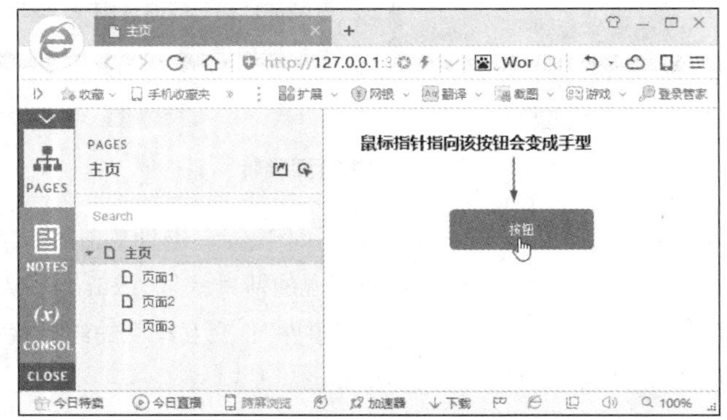

图 7-4　鼠标指向按钮

单击按钮时，页面会跳转到指定的网站（www.sdxhce.com），如图 7-5 所示。

图 7-5　打开的网站

7.1.3　交互样式

我们已经学习了元件样式和页面样式，其实 Axure RP 中还有一种样式叫作交互样式。交互样式是指在产生交互时，元件所表现的一种外观。例如，当鼠标指向某个元件时，该元件的颜色会变成青色；当鼠标按下时，元件的颜色又变成了蓝色等。通过设置交互样式，可以使浏览网页原型或体验 App 原型的人知道该处存在交互。

Axure RP 的交互样式共分 4 种：鼠标指向、鼠标按下、选中和禁用。这些交互样式可以在选择某个元件时，在【检视】→【属性】子面板中找到。

扫码看视频教程

1. 鼠标指向

该样式是指在浏览器中浏览网页时，当鼠标指向某个对象时，该对象外观变化的结果。例如，在页面中添加一个矩形元件，将该矩形的填充色设置为蓝色。选择该矩形，在【属性】子面板中单击“鼠标指向”交互样式，打开【交互样式设置】对话框，这时会发现，交互样式的内容与前面学过的元件样式的内容基本相同。在该对话框中不但可以设置“鼠标指向”交互样式，而且可以设置其他三个交互样式，在此，先设置“鼠标指向”交互样式，将其填充颜色设置为橙色，添加外部阴影，其他参数保持默认。

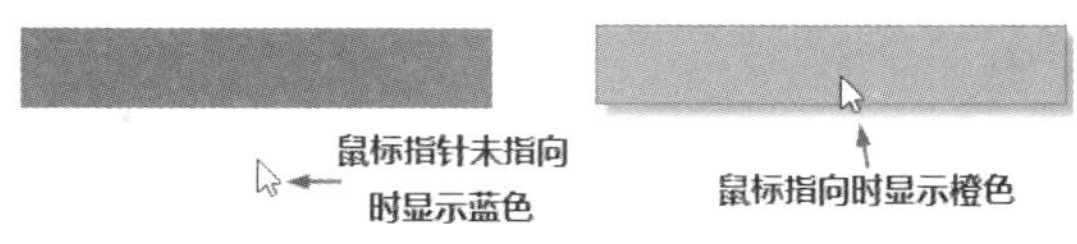

图 7-6 预览鼠标指向交互样式

设置完成后，单击【确定】按钮，然后按【F5】键在浏览器中预览交互样式效果，当鼠标不指向矩形对象时，该对象显示为蓝色，当鼠标指针指向该对象时就变成了橙色，如图 7-6 所示。

2. 鼠标按下

该样式是指在浏览器浏览网页时，当鼠标指向某个对象并按下左键时，该对象的外观变化的结果。我们接着进行上面的操作。

选择蓝色矩形，在【属性】子面板中单击“鼠标按下”交互样式，打开【交互样式设置】对话框，将“鼠标按下”的填充颜色设置为绿色，其他参数保持默认。设置完成后，单击【确定】按钮，然后按【F5】键在浏览器中预览交互样式效果，当鼠标指针不指向矩形对象时，该对象显示为蓝色，当鼠标指针指向该对象时就变成了橙色，当鼠标指针指向矩形对象并且按下左键时，矩形就变成了绿色，如图 7-7 所示。

图 7-7 预览鼠标按下交互样式

3. 选中

该样式只有在对象被选中的状态下方可显示出来。选中普通元件可以在“选中”交互样式设置参数栏的下方勾选“选中”项实现，也可以通过事件触发【选中】动作实现（关于事件的知识请参阅 7.2 节）。

4. 禁用

该样式需要在对象被禁用的状态下方可显示出来，与上面的“选中”交互样式一样，禁用普通元件主要通过事件触发禁用的动作实现。禁用后的元件将无法产生任何交互效果。

7.2 元件事件

什么是事件？事件有什么用？事件该怎么用？在本节你会找到答案。

7.2.1 事件类型

Axure RP 中包括元件事件和页面事件两大类。选择页面上的元件时，在【检视】→【属性】子面板中会列出元件的事件，如图 7-8 所示。不选择页面上的任何元件对象时，表示选择了当前页面，此时【属性】子面板中列出页面的事件，如图 7-9 所示。

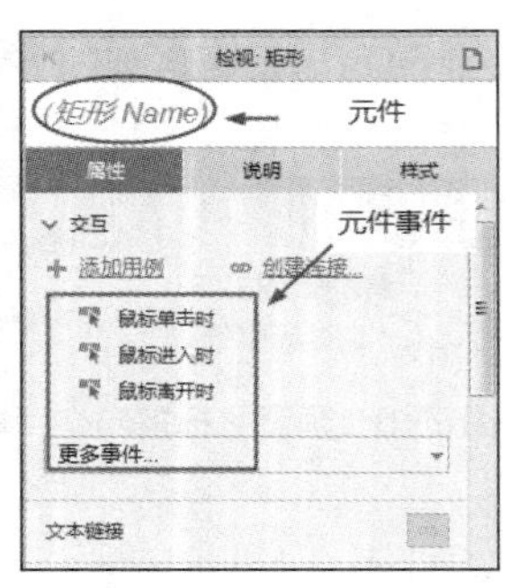

图 7-8 元件的事件

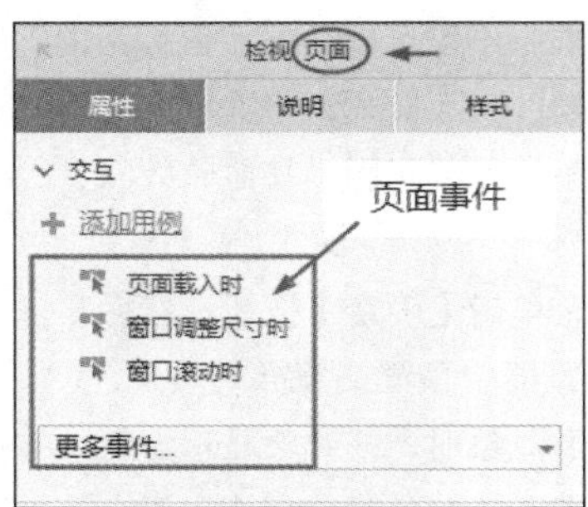

图 7-9 页面的事件

7.2.2 元件事件详解

元件事件包含的内容很多，不同元件包含的事件内容也会有所不同。图 7-10 列出了普通图形、群组对象、单选按钮以及表格元件的事件，其中，普通图形元件中的事件内容最多。

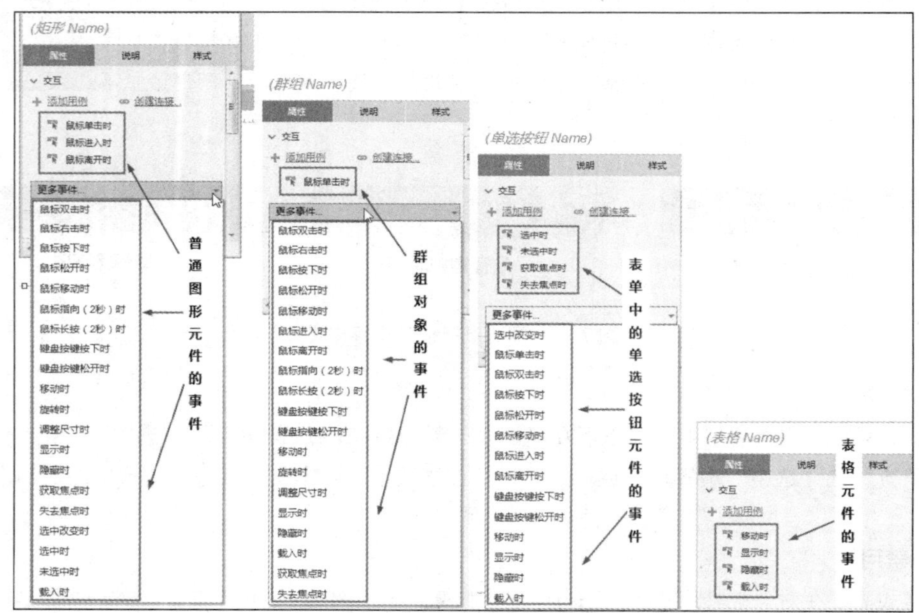

图 7-10 不同类别元件的事件

为了便于初学者学习和掌握事件的应用，可以把普通图形元件的事件再细分为 3 类：鼠标事件、键盘事件和图形元件自身事件。

1. 鼠标事件

首先认识现在通用的光电鼠标的三个按键：左键、右键和中键滚轮，如图 7-11 所示。

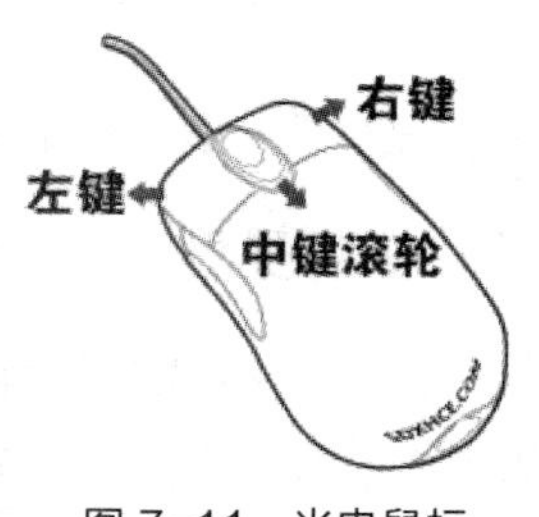

图 7-11 光电鼠标

（1）鼠标进入时。指的是打开网页浏览器时，在无需按鼠标的情况下，只要将鼠标指针移到图形按钮上，即可产生交互结果。

（2）鼠标指向（2 秒）时。与【鼠标进入时】不同，【鼠标指向

（2 秒）时】是指打开网页浏览器时，将鼠标指针移到按钮上停留 2 秒方可产生交互结果。

（3）鼠标按下时。指的是打开网页浏览器时，将鼠标指针指向按钮并且一按下左键，即可产生交互。

（4）鼠标长按（2 秒）时。指的是打开网页浏览器时，将鼠标指针指向按钮，按下左键并且在不松开左键的情况下，再等待两秒钟才可以产生交互。

（5）鼠标单击时。指的是打开网页浏览器时，将鼠标指针指向按钮，按下左键并松开，即可产生交互。

（6）鼠标双击时。指的是打开网页浏览器时，将鼠标指针指向按钮并双击，即可产生交互。

（7）鼠标松开时。指的是打开网页浏览器时，将鼠标指针放在按钮之外的地方按下左键，然后将指针移动到按钮上再松开，即可产生交互。

（8）鼠标移动时。指的是打开网页浏览器时，将鼠标指针在按钮上移动或者划过按钮时，可以产生交互。该事件与【鼠标进入时】非常相似，当鼠标指针都是从按钮之外的位置指向按钮时，二者没有区别；但是当打开网页并且鼠标指针已经停留在按钮上时，二者的区别就显现出来了：如果是【鼠标移动时】事件，此时鼠标指针不动，就不会产生交互，只要鼠标指针稍微改变位置就能产生交互；如果是【鼠标进入时】事件，那么即便鼠标指针不动，也会产生交互，因为在打开网页的同时，鼠标指针恰好在按钮上，这表示打开网页的同时，鼠标指针已经移入按钮上了。

（9）鼠标离开时。指的是打开网页浏览器时，将鼠标指针指向按钮，无需按下左键，再将鼠标指针离开按钮，即可产生交互。

（10）鼠标右击时。指的是打开网页浏览器时，将鼠标指针指向按钮并按下右键再松开右键，即可产生交互。

2. 元件自身事件

元件自身事件通常需要先使用其他元件的事件执行某个动作，然后再由该动作触发该元件自身的事件。

例如，Axure RP 页面上有图形 A 和图像 B 两个元件，如图 7-12 所示。要实现的交互效果是：单击图形 A 时，隐藏图像 B，图像 B 被隐藏时，页面跳转到一个网站中。具体操作步骤如下。

（1）选择图形 A，在【检视】→【属性】子面板中双击“鼠标单击时”，如图 7-13 所示。

图 7-12　页面上的图形和图像元件

图 7-13　添加事件

（2）在打开的【用例编辑】对话框中，添加动作为“隐藏”，在【配置动作】栏中选择图像 B 元件，如图 7-14 所示。

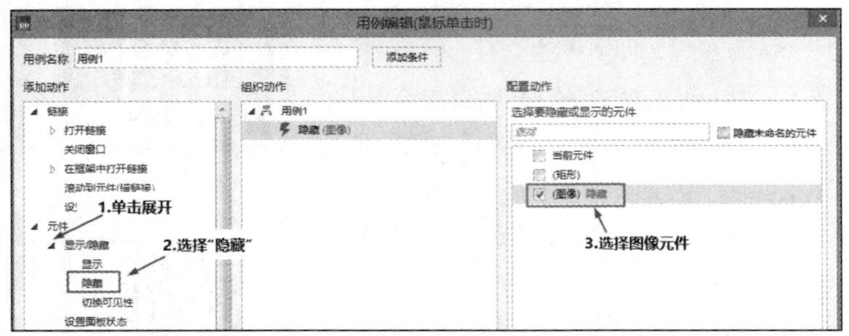

图 7-14　给图形添加动作

（3）完成图形 A 的用例设置后，再选择页面中的图像 B 元件，在【检视】→【属性】子面板中单击“更多事件”，从弹出的下拉列表中选择“隐藏时”，如图 7-15 所示。

（4）在弹出的【用例编辑】对话框中，添加动作为“当前窗口”，在【配置动作】栏中输入超链接的网址：http://www.sdxhce.com，如图 7-16 所示。

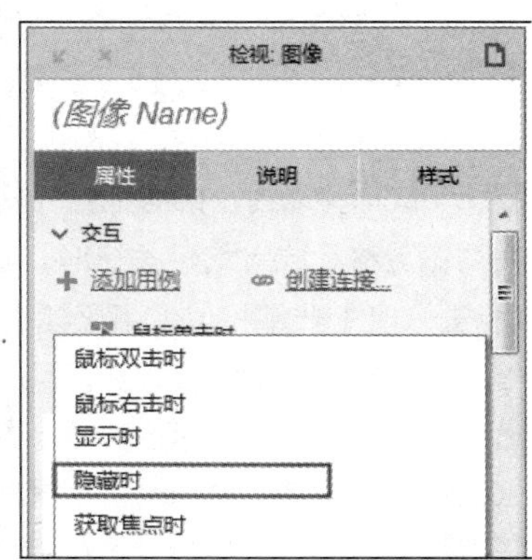

图 7-15　添加隐藏时事件

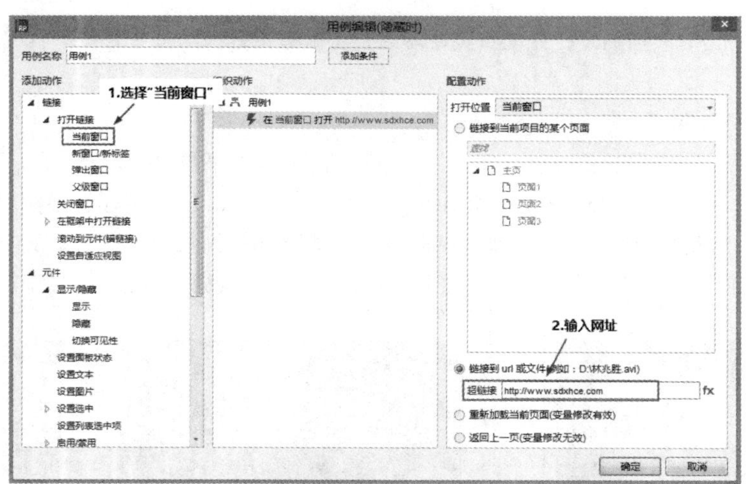

图 7-16　给图像添加动作

（5）完成图像的用例设置后，按【F5】键预览网页效果，此时，在打开的网页浏览器中，使用鼠标单击图形按钮时，图像被隐藏，接着弹出指定的网站首页。

下面介绍元件自身事件的使用方法。

（1）移动时。当元件本身移动位置时会导致某种结果。

例如，单击图形 A 会移动图像 B，图像 B 被移动会导致一个网页打开。用上面的操作案例说明，设置图 7-13 所示的参数为如图 7-17 所示。

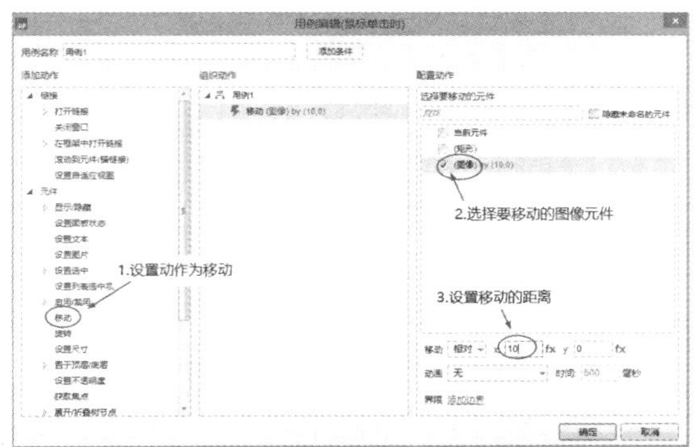

图 7-17　给图形添加【移动】动作

选择图像元件 B 并添加【移动时】事件，如图 7-18 所示。

图 7-18　对图像添加【移动时】事件

在打开的【用例编辑】对话框中，添加【打开链接】动作，在【配置动作】栏中输入超链接为 http://www.sdxhce.com，如图 7-19 所示。

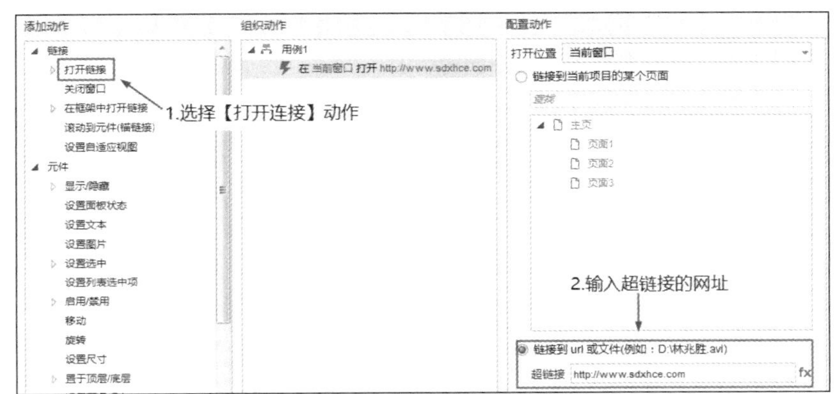

图 7-19　添加并配置【打开链接】动作

完成图像的用例设置后，按【F5】键预览网页效果，此时，在打开的网页浏览器中，使用鼠标单击图形按钮时，图像被向右移动 10 像素，接着弹出指定的网站首页。

（2）旋转时。当元件本身旋转角度时会导致某种结果。例如，单击图形 A 会旋转图像 B，图像 B 被旋转会导致一个网页打开。

（3）调整尺寸时。当元件本身缩放时会导致某种结果。例如，单击图形 A 会缩放图像 B，图像 B 被缩放会导致一个网页打开。

（4）显示时。当元件本身由隐藏状态转为显示状态时会导致某种结果。例如，单击图形 A 会显示隐藏的图像 B，图像 B 显示时会导致一个网页打开。

（5）隐藏时。当元件本身由显示状态转为隐藏状态时会导致某种结果。例如，单击图形 A 会隐藏图像 B，图像 B 隐藏会导致一个网页打开。

（6）选中时。当元件本身被选中时会导致某种结果。例如，单击图形 A 会选中图像 B，图像 B 被选中会导致一个网页打开。

（7）未选中时。当元件本身未被选中时会导致某种结果。例如，单击图形 A 会取消选中图像 B，图像 B 被取消选中时导致一个网页打开。

（8）选中改变时。该事件就是在【选中时】和【未选中时】之间相互切换。当元件本身在切换是否选中时会导致某种结果。例如，单击图形 A 会切换图像 B 的选中状态，而图像 B 的选中状态被切换时会导致窗口中显示一段文字。

（9）获取焦点时。什么是获取焦点呢？这对于非专业程序开发人员而言，不太好理解。其实我们经常会遇到获取焦点事件。例如，登录 QQ 时，如果没有输入用户名就单击【登录】按钮，则会在用户文本框中出现提示并且文本光标会在用户账号处的文本框左侧闪烁，这就意味着文本光标闪烁所在的文本框获取了焦点，可以直接输入用户名；输入账号后再次单击【登录】按钮，在密码文本框中又会出现提示并且也出现了闪烁的文本光标，这意味着此处的文本框获得了焦点，可以输入密码了。弄明白了什么是获取焦点事件后，可以概括【获取焦点时】事件为：当元件本身获取焦点时会导致某种结果。例如，单击图形 A 会使图像 B 获取焦点，图像 B 获取到焦点后会显示一个新窗口。

（10）失去焦点时。前面我们已经明白了什么是【获取焦点时】事件，【失去焦点事件时】也就不难理解了。当元件本身获取焦点后又失去焦点时会导致某种结果。例如，在同一个页面中有 4 个图形元件，单击其中的一个元件可让该元件获取焦点，从而让其余三个元件失去焦点。通过设置，还可以分别让获取焦点和失去焦点的图形处于不同的状态。

（11）载入时。当元件本身载入页面时会导致某种结果。例如，图形元件 A 载入页面后，可以导致显示一段文字，图形元件 B 载入页面后，可以导致显示另一段文字。

3. 键盘按键事件

Axure RP 提供了【键盘按键按下时】和【键盘按键松开时】两个键盘按键事件。

（1）键盘按键按下时。是指打开网页浏览器时，只有按下键盘上的任意一个按键并且不能松开才可以产生交互，这种交互是针对已经获取焦点的元件。

（2）键盘按键松开时。是指打开网页浏览器时，只有按下键盘上的任意一个按键再松开才可以产生交互。这种交互同样是针对已经获取焦点的元件。

7.3 页面事件

本节将学习 Axure RP 的页面事件，与元件事件相比，页面事件的内容要少得多，也简单得多。

7.3.1 关于页面事件

前面学习了元件事件，接下来学习页面事件就会比较简单了。要获取页面事件，只需要不选择页面中的任何对象元件，在【检视】→【属性】子面板中会列出所有的页面事件。

7.3.2 页面事件详解

Axure RP8 包括 12 项页面事件，下面对这些事件进行详细说明。

1. 【页面载入时】事件

【页面载入时】事件是指当页面在浏览器中打开时能导致产生什么样的结果。当然，这个结果需要通过动作来实现。例如，打开页面时，过 2 秒会显示一段祝福语。

新建一个 Axure RP 文档，无需创建任何元件，直接在【属性】子面板中双击【页面载入时】事件进入【用例编辑】对话框，设置参数如图 7-20 所示。

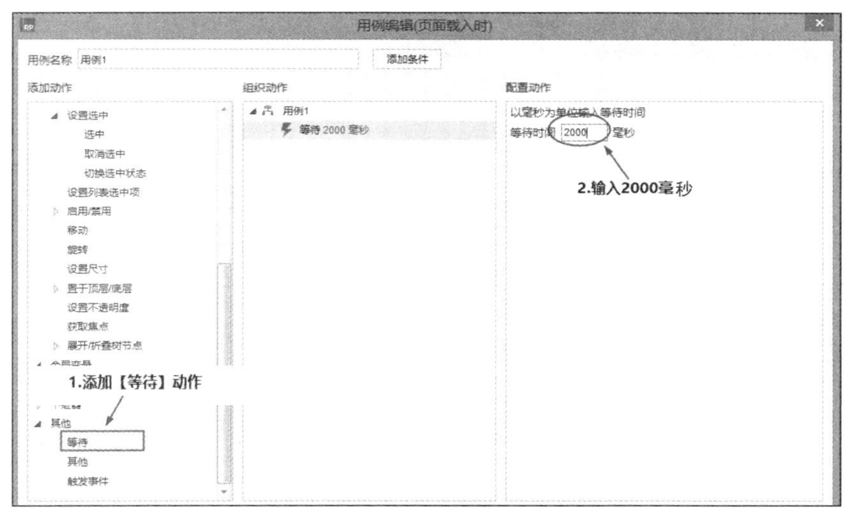

图 7-20 添加【等待】动作

提示

1 秒等于 1 000 毫秒，所以 2 000 毫秒就是 2 秒。该动作主要用于控制等待的时间。

不要关闭上面打开的【用例编辑】对话框，接着添加第二个动作【其他】，在右侧的【配置动作】栏中输入“页面事件，你好!”的字样，如图 7-21 所示。

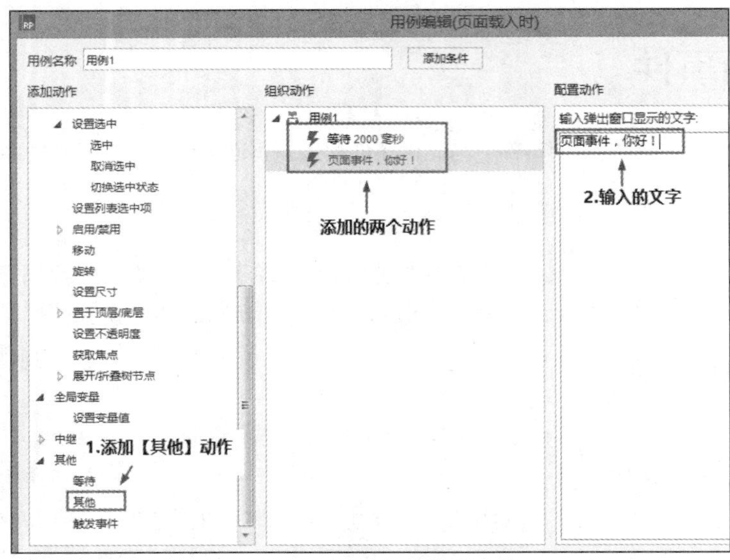

图 7-21　添加【其他】动作

按【F5】键预览网页，你会发现，等待大约两秒钟，就出现一个窗口并且显示“页面事件，你好！”的字样。

2. 【窗口调整尺寸时】事件

【窗口调整尺寸时】事件表示在浏览器中打开页面后，浏览器窗口的大小被改变时能导致产生什么样的结果。

3. 【窗口滚动时】事件

扫码看视频教程

该事件表示浏览器中的窗口内容使用滚动条滚动时会导致什么样的事情发生。在这里窗口滚动包括横向滚动和纵向滚动，一般指的是使用滚动条滚动窗口。

4. 【窗口向上滚动时】事件

该事件与【窗口滚动时】事件相似，但是【窗口向上滚动时】事件是滚动条滚动的方向必须向上，而不是窗口中的内容向上滚动。要知道，滚动条滚动的方向和内容在屏幕上滚动的方向正好是相反的，即滚动条往下滚动，内容是向上滚动的，同样道理，只有滚动条往上滚动，内容才是往下滚动的。因此，【窗口向上滚动时】事件是指在浏览器中，使滚动条向上滚动时会导致什么样的事情发生。

扫码看视频教程

5. 【窗口向下滚动时】事件

该事件表示在浏览器中，使用滚动条向下滚动时会导致发生某种结果。该事件正好与前面刚学的【窗口向上滚动时】事件相反。

6. 【页面鼠标单击时】事件

该事件表示在浏览器中，使用鼠标单击页面时会导致发生某种结果。单击的位置没有要求，可以是页面的任何位置，但是如果页面上已经存在元件并且对该元件设置了交互，如【鼠标单击时】，则单击该元件时，执行的是元件事件，而不是页面事件。

7. 【页面鼠标双击时】事件

该事件表示在浏览器中，使用鼠标双击页面时会导致发生某种结果。与【页面鼠标单击时】事件的使用方法相同，只是该事件是双击鼠标，而不是单击鼠标。

8. 【页面鼠标右击时】事件

该事件表示在浏览器中，使用鼠标右击页面时会导致发生某种结果。

9. 【页面鼠标移动时】事件

该事件表示在浏览器中，使用鼠标指针划过浏览器中的页面时会导致发生某种结果。

10. 【页面键盘按键按下时】事件

该事件表示在浏览器中，按下键盘上的任意键会导致发生某种结果。

11. 【页面键盘按键松开时】事件

该事件表示在浏览器中，按下键盘上的任意键之后再释放键盘会导致发生某种结果。

下面使用页面键盘交互事件设计一个简单原型：按下键盘按键时显示一幅图片，松开键盘按键时隐藏该图片。

（1）在页面中放置一幅图像并将其命名为“键控图片”，如图 7-22 所示。

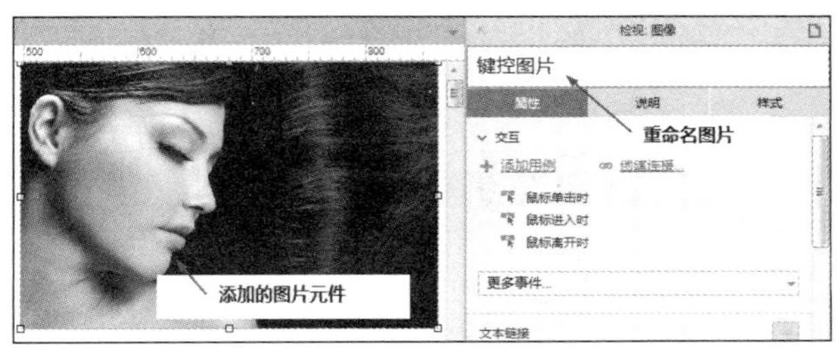

图 7-22　添加的图片元件

（2）取消图像元件选择状态，添加一个【页面载入时】事件，给该事件添加一个【隐藏】动作，目的在于载入页面时，该图片是被隐藏的，如图 7-23 所示。

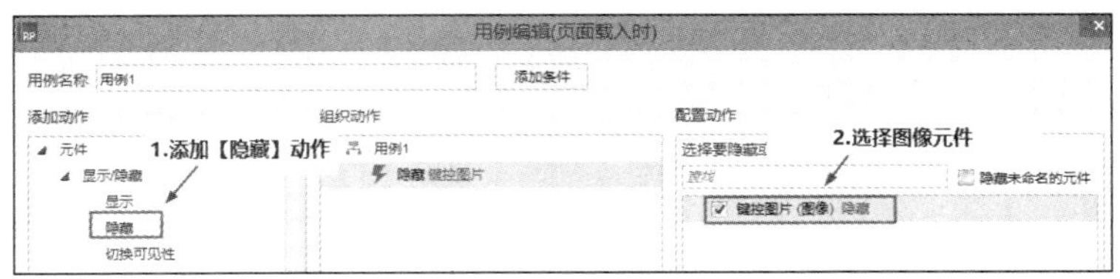

图 7-23　给【页面载入时】事件添加【隐藏】动作

（3）添加【页面键盘按键按下时】事件，给该事件添加一个【显示】动作，目的在于按下键盘按键时，显示隐藏的图片，如图 7-24 所示。

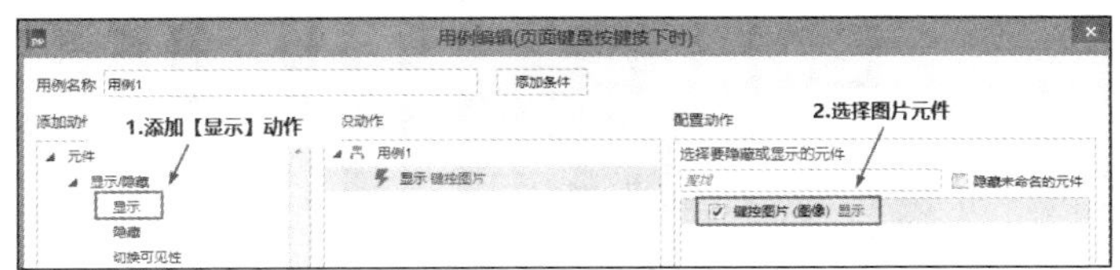

图 7-24　给【页面按键按下时】事件添加【显示】动作

（4）添加【页面键盘按键松开时】事件，给该事件添加一个【隐藏】动作，目的在于键盘按键松开时，隐藏显示的图片，如图 7-25 所示。

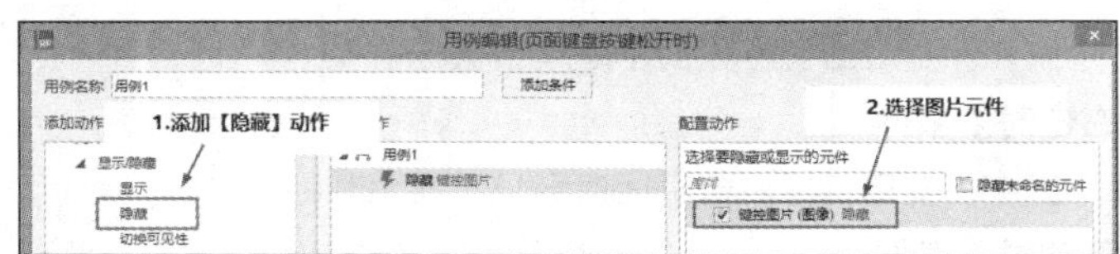

图 7-25 给【页面按键松开时】事件添加【隐藏】动作

至此，在页面中添加了 3 个页面事件，如图 7-26 所示。

按【F5】键预览本例网页效果，按下键盘任意按键不松开时，将会显示图片，松开键盘时，图片又被隐藏起来。

12. 【自适应视图改变时】事件

当自适应视图改变时会导致产生什么样的结果。自适应视图主要是针对不同分辨率的屏幕或者屏幕横向和纵向切换时，页面内容自动适应屏幕的变化。

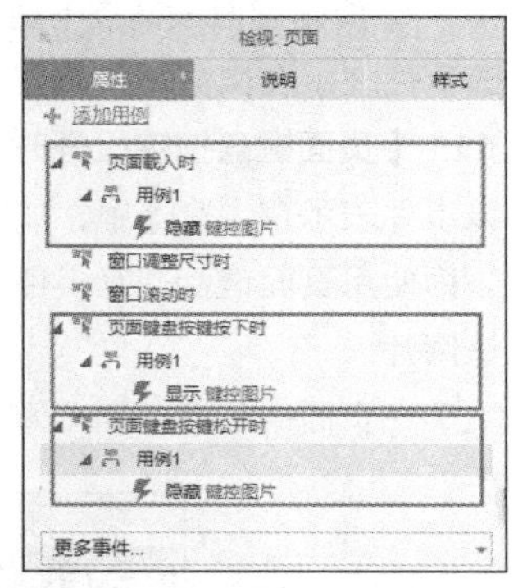

图 7-26 页面添加的 3 个事件

案例演练 空气 AIQ 实况图表

【案例导入】

二毛刚刚接触到 Axure RP 的事件，就对交互产生了浓厚的兴趣。下课后，他没有立刻离开教室，而是在笔记本电脑上浏览中国天气官方网站的一个 AIQ 图表。当他用鼠标指向某个数据图形时，会显示出该图形表示的数据，同时该图形还会变换颜色。二毛心想："这不正是老师课堂上讲到的'鼠标进入时'事件吗？"一向爱好钻研的二毛决定趁热打铁，把这个 AIQ 实况图表设计出来。本案例完成效果如图 7-27 所示。

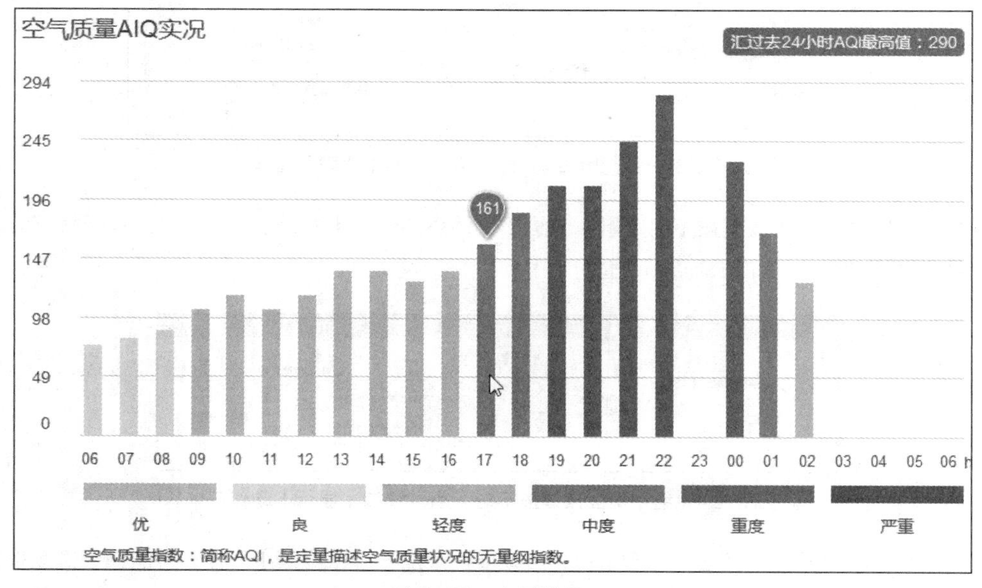

图 7-27 本例效果

【操作说明】

这种图表交互原型对于有基础的用户来说比较简单，但如果是初学者，则要花费一点心思琢磨其中道理：载入页面后，将鼠标指针指向图形，该图形会变换颜色，这是通过交互设置中的“鼠标指向”实现的；鼠标指向图形，在图形顶部会显示一个文本提示，这是通过鼠标进入事件将隐藏的文字显示出来；鼠标指针移到图形之外，上面的文字就会消失，这是通过鼠标离开事件使显示的文字隐藏起来。下面来看看二毛的制作步骤吧！

【案例操作】

（1）启动 Axure RP 程序，在主页页面中使用【元件库】中的元件绘制出如图 7-28 所示的图表。

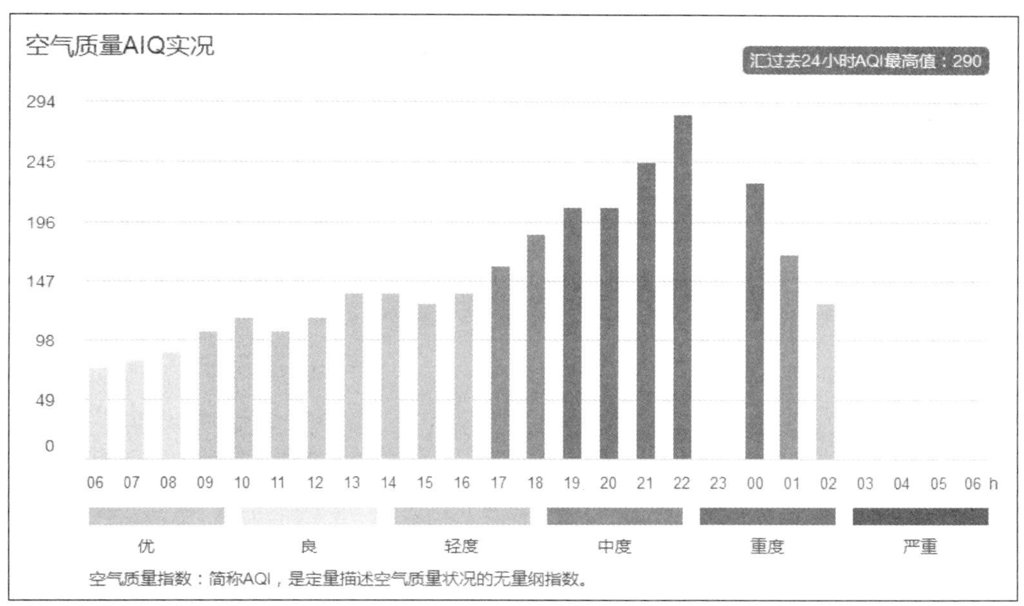

图 7-28 绘制的图表

（2）选择全部垂直的图形，在【属性】子面板中单击交互样式设置中的“鼠标指向”蓝色文字链接，打开【交互样式设置】对话框，在该对话框中将填充颜色设置为蓝色，如图 7-29 所示。

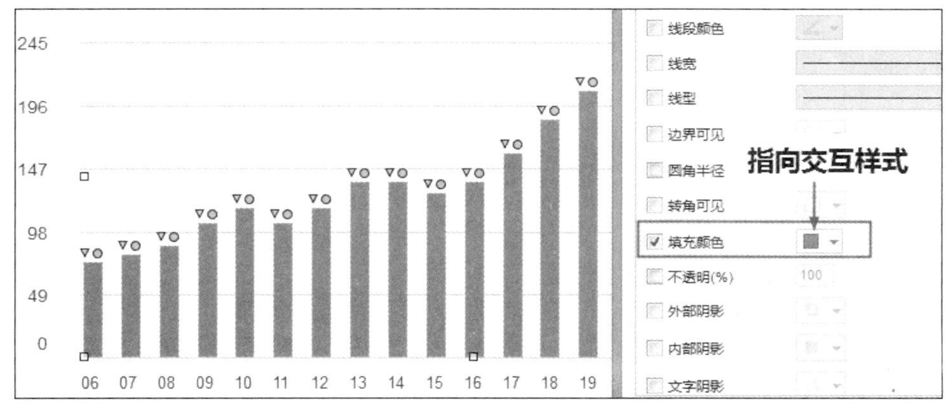

图 7-29 设置鼠标指向交互样式的填充色

（3）从【元件库】面板中拖出水滴元件并输入数字，然后使用复制的方法将该水滴元件复制到其他图形的顶部并输入对应的数字，对于每个水滴元件，直接使用其内部的数字命名即可，如图 7-30 所示。

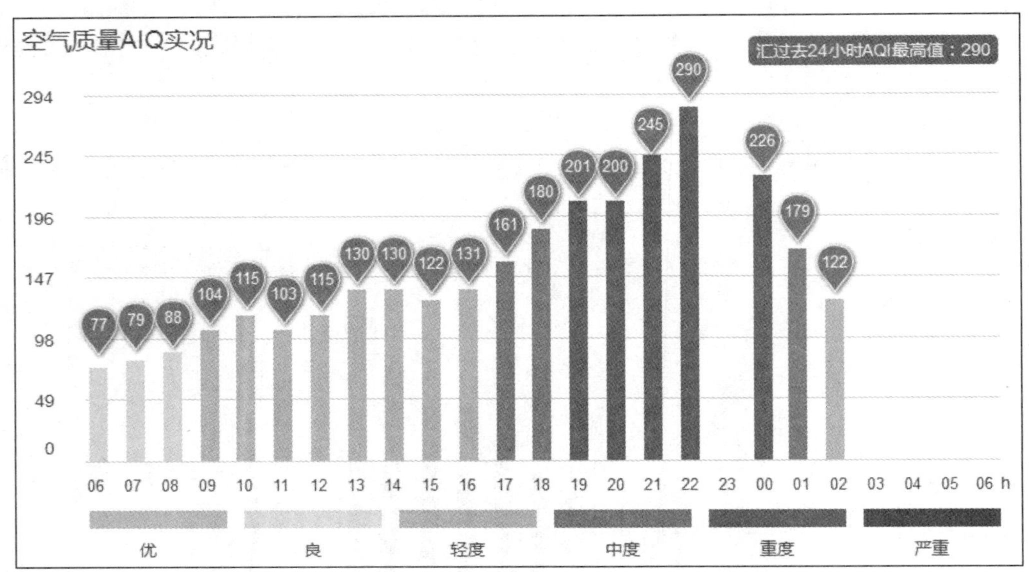

图 7-30　添加水滴元件

（4）在【大纲】面板中按【Shift】键单击选择所有的水滴元件，如图 7-31 所示，然后在样式工具栏中勾选“隐藏”选项，将所有水滴元件隐藏起来。

（5）选择 06 图形，在【属性】子面板先双击【鼠标进入时】事件，在打开的【用例编辑】对话框中添加【显示】动作，配置动作对象是“06”水滴元件；双击【鼠标离开时】事件，在【用例编辑】对话框中添加【隐藏】动作，配置动作对象依然是“06”水滴元件。设置完成后，如图 7-32 所示。

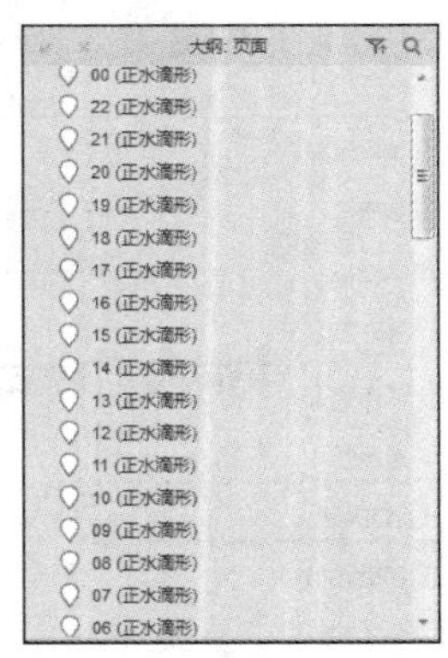

图 7-31　选择所有水滴元件

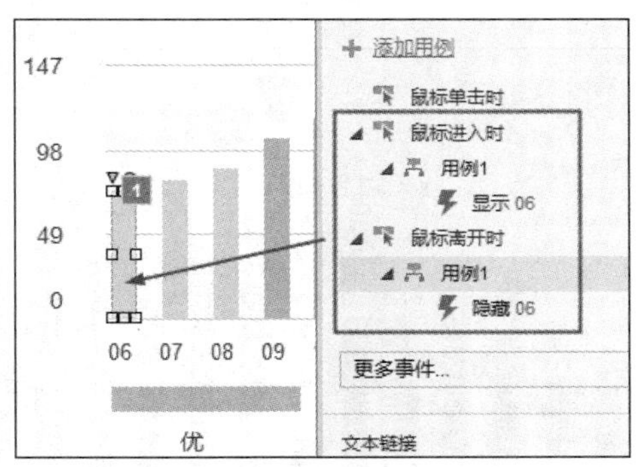

图 7-32　第一个图形的用例设置

（6）按【Ctrl】键或者【Shift】键单击 06 图形的【鼠标进入时】和【鼠标离开时】事件，以选中这两个事件，然后按【Ctrl+C】组合键复制，再选择 07 图形并按【Ctrl+V】组合键，将复制的两个用例粘贴到 07 图形元件中。双击【鼠标进入时】事件下的“用例 1”，在打开的对话框中将“06”改为“07”。同样，双击【鼠标离开时】事件下的“用例 1”，在打开的对话框中将“06”也改为“07”。

（7）使用与步骤（6）相同的方法，完成其余图形的交互设置。

（8）按【F5】键在网页浏览器中预览交互原型。

本章总结

通过本章的学习，读者应熟练掌握交互的三要素之间的关系，即事件、用例和动作三者之间的关系。要熟练掌握元件事件和页面事件的使用方法，能准确区分一些相似的事件之间的区别，比如元件事件的【鼠标进入】和【鼠标指向】、元件事件【载入时】和页面事件【页面载入时】等之间的区别。学习完本章，读者能设计出一般的交互原型。

PART08

第8章

用例和动作

本章导读

- 本章将学习用例和动作的使用方法，研究用例和动作之间的关系
- 在本章中，还会详细学习各种动作的使用方法

效果欣赏

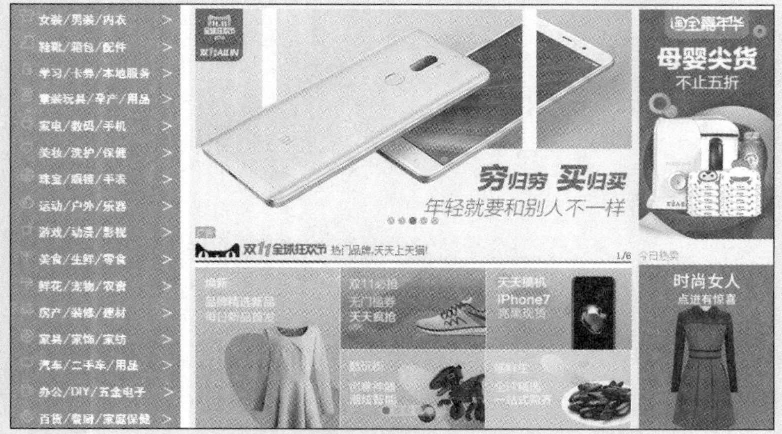

学习目标

- 掌握事件和用例、用例和动作之间的关系

■ 熟练掌握用例的基本操作
■ 熟练掌握链接动作的使用方法
■ 熟练使用各种元件动作
■ 掌握其他动作的使用方法
■ 熟练地将动作应用于原型的交互设计中

技能要点

■ 用例的新建、移动、删除、复制
■ 父级框架的应用
■ 推拉元件的应用
■ 经过和到达两种移动方式的区别
■ 自定义事件在母版中的应用

8.1 用例基础

用例是交互中描述的一种情景，或者说是通过某个事件触发的一系列动作的集合。

8.1.1 添加用例

在事件中添加用例有 3 种方法。

1. 单击鼠标

在【检视】→【属性】子面板中先选择一个事件，然后单击“添加用例”超链接文本，如图 8-1 所示。

2. 双击鼠标

在某个事件上直接双击，如图 8-2 所示。

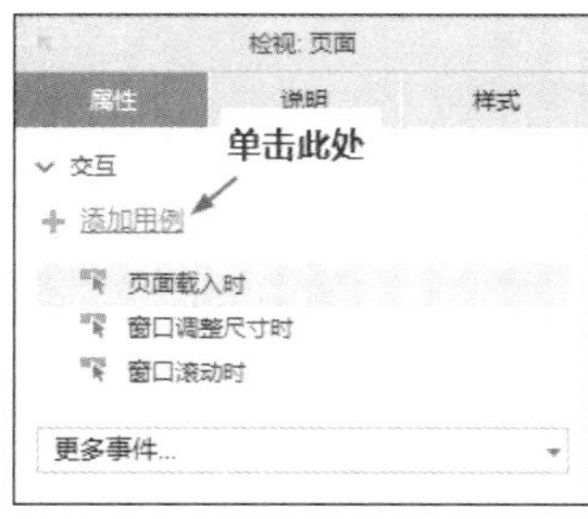

图 8-1 单击添加用例

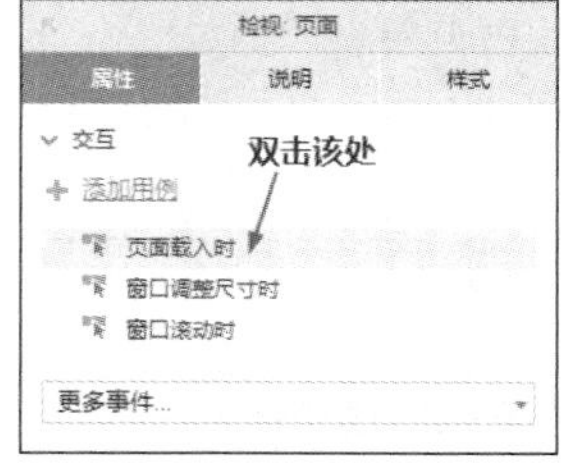

图 8-2 双击添加用例

3. 右击鼠标

在某个事件上右击鼠标，从弹出的快捷菜单中执行【添加用例】命令，如图 8-3 所示。

使用上述任意一种方法都可以打开同样的【用例编辑】对话框。一个事件可以添加一个用例，也可以同时添加多个用例。

8.1.2 命名用例

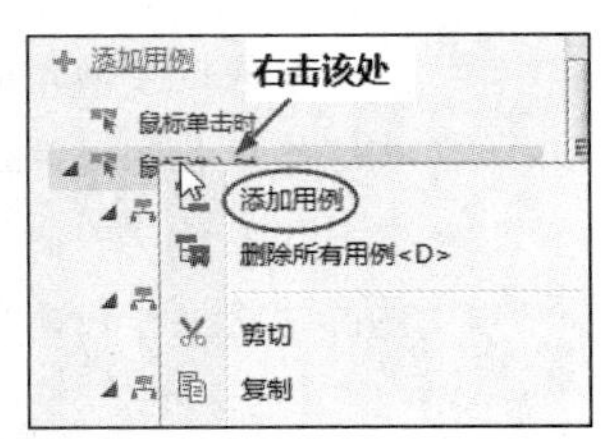

图 8-3 右击添加用例

默认状态下，添加的用例是以“用例”+数字的方式命名的，如“用例 1”“用例 2”。根据需要，可以在添加用例时输入新的用例名称；添加用例后，如果要重新修改用例名称，则可以双击用例名称，在打开的【用例编辑】对话框中输入新的用例名称即可。

8.1.3 剪切和复制用例

用例可以从一个事件剪切或复制到其他事件中，在要复制的用例或者用例所在的事件中右击鼠标，从弹出的快捷菜单中执行【剪切】(【Ctrl+X】)、【复制】(【Ctrl+C】) 命令，然后在另一个事件中再次右击鼠标，从弹出的快捷菜单中执行【粘贴】(【Ctrl+V】) 命令。当剪切或者复制用例后，单击“更多事件”，在弹出的下拉列表中，每个事件的后面都会出现一个【粘贴】按钮，如图 8-4 所示。单击【粘贴】按钮就会将剪切或者复制的用例复制到该事件中。

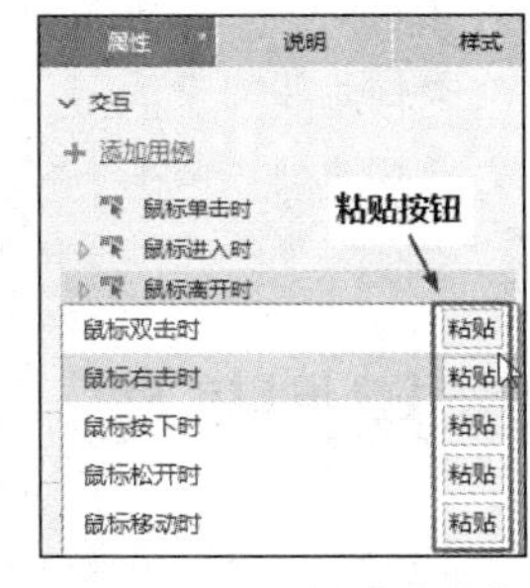

图 8-4 事件后面的【粘贴】按钮

8.1.4 移动用例

将用例从一个事件移动到另一个事件中，可以使用两种方法。

1. 使用鼠标移动用例

使用鼠标选择要移动的用例，按下鼠标左键将其拖到其他事件中释放左键，即可移动用例，在移动用例时，通过鼠标指针所在的横线标志可以知道用例移动到的位置，如图 8-5 所示。

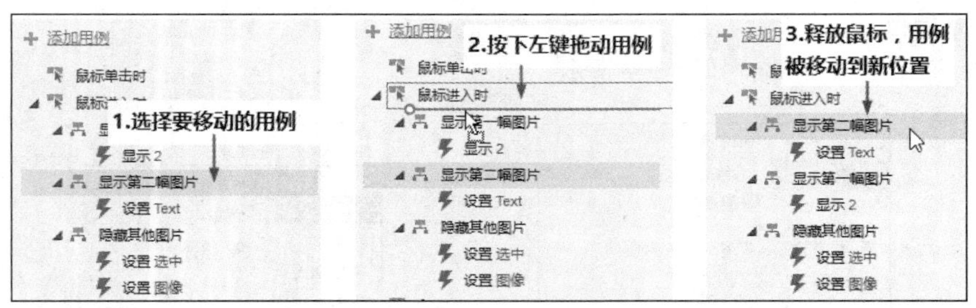

图 8-5 使用鼠标移动用例

2. 使用快捷菜单移动用例

在要移动的用例上右击鼠标，从弹出的快捷菜单中执行【上移用例】(【Ctrl+↑】) 和【下移用例】(【Ctrl+↓】) 命令。

8.1.5 删除用例

在要删除的用例上右击鼠标，从弹出的快捷菜单中执行【删除】(【Delete】) 命令可以删除选中的用例。如果要删除一个事件中的所有用例，则右击事件名称，在弹出的快捷菜单中执行【删除所有用例】(【Delete】) 命令。

如果一个事件中存在多个用例，那么，也可以一次性删除其中的几个用例，方法为：按住【Shift】键，单击选择多个连续的用例，然后按【Delete】键；如果要删除不连续的多个用例，则按【Ctrl】键，再单击选择多个不连续的用例，然后按【Delete】键。

8.1.6 编辑用例

要编辑用例，只需要在用例上双击即可打开【用例编辑】对话框对其进行编辑。

8.2 链接动作

动作主要分为五大类：链接、元件、全局变量、中继器和其他等。本节主要学习链接动作，单击链接左侧的小三角按钮可以展开和折叠链接下的所有动作。

8.2.1 【打开链接】

【打开链接】动作包含 4 项内容：【当前窗口】、【新窗口/新标签】、【弹出窗口】和【父级窗口】。

1. 【当前窗口】动作

将链接的内容显示在链接所在的窗口中，原来的内容视图将被链接的内容页面替代。例如，可以在页面 A 中设置一个文本链接到页面 B 中，当在浏览器窗口单击页面 A 的超链接时，显示的页面 B 将取代页面 A 的内容。

2. 【新窗口/新标签】动作

如果要将链接的页面在新的窗口中打开，则可以使用【新窗口/新标签】动作。

3. 【弹出窗口】动作

如果要将链接的页面内容在一个浮动的窗口中显示出来，可使用【弹出窗口】动作。

4. 【父级窗口】动作

单击页面 A 中的链接时，如果使链接到页面 B 的内容在【新窗口/新标签】中显示，则页面 A 的窗口就是页面 B 的父级窗口，此时，如果将页面 B 中的链接到的内容页面 C 设置为【父级窗口】，则单击页面 B 中的链接时，链接内容页面 C 会在显示页面 A 内容的窗口中出现。下面介绍具体的步骤。

（1）创建 A、B、C 三个页面，在页面 A 中添加文本内容并设置事件为【单击鼠标时】，添加动作【新窗口/新标签】，配置动作为页面 B，如图 8-6 所示。

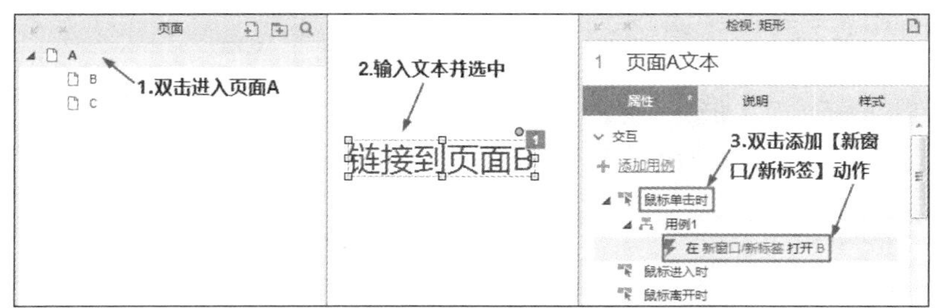

图 8-6 设置页面 A 的链接

（2）在页面 B 中添加文本内容并设置事件为【单击鼠标时】，添加动作【父级窗口】，配置动作为页面 C，如图 8-7 所示。

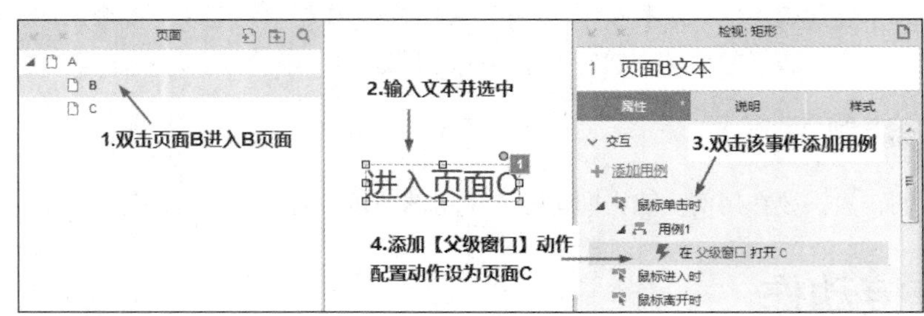

图 8-7　设置页面 B 的链接

（3）在页面 C 中随便添加一些元件，无需做任何交互。在 Axure RP 中双击页面 A 进入 A 页面，然后按【F5】键浏览，打开浏览器后，首先看到是页面 A 的内容，当单击页面 A 的超链接后，会打开一个新的窗口显示页面 B 的内容，在页面 B 中单击超链接对象后，并没有在新窗口中显示页面 C 的内容，而是在原来显示页面 A 的窗口中显示，所以，对于页面 B 而言，页面 A 所在的窗口就是它的父级窗口，因此显示页面 B 链接的内容时，会在原来的页面 A 窗口中显示出来了，如图 8-8 所示。

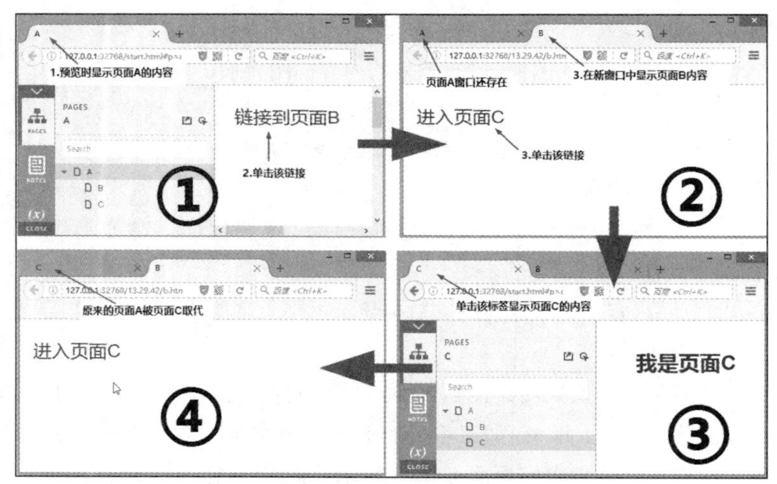

图 8-8　父级窗口示意图

另外，【打开链接】的动作配置不只是链接到某个页面，还可以链接到外部的文件、网页或者重新加载当前页面以及返回上一页，如图 8-9 所示。

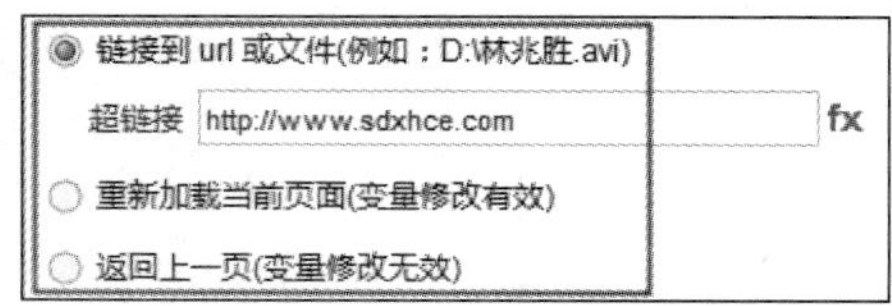

图 8-9　其他链接项

【链接到 url 或文件】可连接到外部网站或者连接到本地文件；【重新加载当前页】相当于刷新页面，可配合变量使用；【返回上一页】可以返回到上一个网页。

8.2.2　【关闭窗口】

【关闭窗口】动作可关闭当前窗口，该动作无选项设置。

8.2.3 【在框架中打开链接】

【在框架中打开链接】动作包括【内联框架】和【父级框架】两个动作。这里的框架是指通过【元件库】面板创建的内联框架元件。内联框架可看作是页面上的一个独立窗口，使用内联框架不但可以显示内部的页面内容，还可以调用外部的任何文件，包括互联网中的视频和动画。下面先了解内联框架的属性。从【元件库】面板中拖一个内联框架到页面中，如图 8-10 所示。

图 8-10　内联框架默认的显示状态

如果要设置框架内显示的内容，则可以双击内联框架或者在【属性】子面板中单击“框架目标页面”链接，如图 8-11 所示。

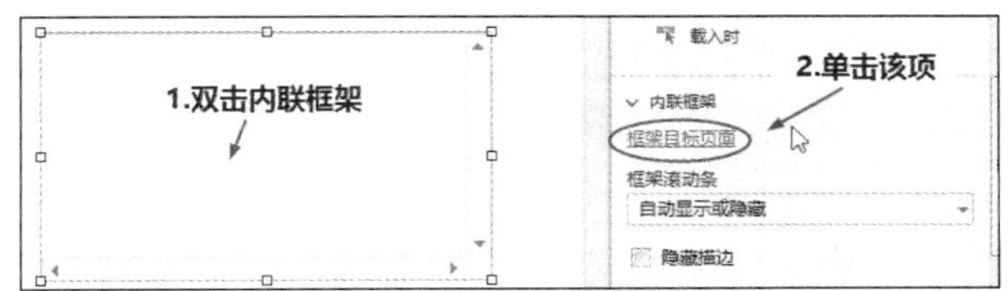

图 8-11　打开框架链接设置窗口的方法

使用上面任意一种方法都可打开【链接属性】对话框。可以看出，此对话框中的参数设置与【打开链接】中的【动作配置】栏中的参数相似。默认状态下，内联框架是根据框架内显示的内容决定是否显示滚动条的，也可以在【属性】子面板中设置是否显示框架滚动条，如图 8-12 所示。

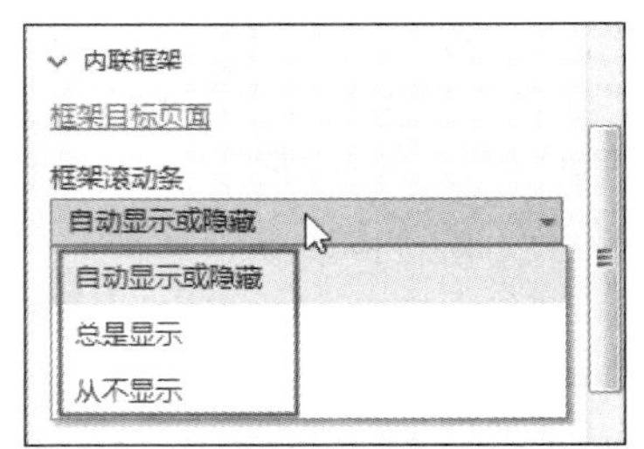

图 8-12　控制滚动条显示选项

通过【隐藏描边】选项可以控制内联框架是否显示描边，如图 8-13 所示。设置【预览图片】参数，还可以指定内联框架在 Axure RP 页面中显示的内容，包括【无】、【视频】、【地图】和【自定义】等，如图 8-14 所示。

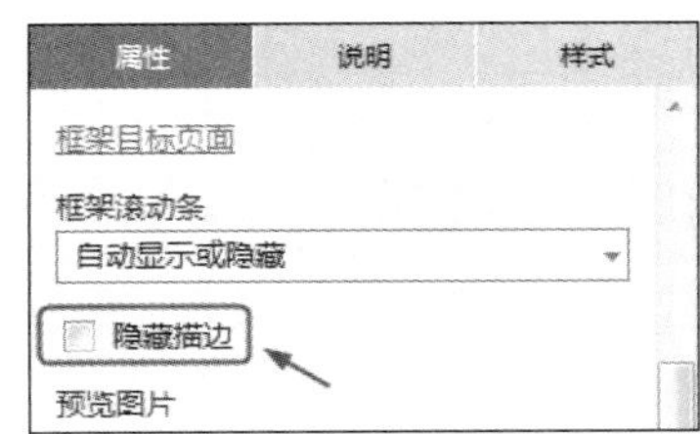

图 8-13　是否显示框架描边

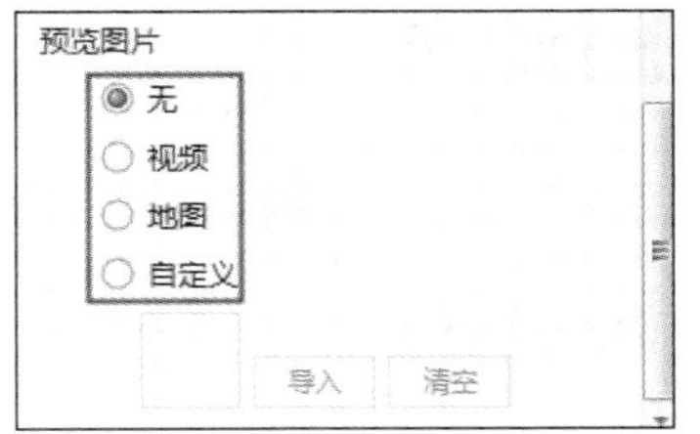

图 8-14　设置【预览图片】

【预览图片】设置完成后，只能在 Axure RP 页面中显示效果，如图 8-15 所示，通过浏览器浏览是无法看到设置的预览图片的。

图 8-15　预览图片效果

内联框架的属性参数还可以右击内联框架，从弹出的快捷菜单中进行设置，如图 8-16 所示。

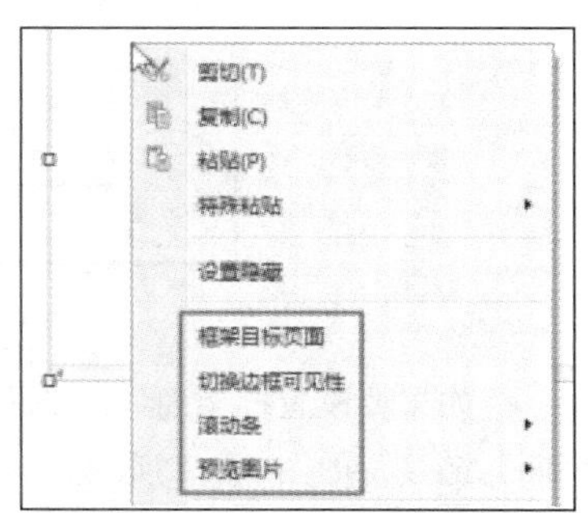

图 8-16　内联框架属性参数

弄明白了什么是内联框架，再来研究【在框架中打开链接】动作，包括【内联框架】和【父级框架】两个动作。【内联框架】动作表示显示的内容在指定的内联框架中，【父级框架】动作表示显示的内容会在整个浏览器窗口中显示。

例如，在页面中创建一个框架，指定其事件为【载入时】，在打开的【用例编辑】对话框中选择【内联框架】动作，在【配置动作】栏中勾选【内联框架】，然后在【链接到 url 或文件】参数中输入一个视频的外部网址。按【F5】键预览，此时链接的外部视频会在框架内显示。可见，【内联框架】动作就是将显示的内容放置在指定的框架中，如果将【内联框架】改为【父级框架】选项，则按【F5】键预览时，链接的外部视频会在整个浏览器窗口中显示，因为浏览器窗口可以看作是一个最大的父级框架。

8.2.4　【滚动到元件】

【滚动到元件】动作可以将页面视图滚动到指定的位置，滚动到的位置是通过在页面中放置的元件实现的。例如，在一个页面的顶部和底部分别放置一个元件并将其命名为“顶部”和“底部”，然后指定页面事件为【窗口向下滚动时】，在打开的【用例编辑】对话框中，选择左侧的【滚动到元件】动作，在右侧的【配置动作】栏中选择“底部”元件。指定页面事件为【窗口向上滚动时】，在打开的【用例编辑】对话框中，选择左侧的【滚动到元件】动作，在右侧的【配置动作】栏中选择“顶部”元件。按【F5】键浏览，使用鼠标向下拖动垂直滚动条时，页面视图迅速到了底部；向上拖动垂直滚动条时，页面视图迅速到了顶部。

8.3　元件动作

元件的动作包括【显示/隐藏】、【设置面板状态】、【设置文本】、【设置图片】等 14 项内容。

8.3.1　【显示/隐藏】

【显示/隐藏】动作可以控制元件的显示和隐藏，通过相关参数设置，还可以对元件执行添加动画、置于顶层等操作。下面通过案例来研究该动作的使用方法。

1. 【显示】

该动作可控制是否显示隐藏的对象。可以在页面中创建一个图形元件和两个图像元件，将图形元件命名为“按钮”，将添加的两幅图像分别命名为“美女”和“帅哥”，然后隐藏“美女”元件，再将“帅哥”元件放置在“美女”元件的上方，使“美女”元件和“帅哥”元件重叠，如图 8-17 所示。

图 8-17　添加的元件

选择“按钮”元件，在【属性】子面板中双击【鼠标单击时】事件，在打开的【用例编辑】对话框中添加【显示】动作，在【配置动作】栏中选择“美女”元件，在下方位置设置动画方式为“向下滑动”，勾选【置于顶层】选项，如图 8-18 所示。

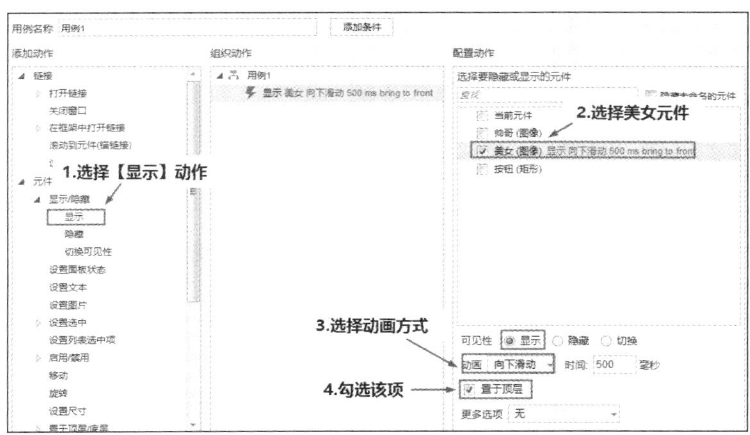

图 8-18　设置【显示】动作参数

提示

勾选【置于顶层】选项，可以使隐藏的元件在显示时位于最顶层的位置，以免因为层次不对而无法显示隐藏的元件。

此时预览网页效果，就会发现单击按钮时，隐藏的美女图像覆盖了帅哥图像而显示在最顶层位置，如图 8-19 所示。继续编辑【显示】动作的参数，只要选择页面中的按钮元件并双击【属性】子面板中刚添加的“用例 1”下面的【显示动作】选项，即可打开【用例编辑】对话框，在“更多选项”下拉列表中选择“推动元件”选项，方向设置为“下方”，如图 8-20 所示。

图 8-19　显示的美女图像

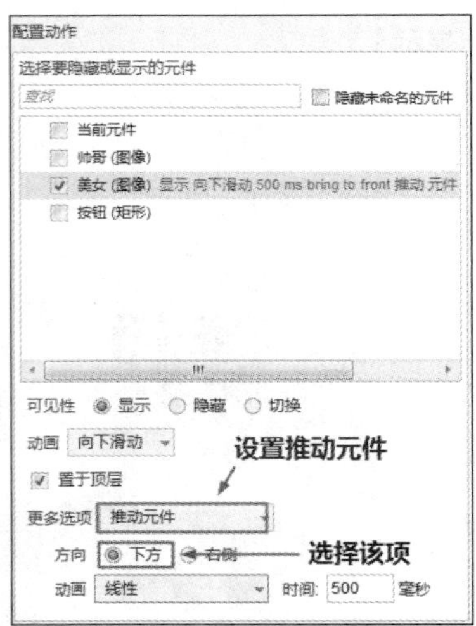

图 8-20　设置【推动元件】参数

再次预览网页效果，单击按钮时，隐藏的美女元件显示出来，并且会将原来位置的帅哥元件推动到下方位置，如图 8-21 所示。可以将推动元件的方向设置为【右侧】，如图 8-22 所示。

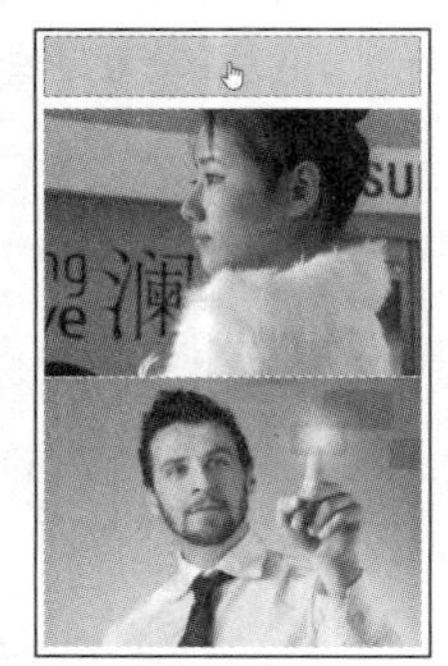

图 8-21　推动元件效果的动画

图 8-22　更改推动元件的方向

在浏览器中单击按钮，隐藏的美女图像显示时，原来位置的帅哥图像会向右方移动，如图 8-23 所示。

图 8-23　向右推动元件

还可以在【更多选项】中设置【弹出效果】，如图 8-24 所示。

【弹出效果】就是单击按钮时显示隐藏的美女图像，当鼠标指针离开按钮时，弹出的美女图像会恢复原来的隐藏状态，如图 8-25 所示。

图 8-24 设置【弹出效果】

图 8-25 弹出效果预览

除了【推动元件】、【弹出效果】外，还可以将显示设置为【灯箱效果】，如图 8-26 所示。

【灯箱效果】就是显示隐藏的元件时，该元件之外的区域处于非激活状态（蒙上一层指定的背景色），只有显示的隐藏元件处于激活状态，如图 8-27 所示。

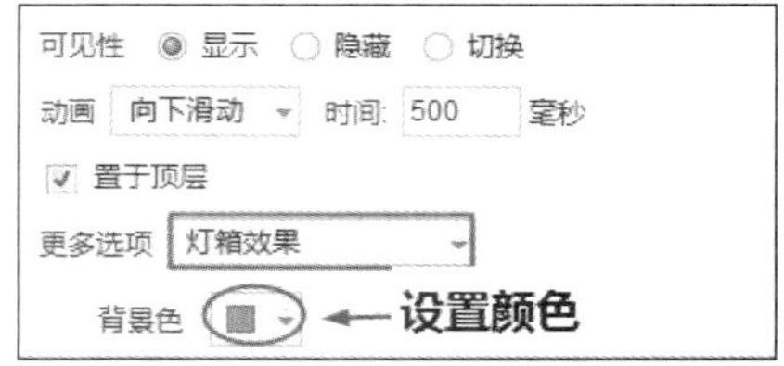

图 8-26 设置灯箱效果

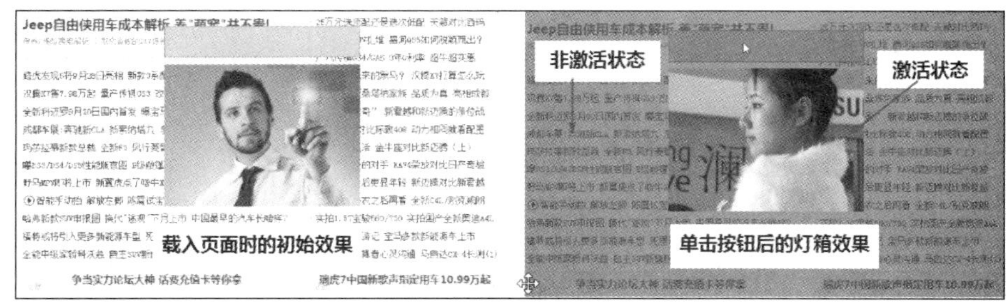

图 8-27 预览灯箱效果

预览网页时，如果要退出灯箱效果，只要在非激活区域单击即可。

提示

【灯箱效果】经常会在一些网站中遇到，例如，在百度文库中，如果用户没有登录就想下载一些文章资料，则会弹出登录提示窗口，此时，该窗口之外的区域就被设置成了【灯箱效果】。

2. 【隐藏】

该动作与【显示】正好相反，参数设置也非常相似。

3. 【切换可见性】

该动作包含了【显示】和【隐藏】两个动作的效果，使用该动作时，只需要在同一个按钮上单击，就可以在显示和隐藏之间切换。

8.3.2 【设置文本】

该动作可以在元件中添加文本。在【用例编辑】对话框中选择该动作后，在【配置动作】栏中可以根据不同的选项设置文本内容，文本的内容比较多，包括值、变量值、元件文字等，如图 8-28 所示。

图 8-28 设置文本内容

【值】可以直接输入文本内容，也可以通过变量获取文本内容。

【多信息文本】也可以叫富文本，该文本不但可以插入变量和函数，而且可以设置文本的格式。

【焦点元件文字】从焦点元件上获取文字。

【变量值】获取全局变量的值。

【变量值长度】获取全局变量值的字符数量。

【被选项】从列表框、下拉列表框等表单元件中设置被选项。

【面板状态】获取动态面板的状态。

提示

关于焦点元件、变量和动态面板，将在后面相应的章节详述。

8.3.3 【设置图像】

该动作只对图像元件有效，通过该动作可以设置图片默认、鼠标指向、鼠标按下、选中和禁用 5 个交互样式。

8.3.4 【设置选中】

该动作包含三项内容：【选中】、【取消选中】和【切换选中状态】。

该动作与“选中”交互样式或者与【设置图像】中的交互样式配合更好。下面通过一个小案例说明该动作的使用方法。

（1）在页面中导入三幅图片并分别命名为“1”“2”和“3”，如图 8-29 所示。

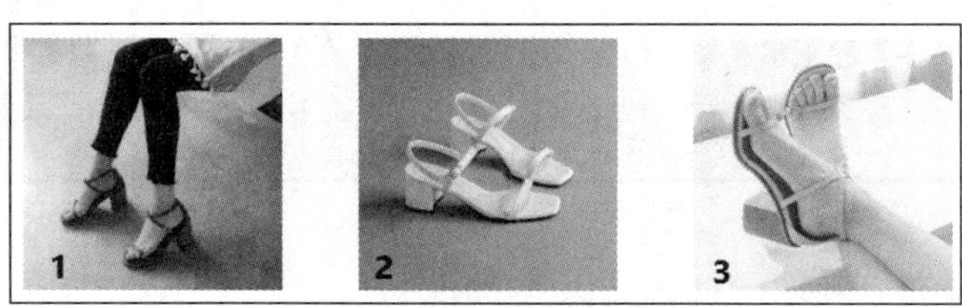

图 8-29 导入三幅图片

（2）选择三幅图像，在【属性】子面板中单击【交互样式设置】栏中的“选中”超链接，打开【交互样式设置】对话框，在“选中”选项卡中设置线段的颜色为红色，使用较粗的线宽，如图 8-30 所示。

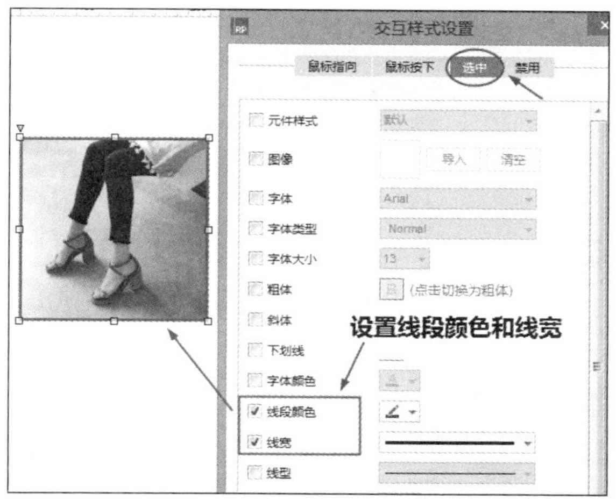

图 8-30　设置每幅图像的“选中”交互样式

（3）选择第一幅图像，在右侧的【属性】子面板中勾选【选中】选项，如图 8-31 所示。这样就可以在载入网页时显示该图像处于选中状态了。

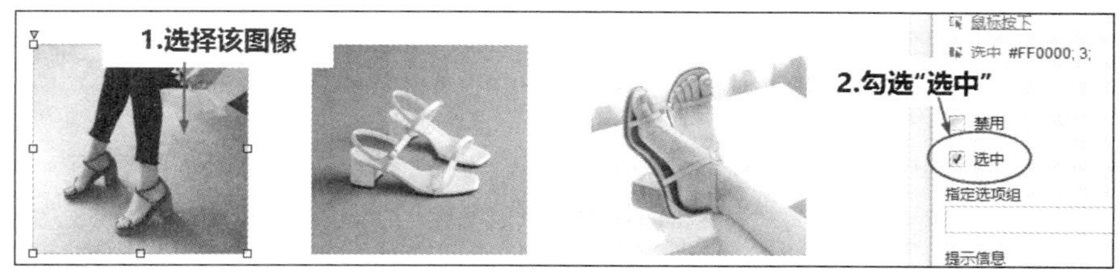

图 8-31　设置第一幅图像的选中状态

（4）仍然选择第一幅图像，在【属性】子面板中双击【鼠标单击时】事件，在打开的【用例编辑】对话框中添加一个【选中】动作，在【配置动作】栏中选择“1”，然后在同一个用例中添加【取消选中】动作，在【配置动作】栏中选择“2”和“3”，如图 8-32 所示。

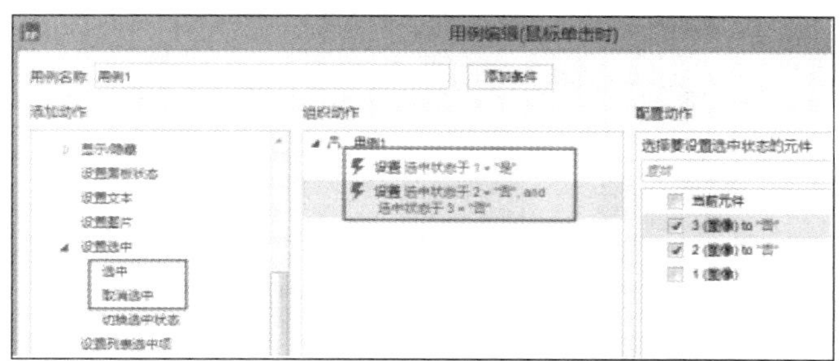

图 8-32　设置第一幅图像的用例参数

上面的用例设置说明：单击元件“1”会选中元件“1”而取消“2”和“3”的选中状态。

（5）使用相同的方法，可以对图片“2”和“3”添加与图片“1”完全相同的事件，使用复制用例的方法能更快地完成此项操作，然后修改相应的配置动作选项即可。图 8-33 所示为图片“2”的用例设置。

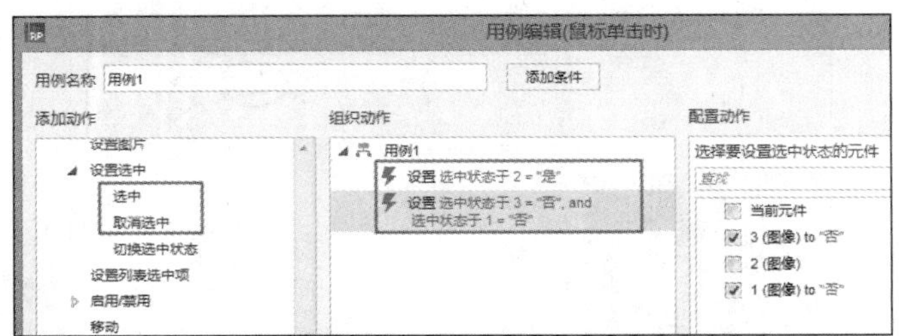

图 8-33　设置第二幅图像的用例参数

上面的用例设置说明：单击元件“2”会选中元件“2”而取消“1”和“3”的选中状态。图片“3”的用例设置参数如图 8-34 所示。

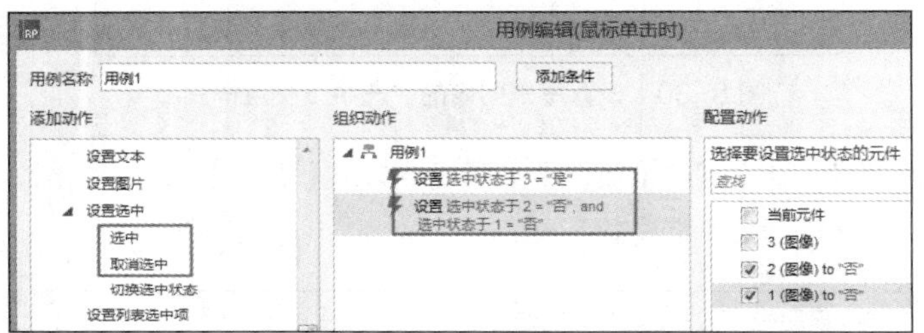

图 8-34　第三幅图像的用例参数设置

上面的用例设置说明：单击元件“3”会选中元件“3”而取消“1”和“2”的选中状态。

按【F5】键进入浏览器预览，页面载入时，第一幅图像处于选中状态，如图 8-35 所示。

图 8-35　在浏览器中默认的选中状态

单击第二幅图像时，第二幅图像处于选中状态，其余图像处于非选中状态，如图 8-36 所示。

图 8-36　选中第二幅图像

上述效果如果使用【设置图像】动作来完成的话，则应该按下列步骤进行。

（1）在图像处理软件（如 Photoshop）中对三幅图像分别添加描边效果，如图 8-37 所示。

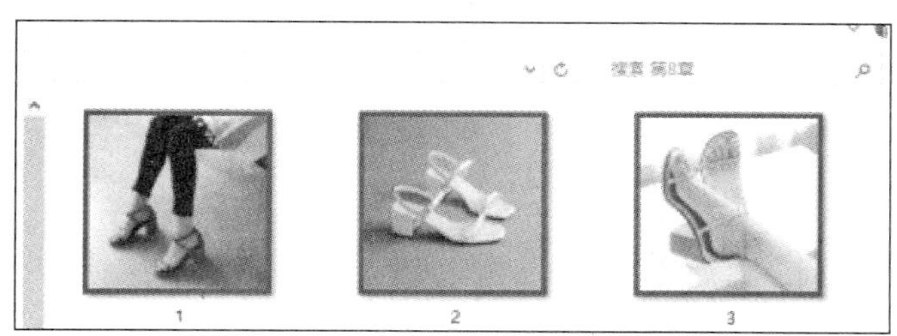

图 8-37　在图像处理软件中对每幅图像添加描边

（2）在 Axure Rp 中新建一个文档，在页面中再次导入不带描边的三幅图像。

（3）选择第一幅图像，双击【鼠标单击时】事件，在打开的对话框中添加一个【选中】动作，配置动作设置为选中“1”，再添加一个【取消选中】动作，配置动作设置为“2”和“3”，如图 8-38 所示。

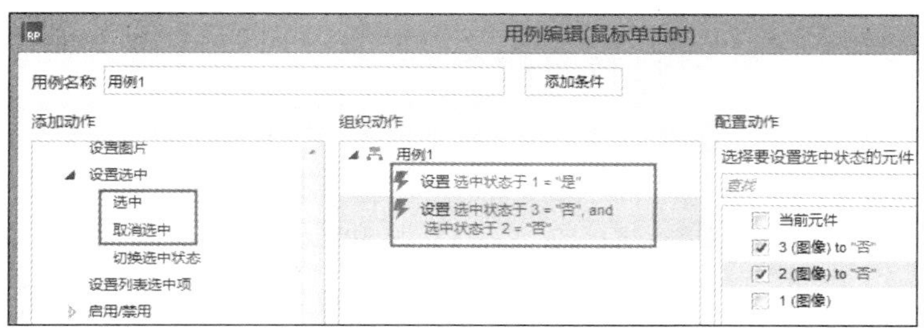

图 8-38　第一幅图像用例设置

（4）在上面的对话框中再添加一个【设置图片】动作，在【配置动作】栏中选择图片 1，在下方单击参数右侧的【导入】按钮，导入带描边的第一幅图像，如图 8-39 所示。

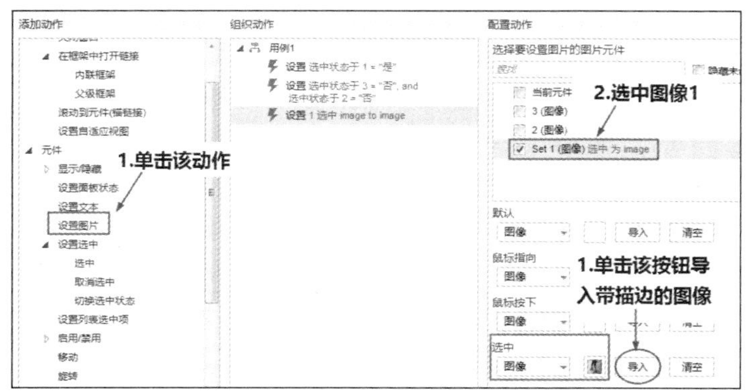

图 8-39　设置第一幅图像的【设置图片】动作

（5）使用上面的方法，可完成对其余两幅图像的交互设置。

按【F5】键进入浏览器预览，由于没有设置默认选中图片，所以页面载入时，三幅图像都处于非选中状态。单击某个图像会出现选中状态的描边效果。

8.3.5 【启用/禁用】

该动作可以使页面中的元件处于有效和无效状态，可以和【属性】子面板中的【禁用】交互样式和【禁用】选项配合使用，如图 8-40 所示。

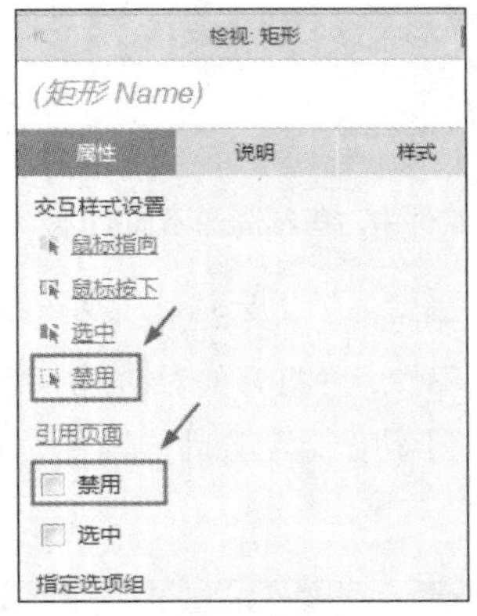

图 8-40 【禁用】选项

元件被禁用后，对该元件添加的所有交互将失去作用，必须对其解除禁用方可使交互有效。使用此功能可以模仿输入密码三次错误即被锁定的交互原型。

8.3.6 【移动】

【移动】是很常用的动作。使用该动作，可以设置元件移动的相对距离和绝对距离、移动时的动画方式和移动的边界。这里需要特别注意移动的两种方式：“经过”和“到达”。“经过”是相对移动的距离，“到达”是绝对移动到的距离。例如，可以单击一个元件让其移动，如果采用“经过”方式，则每次单击元件都移动相同的距离；如果采用“到达”方式，单击元件后，该元件就移动到一个固定的位置，再次单击元件时，元件的位置也不会改变。另外，还可以添加边界，让元件在某个范围内移动。下面通过一个小案例来学习【移动】动作的使用方法。

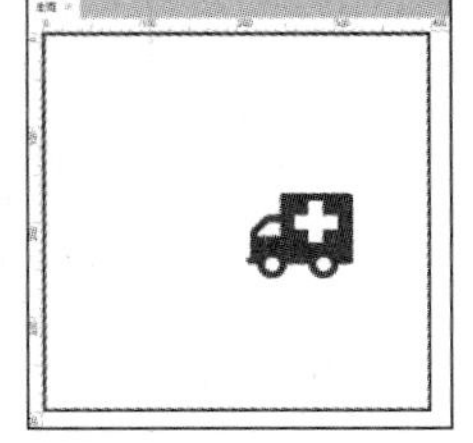

图 8-41 创建的两个元件

（1）在页面中创建一个宽度为 400 像素、高度为 400 像素的矩形，然后从图标元件库中添加一个救护车图标元件，如图 8-41 所示。

（2）选择救护车元件并双击【属性】子面板中的【鼠标单击时】事件，在打开的对话框中添加【移动】动作，在【配置动作】栏中选择救护车元件，将移动方式设置为“经过”，x 为 5，表示水平向右移动 5 个像素，y 为 0，表示垂直方向不移动，如图 8-42 所示。

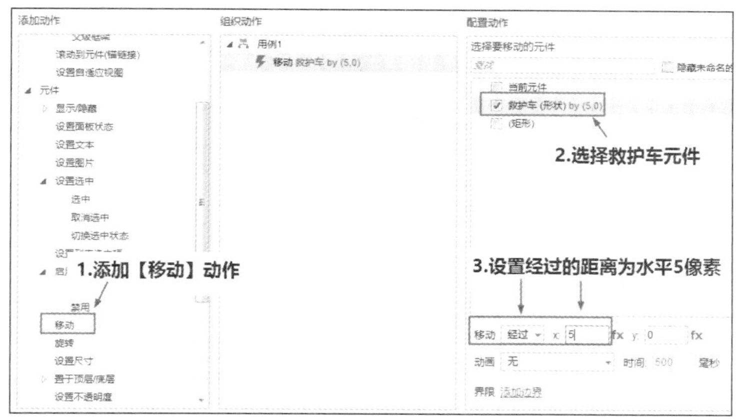

图 8-42　设置【移动】动作参数

x 为正数表示向右移动，*x* 为负数表示向左移动；*y* 为正数表示向下移动，*y* 为负数表示向上移动。

按【F5】键预览，当单击救护车时，救护车会向右移动 5 像素，不停地单击救护车，它就不停地向右移动。

（3）如果要限制元件移动的范围，则可以设置【界限】参数。在【配置动作】栏中，单击“添加边界”超链接，可以在 4 个边缘添加边界，在本例中，只添加右侧边界，救护车向右移动的位置限制在 400 像素以内，如图 8-43 所示。按【F5】键预览，单击救护车，它依然会向右移动，但是当它移动到矩形框边缘时，就再也无法移动了，如图 8-44 所示。

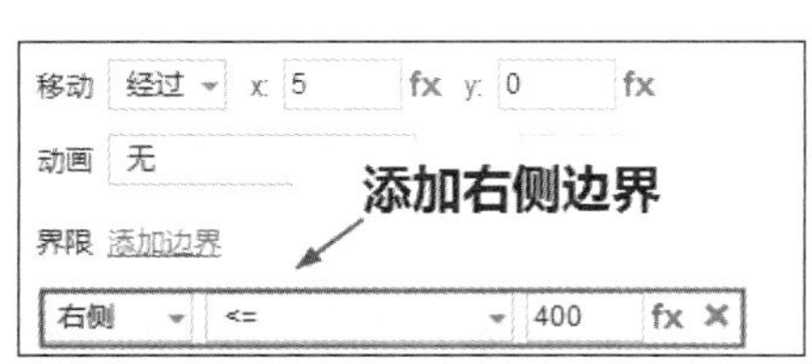

图 8-43　添加右侧边界

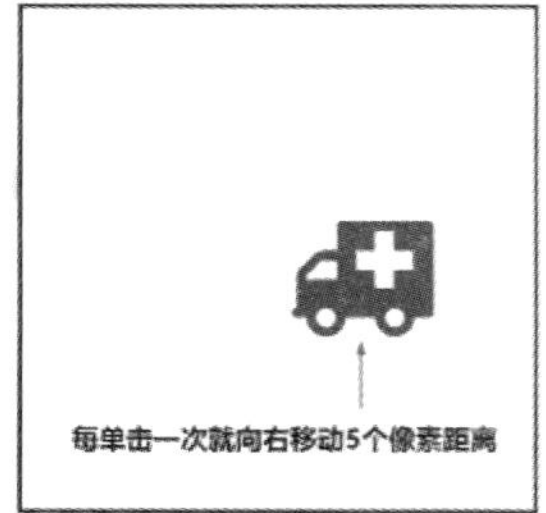

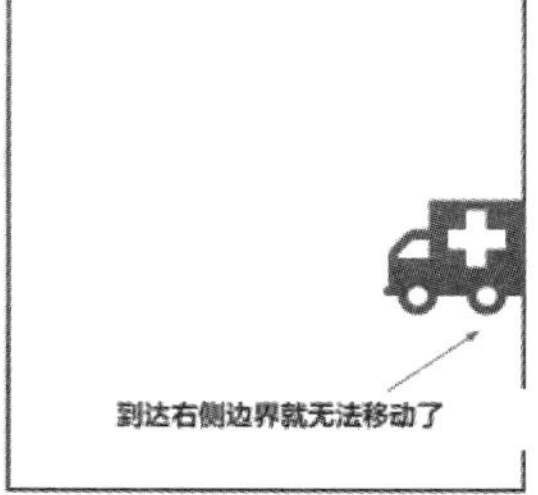

图 8-44　向右移动到边界范围

边界限定的范围是以标尺上的刻度为准的，也就是以标尺的坐标值为准。例如，将右侧限定边界设置为小于等于 400 像素，表示移动的元件是以水平标尺 400 像素处的垂直直线为界，移动的元件无法越过这条边界线。

（4）接着再来看看什么是【到达】移动方式。将救护车的移动方式设置为【到达】后，将 *x* 设置为 400，*y* 也为 400，如图 8-45 所示。

按【F5】键预览，单击救护车时，救护车图片的左上角恰好和方形的右下角位置对齐，再次单击救护车时，它就不会再改变位置了，如图 8-46 所示。

扫码看视频教程

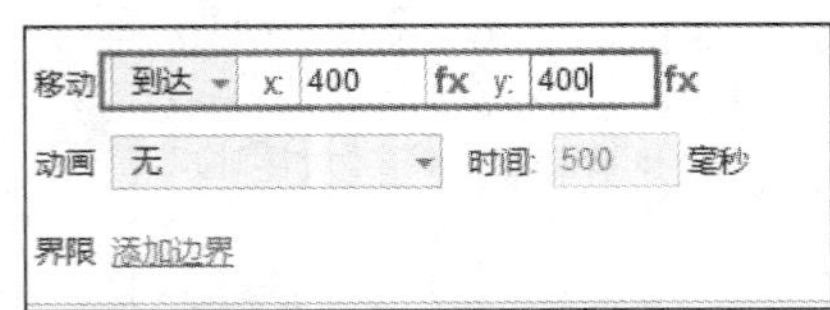

图 8-45　设置【到达】移动方式

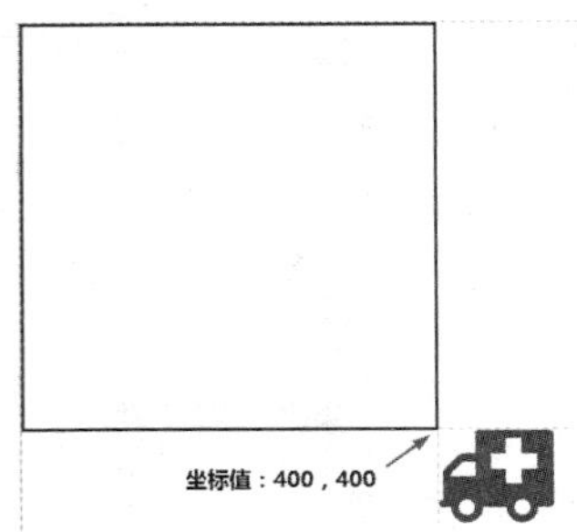

图 8-46　预览【到达】移动方式

8.3.7　【旋转】

【旋转】动作可以让元件转起来，与【移动】动作相似，也可以设置旋转的相对角度和绝对角度，还可以设置旋转的方向和动画等。下面通过一个小案例来学习【旋转】动作的使用方法。

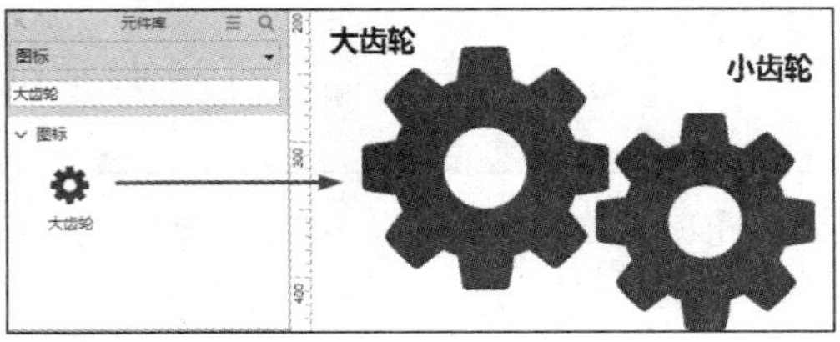

（1）从图标元件库中找到大齿轮并将其放置在页面中，一个大齿轮，一个小齿轮，如图 8-47 所示。

图 8-47　创建的两个齿轮

（2）添加【页面单击时】事件，在打开的【用例编辑】对话框中，添加【旋转】动作，在【配置动作】栏中选择大齿轮，旋转方式为“经过”，旋转旋转度数为 60 度，旋转方向为顺时针，如图 8-48 所示。

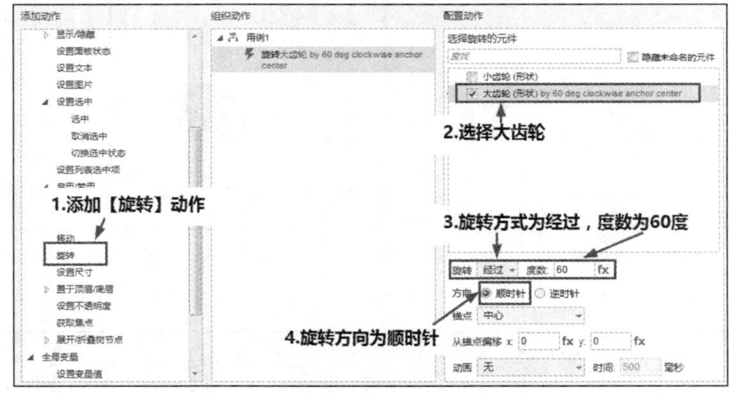

图 8-48　设置大齿轮动作

（3）再添加一个【旋转】动作，在【配置动作】栏中选择小齿轮，旋转方式为“经过”，旋转度数为 80 度，旋转方向为逆时针，如图 8-49 所示。

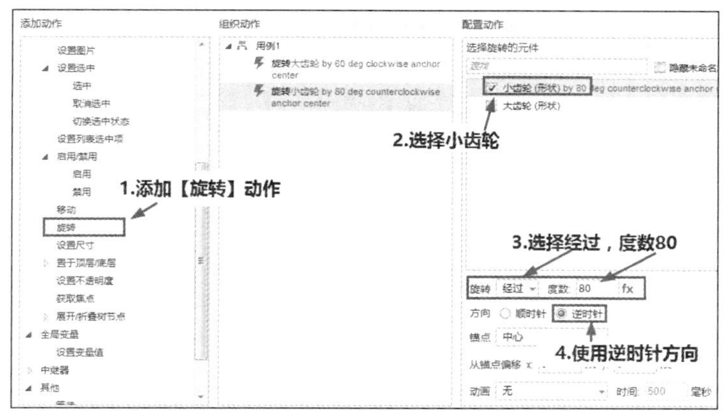

图 8-49　小齿轮动作设置

按【F5】键预览，单击页面时，两个齿轮会同时旋转，不停地单击页面，齿轮就会不停地旋转。

如果将上面两个齿轮的运动方式都改为“到达”，那么，当浏览网页时，第一次单击页面时两个齿轮都在旋转，但是再次单击鼠标时，两个齿轮就不再旋转了，这就是相对旋转和绝对旋转的区别。默认状态下，【旋转】动作是以元件的中心点作为旋转的轴心点，可以根据情况设置旋转的轴心点，只要在【锚点】下拉列表中选择即可，如图 8-50 所示。如果使用上述 9 个锚点位置仍然得不到自己想要的旋转轴心点，则还可以在选择旋转锚点的基础上，使用【从锚点偏移】参数精确设置。例如，想将元件旋转的轴心点设在距离中点锚点右侧 5 像素、上侧 10 像素的距离处，则可以设置参数如图 8-51 所示。

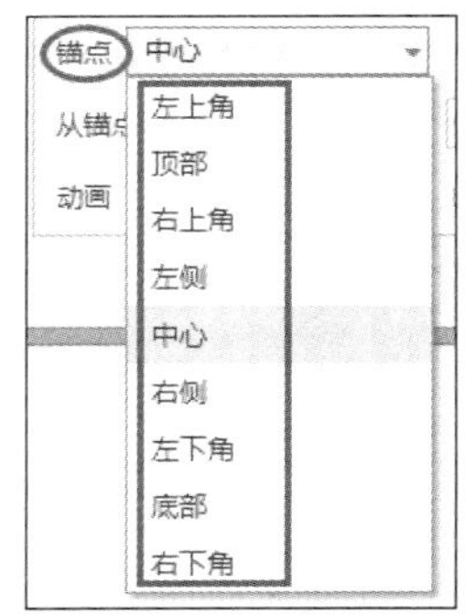

图 8-50　旋转的锚点位置

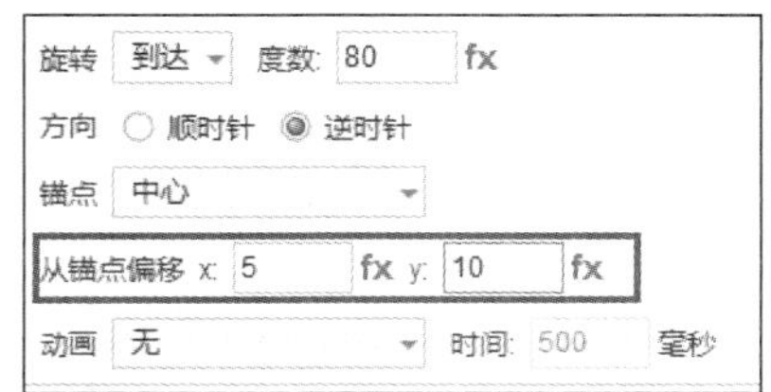

图 8-51　设置旋转锚点的偏移距离

提示

旋转元件时，如果感觉旋转速度太快，则可以添加动画，在后面的时间参数中设置较长的时间，动画在播放时就会慢下来。

8.3.8　【设置尺寸】

该动作可以设置元件的大小尺寸。

8.3.9　【置于顶层/底层】

该动作可以控制元件位于顶层位置还是底层位置。

8.3.10 【设置不透明度】

该动作可以设置元件的不透明度，还可以将透明度的变化设置成动画。

8.3.11 【获取焦点】

该动作可以将页面中某个元件设置为激活状态，一个页面中只能有一个元件获取焦点，也就是说，一个元件获取了焦点，原来的焦点元件就失去了焦点。

8.3.12 【展开/折叠树节点】

该动作只对元件库中的树状菜单元件有效，树状菜单元件如图 8-52 所示。

使用【展开树节点】动作可以将折叠的树状菜单展开，使用【折叠树节点】动作可以将展开的树状菜单折叠起来，如图 8-53 所示。

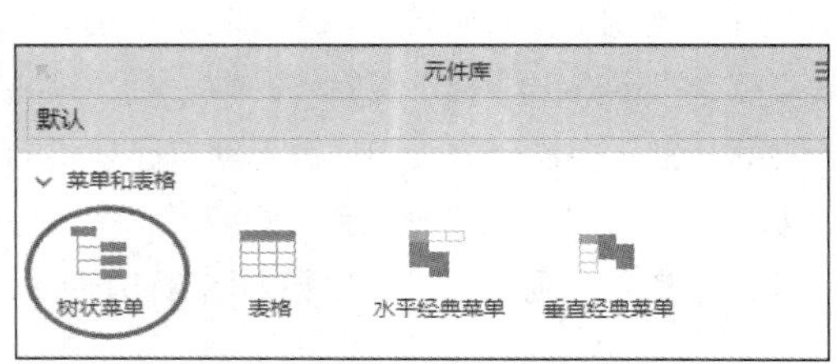

图 8-52　树状菜单元件

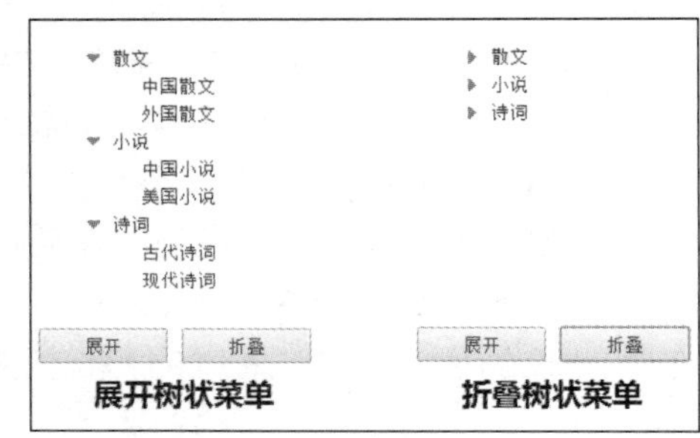

图 8-53　展开和折叠树状菜单

8.4 其他动作

8.4.1 【等待】

该动作可以设置执行下一个动作前要等待的时间，默认是 1000 毫秒，也就是 1 秒。

8.4.2 【其他】

该动作可以设置在弹出的浮动窗口中要输入的文字。例如，在页面载入时先弹出一个浮动窗口，如图 8-54 所示。

图 8-54　弹出的浮动窗口

8.4.3 【触发事件】

该动作可以通过某个事件来执行多个其他的事件，包括页面事件和元件事件。例如，执行【鼠标单击时】事件，同时执行【页面载入时】和【鼠标指向时】两个事件等。

下面通过一个小案例来学习【触发事件】的用法。

（1）在页面中创建左右两个矩形元件，如图 8-55 所示。

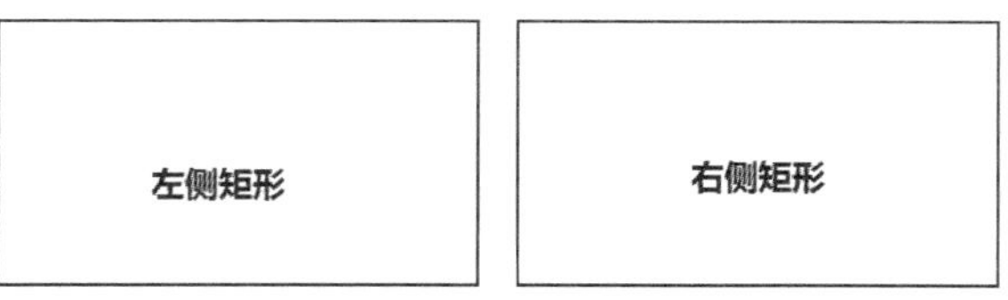

图 8-55　创建的两个矩形元件

（2）选择左侧的矩形元件，在【属性】子面板中添加【鼠标进入时】事件，在【用例编辑】对话框中添加【设置文本】动作，文本内容设置为“好好学习”4 个字，如图 8-56 所示。

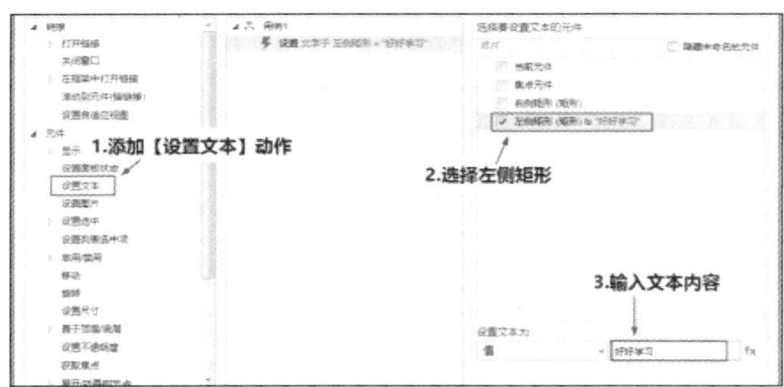

图 8-56　设置左侧矩形的【鼠标进入时】用例

（3）选择右侧的矩形元件，添加【鼠标离开时】事件，在【用例编辑】对话框中添加一个【设置文本】动作，文本内容设置为“天天向上”4 个字，如图 8-57 所示。

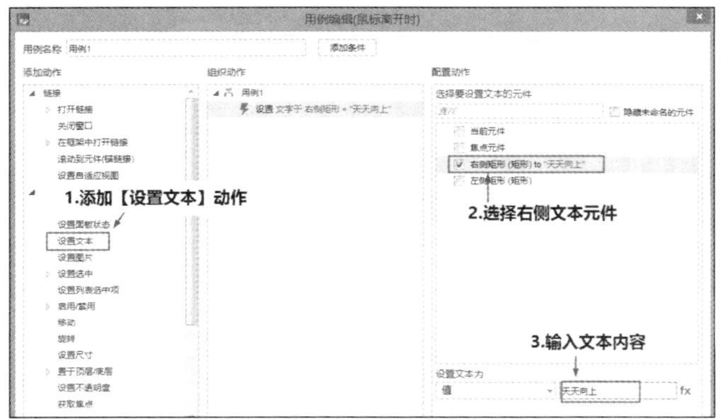

图 8-57　设置右侧矩形【鼠标离开时】的用例

按【F5】键预览，载入网页后，将鼠标指向左侧矩形就显示“好好学习”，将鼠标指向右侧矩形后再离开就会出现“天天向上”，如图 8-58 所示。

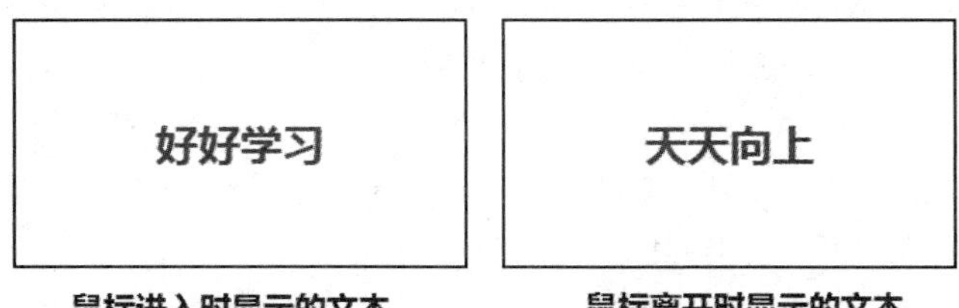

图 8-58　执行事件后显示的文字

下面通过一个元件的【鼠标单击时】事件同时执行上面两个矩形元件的事件。

（4）在页面上再创建一个矩形按钮元件，如图 8-59 所示。

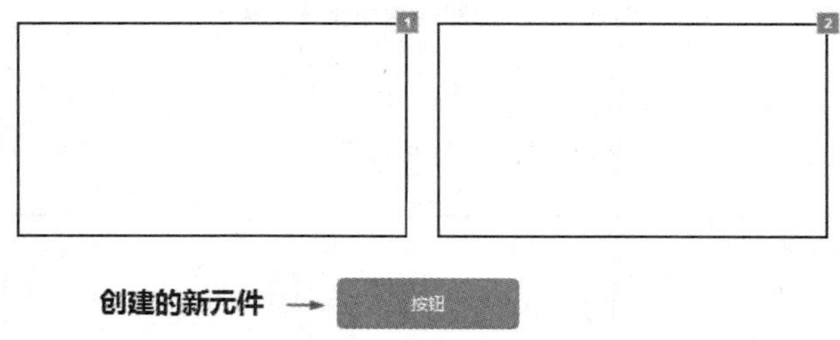

图 8-59　创建的矩形按钮元件

（5）选择新创建的矩形按钮元件，在【属性】子面板中添加【鼠标单击时】事件，在其【用例编辑】对话框中添加一个【触发事件】动作，在【配置动作】栏中选择左侧矩形元件，在下方勾选【鼠标进入时】事件，如图 8-60 所示。

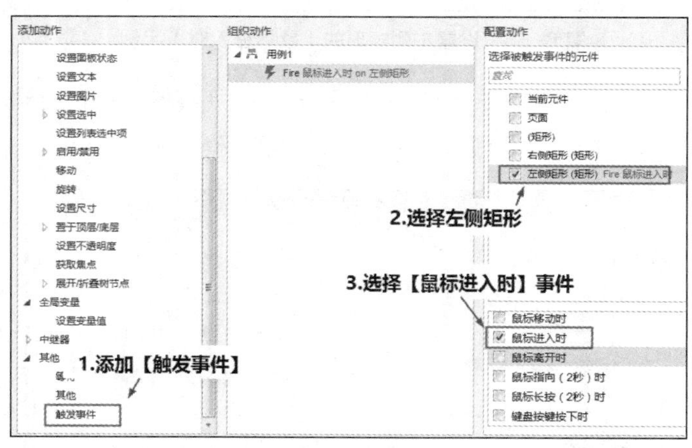

图 8-60　通过【触发事件】控制左侧矩形的【鼠标进入时】事件

（6）继续在上面的对话框中设置另一个矩形的事件。在【配置动作】栏中选择右侧矩形元件，在下方勾选【鼠标离开时】事件，如图 8-61 所示。

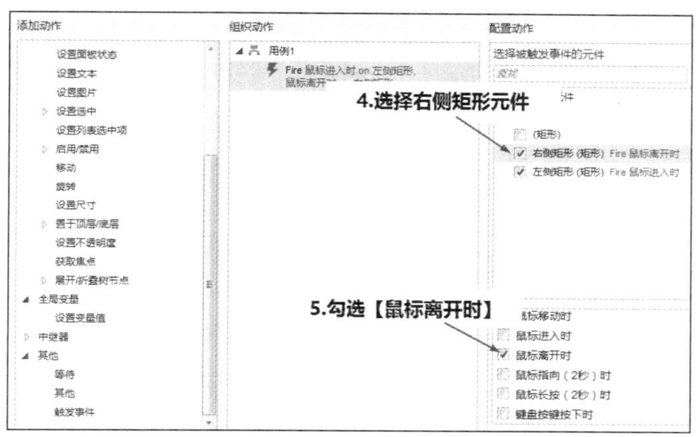

图 8-61 通过【触发事件】控制右侧矩形的【鼠标进入时】事件

按【F5】键预览，载入网页后，将鼠标指向左侧矩形仍然显示“好好学习”，将鼠标指向右侧矩形后再离开也会出现“天天向上”。重新按【F5】键刷新网页，然后使用鼠标直接单击新创建的按钮元件，则上面的两个矩形会同时显示各自的文字，如图 8-62 所示。

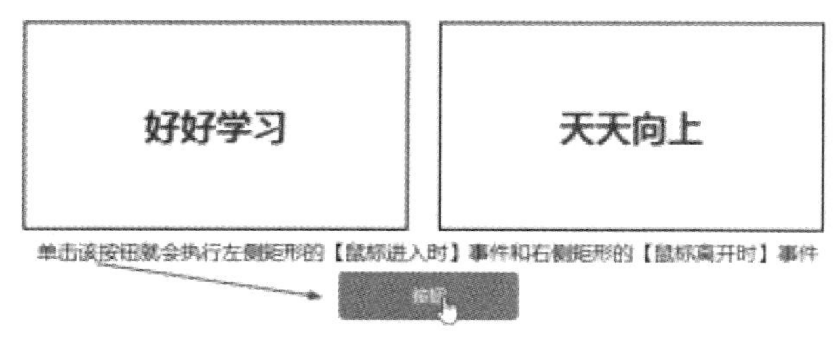

图 8-62 【触发事件】预览效果

8.4.4 【自定义事件】

该动作允许在母版中定义事件。由于【自定义事件】只针对母版有效，所以在普通页面中不会显示该动作。例如，在页面中添加上一页和下一页的翻页按钮，但是 Axure RP 中并没有提供这样的事件，此时可以在母版中新建这样的按钮并自定义相应的事件。下面通过一个小案例来学习【自定义事件】的使用方法。

（1）在【母版】面板中创建一个母版并命名为“翻页按钮”，如图 8-63 所示。

（2）双击新建的“翻页按钮”母版，在页面窗口中打开它，为其添加两个按钮元件，一个命名为“上一页”，另一个命名为“下一页”，如图 8-64 所示。

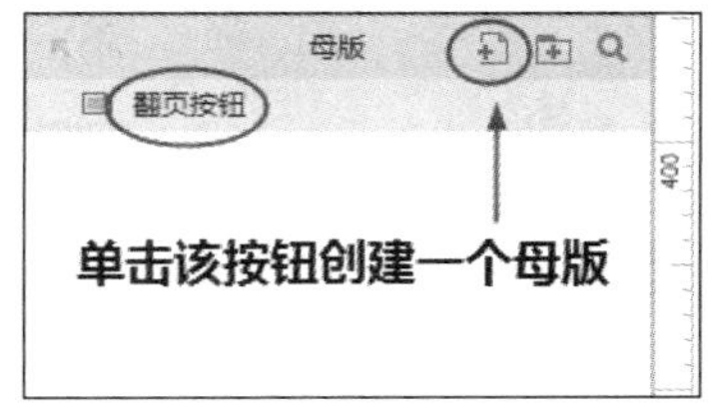

图 8-63 新建母版

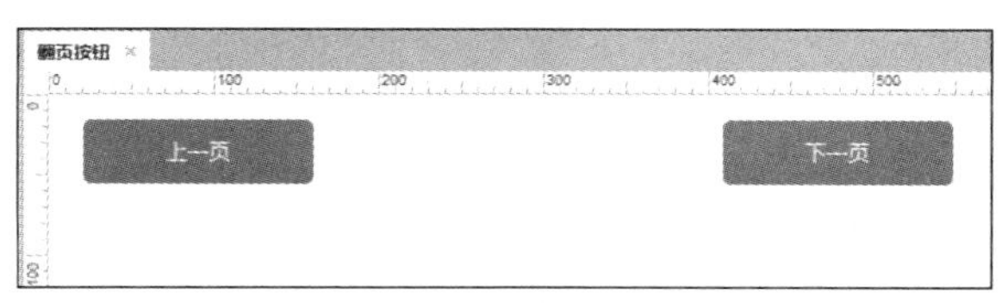

图 8-64 在母版中创建的两个按钮

（3）选择上一页按钮，在【属性】子面板中双击【鼠标单击时】事件，在打开的【用例编辑】对话框中选择【自定义事件】动作，在右侧的【配置动作】栏中单击【添加】按钮➕添加两个自定义事件，以汉语拼音分别命名为“shangyiye”和“xiayiye”。由于现在选择的是上一页按钮，所以勾选“shangyiye”选项，如图 8-65 所示。

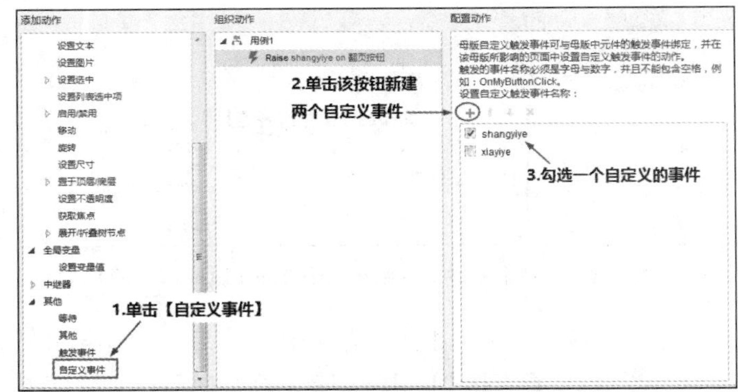

图 8-65　自定义的上一页事件

（4）单击【确定】按钮后，在母版页面中选择下一页按钮，同样在【属性】子面板中双击【鼠标单击时】事件，在打开的【用例编辑】对话框中选择【自定义事件】动作，在右侧的【配置动作】栏中选择“xiayiye”选项，如图 8-66 所示。

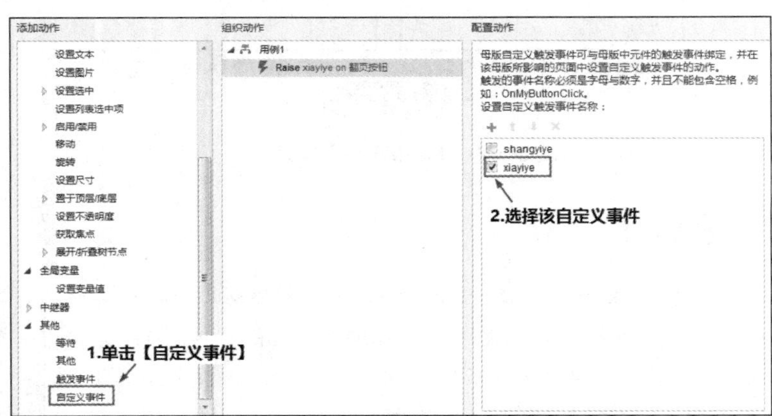

图 8-66　自定义下一页事件

（5）在【母版】面板中右击翻页按钮母版，从弹出的快捷菜单中执行【拖放行为】→【固定位置】命令，以使翻页按钮在每个页面中显示在相同的位置，如图 8-67 所示。

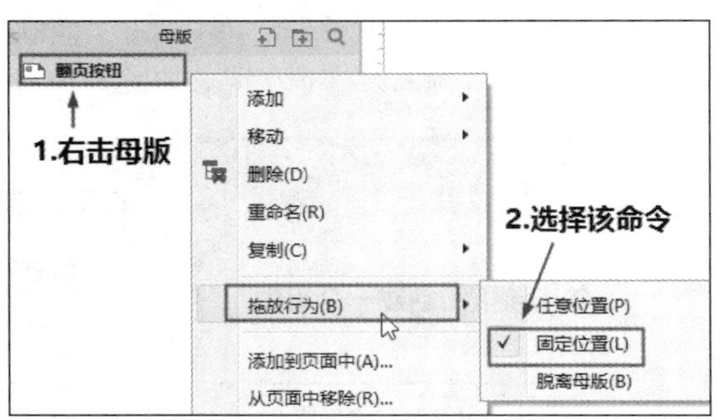

图 8-67　设置母版的拖放行为

（6）在【页面】面板中双击首页进入主页页面状态，然后从【母版】面板中拖出创建的母版并选中该母版对象，此时在【属性】子面板中出现刚才自定义的两个事件，如图 8-68 所示。

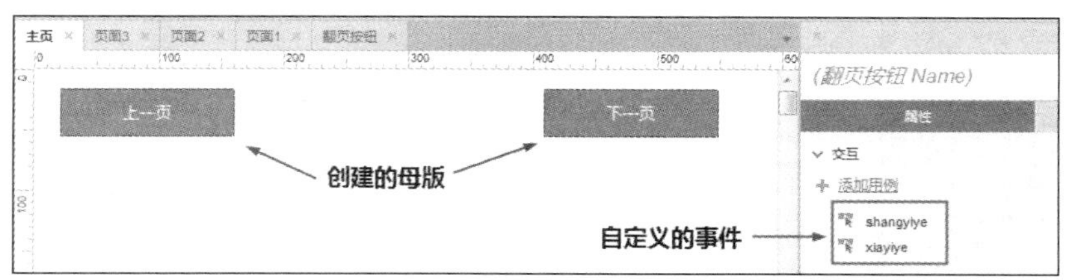

图 8-68　显示的自定义事件

（7）在主页中创建一个动态面板元件并添加多个状态，然后选中页面上的母版对象，双击【shangyiye】事件，在打开的【用例编辑】对话框中添加一个【设置面板状态】动作，在【配置动作】栏中选择动态面板，选择状态为“Previous”（上一个），如图 8-69 所示。

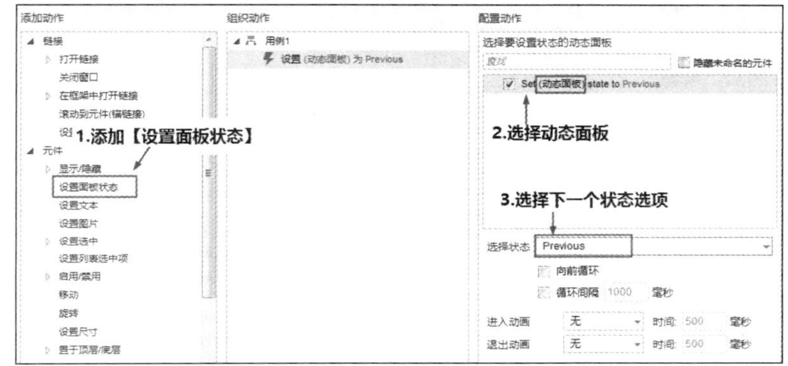

图 8-69　设置 shangyiye 事件的用例

（8）单击【确定】按钮返回主页，接着选中页面上的母版对象，将【shangyiye】的用例复制到【xiayiye】上，双击复制过来的用例，在打开的对话框中，将选择状态“Previous”改为“Next”（下一个），如图 8-70 所示。

如果还想在其他页面中添加动态面板并使用翻页按钮，则可以重复步骤（6）~ 步骤（8）。按【F5】键浏览网页效果，单击【上一页】和【下一页】按钮，可以实现翻页效果。

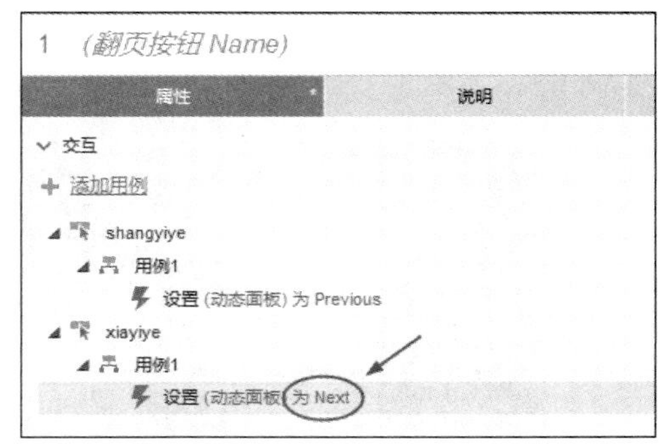

图 8-70　设置 xiayiye 事件的用例

案例演练　制作网页导航弹出菜单

【案例导入】

二毛在浏览淘宝网时，发现网页左侧的导航菜单栏很有特点，竟然能在这么狭小的空间里显示这么多的内容，二毛也想动手试试，模仿一个淘宝产品分类导航效果。本案例完成效果如图 8-71 所示。

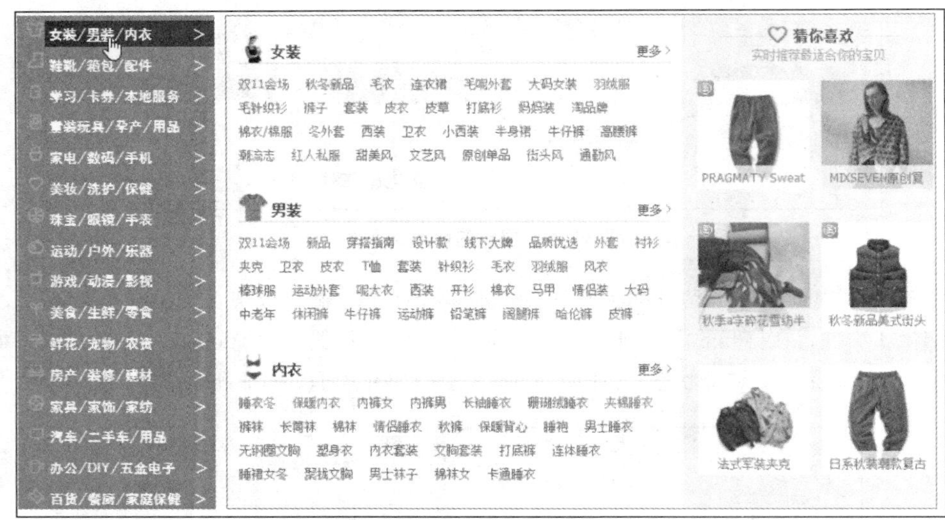

图 8-71　手机模型和界面图标

【操作说明】

这种导航菜单的制作有很多方法，二毛的方法是：使用【鼠标移入时】事件，当鼠标指针指向一级导航菜单时，显示隐藏的二级菜单，当鼠标指向一级菜单和二级菜单之外的区域时，隐藏二级菜单；当鼠标指针指向二级菜单中的某种产品类别时，通过【鼠标单击时】事件指定跳转的页面。下面来看看二毛的制作步骤吧！

【案例操作】

（1）启动 Axure RP 程序，参考淘宝网首页设计出图 8-72 所示的版面。左侧导航栏中的每行都需要单独的文本标签元件。

（2）选择导航栏中的所有 16 行文本，在【属性】子面板中统一为其指定鼠标指向的交互样式，如图 8-73 所示。

图 8-72　设计的版面

图 8-73　设置鼠标指向交互样式

（3）根据导航栏分类，将每类内容都放在同一群组中并将群组命名为与左侧导航栏对应的分类名称，以便于查找和使用，然后将所有群组对象全部设置为隐藏，如图 8-74 所示。

图 8-74　将群组对象隐藏

（4）选择导航栏中的“女装/男装/内衣”矩形元件（不是里面的文字），在右侧的【属性】子面板中双击【鼠标进入时】事件，在打开的【用例设置】对话框中添加【显示】动作，在【配置动作】栏中选择“女装男装内衣”群组，如图 8-75 所示。

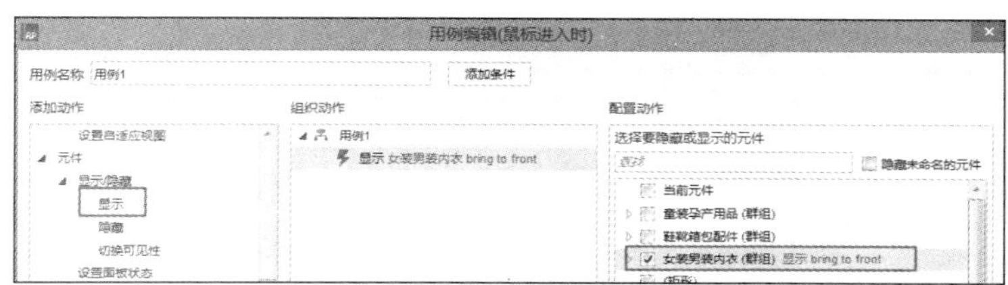

图 8-75　添加【显示】动作

在下方勾选“置于顶层”选项，如图 8-76 所示。

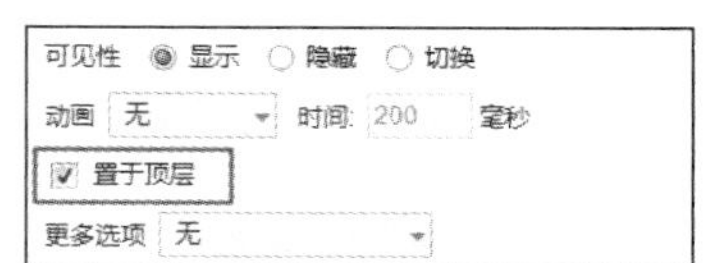

图 8-76　设置【显示】动作

（5）仍然选择导航栏中的“女装/男装/内衣”矩形元件（不是里面的文字），在右侧的【属性】子面板中双击【鼠标离开时】事件，在打开的【用例设置】对话框中添加【隐藏】动作，在【配置动作】栏中选择“女装男装内衣”群组，如图 8-77 所示。

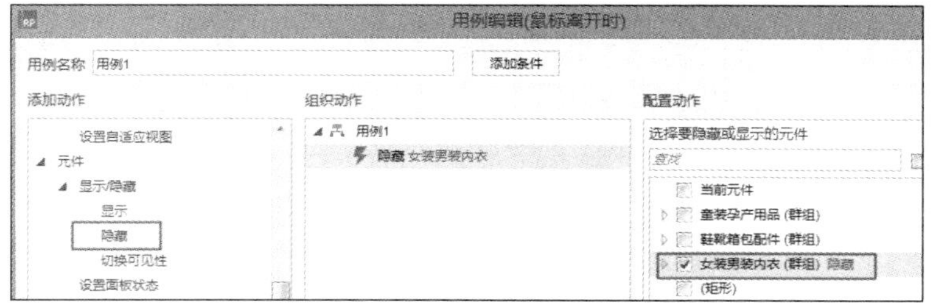

图 8-77　添加【隐藏】动作

步骤（5）和步骤（6）的作用是：鼠标指针指向矩形区域时，右侧显示隐藏的群组对象，当鼠标指针离开该矩形区域时，群组对象又被隐藏。

（6）选择“女装/男装/内衣”矩形元件中的“女装”文本，如图 8-78 所示。

（7）在【属性】子面板中单击文本链接右侧的【插入文本链接】按钮，如图 8-79 所示。

图 8-78　选择文本内容

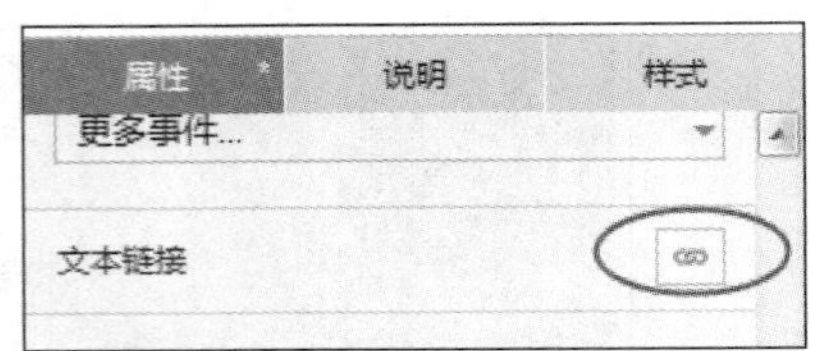

图 8-79　插入文本链接按钮

（8）在打开的【链接属性】对话框中输入链接到 URL 的网址，如图 8-80 所示。

（9）设置完成后，默认状态下，超链接文本变成了蓝色，如图 8-81 所示。

（10）单击“女装”文本，此时超链接文本周围出现一个绿色的虚线矩形，如图 8-82 所示。

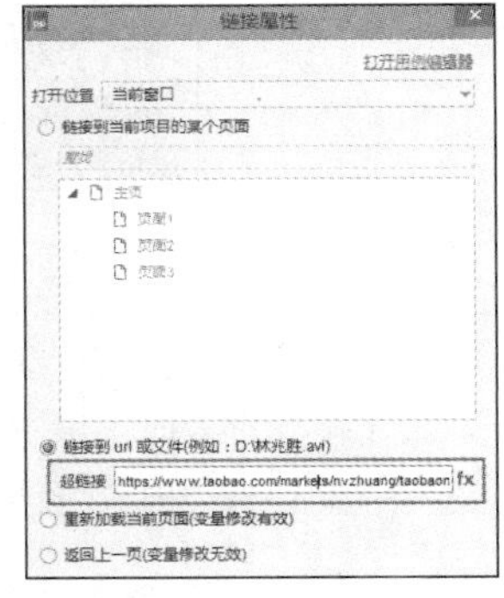

图 8-80　输入 URL 地址

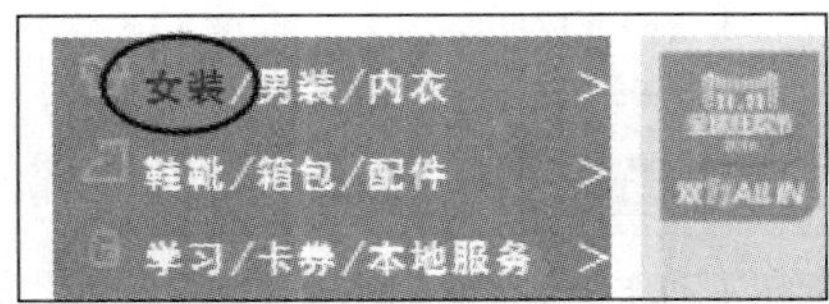

图 8-81　默认超链接文本颜色

图 8-82　文本周围出现绿色虚线矩形

（11）在【属性】子面板中单击交互样式设置中的“鼠标指向”蓝色链接文字，在弹出的【交互样式设置】对话框中勾选“下划线”和“字体颜色”选项，并将字体颜色设置为白色。

（12）确保仍然选择“女装”且文字周围显示绿色虚线矩形框，执行【项目】→【元件样式编辑器】命令，在打开的对话框中，先从左侧样式列表中选择“文本链接”，然后在右侧将蓝色的字体颜色设置为白色。

（13）设置完成后，导航栏中原来的蓝色链接文字变成了白色，如图 8-83 所示。

图 8-83　设置链接文字颜色

（14）使用相同的方法，二毛很快就完成了其余文字的交互设置。

本章总结

通过本章的学习，学习者应深刻理解用例和动作之间的关系，熟练掌握动作各项参数的含义以及应用动作的方法。应重点关注【移动】动作中的“经过”和“到达”的区别；掌握清楚【自定义事件】的使用方法。

PART09

第9章

动态面板

本章导读

- 动态面板是 Axure RP 中最神奇的元件，大多数复杂的交互效果（包括各种复杂的动画）都可以通过动态面板完成，是读者必须掌握的元件
- 在本章中，还会学习与动态面板相关的事件和动作

效果欣赏

学习目标

- 熟练掌握创建动态面板的方法

■ 熟练掌握动态面板独有的事件和动作
■ 熟练使用动态面板制作出各种复杂的交互效果

技能要点

■ 动态面板固定在浏览器上
■ 在浏览器中使用鼠标拖动元件移动
■ 设置动态面板状态

9.1　动态面板的基本操作

动态面板是 Axure RP 中非常重要的元件。使用动态面板可以制作出使用其他元件无法完成的或很难完成的操作，如网页和手机 App 中的图片轮播动画、程序下载进度条动画、翻页动画、登录界面交互、屏幕锁屏和解锁等。

9.1.1　认识动态面板

动态面板和其他普通元件一样都位于【元件库】面板中，在【默认元件库】栏中可以看到它，如图 9-1 所示。将动态面板元件拖到页面中，动态面板会显示一个半透明的淡蓝色矩形，如图 9-2 所示。

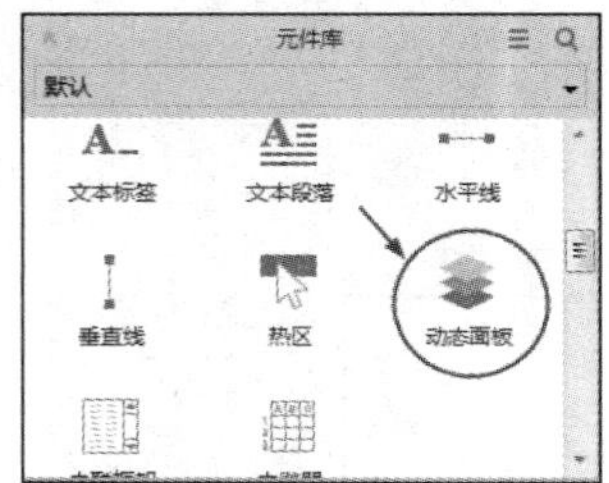

图 9-1　动态面板元件

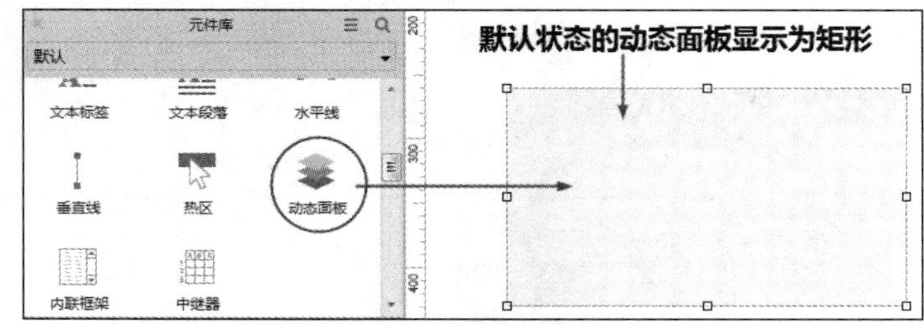

图 9-2　动态面板在页面中的显示状态

也可以像调整普通元件那样，改变动态面板的大小和位置，但是无法改变它的角度，也就是说，动态面板无法被旋转。

9.1.2　设置动态面板的样式

在页面中选择动态面板元件后，【样式】子面板中显示动态面板的参数，其中，动态面板中的“背景”“背景图片”等参数与页面样式中相应的参数完全相同。

9.1.3　管理动态面板

管理动态面板是通过【动态面板状态管理】对话框实现的，打开该对话框有三种方法。

（1）双击页面中的动态面板元件。

（2）在页面的动态面板元件上右击，从弹出的快捷菜单中执行【管理面板状态】命令。

（3）在【大纲】面板中，双击动态面板元件或者也右击它，从弹出的快捷菜单中执行【管理面板状态】命令。

在打开的【动态面板状态管理】对话框中，可以添加、删除、上移、下移状态，也可以编辑状态内容等。

1. 添加状态

默认状态下，打开【动态面板状态管理】对话框时，已经存在一个状态了，单击工具栏中的【添加状态】按钮➕，即可添加新的状态，如图 9-3 所示。

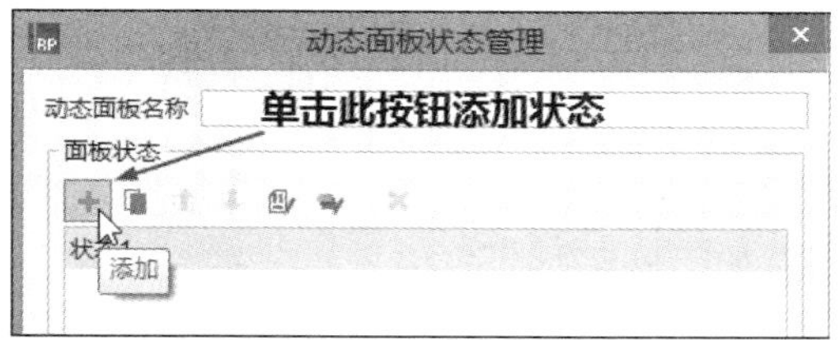

图 9-3　添加新状态

也可以通过下列两种方法添加新状态：在【大纲】面板中右击动态面板元件，从弹出的快捷菜单中执行【添加状态】或直接单击【大纲】面板右侧的【添加状态】按钮➕。

2. 重命名状态

在【动态面板状态管理】对话框中或者【大纲】面板中，选择一个状态后，单击该状态或者按【F2】键，便可输入新的名称了。

3. 隐藏状态面板

当页面上的动态面板过多时，可以随时将其隐藏。在【大纲】面板中单击动态面板最右侧的【在视图中显示】按钮，即可隐藏动态面板，如图 9-4 所示。

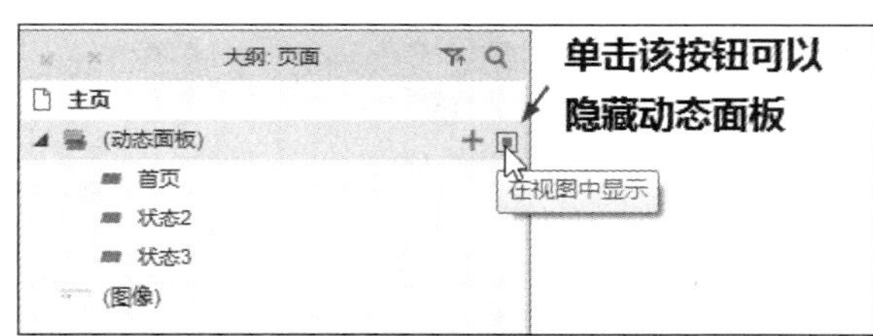

图 9-4　隐藏动态面板

4. 删除状态

删除状态可以使用以下两种方法。

（1）通过【动态面板状态管理】对话框删除状态。在【动态面板状态管理】对话框中，选择一个状态后，单击顶部的【移除状态】按钮，如图 9-5 所示。

（2）通过【大纲】面板删除状态。在【大纲】面板中，右击要删除的状态，从弹出的快捷菜单中执行【删除】命令，或者直接选择要删除的状态，然后按【Delete】键。

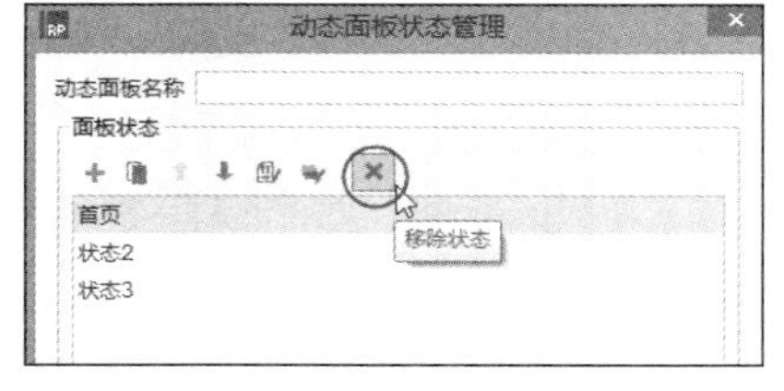

图 9-5　移除状态按钮

5. 移动状态

移动状态顺序可以使用以下两种方法。

（1）通过【动态面板状态管理】对话框排列状态顺序。

在【动态面板状态管理】对话框中，选择要改变顺序的状态，然后单击顶部工具栏中的【上移】和【下移】按钮。

（2）通过【大纲】面板排列状态顺序。

在【大纲】面板中右击要移动的状态，从弹出的快捷菜单中执行【上移】和【下移】命令，或直接选择要移动的状态，然后按下左键向上或者向下拖动。

6. 复制状态

复制状态可以使用以下两种方法。

（1）通过【动态面板状态管理】对话框复制状态。

先选择要复制的状态，然后单击顶部的【复制】按钮 ，如图 9-6 所示。

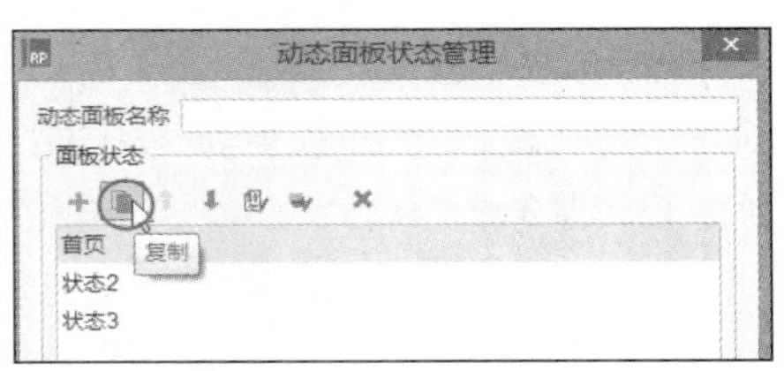

图 9-6　通过【动态面板状态管理】对话框复制状态

（2）通过【大纲】面板复制状态。

在【大纲】面板中右击要复制的状态，从弹出的快捷菜单中执行【复制状态】命令或者选择的状态后，单击【复制状态】按钮。

7. 编辑状态内容

编辑状态中的内容可以通过以下 3 种方法。

（1）通过【动态面板状态管理】对话框编辑状态。

在该对话框中，可以编辑选中的状态，也可以一次性打开所有的状态进行编辑，如图 9-7 所示。

（2）通过【大纲】面板编辑状态。

在【大纲】面板中右击要编辑的状态，从弹出的快捷菜单中执行【编辑】命令，使用该方法可以选择多个状态进行编辑，也可以直接双击要编辑状态，如图 9-8 所示。

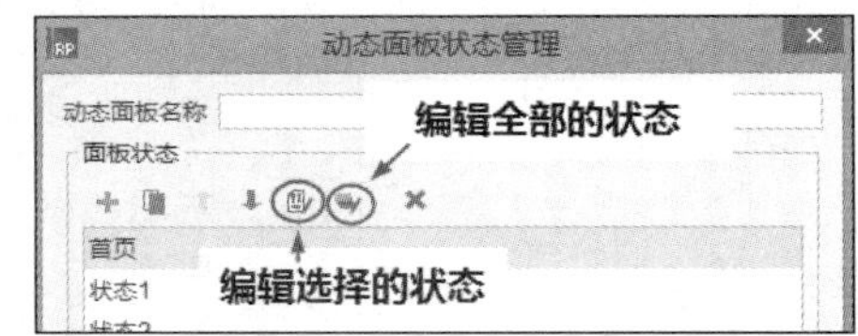

图 9-7　通过【动态面板状态管理】对话框编辑状态

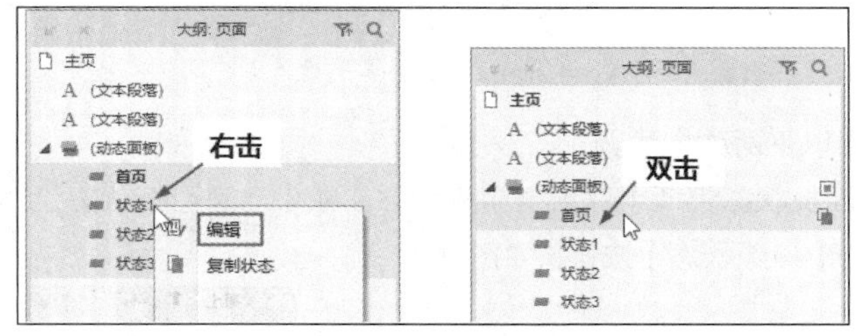

图 9-8　通过【大纲】面板编辑状态

进入状态的编辑模式后，每个状态其实就是一个页面，状态大小可以通过蓝色虚线框观察到，如图 9-9 所示。

图 9-9　状态大小虚线框

9.1.4　适应内容

当状态中添加的对象大小与动态面板大小不匹配时，可以在页面上右击动态面板，从弹出的快捷菜单中执行【自动调整为内容尺寸】，如图 9-10 所示。

图 9-10　自动调整为内容尺寸

也可以在【属性】子面板中找到【自动调整为内容尺寸】选项，如图 9-11 所示。

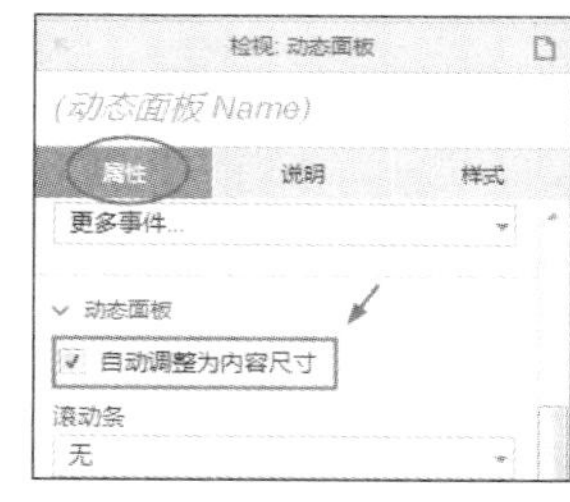

图 9-11　【自动调整为内容尺寸】选项

进入某个状态编辑时，表示动态面板大小范围的蓝色虚线框不见了，如果要重新显示出蓝色的虚线框，则只需要取消“自动调整为内容尺寸”选项就可以了。

9.1.5　显示滚动条

通过前面的学习，我们已经知道：当显示在内联框架中的内容范围大于内联框架时，可以控制是否显示滚动条。动态面板和内联框架一样，当状态中的内容范围大于动态面板范围时，也可以控制是否让动态面板显示滚动条，方法有两种。

1. 使用快捷菜单控制滚动条

在页面上或者【大纲】面板中右击动态面板，在弹出的快捷菜单中执行【滚动条】下的子命令。

2. 通过【属性】子面板控制滚动条

选择页面中的动态面板后，在右侧的【属性】子面板中可以找到“滚动条”选项列表，如图 9-12 所示。通过滚动条可以浏览被动态面板遮盖的其他内容，如果没有显示出滚动条，则无法显示被遮盖的内容，如图 9-13 所示。

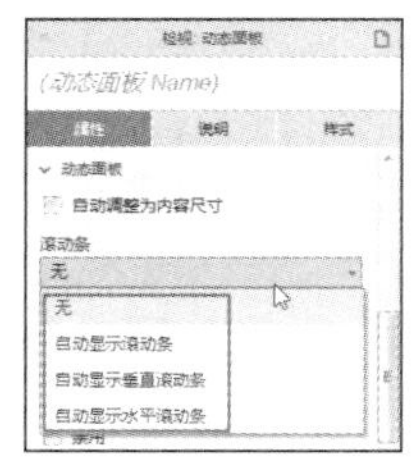

图 9-12　滚动控制选项

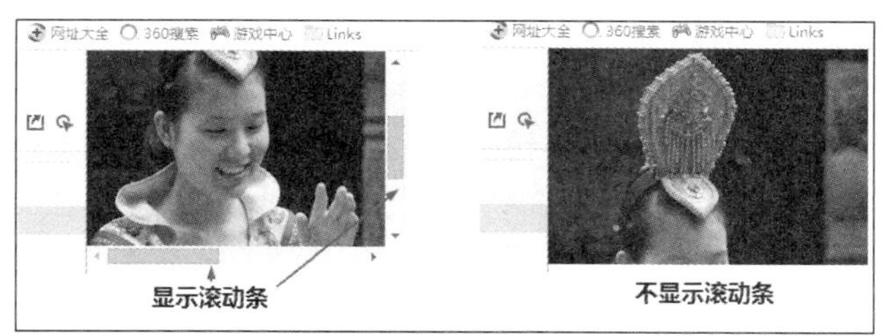

图 9-13　显示和隐藏滚动条

9.1.6　固定到浏览器

可以将动态面板固定到浏览器窗口的某个位置，就像一些网购网站一样，会在右侧一直出现一些固定的按钮，以便于用户购买自己需要的商品。图 9-14 为京东网站的一个页面，右侧出现了会员、购物车等按钮。

图 9-14　京东网站中的一个页面

在 Axure RP 中，有两种方法可以很轻松地实现这个功能，一种方法是在页面中或【大纲】面板中右击动态面板元件，从弹出的快捷菜单中执行【固定到浏览器】命令；另一种方法是在【属性】子面板中单击“固定到浏览器”超链接，打开图 9-15 所示的【固定到浏览器】对话框。

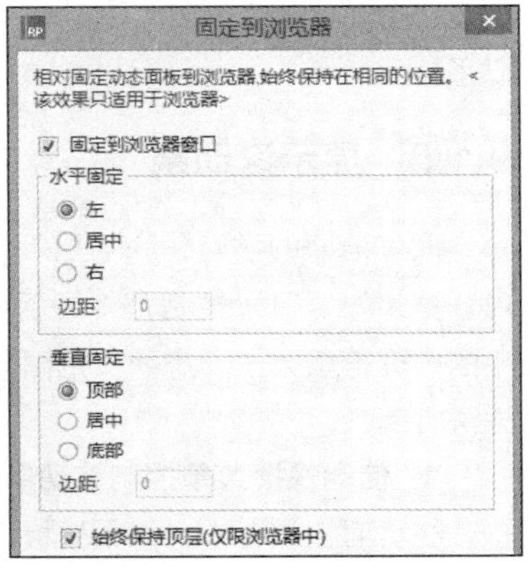

图 9-15　【固定到浏览器】对话框

在该对话框中，勾选【固定到浏览器窗口】选项，然后可以设置动态面板在窗口水平方向和垂直方向的位置。另外，通过【边距】参数，可以设置动态面板到窗口边缘的空白距离。

9.1.7　100%宽度

默认状态下，在浏览器中浏览时，动态面板的宽度就是在 Axure RP 中设置的宽度。如果要将动态面板的宽度和浏览器窗口的宽度保持一致，则需要将其设置为 100%宽度，方法有两种：一是右击动态面板，从弹出的快捷菜单中执行【100%宽度】命令；二是从【样式】子面板中勾选“100%宽度”选项。此时预览网页就会发现，动态面板的宽度填充了整个浏览器宽度。

注意

【100%宽度】只对通过【样式】子面板设置的动态面板的“背景色”有效，对动态面板的“背景图片”或者每个状态中的元件不产生效果。

9.1.8　动态面板和一般元件的转换

可以将一般的元件转为动态面板，也可以将动态面板再转为一般的元件。

1. 将元件转为动态面板

在页面上或者【大纲】面板中右击一般元件，从弹出的快捷菜单中执行【转换为动态面板】。将一般元件转为动态面板之后，该元件会变成动态面板中的一个状态。

2. 将动态面板转为元件

在页面上或【大纲】面板中右击动态面板，从弹出的快捷菜单中执行【从首个状态中脱离】命令，即可将动态面板中的第一个状态转为一般元件。

9.2 动态面板的事件和动作

9.2.1 动态面板的事件

动态面板共有 31 个事件，如图 9-16 所示。

图 9-16　动态面板的事件

可以看出：【状态改变时】、【鼠标拖动时】、【鼠标拖动开始时】、【鼠标拖动结束时】、【鼠标向左拖动结束时】、【鼠标向右拖动结束时】、【鼠标向上拖动结束时】、【鼠标向下拖动结束时】等事件是其他元件没有的。下面介绍动态面板中这些特别的事件。

【状态改变时】表示当动态面板的状态改变时能导致产生某个结果。状态改变是指从一个状态切换到另一个状态。例如，可以在动态面板的状态改变时，显示和隐藏另一个元件。

（1）在页面中创建一个动态面板元件，对其添加两个状态，在每个状态中各添加一个图形元件，如图 9-17 所示。

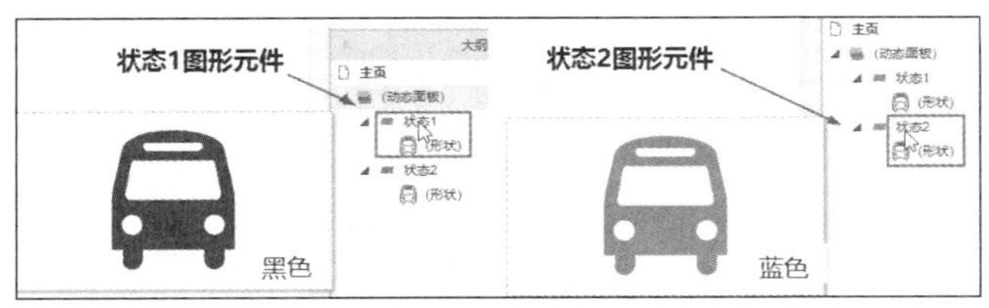

图 9-17　动态面板中的两个状态

（2）在页面中创建一个文本标签元件并将其命名为“文本显示”，如图 9-18 所示。

（3）给当前页面添加一个【页面载入时】事件，添加的动作是【设置面板状态】，在右侧的【配置动作】栏中设置状态为“Next”（下一个），勾选【向后循环】选项，设置循环间隔为 1000 毫秒（等于 1 秒），如图 9-19 所示。

图 9-18　创建的文本标签元件

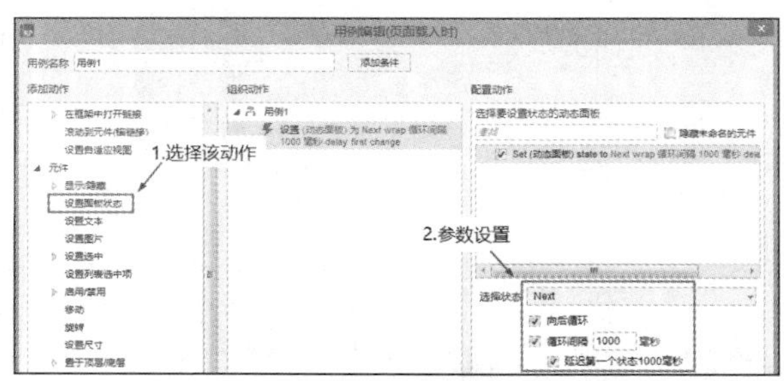

图 9-19　设置【页面载入时】用例

（4）选择页面中的动态面板，双击【状态改变时】事件，在打开的【用例编辑】对话框中添加【显示/隐藏】动作，在【配置动作】栏中选择“文本显示”元件，在【可见性】选项中勾选【切换】选项，如图 9-20 所示。

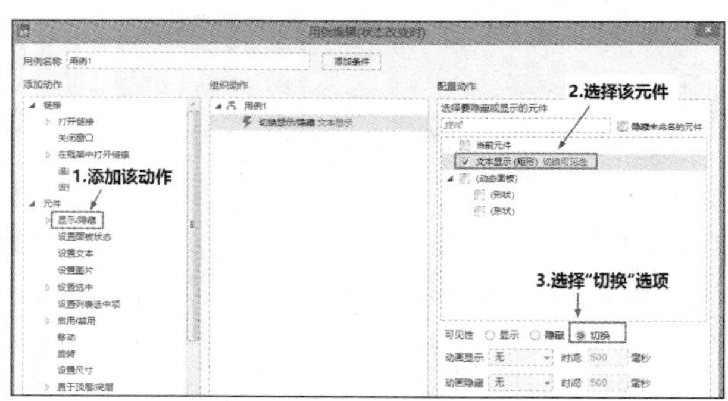

图 9-20　设置【状态改变时】用例

按【F5】键预览，页面载入时显示黑色的汽车和文本标签，1 秒之后显示蓝色的汽车，同时文本标签隐藏，1 秒之后再次隐藏蓝色汽车，显示黑色汽车和文本标签，如图 9-21 所示。

也就是说，本例中由于页面载入时设置了汽车状态的改变，汽车状态的改变导致了文本标签的显示和隐藏。

图 9-21　预览【状态改变时】事件效果

【鼠标拖动时】当动态面板被拖动时将导产生某个结果，一般该事件首先需要使用【移动】动作来驱动动态面板被拖动，然后再通过其他动作产生某个结果，也可以不再添加其他动作，而是使用鼠标拖动动态面板完成诸如拼图的游戏、图片验证码等操作。下面使用该事件模仿一个在规定的范围内移动图片的交互效果。

（1）在 Axure RP 的页面中创建一个宽度为 600 像素、高度为 400 像素的矩形，将该矩形左上角对齐标尺坐标原点，也就是将矩形左上角对齐到水平 0 像素和垂直 0 像素的位置，然后导入一幅鼠标的图片并将图片元件转为动态面板，如图 9-22 所示。

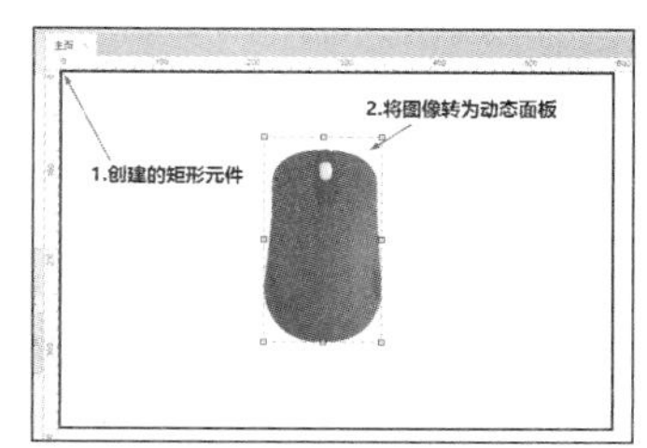

图 9-22　创建的图形元件和动态面板

（2）选择动态面板，在【属性】子面板中双击【鼠标拖动时】，在打开的【用例编辑】对话框中添加一个【移动】动作，在【配置动作】栏中先选择动态面板，然后将【移动】选项设置为【拖动】，单击【添加边界】超链接添加 4 个边界，参数设置如图 9-23 所示。

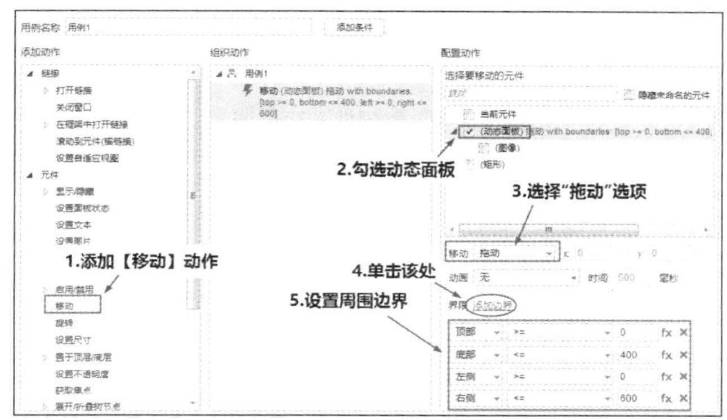

图 9-23　设置【移动】动作参数

按【F5】键预览，将鼠标指向鼠标图片并按下左键拖动，但是无论怎样拖动，鼠标图标始终在矩形范围内移动，这是由于设置了移动边界的缘故，如图 9-24 所示。当然，在这里也可以限制鼠标移动对象的方向，方法是：在【配置动作】栏中设置【移动】为【水平拖动】或者【垂直拖动】，如图 9-25 所示。

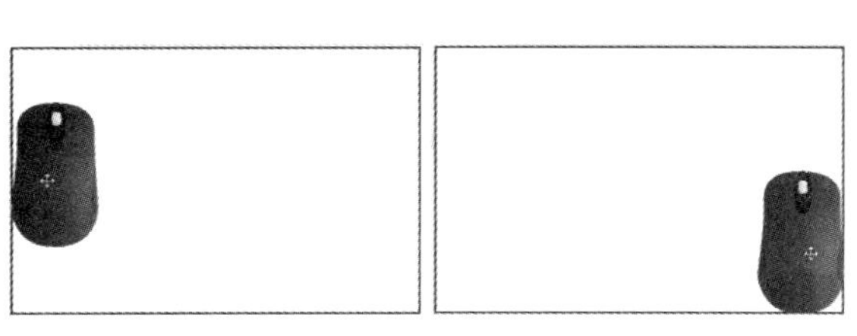

图 9-24　预览移动效果

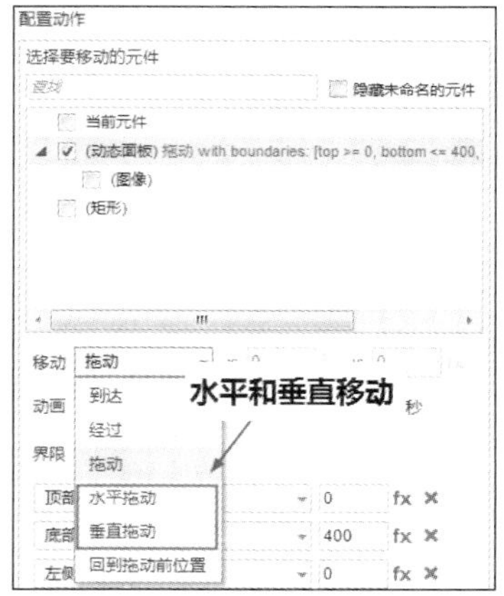

图 9-25　水平和垂直移动

【鼠标拖动开始时】和【鼠标拖动结束时】这两个事件和前面学过的【鼠标拖动时】的区别在于

拖动的时间节点的不同：【鼠标拖动开始时】表示按下鼠标左键刚拖动动态面板的那个时刻；【鼠标拖动结束时】表示按下鼠标左键拖动完动态面板后，刚释放左键的那个时刻。如果用点 A 表示拖动开始的位置，用点 B 表示拖动结束的位置，那么 AB 之间就是【鼠标拖动时】的位置，如图 9-26 所示。

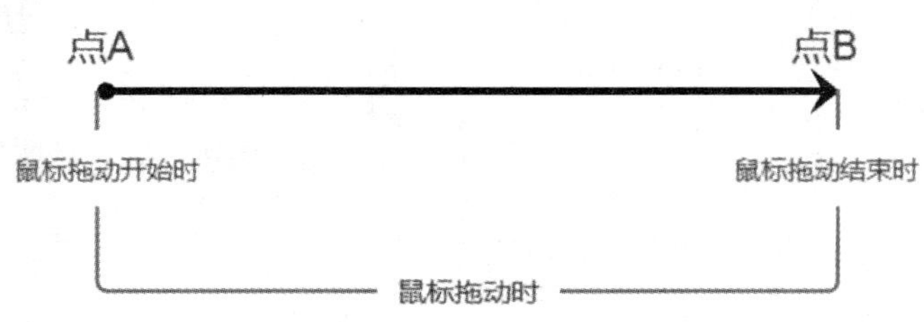

图 9-26　鼠标拖动示意图

下面继续使用上面的练习来学习【鼠标拖动结束时】事件的使用方法。在本例中，我们想实现的目标是：让鼠标图片只能水平拖动，拖动到某个位置后释放鼠标左键，鼠标图标又会恢复到原来的位置。

（1）选择页面中的动态面板，双击添加的“用例 1”，在打开的【用例编辑】对话框中将【移动】设置为【水平移动】，其余参数设置不变，如图 9-27 所示。

（2）保持动态面板处于选中状态，双击【鼠标拖动结束时】事件，在打开的对话框中继续添加【移动】动作，在【配置动作】栏中选择动态面板，设置【移动】为【回到拖动前位置】，如图 9-28 所示。

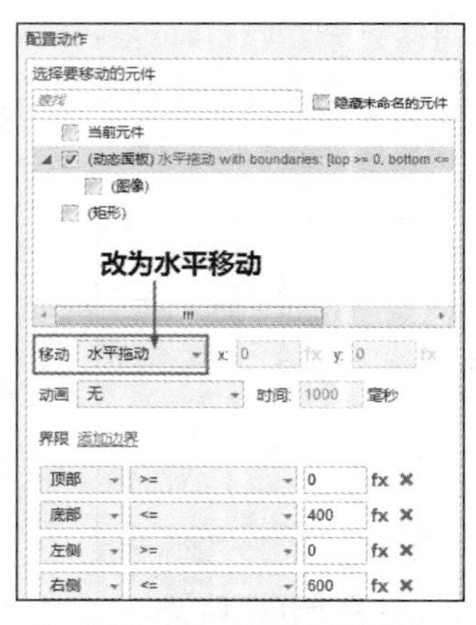

图 9-27　设置水平移动

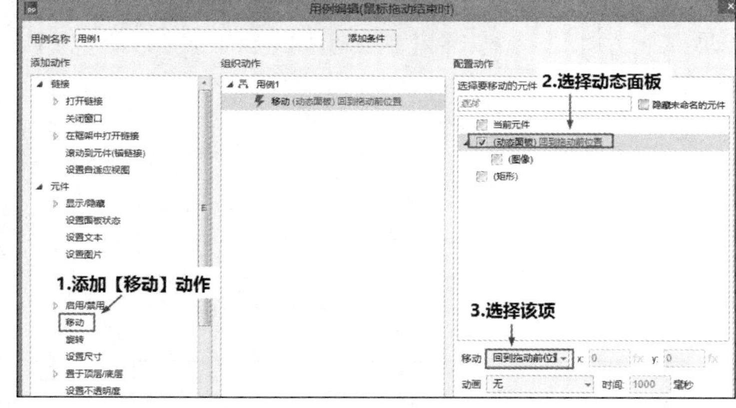

图 9-28　设置【鼠标拖动结束时】事件的用例

按【F5】键预览，按左键只能在水平方向移动鼠标图片，释放鼠标左键后，鼠标图标就恢复到了原来的位置，如图 9-29 所示。

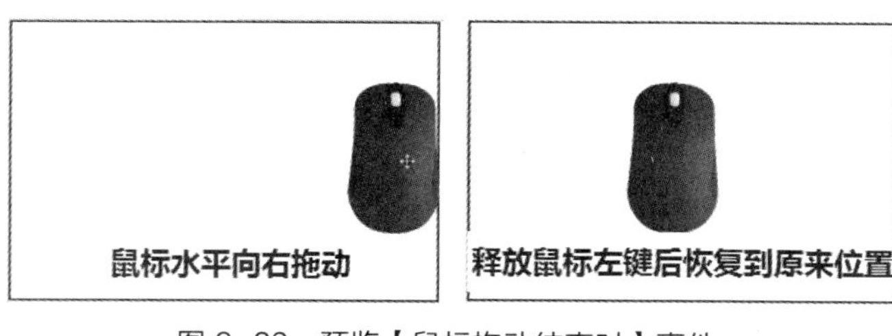

图 9-29 预览【鼠标拖动结束时】事件

【鼠标向左拖动结束时】、【鼠标向右拖动结束时】、【鼠标向上拖动结束时】和【鼠标向下拖动结束时】这 4 个事件的不同之处是显而易见的，即鼠标拖动动态面板的方向不同。与前面所学的【鼠标拖动时】和【鼠标拖动结束时】两个事件不同，这 4 个事件中的【移动】动作的移动选项只有【到达】和【经过】两个，与【鼠标拖动开始时】事件中的【移动】动作的【移动】选项一致，如图 9-30 所示。

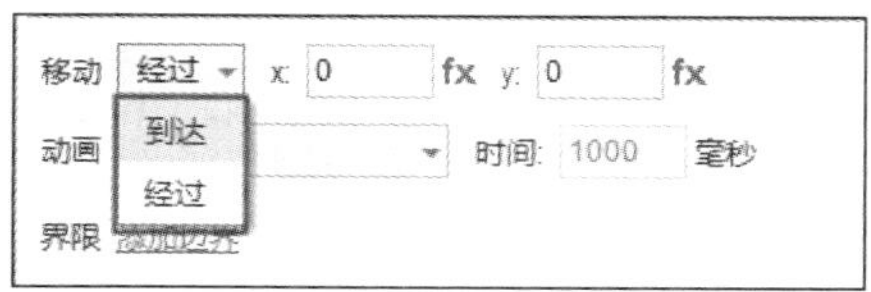

图 9-30 两个移动选项

9.2.2 动态面板动作

在【用例编辑】对话框中，专门有一个针对动态面板的动作，它就是【设置面板状态】，在【配置动作】栏中选择动态面板后，下方会列出相关的参数设置，如图 9-31 所示。

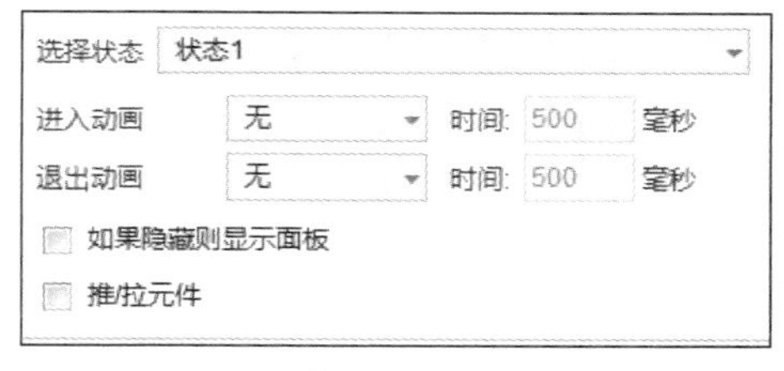

图 9-31 【设置面板状态】参数

下面学习【设置面板状态】动作的各个参数。

1. 选择状态

可以选择动态面板中的某个状态，在右侧的下拉列表中会列出动态面板中创建的每个状态。除了动态面板中的状态名称之外，在【选择状态】下拉列表中还列出了其他选项。

【Next】(【下一个状态】) 选择该选项后，通过事件可以控制显示下一个状态，还可以指定是否向后循环以及循环的间隔时间等。

【Previous】(【上一个状态】) 选择该选项后，通过事件可以控制显示上一个状态，也可以指定是否向前循环以及循环的间隔时间等。

【停止循环】选择该选项后，可以停止动态面板的状态循环。

【Value】(【数值】) 可以将状态名或状态序列号作为指定的显示状态。

2. 进入和退出动画

可以设置由一个状态进入另一个状态时的动画过渡效果，在许多动作中都存在这样的动画设置。例如，前面章节中讲到的【显示/隐藏】、【移动】、【设置尺寸】等动作。

3. 显示隐藏的动态面板

如果动态面板被设置为了隐藏状态，勾选【如果隐藏则显示面板】选项就会将隐藏的动态面板显示出来。

4. 推拉元件

该功能与 8.3.1 小节介绍的显示和隐藏动作的推动元件功能相似，可以推/拉其下方或者右侧的元件。

案例演练　网页图片轮播效果

【案例导入】

图片轮播广告现在已经成为众多网购网站的基本配置。例如，天猫、淘宝、京东、360 购物、苏宁等，这些网站的首页都有图片轮播广告。二毛根据老师的指点，使用 Axure RP 的动态面板很快就做出了图片轮播原型。本案例完成效果如图 9-32 所示。

图 9-32　本例效果

【操作说明】

图片轮播广告需要借助动态面板功能实现。首先需要将轮播的每幅图片存放在动态面板中的每个状态中，然后通过【页面载入时】事件添加【设置面板状态】动作，实现自动循环播放效果；通过动态面板的【鼠标进入时】事件添加【设置面板状态】动作，实现鼠标指向轮播图片时，轮播动画停止；通过动态面板的【鼠标离开时】事件添加【设置面板状态】动作，实现鼠标离开轮播图片时，轮播动画又继续播放。本例中的难点是如何使用轮播图片左右两侧的箭头按钮在切换上一状态和下一状态时不会出现闪烁的问题。下面让一起来看看二毛的制作步骤吧！

【案例操作】

（1）启动 Axure RP 程序，在主页中添加一幅要轮播的图片，如图 9-33 所示。

（2）在当前图像上右击，从弹出的快捷菜单中执行【转换为动态面板】命令，并将动态面板命名为“轮播图片”。

（3）双击“轮播图片”动态面板，在弹出的【动态面板状态管理】对话框中选择“状态 1”，然后单击顶部的复制按钮，将当前“状态 1”复制 3 个状态，如图 9-34 所示。

图 9-33　添加的图片

图 9-34　复制状态

（4）在【动态面板状态管理】对话框中双击“动态 2”进入该动态所在页面，双击页面中的图片，在弹出的【打开】对话框中选择另一幅要轮播的图片，如图 9-35 所示。

图 9-35　替换图片

（5）使用同样的方法，将其余两个状态的图片也都替换下来。

接下来，二毛设计的是轮播图像下方的小圆点。这些小圆点会跟随轮播的图片一起切换位置和颜色，效果如图 9-36 所示。

图 9-36　轮播图片下方的小圆点

（6）在页面中绘制一个小的圆形元件，将其设置为白色的描边和黑色的填充色，然后将其复制 3 个副本，并将第一个小圆的填充色设置为红色，如图 9-37 所示。

图 9-37　绘制的 4 个小圆点

（7）选择第一个小圆，在【属性】子面板中双击【鼠标单击时】事件，在弹出的【用例编辑】对话框中设置参数如图 9-38 所示。

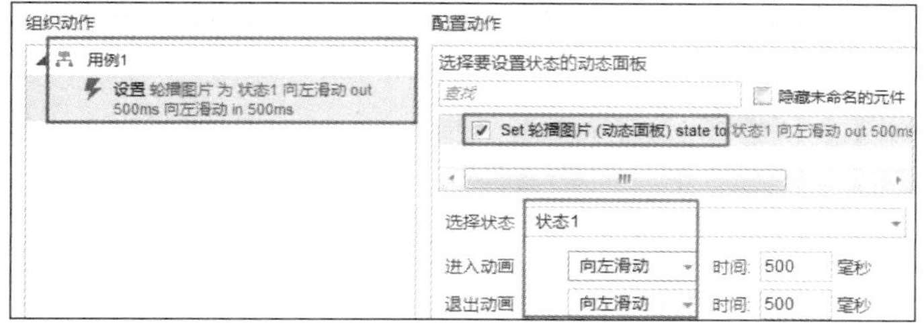

图 9-38　设置第一个小圆的用例

（8）将第一个小圆的用例分别复制到其余三个小圆中，然后打开第二个小圆的【用例设置】对话框，将选择状态更改为“状态 2”，其余两个小圆也执行相同的操作，只是将选择状态设置为“状态 3”和“状态 4”。通过步骤（7）和步骤（8）的操作，现在按【F5】键预览，单击每个小圆就能切换到不同的轮播图片中。

（9）选择上面绘制的 4 个小圆并右击，从弹出的快捷菜单中执行【转换为动态面板】命令并将其命名为“导航点”。

（10）双击“导航点”动态面板，在打开的【动态面板状态管理】对话框中将“状态 1”复制 3 个副本，如图 9-39 所示。

（11）双击“状态 1”进入该状态所在的页面，选择第一个红色的小圆，双击“用例 1”，打开【用例编辑】对话框，在【配置动作】栏中选择刚生成的“导航点”动态面板，选择状态为“状态 1”，进入和退出动画为“逐渐”，时间为 300 毫秒，如图 9-40 所示。

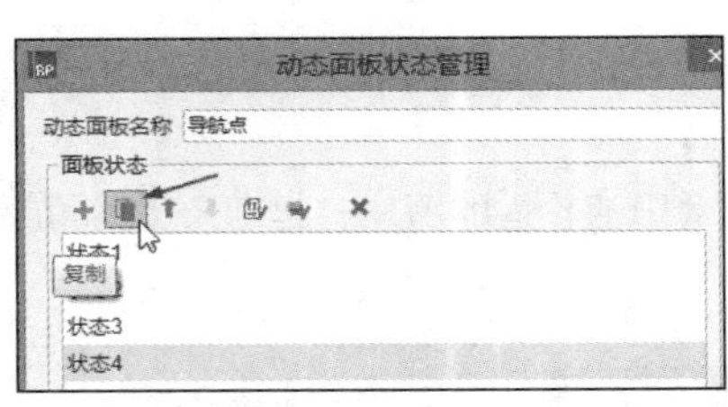

图 9-39　复制状态

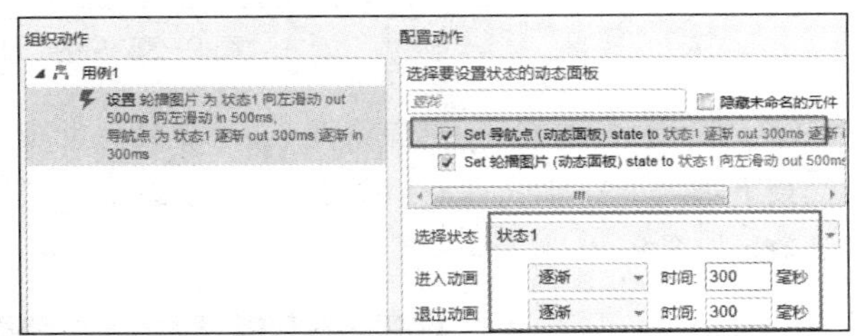

图 9-40　设置状态 1 中的第一个小圆用例

（12）在“状态 1”页面中选择第二个小圆，与步骤（11）相似，只是要将选择状态改为“状态 2”，如图 9-41 所示。

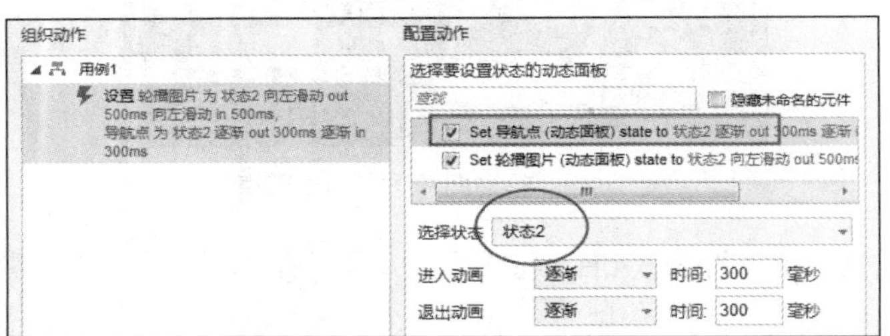

图 9-41　设置状态 1 中的第二小圆用例

（13）使用步骤（11）和步骤（12）的方法，完成第三个和第四个小圆的用例设置。预览网页时，可以直接单击 4 个小圆按钮来浏览不同的轮播图片。

（14）在“导航点”动态面板的“状态 1”页面中选择 4 个小圆形并按【Ctrl+C】组合键复制这些圆形，然后进入“状态 2”页面，将该页面中的 4 个小圆全部删除后，按【Ctrl+V】组合键，将从“状态 1”复制的 4 个小圆粘贴到“状态 2”中，再将第一个小圆设置为黑色，将第二个小圆的填充色设置为红色。

（15）使用相同的方法，将从“状态 1”复制的 4 个小圆分别再粘贴到“状态 3”和“状态 4”中，将“状态 3”中的第三个小圆和“状态 4”中的第四个小圆分别设置为红色填充。图 9-42 为设置好的 4 个状态效果。

图 9-42 “导航点”动态面板的 4 个状态

（16）按【F5】键预览原型。在浏览器中单击哪个小圆点哪个就会变成红色，而且轮播图片也会随之切换到对应状态。

（17）将“导航点”动态面板移动到“轮播图片”动态面板的下方，如图 9-43 所示。

图 9-43 移动“导航点”位置

（18）在当前页面中双击【页面载入时】事件，在打开的【用例编辑】对话框中添加【设置面板状态】动作，在【配置动作】栏中勾选“导航点”和“轮播图片”两个动态面板元件。在【配置动作】栏中设置两个动态面板的参数如图 9-44 所示。

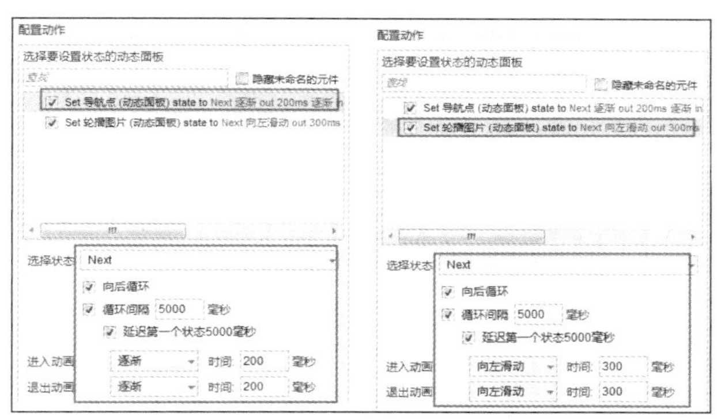

图 9-44 设置两个动态面板的动作参数

接下来，设置当鼠标指针指向“轮播图片”动态面板时，停止轮播图片，当鼠标指针离开该面板时，继续轮播图片。

（19）选择“轮播图片”动态面板，在【属性】子面板中添加【鼠标进入时】事件，在打开的【用例编辑】对话框中添加【设置面板状态】动作，在【配置动作】栏中选择“导航点”和“轮播图片”两个动态面板，在下方将这两个动态面板的选择状态全部设置为“停止循环”，如图 9-45 所示。

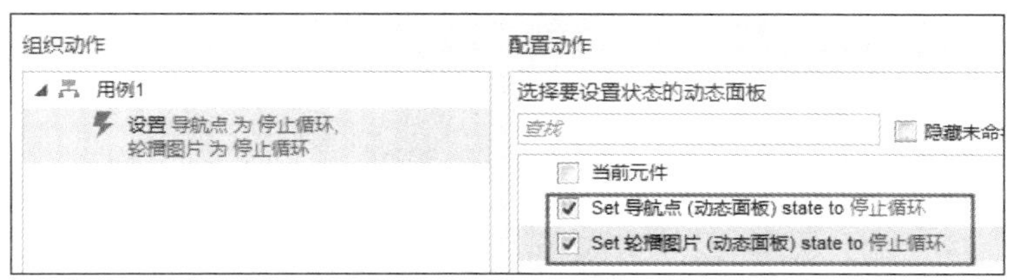

图 9-45 两个动态面板停止循环设置

（20）选择【页面载入时】事件下的“用例 1”并按【Ctrl+C】组合键复制这个用例。

（21）在“轮播图片”动态面板的四周添加 4 个热区元件，如图 9-46 所示。

（22）选择 4 个热区元件并按【Ctrl+G】组合键将其组成一个群组对象，然后在更多事件下拉列表中找到【鼠标进入时】事件并单击右侧的【粘贴】按钮，将步骤（20）复制的用例粘贴到该事件中，如图 9-47 所示。

图 9-46　添加的 4 个热区元件

图 9-47　复制的用例

该步骤的作用是：当鼠标指针进入热区范围时，轮播图片会继续循环播放。之所以没有将复制的用例粘贴到“轮播图片”动态面板的【鼠标离开时】事件中，是因为这样做会对后面添加的左右两个箭头按钮有影响。

（23）创建一个宽度和高度都是 40 像素的矩形元件，将填充色和描边色都设置为无色，然后输入“<”，如图 9-48 所示。

（24）选择“<”元件，在【属性】子面板中设置鼠标指向的交互样式为不透明度为 50%的黑色填充色，其余参数保持默认，如图 9-49 所示。

图 9-48　添加左指箭头

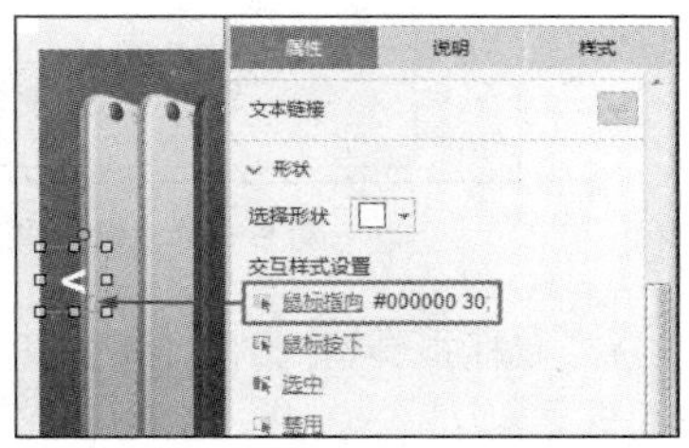

图 9-49　设置鼠标指向的交互样式

（25）选择“<”元件，在【属性】子面板中双击【鼠标单击时】事件，在打开的【用例编辑】对话框中添加【设置面板状态】动作，在【配置动作】栏中选择“导航点”和“轮播图片”两个动态面板，二者参数设置如图 9-50 所示。

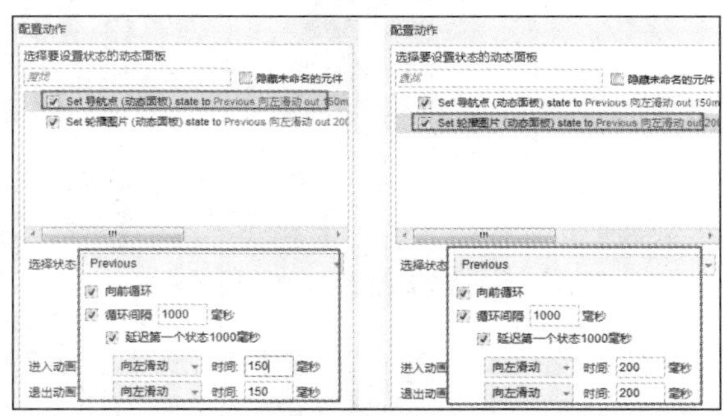

图 9-50　设置“<”按钮动作

（26）将“<”按钮复制一个放在轮播图片的右侧位置并将“<”改为“>”，双击【鼠标单击时】下的“用例 1”，打开【用例编辑】对话框，重新设置两个动态面板元件的动作参数，如图 9-51 所示。

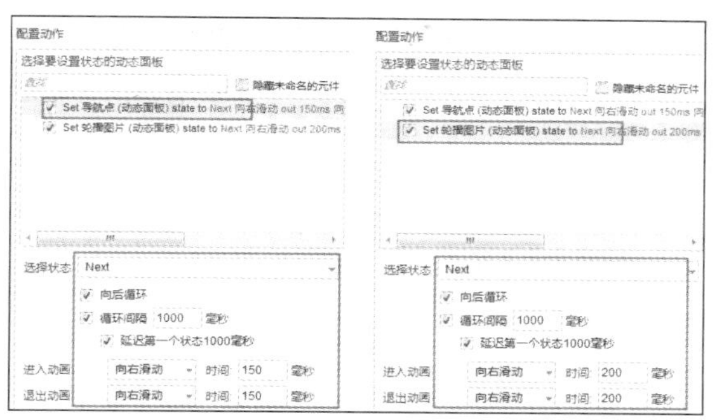

图 9-51 “>”按钮动作设置

（27）将“<”和“>”两个按钮设置为隐藏状态，然后选择“轮播图片”动态面板，在【属性】子面板中双击“用例 1”，在打开的【用例编辑】对话框中添加【显示】动作，在【配置动作】栏中选择“<”和“>”元件，在下方将二者的动画都设置为【逐渐】，时间为 200 毫秒，勾选【置于顶层】选项，如图 9-52 所示。

图 9-52 设置【显示】动作

本步骤的作用是：鼠标指向轮播图像时，隐藏的左右两个按钮会显示出来。

（28）选择步骤（21）和步骤（22）创建的热区对象，在【属性】子面板中双击【鼠标进入时】下的“用例 1”，在打开的【用例编辑】对话框中添加【隐藏】动作，在【配置动作】栏中选择“<”和“>”元件，在下方将二者的动画都设置为“逐渐”，时间为 200 毫秒，如图 9-53 所示。

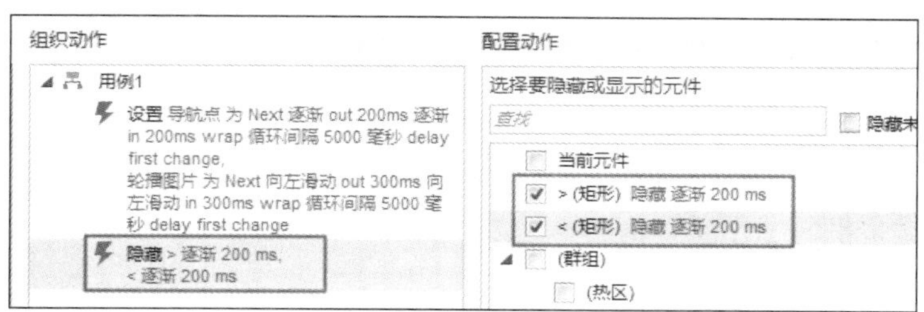

图 9-53 设置【隐藏】动作

至此，二毛完成了本例所有步骤的操作，按【F5】键可以欣赏图片轮播效果了。

本章总结

通过本章的学习，读者应熟练掌握动态面板的使用方法以及动态面板中独有的几个事件的应用，如【鼠标拖动时】、【鼠标拖动结束时】等；要熟练使用【设置面板状态】动作；充分认识动态面板的强大功能，能使用动态面板制作出复杂的交互原型。

PART10

第10章

表单

本章导读

- 本章主要学习表单元件的使用方法以及与表单元件有关的事件和动作
- 在本章中，还会学习支付宝注册原型设计和在线调查表设计

效果欣赏

学习目标

- 掌握各个表单元件的创建方法

- 掌握每个表单元件的用途
- 熟练掌握表单中常用的事件和动作
- 熟练使用表单元件设置在线问卷调查

技能要点

- 文本框和多行文本框的异同
- 列表框和下拉列表框的异同
- 单选按钮设置成组
- 提交按钮和普通按钮元件的异同

10.1 表单基础

表单的作用主要是通过网络采集数据，平时我们登录 QQ、填写在线调查等都需要用到表单。本节将学习表单的使用方法。

10.1.1 认识表单元件

在默认的元件库中专门有一类表单元件，如图 10-1 所示。

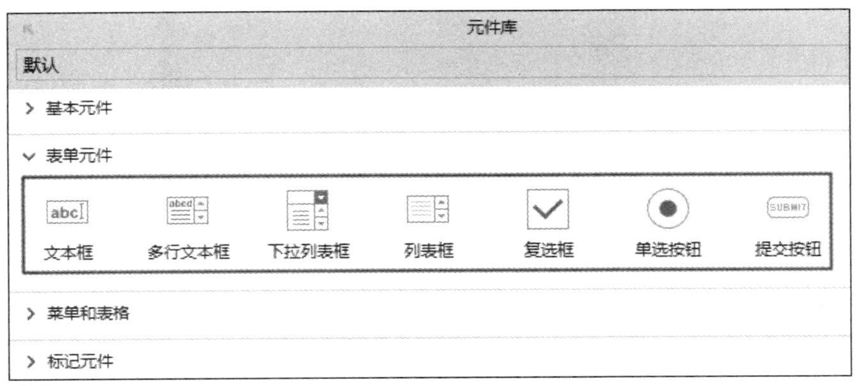

图 10-1 表单元件库

表单主要包括文本框、多行文本框、下拉列表框、列表框、复选框、单选按钮以及提交按钮等 7 个元件。

10.1.2 创建表单元件

表单元件与其他元件的创建方法相同，只要用鼠标将相应的表单元件拖曳到页面中即可。

10.2 管理表单

表单在网页和手机 App 中经常会出现，本节将介绍各类表单的具体使用方法。

10.2.1 文本框

文本框主要用于填写文本信息，另外它还可以用于搜索文字和上传文件等。

1. 文本框类型

在页面中选择文本框元件后，在右侧的【属性】子面板中可以看到文本框的类型，如图 10-2 所示。

【Text】表示在文本框中输入文本，例如，QQ 登录时的用户名就是这种类型的文本框。

【密码】表示输入的文本会显示为小黑点，在输入密码时，通常用这种形式的文本框，如 QQ 登录时输入的密码。

【Email】在文本框中输入电子邮件地址。

【Number】在文本框中可以输入数字，也可以单击右侧的三角形按钮增加和减少数字，如图 10-2 所示。

33

图 10-2　数字类型的文本框

【电话号码】在文本框中输入电话号码（不包括中国）。

【URL】在文本框中输入网址或者文件的地址。

【查找】相当于搜索功能。例如，京东网上的搜索文本框，如图 10-3 所示。

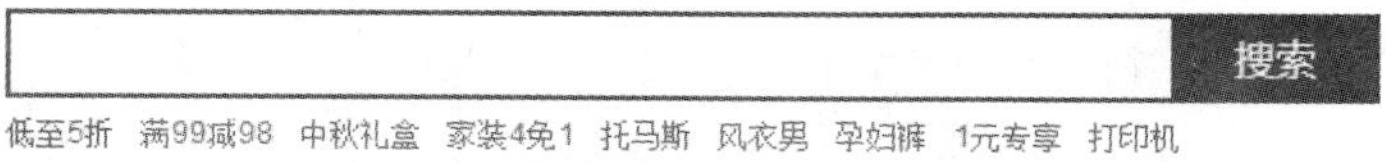

搜索
低至5折　满99减98　中秋礼盒　家装4免1　托马斯　风衣男　孕妇裤　1元专享　打印机

图 10-3　京东网上的搜索文本框

【文件】相当于发送邮件时的上传附件功能，如图 10-4 所示。

【日期】可以输入日期，也可以单击右侧的按钮添加日期，或者单击最右侧的按钮，从弹出的日期列表中选择日期。

【月份】与日期相似，只是缺少了天数，只有年和月。

【时间】可以直接输入小时数和分钟数，也可以单击右侧的按钮输入小时数和分钟数，如图 10-5 所示。

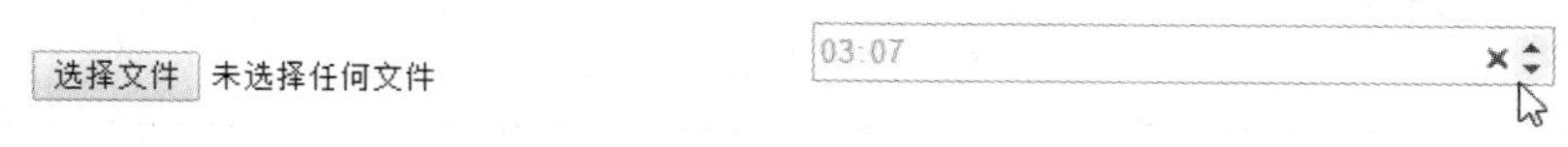

选择文件
未选择任何文件

图 10-4　上传文件类型的文本框

03:07

图 10-5　时间类型的文本框

2. 文本框其他属性

【提示文字】载入页面时，在文本框中默认以灰色显示的提示文字，如图 10-6 所示。

类型
Text
提示文字
请您输入您的姓名
请您输入您的姓名

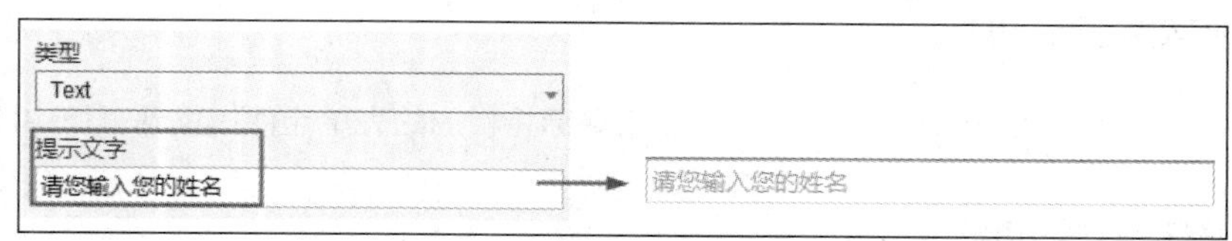

图 10-6　提示文本

【提示样式】如果要改变默认的灰色提示文本，则可以单击“提示样式”超链接进行设置，如

图 10-7 所示。

【隐藏提示触发】选择【输入】选项时，文本框内的提示文字会在输入新的文本后自动消失；如果选择【获取焦点】选项，则当文本框获取焦点后，提示文字立刻消失。

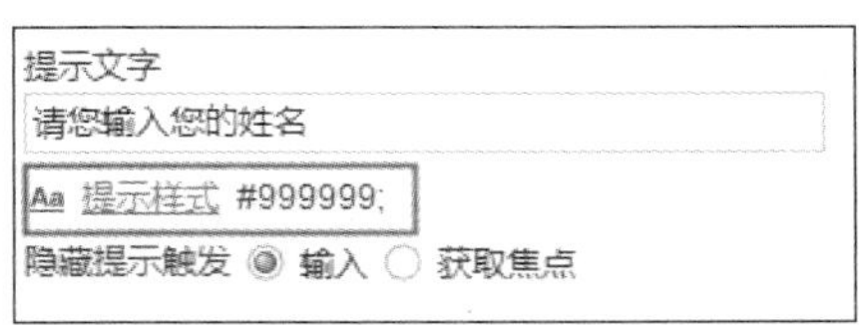

图 10-7　提示样式选项

【最大长度】设置允许文本框中输入的最大字符数。例如，允许在文本框中最多输入 10 个字符，则在浏览器中浏览网页时，当输入文本框的字符超过 10 个时，就不允许输入了。

【隐藏描边】将文本框周围的边隐藏。

【只读】设为只读的文本框在浏览器中浏览时，用户无法更改文本框中的内容，但是对文本框添加的事件和用例仍然有效。

【禁用】设为禁用的文本框在浏览器中浏览时，不但无法更改文本框的内容，而且对文本框添加的事件和用例也都处于无效状态，只有解除文本框的禁用状态后，方可使用这些事件和用例。

【提交按钮】用于设置提交文本框中的数据时，按回车键等同于单击了指定的提交按钮元件。例如，选择用户和密码文本框表单后，从提交按钮列表中选择一个按钮元件（【登录】按钮）。

【提示信息】与提示文本不同，提示信息表示鼠标指针指向时显示的文本提示。

10.2.2　多行文本框

多行文本框与文本框最大的不同在于：多行文本框可以输入多行文字，当在浏览器中输入的文本超过多行文本框的宽度时，文字会自动换行；如果按回车键，则可以重新开始一个新的段落，如图 10-8 所示。多行文本框通常在网络调查时用于搜集一些建议和意见，如图 10-9 所示。

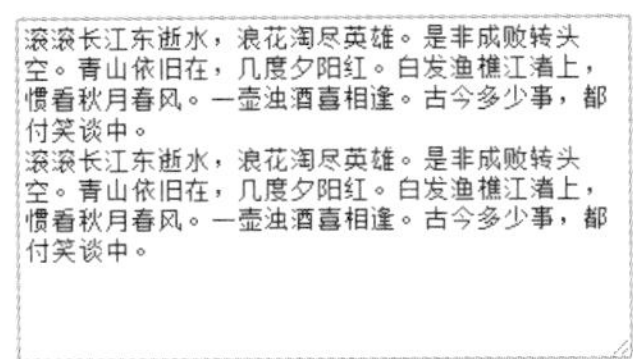

图 10-8　多行文本框

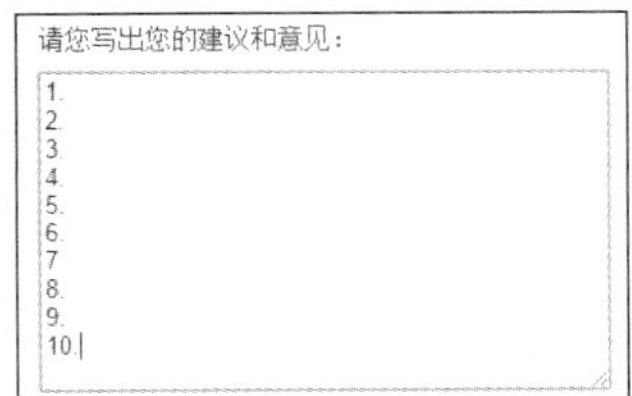

图 10-9　多行文本框用于搜集建议和意见

10.2.3　下拉列表框

下拉列表框从外观上看有点像文本框，但是下拉列表框只能允许用户从列表中选择某个选项，而无法填写信息。该元件一般用于选择某项信息。例如，选择用户的籍贯或者出生日期等，如图 10-10 所示。向下拉列表框中添加数据的方法是：选择下拉列表框后，在【属性】子面板中单击“列表项”超链接，如图 10-11 所示。

图 10-10　下拉列表

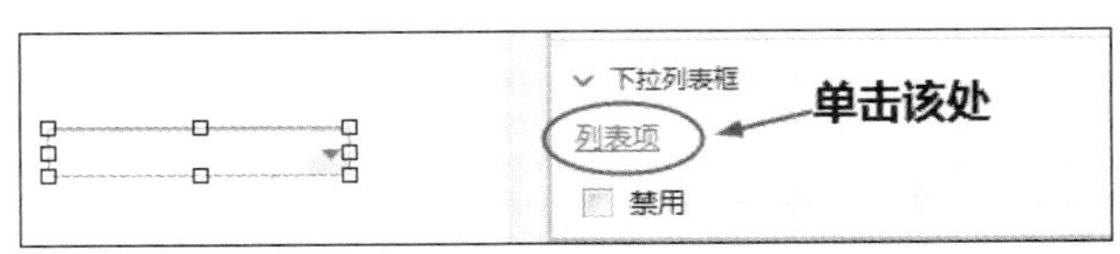

图 10-11　【列表项】超链接

在打开的【编辑列表选项】对话框中单击【添加】按钮➕，即可添加一个列表项，如图 10-12 所示。如果要同时添加多个列表项，则可以单击【添加多个】按钮，在弹出的对话框中输入一个列表项后，按回车键换行再输入第二个列表项，重复此操作就可以添加多个列表项了，如图 10-13 所示。

图 10-12　添加列表项

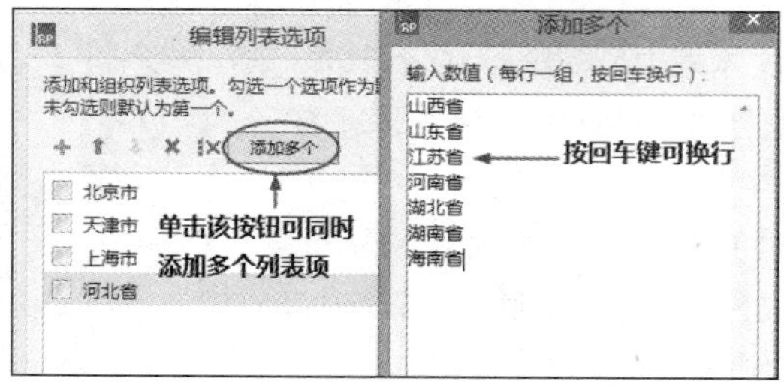

图 10-13　同时添加多个列表项

在【编辑列表选项】对话框的顶部还有一排针对列表项的按钮，分别是【添加】、【上移】、【下移】、【清除】、【清除全部】，如图 10-14 所示。

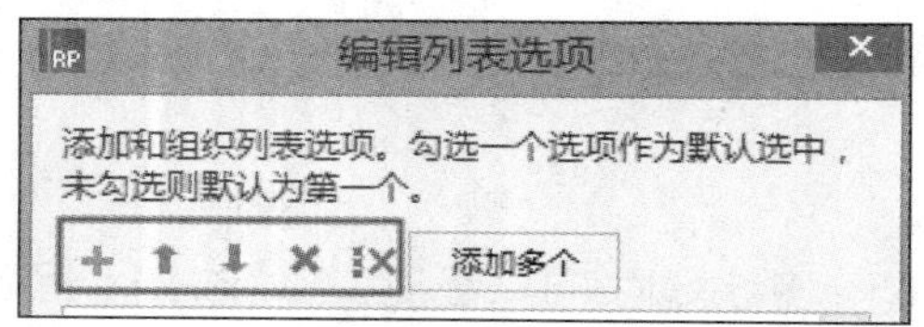

图 10-14　编辑列表选项按钮

10.2.4　列表框

列表框与下拉列表框的区别在于：列表框是通过滚动条来显示隐藏的选项的，而且允许用户同时选择多个选项。向列表框中添加数据的方法与下拉列表框相同：选择列表框后，在【属性】子面板中单击“列表项”超链接，在打开的【编辑列表选项】对话框中单击【添加】按钮➕，即可添加一个列表项，单击对话框中的【添加多个】按钮可以同时输入多个选项。

另外，在【编辑列表选项】对话框中，还可以设置默认选中项，如果允许用户选择列表中的多个选项，则只要勾选底部的【允许选中多个选项】即可。

10.2.5　复选框

该元件主要用于从多个项目中选择一个或者多个选项，与列表框的功能有些类似，平时我们在网上遇到的多项选择题主要就是用这种元件制作的。在【属性】子面板中，可以设置复选框的相关属性。例如：勾选“选中”选项，可以使复选框在页面预览时自动处于选中状态。

默认状态下，复选框位于文本的左侧位置，使用【属性】子面板的“对齐按钮”选项，可以让复选框放置在文本的右侧。

10.2.6　单选按钮

单选按钮和复选框有什么区别呢？

（1）单选按钮与复选框从外观上看有区别：前者是圆形，后者是方形。

（2）在功能上二者存在区别：单选按钮主要用于制作单项选择题，而复选框主要用于制作多项选择题。

（3）在选择的方法上二者也存在区别：对于复选框而言，单击复选框可在选中和取消选中状态之间切换；对于单选按钮而言，在同一组选择项中，选择其中的一个选项，也就意味着其他选项被取消选中状态，无法通过单击同一个单选按钮切换选中和非选中状态。

默认状态下，在页面中创建了多个单选按钮后，预览网页，会发现虽然是单选按钮，但仍然可以选择多个选项。

这是什么原因呢？原来，如果要实现一组单选按钮的单选效果，必须将一组单选按钮都设置为同一组。具体操作方法是：选择同一组的所有单选按钮，然后在【属性】子面板中输入单选按钮组的名称，如图 10-15 所示。

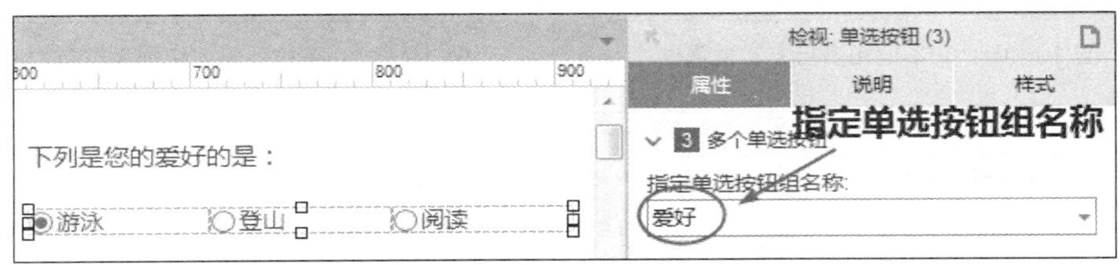

图 10-15　指定单选按钮组名称

如果以后还要将其他的单选按钮放在该组中，则只需要选择单选按钮，从指定单选按钮组按钮名称的下拉列表中选择该组的名称即可。

10.2.7　提交按钮

提交按钮元件主要用于提交通过上述表单元件获取的数据。与基本元件库中的按钮元件不同，提交按钮的样式是无法更改的，也无法通过【设置文本】动作更改提交按钮的文字，但是可以直接修改提交按钮上的文字。

10.3　表单事件

表单元件也可以像其他元件那样应用事件、案例和动作。本节主要学习表单事件。

10.3.1　关于表单事件

文本框和多行文本框的事件内容相同，如图 10-16 所示。下拉列表框和列表框的事件的内容也相同，如图 10-17 所示。

复选框和单选按钮的事件内容相同，如图 10-18 所示。提交按钮的事件最少，只有 6 个，如图 10-19 所示。

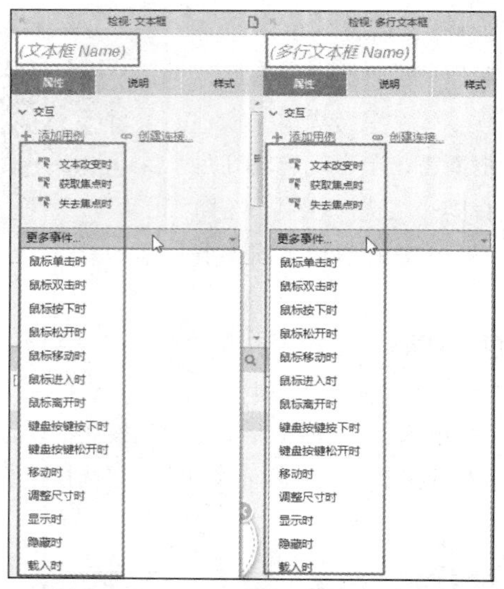

图 10-16　文本框和多行文本框事件

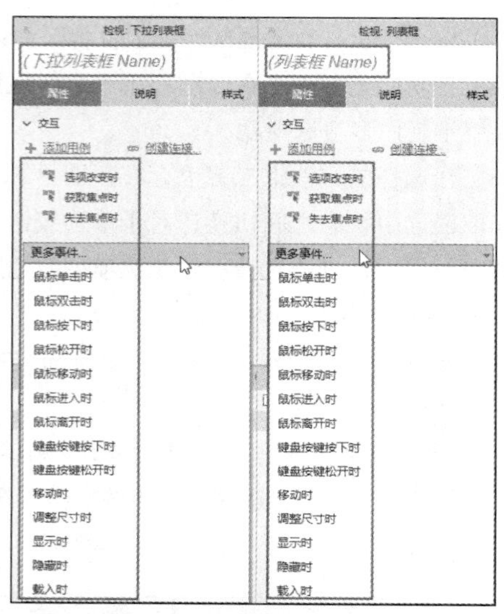

图 10-17　下拉列表框和列表框事件

图 10-18　复选框和单选按钮的事件

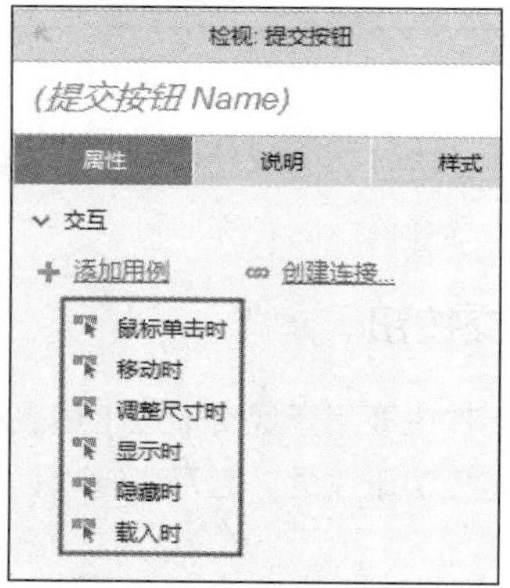

图 10-19　提交按钮的事件

10.3.2 【文本改变时】

这是文本框和多行文本框表单专有的事件，表示当文本框中的文本改变时导致产生某种结果。例如，在文本框中输入文本时，显示在其他地方的文本提示将被隐藏。下面以一个小案例进行说明。

（1）在页面上创建一个文本框元件和文本标签元件，如图 10-20 所示。

请输入正确的用户名

图 10-20　创建元件

（2）选择文本框元件，在【属性】子面板中双击【文本改变时】事件，在弹出的对话框中添加一个【隐藏】动作，在右侧选择隐藏的对象，如图 10-21 所示。

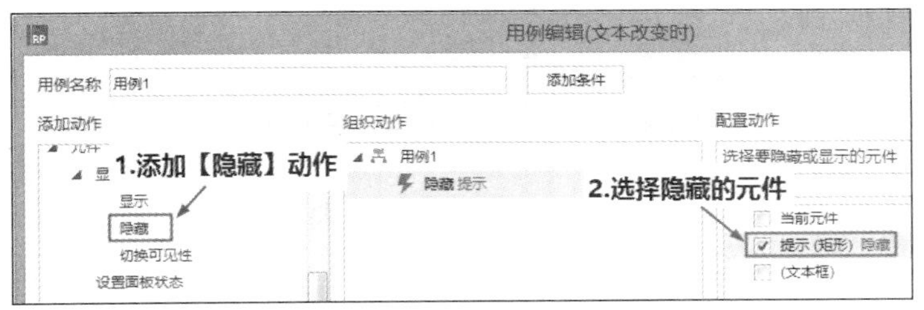

图 10-21　【文本改变时】事件设置

（3）完成后，按【F5】键预览网页。在浏览器中载入页面时，文本框上方会显示文本提示；在文本框中输入文字时，上方的提示文本被隐藏，如图 10-22 所示。

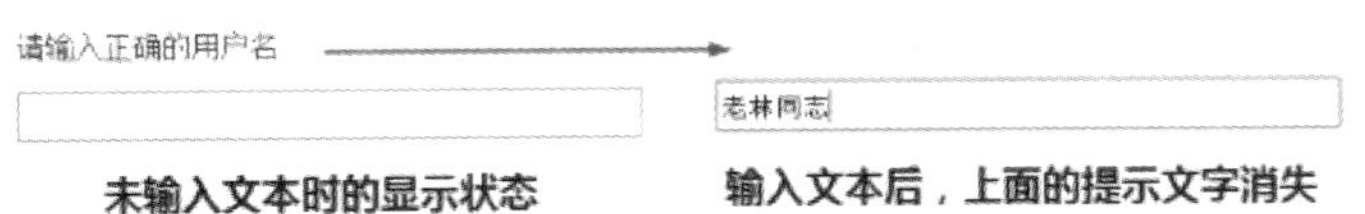

图 10-22　预览【文本改变时】事件

10.3.3　【选项改变时】

这是列表框和下拉列表框特有的事件，表示当列表框中的选项被改变时导致产生某个结果。例如，一个下拉列表框的选项改变时，另一个下拉列表框的选项随之发生改变。下面以一个小案例来学习【选项改变时】事件的使用方法。

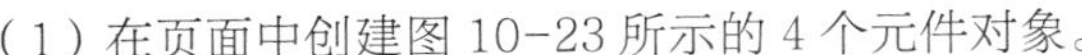

（1）在页面中创建图 10-23 所示的 4 个元件对象。

（2）双击下拉列表元件，在打开的【编辑列表选项】中添加问号、加、减、乘、除 5 个符号，如图 10-24 所示。

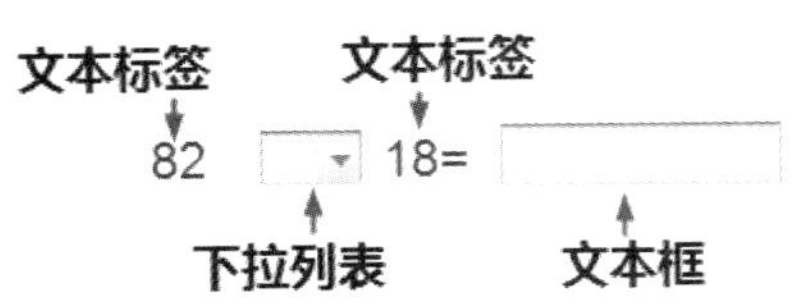

图 10-23　创建的 4 个元件

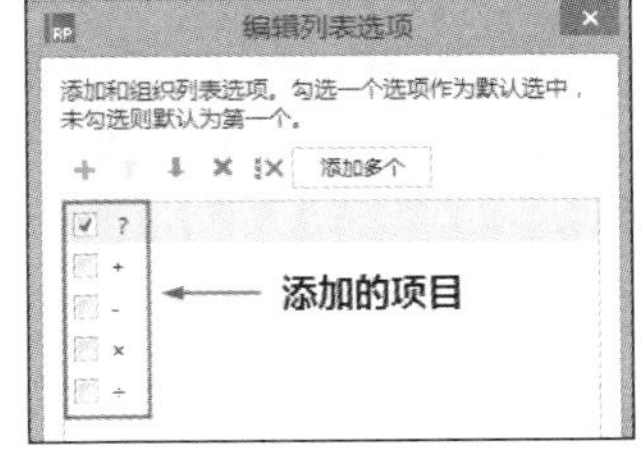

图 10-24　添加的列表项

（3）选择下拉列表框元件，在【属性】面板中双击【选项改变时】事件，在打开的对话框中添加【获取焦点】动作，在【配置动作】栏中选择文本框元件，勾选底部的【在文本域或文本区选择文本】，如图 10-25 所示。

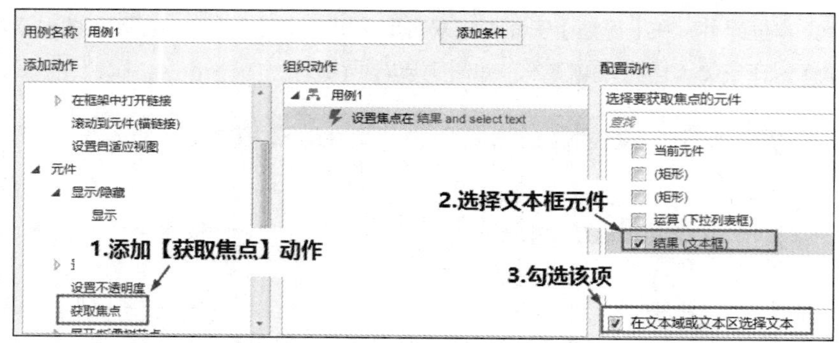

图 10-25　【选项改变时】用例设置

按【F5】键预览，默认状态下，文本框元件没有获取焦点，如图 10-26 所示。

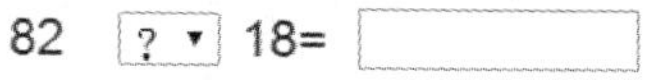

82 ? 18=

图 10-26　载入页面时的效果

当选择相加运算方式后，后面文本框就会获取焦点了，如图 10-27 所示。输入答案“100”后，将运算改为减法时，会自动选中文本框中的文本，如图 10-28 所示。

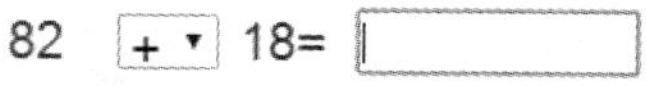

82 + 18=

图 10-27　文本框获取焦点

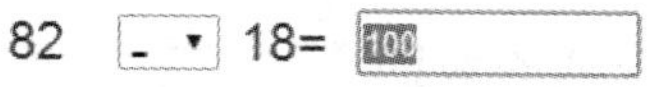

82 - 18= 100

图 10-28　自动选择文本功能

10.3.4　焦点事件

【获取焦点时】和【失去焦点时】两个事件主要是针对表单元件设置的。下面通过一个小案例来深入研究这两个事件。在本案例中，将模仿一个邮箱登录的界面，单击登录密码文本框时，右侧会出现一个软键盘的图标，单击用户名文本框时，软键盘图标消失。

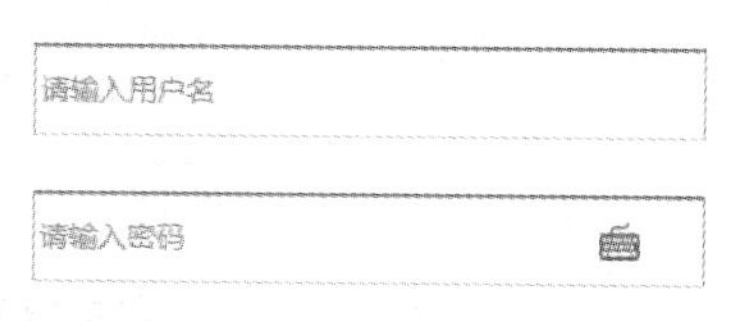

图 10-29　添加的三个元件

（1）在页面中创建一个文字文本框和一个密码文本框，在密码文本框右侧添加一个软键盘图标的图片元件，如图 10-29 所示。

（2）在当前页添加一个【页面载入时】事件，用例设置如图 10-30 所示。

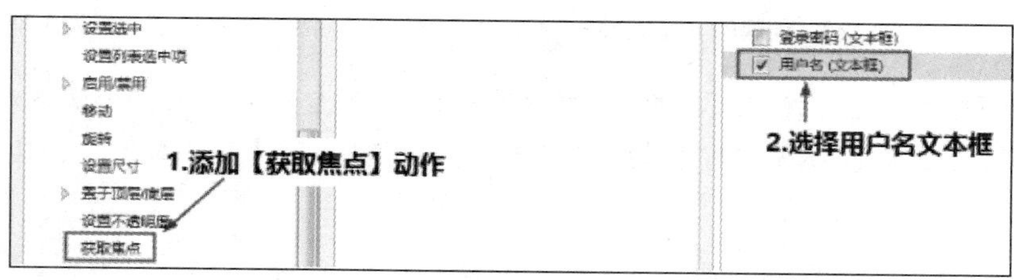

图 10-30　【页面载入时】事件用例设置

通过本事件的设置，可以在页面载入时使用户文本框获取焦点。

（3）选择软键盘图片元件，将其设置为隐藏，如图 10-31 所示。

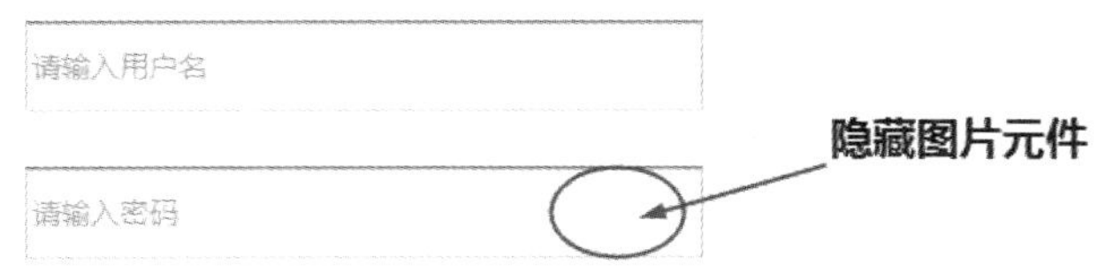

图 10-31　隐藏图片元件

（4）选择密码文本框元件，在【属性】子面板中双击【获取焦点时】事件，在打开的对话框中添加【显示】动作，显示对象为软键盘图片元件，如图 10-32 所示。

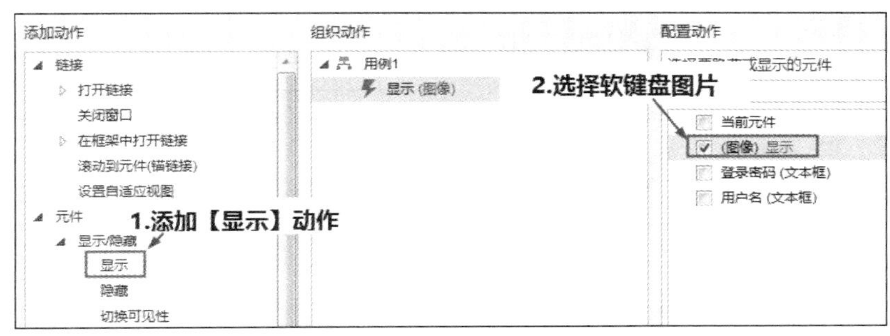

图 10-32　设置【获取焦点时】事件用例

（5）对密码文本框元件再添加一个【失去焦点时】事件，在打开的对话框中添加【隐藏】动作，隐藏对象为软键盘图片元件，如图 10-33 所示。

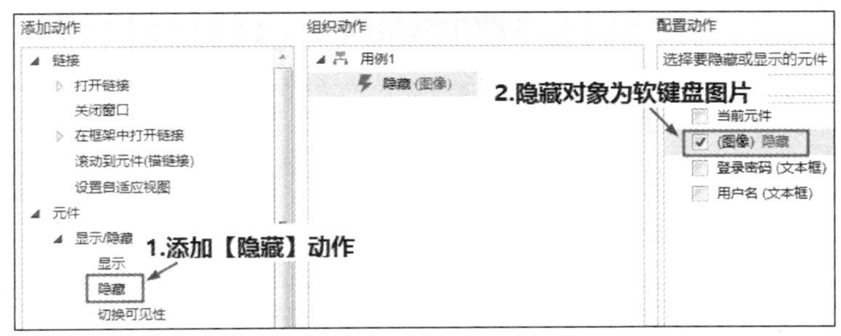

图 10-33　设置【失去焦点时】事件用例

按【F5】键预览，刚载入页面时，用户名文本框就获取了焦点，可以直接通过键盘输入文本，如图 10-34 所示。单击密码文本框时，该文本框会获取焦点，同时会在右侧显示软键盘图标，如图 10-35 所示。

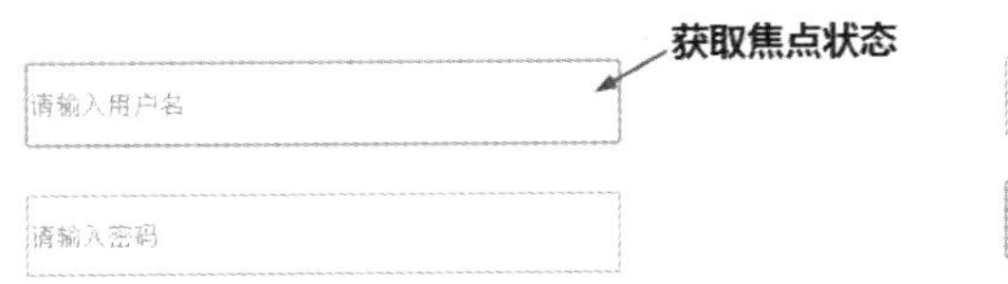

图 10-34　载入页面时获取焦点的用户名文本框

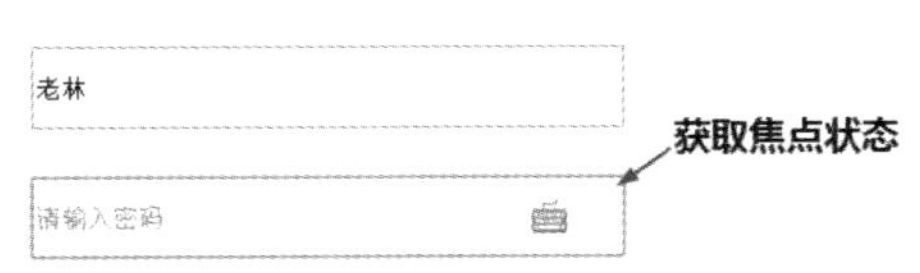

图 10-35　获取焦点的密码文本框显示软键盘图标

10.3.5 选中事件

选中事件包括【选中时】、【未选中时】和【选中改变时】三个事件。在下面的案例中，使用鼠标选择某个选项后，其右方会显示对应的图片，未选中某个选项后，其右方的图片会隐藏起来。

（1）在页面上创建如图 10-36 所示的元件，包括一个文本标签、两个复选框和两个图片元件。

（2）将猫猫和狗狗两个图片元件隐藏起来，如图 10-37 所示。

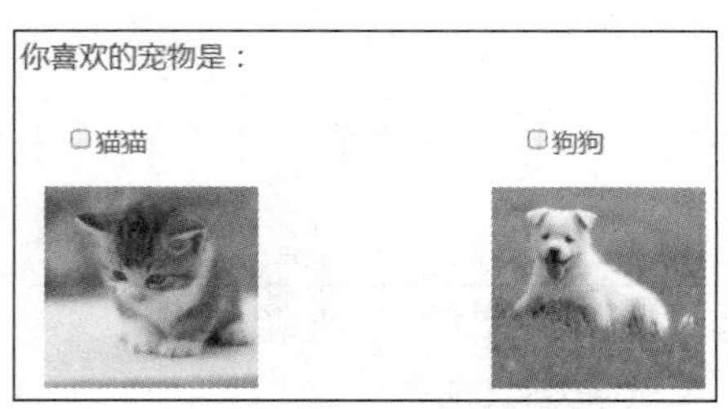

图 10-36 创建的元件

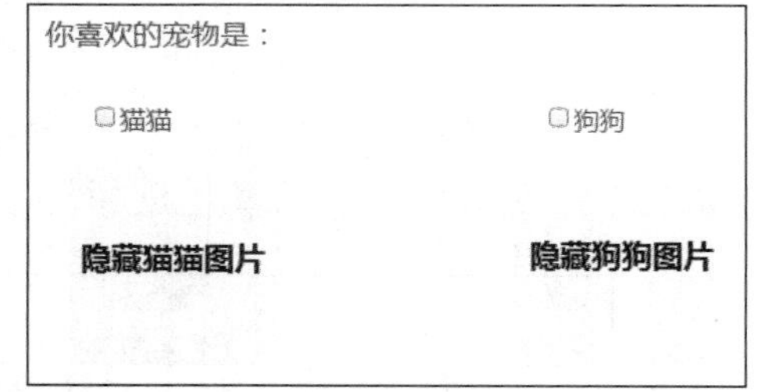

图 10-37 隐藏两个图片元件

（3）选择【猫猫】复选框，双击【属性】子面板中的【选中时】事件，在打开的对话框中添加【显示】动作，在右侧的【配置动作】栏中选择显示的猫猫图片，如图 10-38 所示。

扫码看视频教程

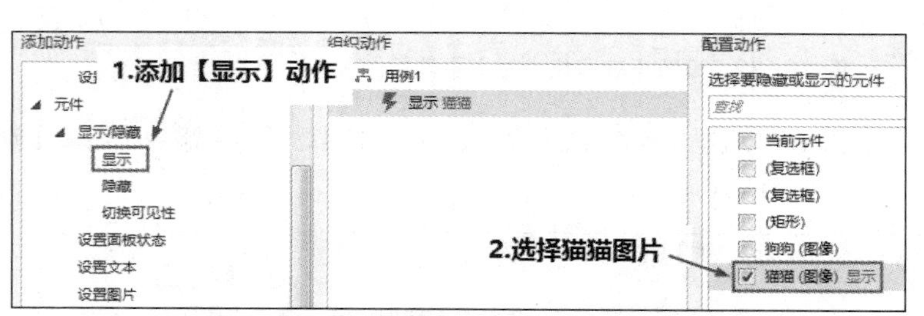

图 10-38 设置猫猫的【选中时】事件的用例

（4）再次选择【猫猫】复选框，双击【属性】子面板中的【未选中时】事件，在打开的对话框中添加【隐藏】动作，在右侧选择要隐藏的猫猫图片，如图 10-39 所示。

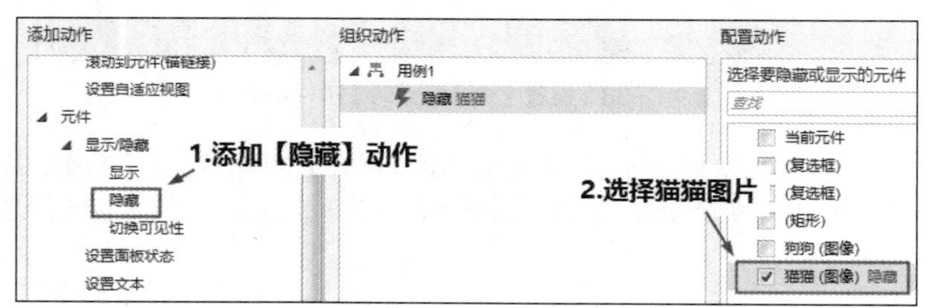

图 10-39 设置猫猫的【未选中时】事件的用例

（5）选择【狗狗】复选框，双击【属性】子面板中的【选中时】事件，在打开的对话框中添加【显示】动作，在右侧的【配置动作】栏中选择显示的狗狗图片，如图 10-40 所示。

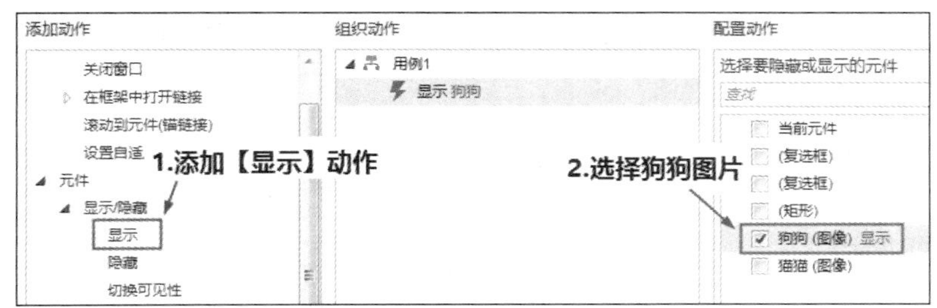

图 10-40　设置狗狗的【选中时】事件的用例

（6）再次选择【狗狗】复选框，双击【属性】子面板中的【未选中时】事件，在打开的对话框中添加【隐藏】动作，在右侧选择要隐藏的狗狗图片，如图 10-41 所示。

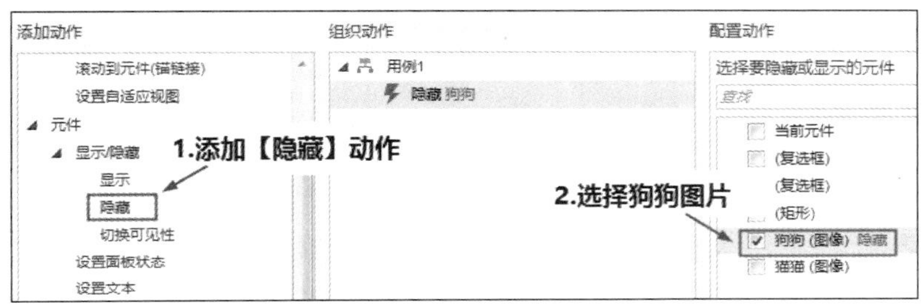

图 10-41　设置狗狗的【未选中时】事件的用例

按【F5】键预览，当载入页面时显示的状态如图 10-42 所示。选择【猫猫】复选框时，下方会显示猫猫的图片，如图 10-43 所示。

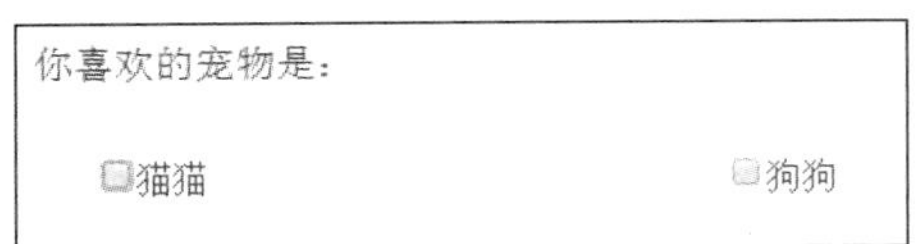

图 10-42　载入页面时的效果

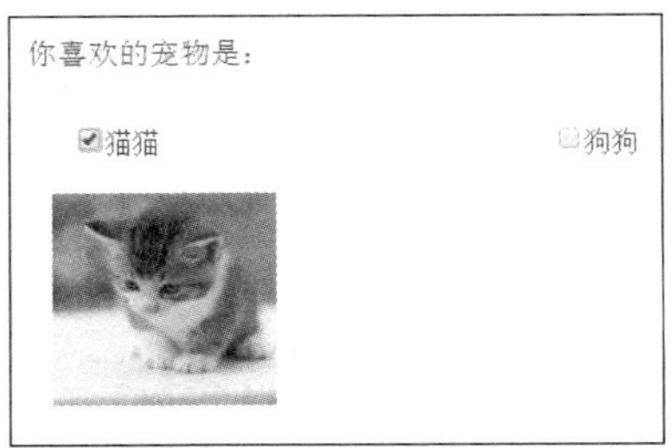

图 10-43　选中猫猫时的显示效果

再选择【狗狗】复选框时，下方也会显示狗狗的图片，如图 10-44 所示。取消选择【猫猫】复选框时，猫猫图片就消失了，但是狗狗的图片依然存在，如图 10-45 所示。

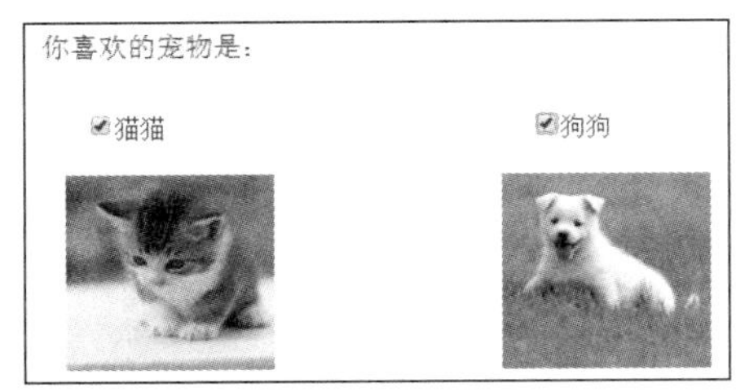

图 10-44　同时选择猫猫和狗狗时的显示效果

图 10-45　取消选择猫猫时的显示效果

10.4 表单动作

本节主要讲解【获取焦点】、【设置列表选中项】和【设置选中】等几个重要动作。

10.4.1 获取焦点

【获取焦点】动作可以获取某个元件的焦点。该动作对文本框获取焦点非常有用。例如，可以让页面载入时就获取文本框表单的焦点，这样用户进入页面时无需单击文本框就可以直接输入文本了。

10.4.2 设置列表选中项

该动作专门针对列表框和下拉列表框两种元件而设置。使用该动作可以从列表框或者下拉列表框中选中相应的选项。

10.4.3 设置选中

在所有的表单元件中，【设置选中】动作只对复选框和单选按钮表单元件有效。下面使用该动作设计一个简单的交互。本案例要实现的效果是：单击按钮会选中全部选项，再次单击该按钮会取消全部选项。

（1）在页面中创建一个文本标签，写上表述的文字，再创建 4 个复选框元件和一个提交按钮元件，如图 10-46 所示。

请选择您已经阅读过的四大名著

☐《红楼梦》 ☐《三国演义》 ☐《西游记》 ☐《水浒传》

全选/取消全选

图 10-46 创建的元件

（2）选择按钮，在右侧的【属性】子面板中双击【鼠标单击时】事件，在打开的对话框中添加一个【切换选中状态】动作，在右侧【配置动作】栏中勾选 4 个复选框元件，如图 10-47 所示。

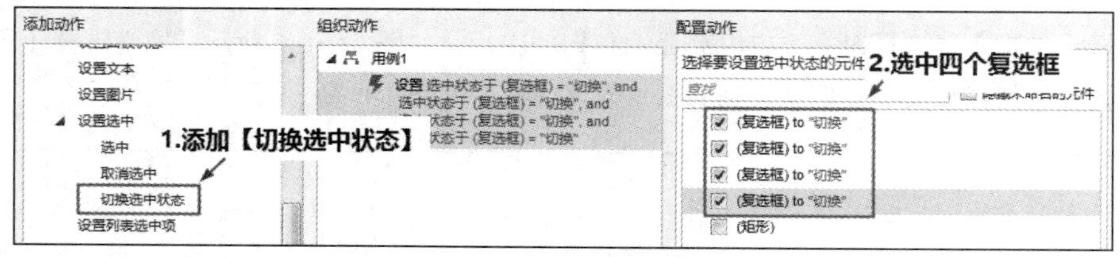

图 10-47 【切换选中状态】动作设置

按【F5】键预览，在网页浏览器中单击【全选/取消全选】按钮时会选择全部的 4 个选项，如图 10-48 所示。

图 10-48　单击按钮选择全部选项

再次单击【全选/取消全选】按钮时，所有 4 个选项会同时被取消选择。

案例演练　支付宝创建账户原型设计

【案例导入】

一些大型的网购网站都有自己的支付系统，如阿里巴巴的支付宝、腾讯公司的财付通等。二毛对这些内容非常感兴趣，他花了几个小时的时间仔细研究了支付宝注册过程的界面后，决定在 Axure RP 中一展身手。本案例完成效果如图 10-49 所示。

图 10-49　手机模型和界面图标

【操作说明】

在注册支付宝创建账户过程中，使用最多的就是动态面板和表单元件，动态面板主要用来显示不同的注册界面，表单元件主要用来输入文本信息和选择选项。下面一起看看二毛的制作步骤吧！

【案例操作】

（1）启动 Axure RP 程序，在页面的顶部位置使用钢笔工具、直线元件、文本标签元件设计出如图 10-50 所示的注册导航栏。

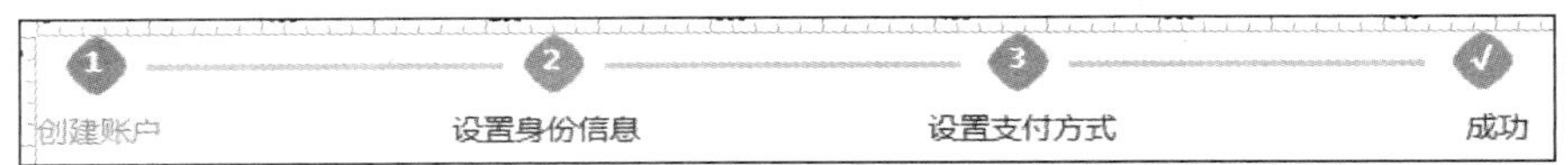

图 10-50　设计的注册导航栏

（2）选择所有的元件并右击鼠标，从弹出的快捷菜单中执行【转换为动态面板】命令，将动态面板的名称命名为“个人账户注册导航”，将状态 1 连续复制 3 个状态，然后将 4 个状态分别命名为“个人创建账户”“个人设置身份信息”“个人设置支付方式”和“个人成功”，如图 10-51 所示。

（3）进入第二个状态的编辑页面并将其设置为图 10-52 所示的效果。

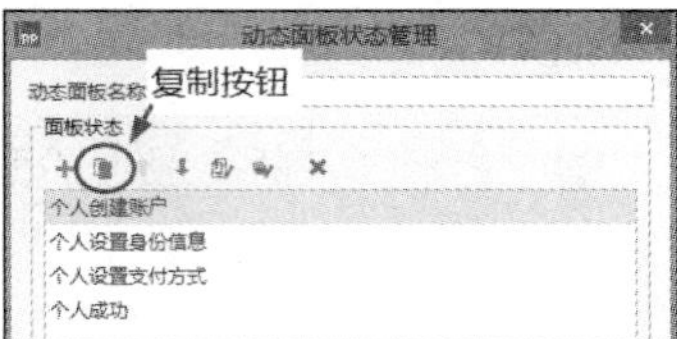

图 10-51 复制并命名状态

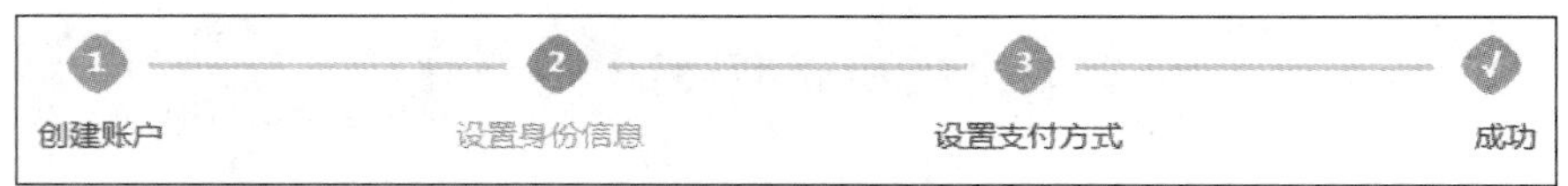

图 10-52 第二个状态

（4）使用相同方法，可以完成对另外两个状态的设置。

（5）设计图 10-53 所示的个人账户标题界面并将其转换为动态面板，再将其命名为“个人账户标题”。

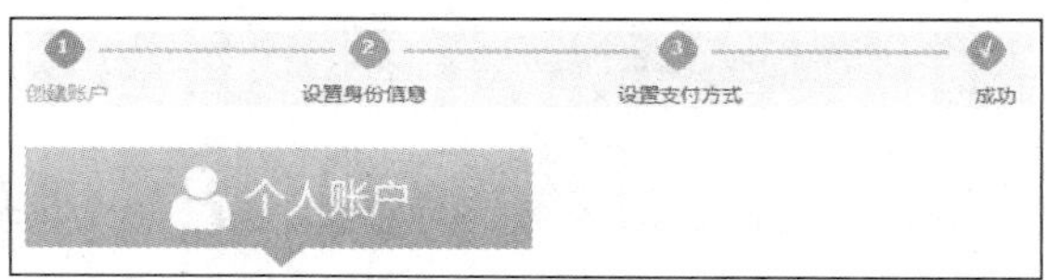

图 10-53 个人账户标题

（6）在“个人账户标题”动态面板中将第一个状态命名为“激活”，然后将其复制一个新状态并命名为“非激活”，颜色设置为灰色，如图 10-54 所示。

（7）将“个人账户标题”动态面板向右复制一个并命名为“企业账户标题”，然后将两个状态中的图标和文本设置为图 10-55 所示的效果。

图 10-54 非激活状态的个人账户标题

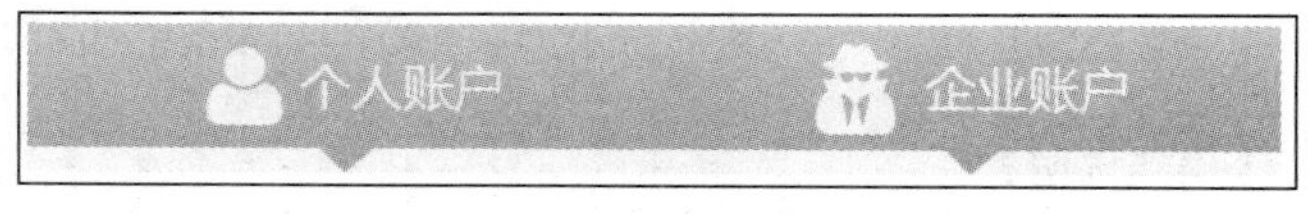

图 10-55 非激活状态的个人账户和企业账户标题

（8）使用矩形、文本标签、复选框、文本框等设计出图 10-56 所示的界面。

上面的界面中，带倒三角形图标的“国籍/地区”和“手机号”两处使用的并非下拉列表框元件，而是由矩形元件和一个小三角型元件构成。

（9）在“国籍/地区”右侧矩形下方绘制新的矩形并输入“英国”文本，然后给该矩形添加一个鼠标指向交互样式，将填充色设置为浅灰色，如图 10-57 所示。

（10）将“英国”矩形向右复制 3 个并分别输入图 10-58 所示的文字。

（11）使用同样的方法，再复制 5 个矩形并分别输入各大洲的名称，如图 10-59 所示。

（12）在各大洲的下方创建一个列表框元件并在列表框中输入亚洲国家的名称，如图10-60所示。

图10-56 个人账户注册界面

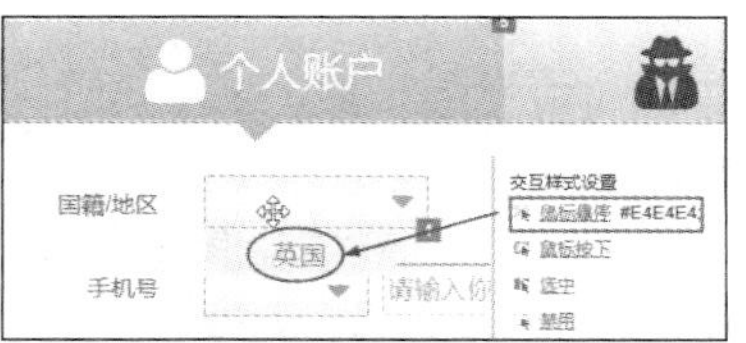

图10-57 给矩形添加指向交互样式

图10-58 复制的矩形

图10-59 各大洲的名称

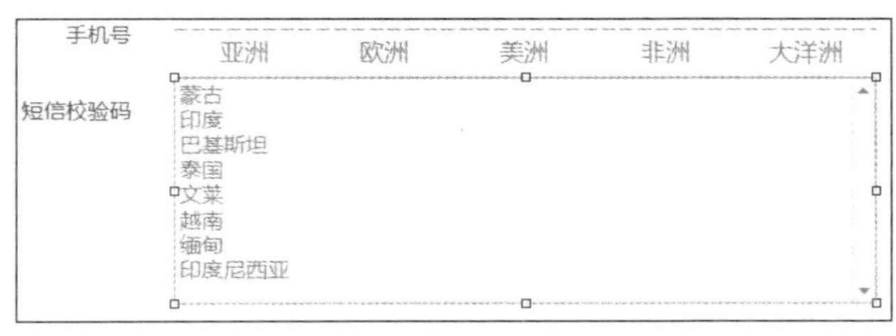

图10-60 列表框中的亚洲国家

（13）将列表框转换为动态面板并命名为“各大洲”，双击该动态面板，在打开的【动态面板状态管理】对话框中将状态1命名为“亚洲”，然后将其复制4个状态并分别命名为“欧洲”“美洲”“非洲”和“大洋洲”，在每个状态中输入相应国家的名称，如图10-61所示。

（14）选择步骤（9）至步骤（13）创建的所有元件，将其转换为动态面板并命名为“国籍和地区”，如图10-62所示。

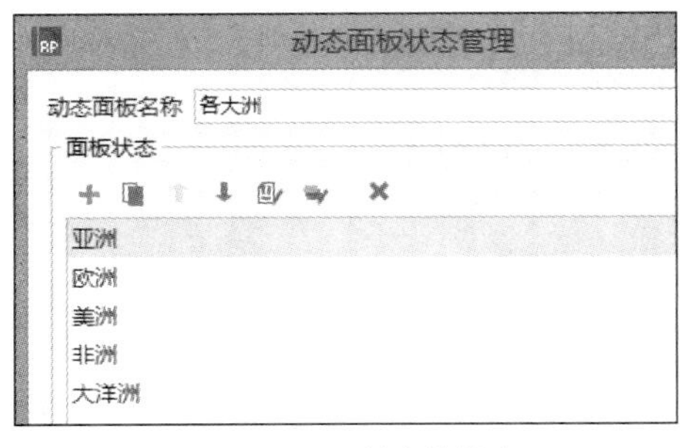

图10-61 创建的状态

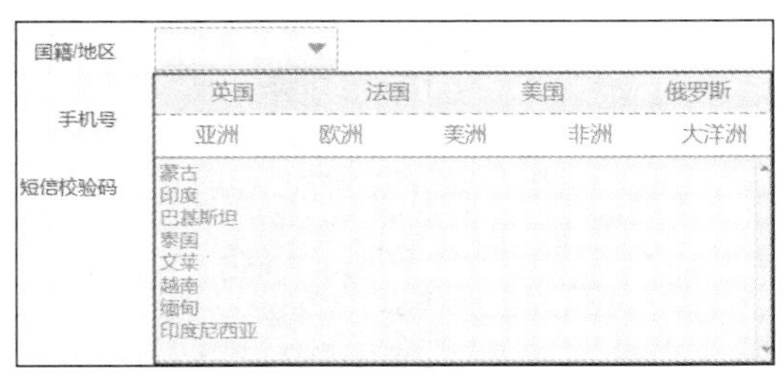

图10-62 转换的动态面板

（15）双击“国籍和地区”动态面板，在打开的对话框中双击“状态1”，在打开的“国籍和地区/状态1（主页）”页面中双击“各大洲”动态面板，在打开的对话框中双击“亚洲”状态，在打开的页面中选择列表框元件，在【属性】子面板中双击【选项改变时】事件，在打开的【用例编辑】对话框中添加【设置文本】动作，配置动作对象是步骤（8）创建的“国籍”矩形元件，如图10-63所示。

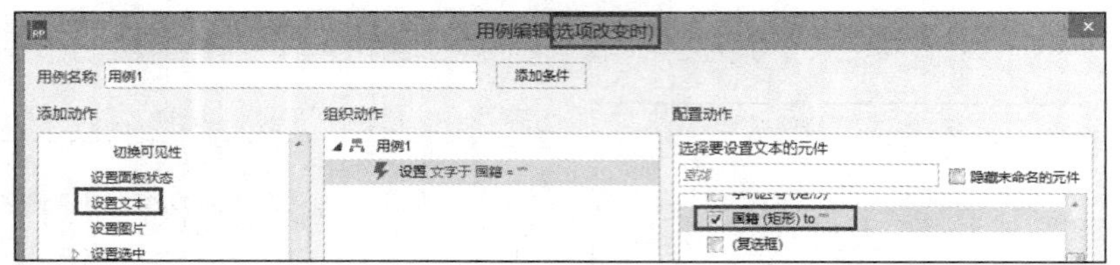

图 10-63 添加【设置文本】动作

（16）单击右下角的【fx】按钮，在打开的【编辑文本】对话框中定义局部变量并插入变量和函数，如图 10-64 所示。

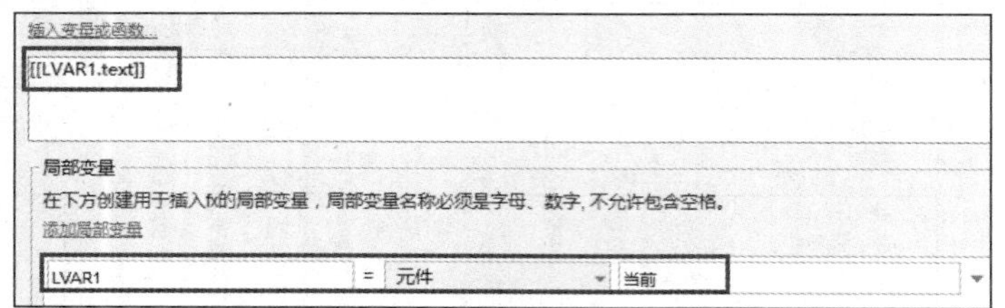

图 10-64 定义并应用局部变量

提示

[[LVAR1.text]]表示当前单击元件中的文字，如果直接将局部变量定义为元件文字，就无需使用【text】函数，直接应用[[LVAR1]]即可。

（17）设置完成后，在【属性】子面板中将刚才在【选项改变时】添加的用例拷贝下来，然后用步骤（15）的方法分别打开“欧洲”“美洲”“非洲”和“大洋洲”4 个列表框并将拷贝的用例分别粘贴到它们的【选项改变时】事件中。

（18）在页面“国籍和地区/状态 1（主页）”中选择“各大洲”动态面板并将其设为隐藏状态，如图 10-65 所示。

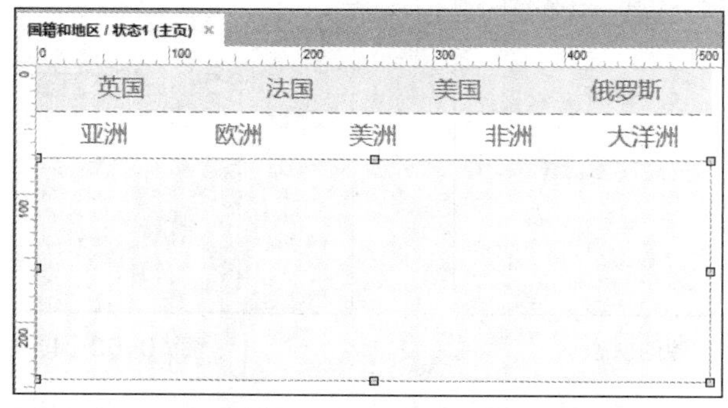

图 10-65 隐藏“各大洲”动态面板

（19）选择页面中的“亚洲”矩形元件，双击【属性】子面板中的【鼠标单击时】事件，在打开的对话框中添加【显示】动作，将配置动作对象设置为“各大洲”动态面板，动画方式设置为“向下滑动”；再添加【设置面板状态】动作，配置动作对象设置为“各大洲”动态面板，在下方选择状态为“亚洲”，进入动画设置为“向下滑动”，退出动画设置为“向上滑动”，如图 10-66 所示。

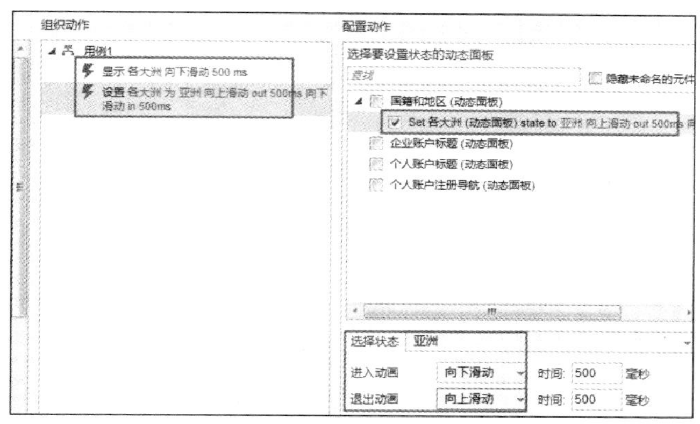

图 10-66　设置“亚洲”元件用例

（20）将“亚洲”矩形元件下的“用例 1”分别拷贝到“欧洲”“美洲”“非洲”和“大洋洲”4 个矩形元件的【鼠标单击时】事件中，并为每个元件中的【设置动态面板】状态选择对应的状态选项，例如，“欧洲”元件的【设置动态面板】的选择状态是“欧洲”，如图 10-67 所示，其余以此类推。

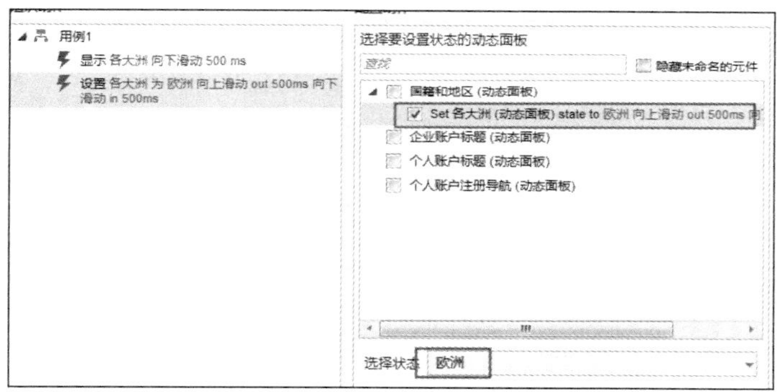

图 10-67　“欧洲”元件用例设置

（21）还是在页面“国籍和地区/状态 1（主页）”中选择“英国”矩形元件，在【属性】子面板中双击【鼠标单击时】事件，在打开的对话框中添加【设置文本】动作，配置动作对象为步骤（8）中创建的“国籍/地区”右侧带小三角的矩形元件“国籍”，然后单击下方的【fx】按钮，定义并添加局部变量，如图 10-68 所示。

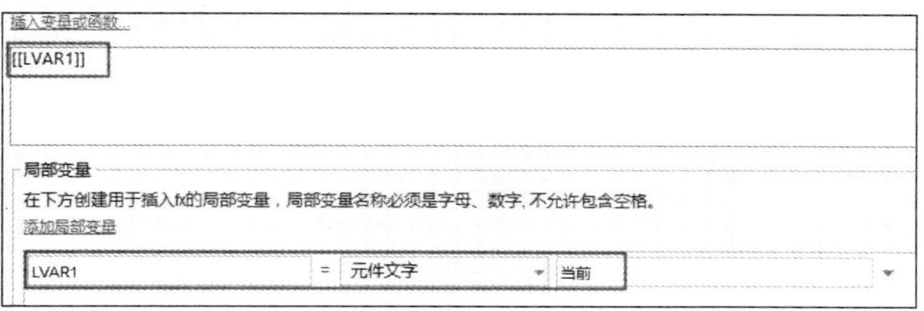

图 10-68　定义并添加局部变量

（22）选择步骤（21）对“英国”矩形元件添加的“用例 1”并拷贝，然后分别将其粘贴到“法国”“美国”和“俄罗斯”的【鼠标单击时】事件中。

（23）选择主页中的“国籍和地区”动态面板，如图 10-69 所示，将其设置为隐藏状态。

图 10-69 “国籍和地区”动态面板

（24）选择国籍/地区右侧的小三角形图标，如图 10-70 所示。

在【属性】子面板中双击【鼠标单击时】，在打开的【用例编辑】对话框中添加【显示】动作，配置动作对象为“国籍和地区”动态面板，动画方式为“向下滑动”，勾选“置于顶层”选项，如图 10-71 所示。

图 10-70 选择小三角形图标

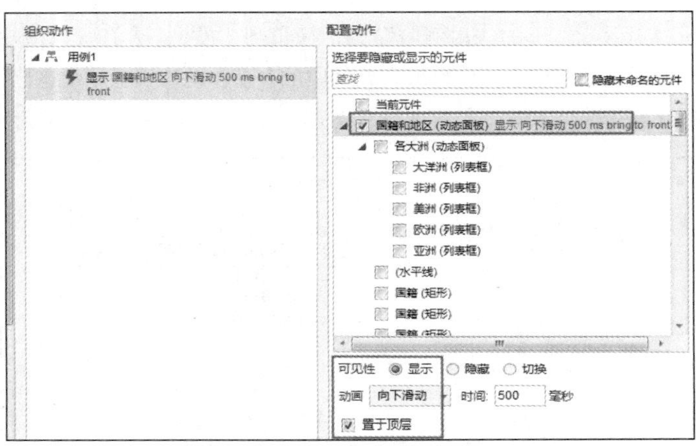

图 10-71 【显示】动作设置

（25）选择页面中的“国籍和地区”动态面板，在【属性】子面板中添加【鼠标离开时】事件，在打开的【用例编辑】对话框中添加【隐藏】动作，配置动作对象为“国籍和地区”动态面板，动画方式为“向上滑动”，如图 10-72 所示。

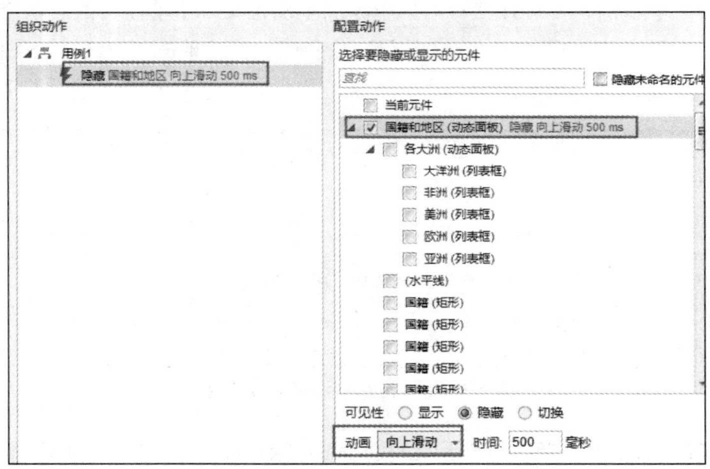

图 10-72 【隐藏】动作设置

（26）为了给用户提示，可以在国籍/地区右侧的矩形元件中输入“请选择”或者通过【页面载入时】事件添加【设置文本】为其添加“请选择”。

（27）按【F5】键预览，载入页面时显示效果如图 10-73 所示。单击“请选择”右侧的小三角图标时，会弹出列表选项，单击某个选项后，该选项会自动添加到“请选择”的位置，如图 10-74 所示。

图 10-73　载入页面时效果

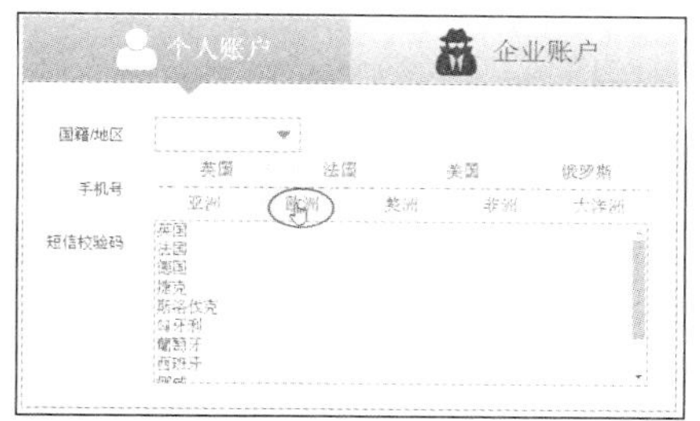

图 10-74　选择国籍/地区

对于手机号的国际区号，二毛考虑到无法直接使用列表框元件的【选项改变时】获取其中的数字代码，所以仍然采用动态面板来设计它。

（28）将“英国”单独在一个矩形元件中输入，将该矩形的填充色设置为白色，设置该矩形的“鼠标指向”交互样式为浅灰色，然后将对应的国际区号代码“44”在另一个矩形元件中输入并设置该矩形的填充色为无色，将“44”矩形元件放置在“英国”矩形的顶层偏右的位置，如图 10-75 所示。

（29）选择国际区号“44”，在【属性】子面板中双击【鼠标单击时】事件，在打开的【用例编辑】对话框中添加【设置文本】动作，配置动作对象是手机号右侧带小三角图标的矩形元件“手机区号”，单击右下角的【fx】按钮打开【编辑文本】对话框，将当前元件的文字定义为局部变量并插入，如图 10-76 所示。

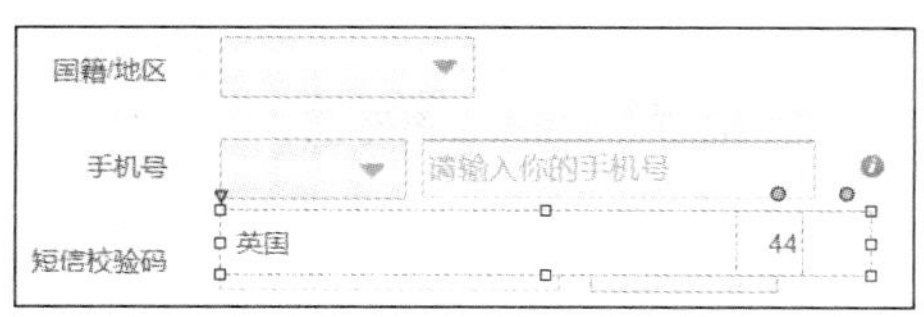

图 10-75　输入国家名称和国际区号代码

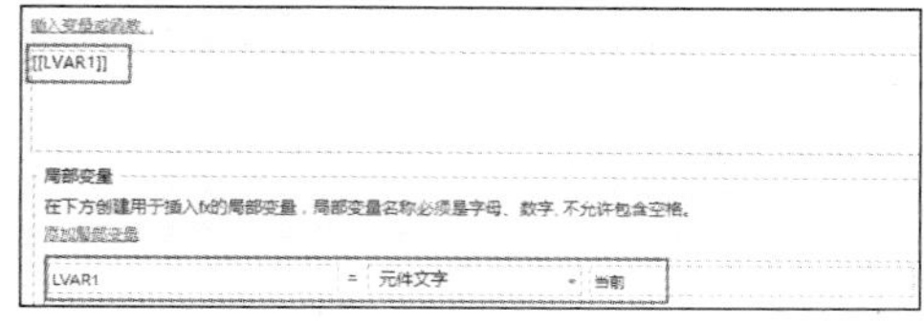

图 10-76　自定义局部变量

上面步骤的意思是：当单击“44”时，“手机区号”元件中会显示“44”，但是，用户应该是单击国家名称就可以在“手机区号”元件中显示区号代码，为了实现这个效果，二毛决定使用【触发事件】动作来完成。

（30）选择“英国”矩形元件，在【属性】子面板中双击【鼠标单击时】事件，在打开的【用例编辑】对话框中添加【触发事件】动作，配置动作对象是“44”矩形元件，在下方列表中选择“鼠标单击时”，如图 10-77 所示。

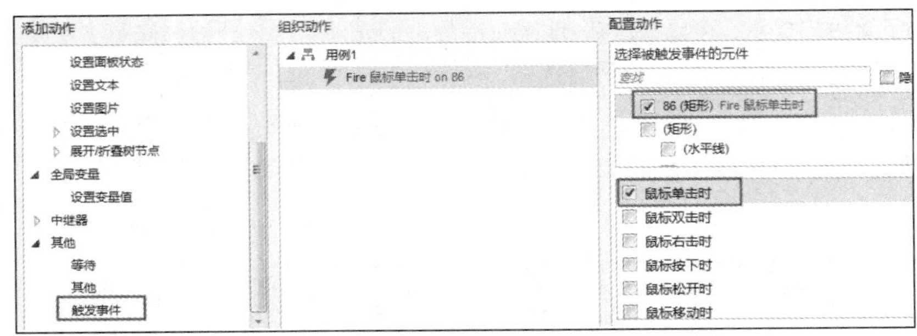

图 10-77　设置【触发事件】动作

上面步骤的意思是：单击“英国”元件就触发了单击“44”元件。

（31）将上面设置好的“英国”和“44”两个元件同时选中并复制多个副本，将副本修改为相应国家的名称和国际区号，如图 10-78 所示。

提示

如果同时选中“英国”和“44”两个元件并复制，则修改成其他国家名称和国际区号后，无需再修改用例，默认状态下，左侧的国家名称与右侧的国际区号自动建立触发事件关系。

（32）将步骤（31）中添加的国家名称和国际区号元件全部选中并转换为动态面板，命名为“国家区号”，将动态面板高度调整为合适大小，然后在【属性】子面板中将滚动条设置为“自动显示垂直滚动条”，如图 10-79 所示。

图 10-78　复制并修改其他国家的名称和区号

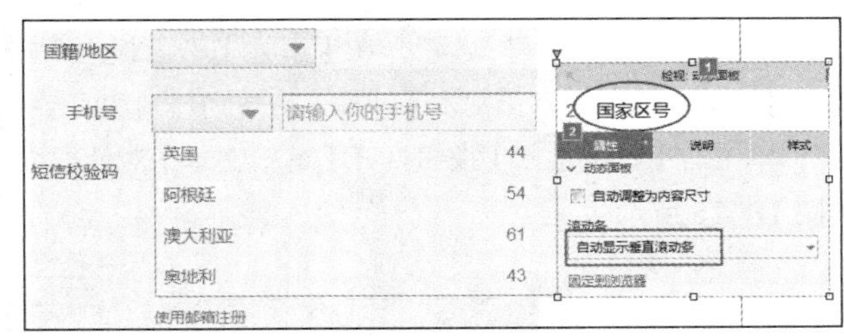

图 10-79　动态面板设置

（33）将步骤（32）转换的“国家区号”动态面板设为隐藏状态，然后选择“手机区号”上的小三角形图标，在右侧【属性】子面板中双击【鼠标单击时】事件，添加【显示】动作，配置动作对象是步骤（32）创建的“国家区号”动态面板，在下方将动画设置为“向下滑动”，勾选“置于顶层”选项，如图 10-80 所示。

图 10-80　【显示】动作设置

（34）选择“国家区号”动态面板，在【属性】子面板中双击【鼠标离开时】事件，添加【隐藏】动作，配置动作对象就是它本身，即当鼠标指针离开该动态面板时，该动态面板即隐藏起来。

（35）使用与步骤（26）相同的方法，也给“手机区号”元件添加“请选择”字样。

（36）设置文本框提示。在手机号文本框右侧添加文本提示并命名为“手机号提示”，如图10-81所示。

图10-81　文本提示

（37）将步骤（36）中的“手机号提示”设置为隐藏状态，然后选择【手机号】文本框，在【属性】子面板中双击【获取焦点时】事件，添加【显示】动作，配置动作对象是“手机号提示”；再添加【失去焦点时】事件，添加【隐藏】动作，配置动作对象也是“手机号提示”。

（38）按【F5】键预览，单击【手机号】文本框准备输入手机号时，右侧会自动显示文本提示；单击其他对象时（【手机号】文本框失去焦点），文本提示会自动隐藏。

（39）设置支付宝服务协议。设置如图10-82所示的协议，将所有元件组成群组并命名为“协议”。

（40）选择“协议”中的“×”元件，为其添加【鼠标单击时】事件，给该事件添加【隐藏】动作，配置动作对象是“协议”群组；将“×”元件中刚添加的“用例1”拷贝，然后选择“协议”下面的“已阅读并同意此协议”按钮元件并按【Ctrl+V】组合键，将拷贝的“用例1”粘贴到该按钮的【鼠标单击时】事件中。

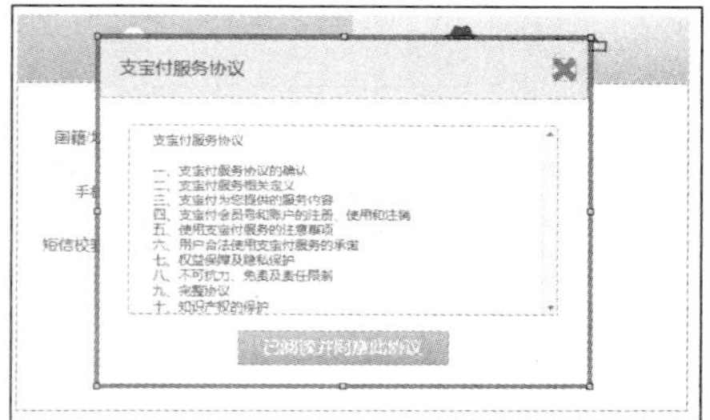

图10-82　协议弹出窗口

（41）将创建账户界面下方复选框中的“支付宝服务协议”做成独立的文本标签元件并设置带下画线的“鼠标指向”交互样式，选择“支付宝服务协议”文本元件，在【属性】子面板中双击【鼠标单击时】事件，在打开的【用例编辑】对话框中添加【显示】动作，配置动作对象为“协议”群组，在下方勾选【置于顶层】选项，在【更多选项】中选择“灯箱效果”。如图10-83所示。

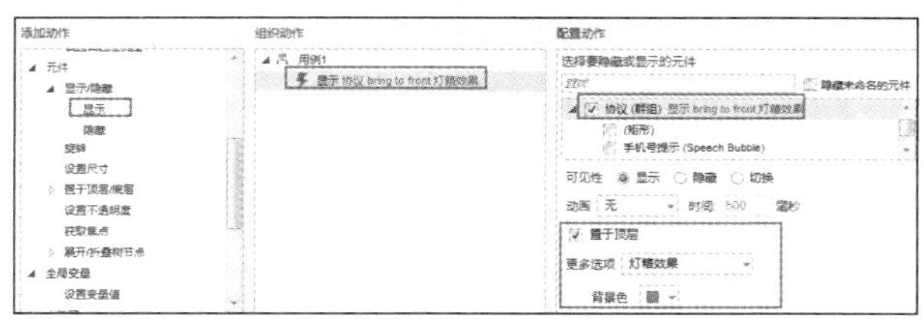

图10-83　设置灯箱效果

下面的步骤用于切换是使用邮箱注册还是手机号注册。

（42）选择步骤（8）创建的所有元件，将其转换为动态面板并命名为“邮箱和手机号创建账户”。如下图10-84所示。

（43）双击刚才转换的动态面板，在打开的对话框中将“状态1”重命名为“手机注册账户”，然后将该状态复制一个副本并命名为“邮箱注册账户”，双击“邮箱注册账户”状态，在打开的页面中设置如图10-85所示的界面。

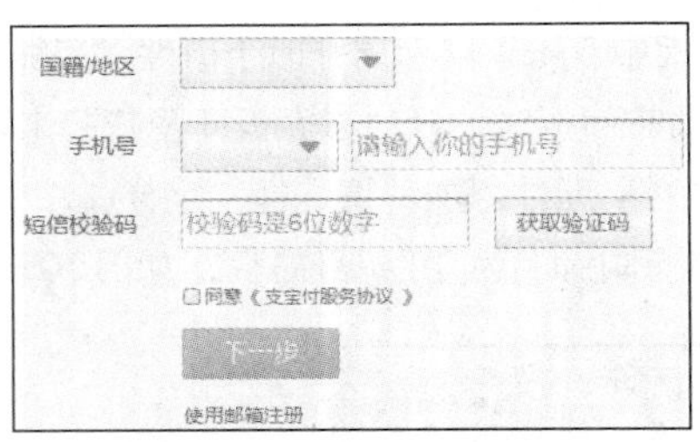

图 10-84　转换为动态面板

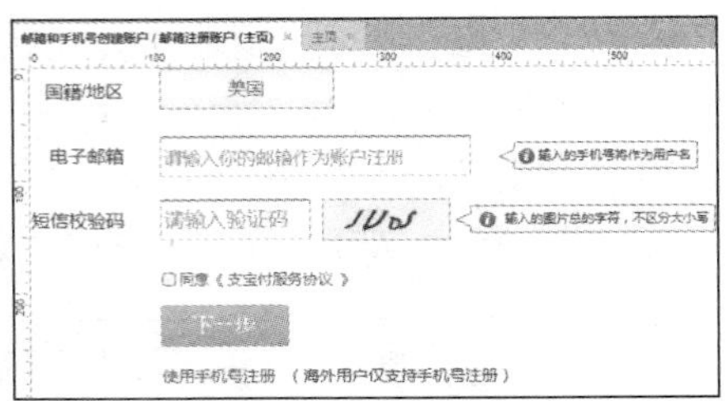

图 10-85　设置邮箱注册界面

其中，验证码需要通过动态面板实现，可以在动态面板中创建几个状态，每个状态放置一个验证码图片。

（44）使用步骤（36）、（37）中的方法，设置电子邮箱和短信校验码右侧的提示信息，即获取焦点时显示提示信息，失去焦点时隐藏提示信息。

（45）选择校验码动态面板，双击【属性】子面板中的【鼠标单击时】事件，在打开的对话框中添加【设置面板状态】动作，将配置动作对象设置为其自身，在选择状态中选择“Next”并勾选下面的“向后循环”选项，如图 10-86 所示。

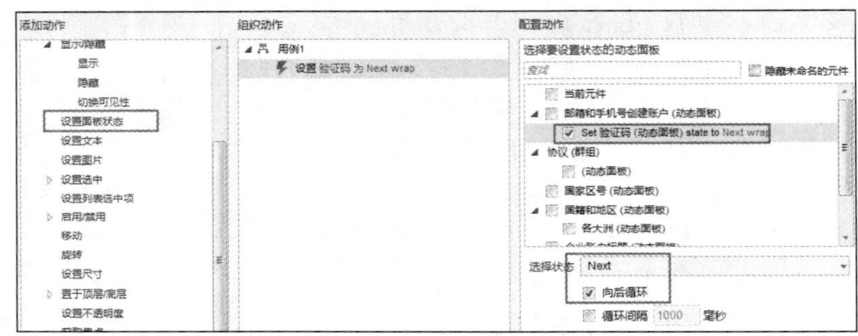

图 10-86　设置校验码动作

（46）选择“使用手机号注册”文本标签，双击【属性】子面板中的【鼠标单击时】事件，在打开的对话框中添加【设置面板状态】动作，将配置动作对象设置为步骤（42）创建的“邮箱和手机号创建账户”动态面板，在选择状态中选择步骤（43）创建的“手机注册账户”，如图 10-87 所示。

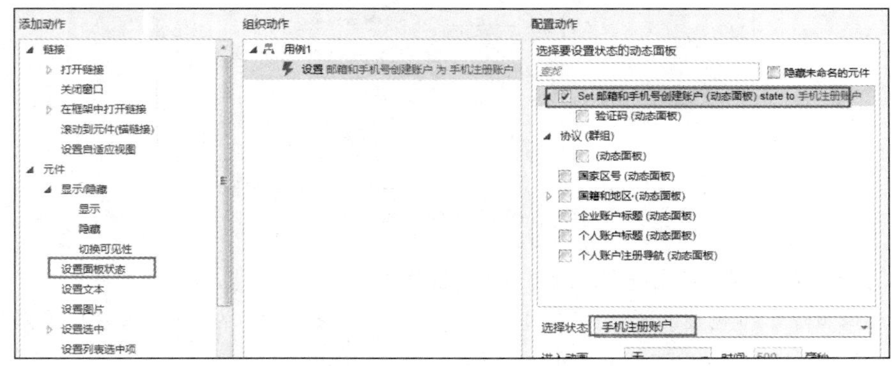

图 10-87　“使用手机号注册”动作设置

（47）使用与步骤（46）相同的方法，设置“使用邮箱注册”文本标签的事件和动作，如图 10-88 所示。

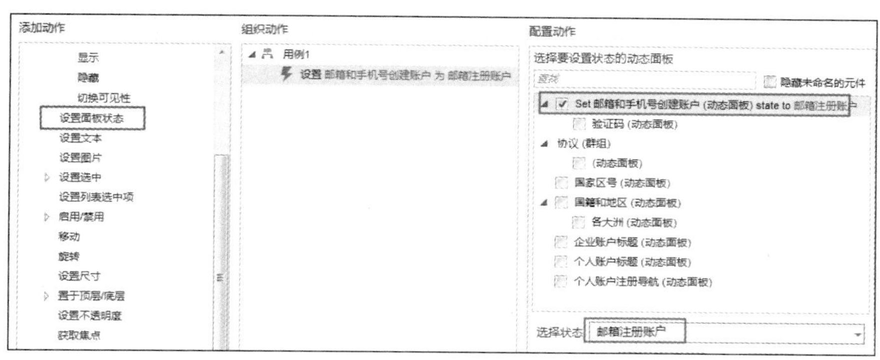

图 10-88　“使用邮箱注册”动作设置

（48）将“手机注册账户”和“邮箱注册账户”两个动态面板中的“下一步”按钮都设置为相同的用例：【鼠标单击时】执行动作【打开链接】，在当前窗口中打开“页面 1”。

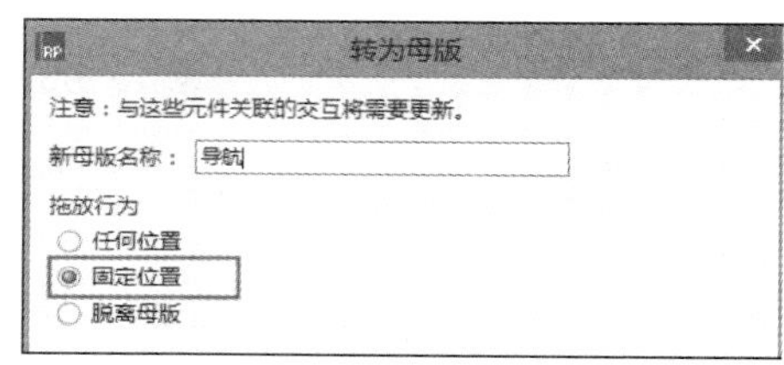

图 10-89　创建母版

（49）在主页中右击步骤（1）至步骤（4）创建的“个人账户注册导航”动态面板，从弹出的快捷菜单中执行【转为母版】命令，在打开的对话框中选择“固定位置”选项，如图 10-89 所示。

（50）双击“页面 1”进入该页面编辑状态，然后从【母版】面板中将“导航”母版拖到页面中，在【属性】子面板中双击【页面载入时】事件，为其添加【设置面板状态】动作，配置动作对象是“个人账户注册导航”动态面板，在选择状态中选择“个人设置身份信息”，如图 10-90 所示。

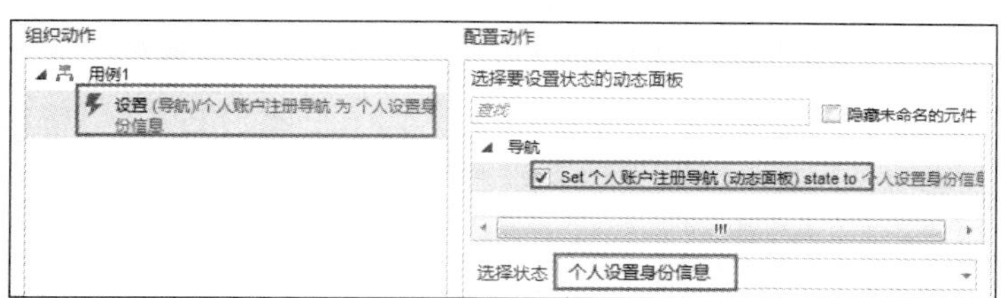

图 10-90　设置注册导航第二个状态

（51）按【F5】键预览，单击“下一页”按钮进入下一页后，导航栏会显示如图 10-91 所示的效果。

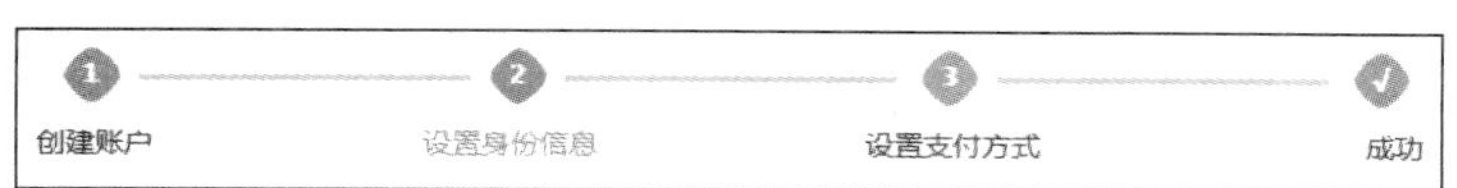

图 10-91　显示的设置身份信息导航效果

最后需要修改个人注册和企业注册的状态，激活个人注册时，个人注册应该显示彩色，右侧的企业注册应该显示灰色；同样道理，当激活企业注册时，企业注册应该显示彩色，而个人注册显示灰色。

（52）双击“企业账户标题”动态面板，在弹出的对话框中将“非激活”状态置为顶层，如图 10-92 所示。

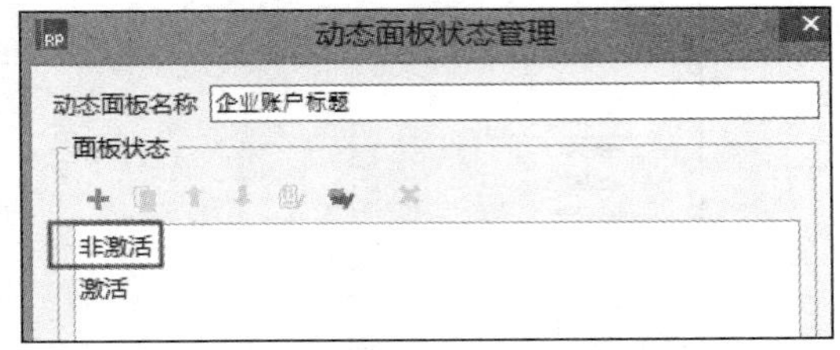

图 10-92　设置企业账户非激活状态

（53）选择“个人账户标题”动态面板，双击【鼠标单击时】事件，添加【设置面板状态】动作，配置动作设置为：企业账户标题动态面板状态为“非激活”，个人账户标题动态面板状态为“激活”，如图 10-93 所示。

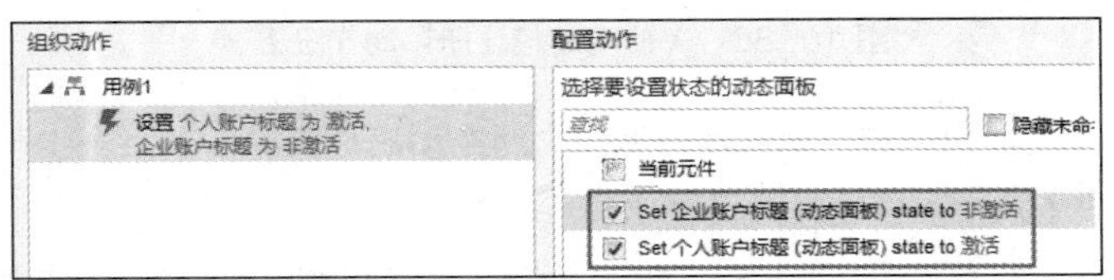

图 10-93　设置个人账户标题激活状态

（54）使用与步骤（53）相同的方法设置“企业账户标题”动态面板激活时的用例，如图 10-94 所示。

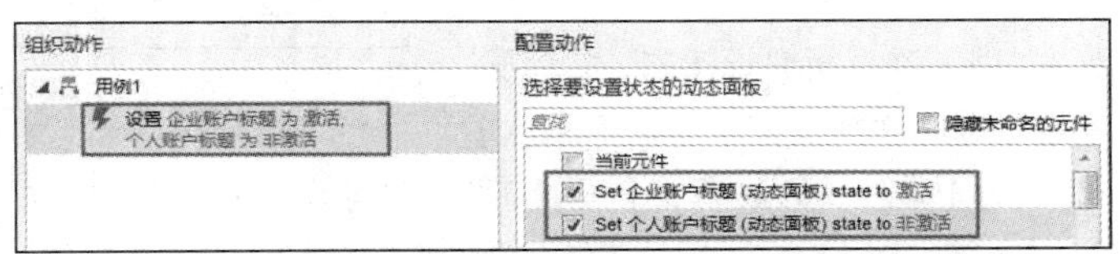

图 10-94　设置企业账户标题激活状态

至此，创建支付宝账户原型已经全部设置完毕，按【F5】键可以预览效果。

本章总结

通过本章的学习，读者应熟练掌握各个表单元件的使用方法以及各自的用途。要熟练掌握不同类型的文本框有何特点以及在什么情况下使用这些文本框。列表框和下拉列表框非常相似，也要注意区分。单选按钮必须指定选项组方可起到单选的作用。要掌握如何将多个单选按钮指定在相应的选项组中。对于表单而言，还有一些专用的事件，如【文本改变时】、【选项改变时】等，要掌握其用法；还有一些经常在表单上使用的动作，如【获取焦点】、【设置列表选中项】等也要掌握。

PART11

第11章

变量和函数

本章导读

- 本章将学习变量和函数在高保真原型中的应用
- 在本章中，还会使用变量和函数设计手机时钟的原型

效果欣赏

学习目标

- 掌握全局变量和局部变量的区别

■ 掌握定义全局变量和局部变量的方法
■ 掌握各类函数的使用方法

技能要点

■ 在动作中正确使用变量和函数
■ 使用函数准确获得数据信息
■ 使用表单获取局部变量信息

11.1 变量

变量是交互原型设计中必不可缺少的一个重要概念，一些高级的高保真原型都需要用到变量。本节将学习变量的概念、分类以及使用方法。

11.1.1 变量基础

众所周知，常数就是固定不变的数值。与常数相反，变量则是指变化的信息或数据。在 Axure RP 中，变量可以用来存储数据，也可以用来传递数据。根据变量使用的范围，可以将其分为全局变量、局部变量和函数。

全局变量对整个原型都有效，如果想将数据从一个元件传递到另一个元件或者从一个页面传递到另一个页面中就要用到全局变量。鉴于此，在一个原型中，全局变量的名称不要出现重复的情况。局部变量只能在某个元件的某个动作中有效，离开这个动作，局部变量就无效了，所以，在一个原型中，局部变量的名称是可以重复使用的。

由于函数可以在原型中获取日期、时间、窗口宽度和高度、鼠标指针位置、页面名称等变化的信息数据，所以可以看作是一种特殊的变量，非常实用。

11.1.2 全局变量

扫码看视频教程

在 Axure RP 中创建全局变量一般有两种方法。

执行【项目】→【全局变量】命令。

在【用例编辑】对话框中的某些动作中可以设置全局变量值，如图 11-1 所示。

执行上述任意一种方式都可以打开【全局变量】对话框。默认状态下，程序已经创建了一个名为“OnLoadVariable”的全局变量，全局变量的名称必须是字母或者数字，不能包含空格，变量名称最多不能超过 25 个字符。

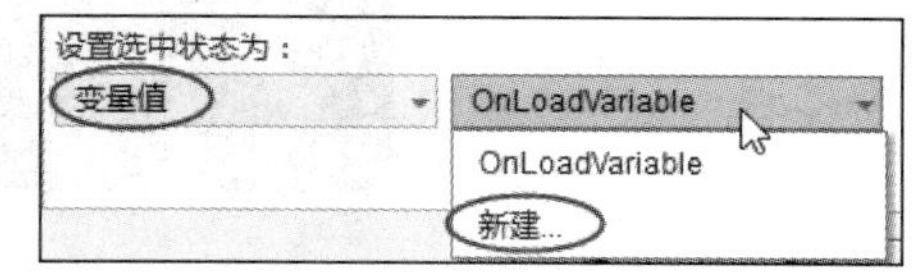

图 11-1 在【用例编辑】对话框中新建全局变量

下面通过一个小案例来学习全局变量的用法。在本例中，在文本框中输入完文本并单击提交按钮后，页面会跳转到另一个页面并显示刚才输入的文本。

（1）在主页页面中创建一个文本标签、一个文本框和一个提交按钮，如图 11-2 所示。

（2）选择提交按钮元件，在右边的【属性】子面板中双击【鼠标单击时】事件，在打开的【用例编辑】对话框中添加一个【设置变量值】动作，在右侧的【配置动作】栏中选择程序默认创建的全局变量，在下方设置全局变量值为“元件文字”，右侧的元件设置为文本框，如图 11-3 所示。

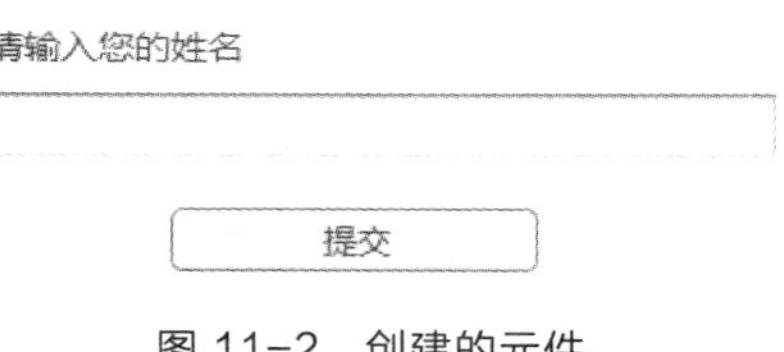

图 11-2 创建的元件

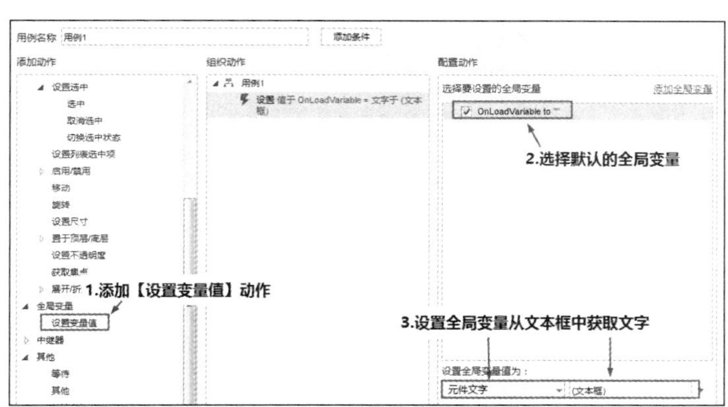

图 11-3 设置全局变量参数

上面的参数设置表示单击提交按钮后，全局变量“OnLoadVariable”会获取在文本框中输入的内容，在文本框中输入的内容不同，“OnLoadVariable ”获取的内容也就不同，这正是变量的特征。

（3）接着上面的对话框继续添加一个新动作【弹出窗口】，在右侧设置打开页为页面 1，如图 11-4 所示。

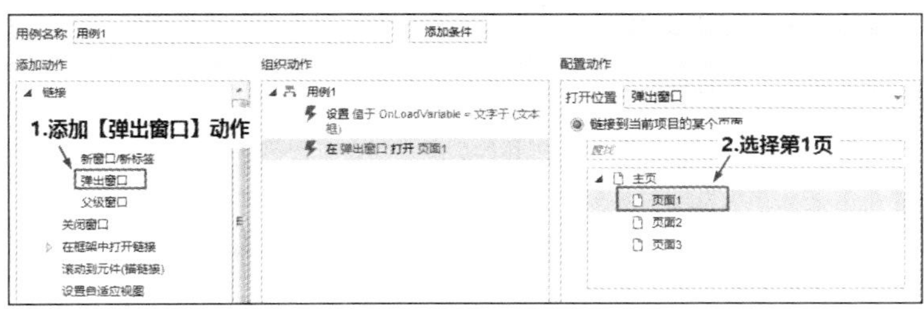

图 11-4 设置【弹出窗口】动作

（4）用例设置完成后，在页面 1 中添加一个文本标签和矩形元件，如图 11-5 所示。

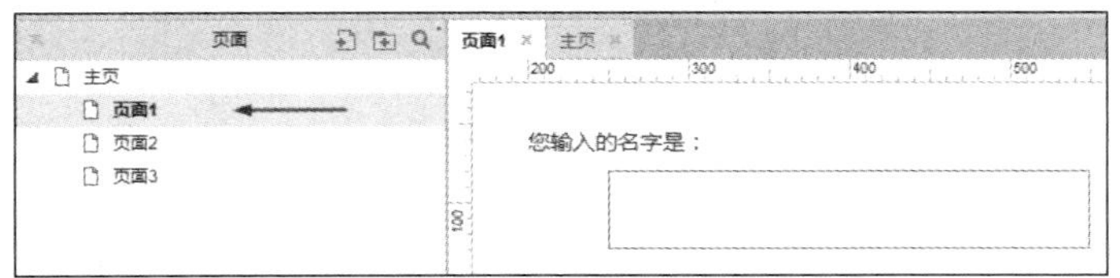

图 11-5 页面 1 中的文本标签和矩形元件

（5）在页面 1 中添加一个【页面载入时】事件，在打开的对话框中添加一个【设置文本】动作，在【配置动作】栏中选择矩形元件，在下方的“设置文本为”参数中选择全局变量值，如图 11-6 所示。

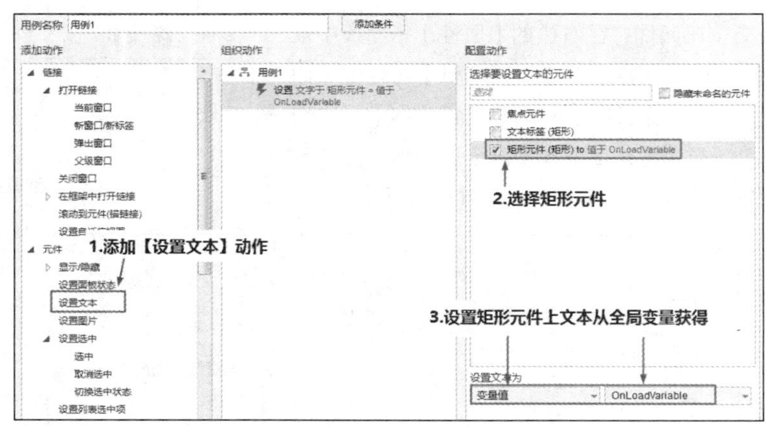

图 11-6　设置【设置文本】动作

设置完成后，返回主页并按【F5】键浏览网页，在文本框中输入文本，如图 11-7 所示。单击【提交】按钮，即可弹出如图 11-8 所示的弹出窗口。

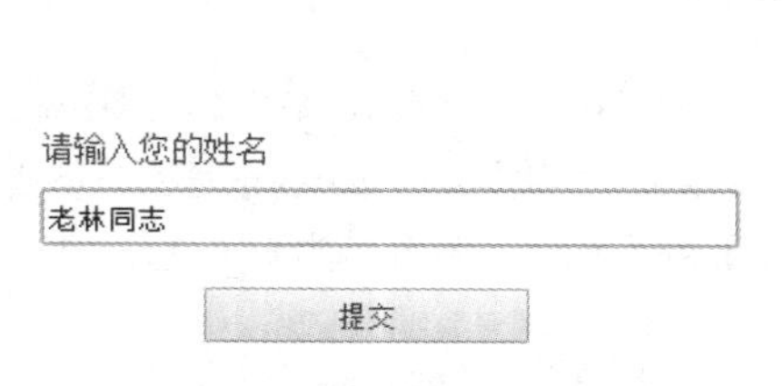

图 11-7　在文本框中输入文本

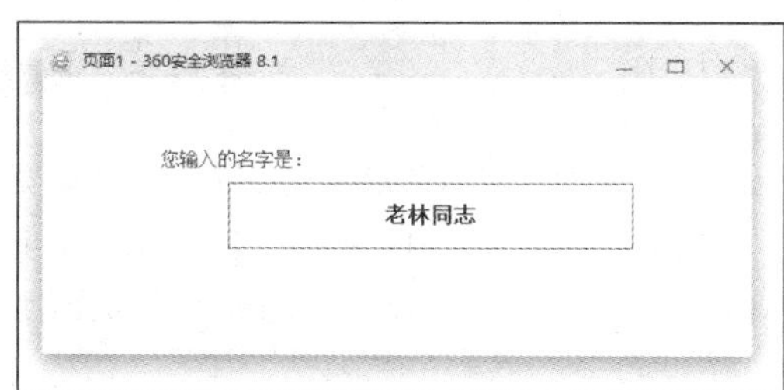

图 11-8　弹出窗口中的信息

本例清楚地说明全局变量的含义，即从第一个页面中获取了信息，然后传递到了第二个页面中。如果关闭弹出窗口并重新输入其他文字，则单击【提交】按钮后，弹出窗口的文字会发生相应的变化。

11.1.3　局部变量

局部变量通常是在【用例编辑】对话框中借助于动作中的 fx 按钮创建的。例如，在【设置文本】动作的参数栏中可以找到 fx 按钮，如图 11-9 所示。

单击该按钮后会打开【编辑文本】对话框，在该对话框的底部位置单击“添加局部变量”即可定义局部变量，如图 11-10 所示。

单击“添加局部变量”超链接会添加一个以“LVAR”+数字序号命名的局部变量，在“=”右侧可以指定赋给该局部变量的元件以及元件的选项，如图 11-11 所示。

下面说明局部变量获取信息来源选项。

【选中状态】将元件的选中状态值赋给局部变量。如果元件被选中，则将“true”赋给局部变量，如果元件未被选中，则将“false”赋给局部变量。

图 11-9　动作参数栏中的 fx 按钮

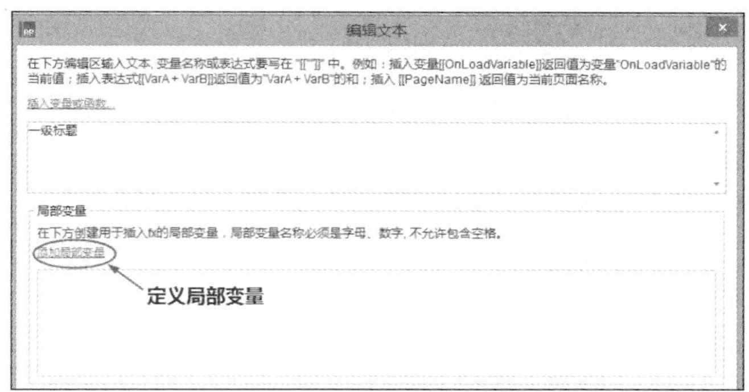

图 11-10　自定义局部变量

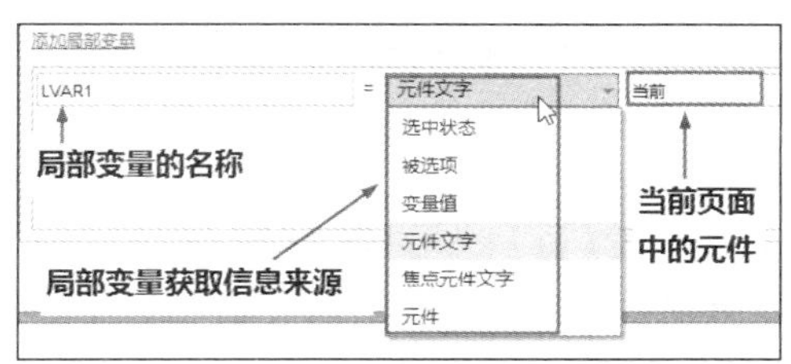

图 11-11　自定义变量选项

【被选项】主要让局部变量获得列表框或下拉列表框中的选项值。

【变量值】可以让局部变量获取全局变量的值。

【元件文字】将元件上面的文字赋给局部变量。

【焦点元件文字】是将焦点元件上的文字赋给局部变量，与【元件文字】不同，【焦点元件文字】表示获取了焦点的元件中的文字。

【元件】表示将元件的名称赋给局部变量。

11.2　函数

函数是一种特殊的变量。Axure RP 中的函数与 JavaScript 脚本语言中的函数基本一致，本节将学习各类函数的使用方法。

11.2.1　元件函数

元件函数一共包含 16 个，下面介绍 16 个函数的使用方法。

【This】当前元件，也就是在页面上选中的元件

【Target】目标元件，就是在【用例编辑】对话框中配置动作时指定的元件。

下面举例说明这两个函数的含义。

（1）在主页页面上创建一个矩形和一个圆形，分别以其形状命名，如图 11-12 所示。

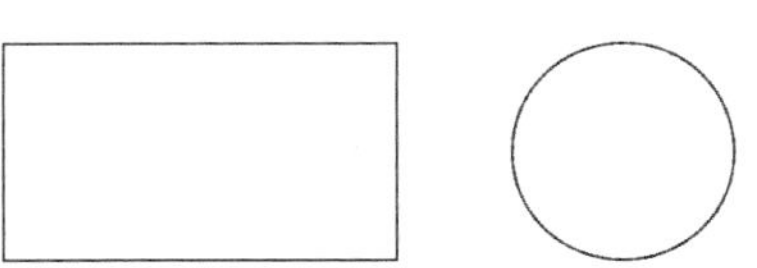

图 11-12　创建的两个图形元件

（2）先选择左边的矩形元件，这就是所谓的当前元件（This），在右侧的【属性】子面板中添加【鼠标单击时】事件，在打开的【用例编辑】对话框中指定动作为【设置

文本】，在配置动作中选择圆形元件，这就是所谓的目标元件（Target），如图 11-13 所示。

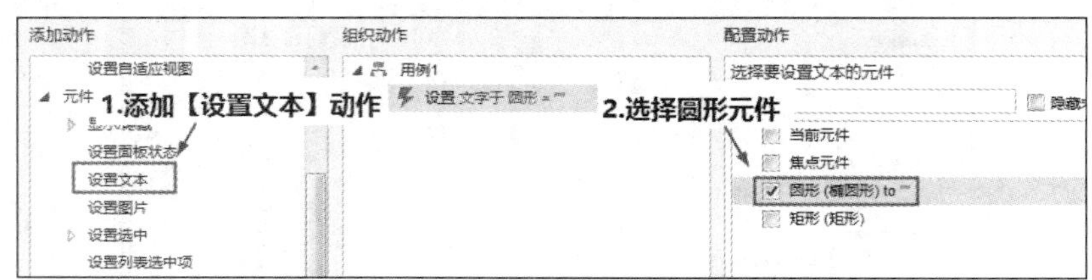

图 11-13　添加【设置文本】动作

（3）单击【用例编辑】对话框右下角的 fx 按钮，插入【This】和【Target】，可以在该变量前后添加自己想要的文本。按【回车键】可以直接换行，如图 11-14 所示。设置完成后，按【F5】键预览。在浏览器中单击左边的矩形，会在右侧的圆形上显示相应的文本，如图 11-15 所示。

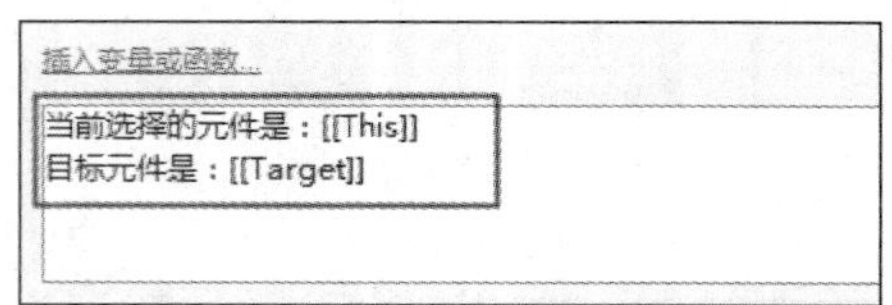

图 11-14　添加的两个函数

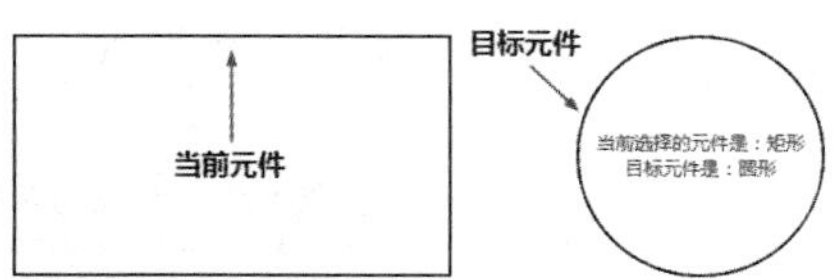

图 11-15　当前和目标元件预览效果

【x】元件的横坐标值。

【y】元件的纵坐标值。

以上两个函数皆以元件的左上角为基准点。元件可以是当前元件【This】，如 [[This.x]]、[[This.y]]；也可以是目标元件【Target】，如 [[Target.x]]、[[Target.y]]。

【text】获取元件上的文字内容，相当于局部变量中的“元件文字”选项。

【name】获取元件的名称。

【top】获取元件顶部的 y 坐标值。

【bottom】获取元件底部的 y 坐标值。【bottom】=【top】+【height】，即元件底部的 y 坐标值等于元件顶部的 y 坐标加上该元件的高度值。

【left】获取元件左边的 x 坐标值。

扫码看视频教程

【right】获取元件右边的 x 坐标值。【right】=【left】+【width】，即元件右边的 x 坐标值等于元件左边的 x 坐标加上该元件的宽度。

【scrollx】实时获取元件横向滚动的距离。

【scrolly】实时获取元件纵向滚动的距离。

这两个函数非常适合带滚动条的动态面板获取它的横向和纵向的滚动距离。

【opacity】获取元件的不透明值。

【rotation】获取元件旋转的角度值。

11.2.2　页面函数

页面函数只包括一个【PageName】变量，通过该变量可以获取某个页面的名称，页面的名称就是在【页面】面板中命名的页面。下面举例说明【PageName】的使用方法：

（1）新建一个文档，将默认的 4 个页面重新命名为如图 11-16 所示。

（2）新建一个母版，在母版页面中创建两个文本标签元件，分别输入图 11-17 所示的文字内容，并将下方的文本标签元件命名为“提示信息”。

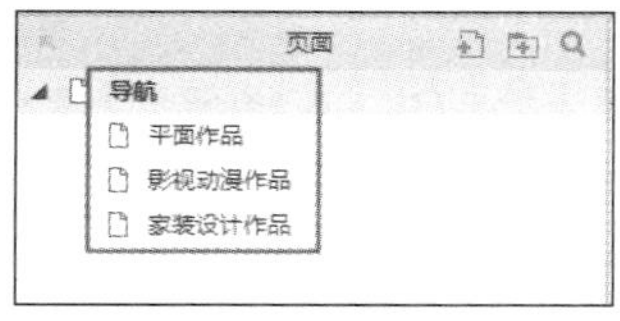

图 11-16　重命名页面

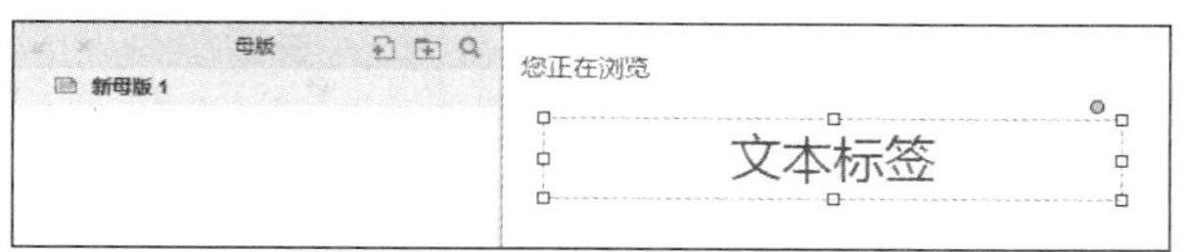

图 11-17　创建文本标签元件

（3）给当前的母版页面添加一个【页面载入时】事件，在打开的对话框中添加一个【设置文本】动作，在右侧的【配置动作】栏中选择“提示信息”矩形元件，单击右下角的 fx 按钮，在弹出的对话框中添加【PageName】函数，如图 11-18 所示。

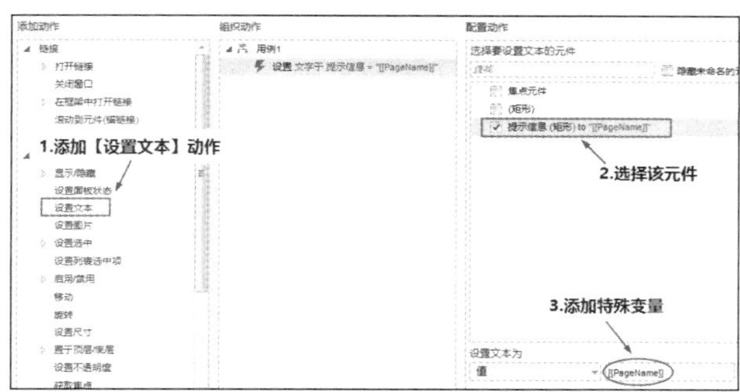

图 11-18　设置【页面载入时】事件参数

（4）将设置好的母版内容分别拖放到每个页面中，然后按【F5】键预览网页，通过左侧的侧边栏，可以单击对应的页面，右侧浏览器窗口会显示每个页面的名称，如图 11-19 所示。

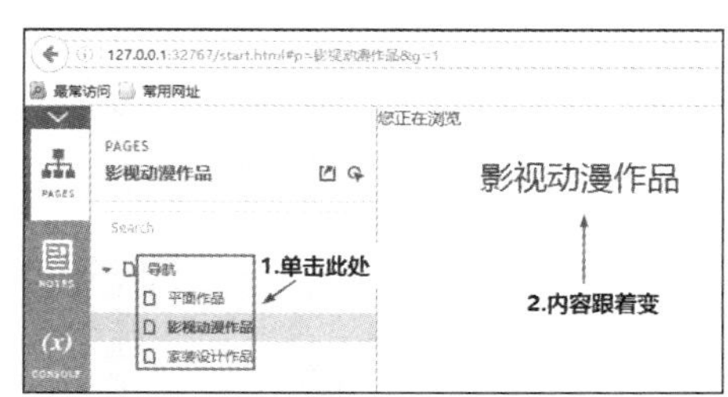

图 11-19　预览网页效果

11.2.3　窗口函数

【Window.width】获取当前窗口的宽度。

【Window.height】获取当前窗口的高度。

【Window.scrollX】获取当前窗口横向滚动的距离。

【Window.scrollY】获取当前窗口纵向滚动的距离。

11.2.4　鼠标指针函数

【Cursor.x】以像素为单位获得鼠标指针的横坐标值。

【Cursor.y】以像素为单位获得鼠标指针的纵坐标值。

【DragX】表示鼠标瞬间横向拖动元件时的距离。

【DragY】表示鼠标瞬间纵向拖动元件时的距离，并非是指坐标值。

【TotalDragX】表示鼠标横向拖动元件的总距离，正数表示向左拖动的总距离，负数表示向右拖动的总距离。

【TotalDragY】表示鼠标纵向拖动元件的总距离，正数表示向下拖动的总距离，负数表示向上拖动的总距离。鼠标拖动的总距离是指以按下鼠标左键拖动到释放鼠标左键结束拖动为起点和终点。

【DragTime】用于计算鼠标拖动元件的时间。计算的范围是从按下左键到释放左键之间拖动的时间长度，以毫秒（千分之一秒）为单位。

11.2.5 日期函数

日期变量内容虽然比较多，但都比较简单。

1. Now 和 GenDate

二者都是用于获取日期和时间且格式相同，但是二者获取的来源不同，前者获取电脑系统当前的日期和时间，是随系统时间变化的，后者获取生成原型的日期和时间，一旦生成，时间是固定不变的。

2. GetDate()、GetDay()和 GenDayOfweek()

这 3 个函数分别获取今天是本月的哪一天（1-31）、本周的第几天（0-6）、用英文表示本周的星期几。.

3. 获取日期和时间函数

包括 getFullYear()、getMonth()、getHours()、getMinutes()、getSeconds()、getMilliseconds()，分别可以获取年、月、时、分、秒、毫秒。

4. getMonthName()

与 getMonth()不同，“getMonthName()”，“getMonth()”获取的是英文名称的月份，后者只获取的是月份数字。

5. getTime()

获取 1970 年 1 月 1 日迄今为止的毫秒数。

提示

1 秒等于 1 000 毫秒，将 1970 年 1 月 1 日至今的毫秒数换算成秒数应该再除以 1 000，得到的秒数再除以 60 得到分钟数，用分钟数再除以 60 得到小时数，用小时数除以 24 得到天数，用天数除以 365 得到年数。

6. getTimezoneOffset()

获取本地时间与格林威治标准时间的分钟差。

7. UTC 日期函数

UTC 与 GMT（格林威治时）一样，都与英国伦敦的本地时相同。

UTC 时间格式是：

Date: Sun, 13June201509:45:28+0800

getUTCDate()：获取世界标准时间的哪一天（1～31）。

getUTCDay()：获取世界标准时间的一周中的哪一天（0～6）。

getUTCFullYear()：获取世界标准时间的 4 位数年份值（2015～9999）。

getUTCHours()：获取世界标准时间的时间值（0～23）。

getUTCMilliseconds()：获取世界标准时间的毫秒值（0～999）。

getUTCMinutes()：获取世界标准时间的分钟值（0～59）。

getUTCMonth()：获取世界标准时间的月份值（1～12）。

etUTCSeconds()：获取世界标准时间的哪一天（1～31）。

8. parse(datestring)

返回字符串表示的日期与 1970 年 1 月 1 日午夜之间的毫秒差。日期是文本类型，转换后变成了数值类型。日期格式可以使用“月/日/年”，如“9/19/2016”，还可以使用英文月份。字符要添加英文引号，变量和函数则不需要添加引号。

9. 转为字符串的日期变量

toDateString()：将 Date 日期对象转为字符串。

toLocaleDateString()：根据本地日期格式，将 Date 日期对象转为日期字符串。

toLocaleTimeString()：根据本地时间格式，将 Date 日期对象转为时间字符串。

toLocaleString()：根据本地日期和时间格式，将 Date 日期对象转为日期时间字符串，相当于 toLocaleDateString()和 toLocaleTimeString()合并。

toUTCString()：根据世界标准时间，将 Date 日期对象转为 UTC 格式的字符串。

toISOString()：返回 ISO 格式的日期。

toTimeString()：将 Date 日期对象的时间部分转为 UTC 格式的字符串。

10. toJSON()

将日期对象进行 JSON 序列化。获得 UCT 格式的时间，当然，格林威治时间，比北京时间早 8 小时。

11. UTC(year,month,day,hour,min,sec,millisec)

获取指定年份日期与 1970 年 1 月 1 日 0 时 0 分 0 秒之间的毫秒差。

12. valueOf()

获取日期对象的原始值。默认日期函数是 Now，获取的结果与 getTime()获取的结果一致。结果以毫秒为单位，也就是说，结果是当前的日期与 1970 年 1 月 1 日之间的差值。当然，可以使用自定义局部变量取代默认的 Now 函数。

13. 增加日期和时间的函数

这类函数包含 addYears(years)、addMonths(months)、addDays(days)、addHours(hours)、addMinutes(minutes)、addSeconds(seconds)、addMilliseconds(ms)。这些函数可以将某个日期函数加上（正数）或减去（负数）若干年、月、日、时、分、秒和毫秒，以生成一个新的日期对象（中国标准时间，格式是 GMT 时）。

11.2.6 字符串函数

1. length

获得指定字符串的长度，也就是该字符串有多少个字符，空格也被计算在字符数量中。

2. charAt（index）

获取指定位置的字符，0 表示第一个字符，以此类推。

3. charCodeAt（index）

获取指定位置的 Unicode 编码，0 表示第一个字符。

4. concat（'string'）

用于字符串的合并或连接。合并多个字符串时，可以采用下面的方式。

局部变量 1.concat（局部变量 2）.concat（局部变量 3）…

string 如果是文本，则需要添加引号，如果是变量，就不需要添加引号。

5. indexOf（'searchValue'）

获取某个字符在字符串中的位置顺序，第一个字符顺序用 0 表示，最后一个字符顺序用字符总数减去 1 表示。可以使用下面的方式使用该函数。

局部变量.indexOf（'某个字符'）

6. lastIndexOf（'searchvalue'）

获取某个字符在该字符串中最后一次出现的位置，如果字符出现在字符串的第一个位置，就用 0 表示，出现在字符串的第二个位置用 1 表示，以此类推，如果字符中包含空格，则一个空格也作为一个字符计算在内。与 indexOf（'searchValue'）相同，如果要计算出正确的结果，需要在函数中添加“+1”。

7. replace（'searchvalue','newvalue'）

替换字符串函数。Searchvalue 表示被替换的字符串，newvalue 表示替换成的字符串。该函数类似记事本等程序中的查找和替换命令。

8. slice（start,end）

截取字符串函数。start 为 0 表示从第一个字符开始截取，start 为负数则从尾部开始截取。例如，将 start 设置为-3 表示从后面选取 3 个字符。end 为可选项，可有可无。如果设置 end 值，则截取的范围不包括 end 值，而是截取到 end 值之前的字符串；如果 end 为负值，则从后面往前取字符，例如，end 为-3，表示结束的字符是从后面数第 3 个。

9. split（'separator',limit）

将字符串按照一定的规则分割成字符串组，组和组之间用逗号分割。Separator 是必须项，表示用于分割的字符，返回值将把该字符变成逗号。如果用“”（中间无空格）分割，则每个字符都分割，即在每个字符后面都加一个逗号；limit 为可选项，表示分割字符串的范围值，例如，设置为 6，表示只分割字符串中的前 6 个字符范围。

10. substr（start,length）

从第 start 个字符开始截取 length 长度内的字符。start 为 0，表示从第一个字符开始截取。

11. substring（from,to）

截取从 from 到 to 之间的字符。from 为 0，表示从第一个字符开始截取，to 为 11，表示截取到第 10 个字符。

12. toLowerCase()和 toUpperCase()

大小写转换函数，前者是大写转小写，后者是小写转大写。

13. trim()

删除字符串首尾的空格。例如，字符串“Axure RP”前后各有 5 个空格，共计 18 个字符，使用该函数后，就变成了“Axure RP”前后没有空格，共计 8 个字符。

14. toString()

将逻辑字符转为字符串并返回。

11.2.7 数学函数

数学函数包括类似 Windows 自带的科学型计算器中的各个按钮实现的效果。例如，加、减、乘、除基本运算，获取正弦、余弦等函数值。

1. +、-、*、/

分别表示加、减、乘、除的数学运算。

2. %

获取余数，即无法整除而余下的数值。

3. sin(x)、cos(x)、tan(x)、asin(x)、acos(x)、atan(x)

分别表示正弦、余弦、正切、反正弦、反余弦、反正切函数。

4. atan2(y,x)

表示以坐标原点为起点，指向（x,y）的射线在坐标平面上与 x 轴正方向之间的角的角度。

5. ceil(x)和 floor(x)

对 x 进行向上舍入（也可以叫向上取整）和向下舍入（也可以叫向下取整）操作。

舍入不等于四舍五入。ceil(x)进行向上取整计算，它返回的是大于或等于（不小于）函数的并且与之最接近的整数，如 ceil(9.9)=10，ceil(9.2)=10。floor(x)向下取整计算，它返回的是小于或等于（不大于）函数的并且与之最接近的整数，如 floor(9.9)=9，floor(9.2)=9。

6. exp(x)和 log(x)

分别是指数和对数函数。exp(x)返回 x 的 e 指数值，即以 e 为幂的指数函数；log(x)返回 x 的自然对数。

7. abs(x)

返回 x 的绝对值。例如，abs(–25.5)=abs(25.5)=25.5

8. max(x,y)和 min(x,y)

返回 x 和 y 两个数值中的最大值和最小值。例如，max(10,5)=10，min(10,5)=5。

9. random()

返回 0～1 的随机值。每次得到的随机数值是不同的。

10. pow(x,y)

返回 x 的 y 次幂，即 x 的 y 次方。例如，2 的 3 次幂是 8，即 pow(2,3)=8。

11. sqrt(x)

返回 x 的平方根。例如，2 的平方根=sqrt(2)=1.4142135623730951。

11.2.8 布尔函数

布尔函数的返回值要么是 true（1），要么是 false（0），即“是”或者“否”。

1. &&

&&表示并且（and），同时满足两个条件。例如，a>3 && a<5，表示 a 是大于 3 小于 5 之间的数值，即 5>a>3。所以，a 取值为 4 可以满足这个条件。

2. ||

||表示或者（or），满足两个条件中的一个即可。例如，a>3 || a<5，表示 a 是大于 3 的数值或者是小于 5 的数值。所以，a 取值为 4，满足这个条件，a 取值为 8 也可以满足 a>3，当然，a 取值为 1 也满足 a<5 的条件。

3. 其他数学函数

==（等于）、!=（不等于）、<（小于）、>（大于）、<=（小于等于）、>=（大于等于）。

11.2.9 数字函数

1. toExponential(decimalPoints)

将数值转为指数计数法。例如，356 写为指数计数方式为 3.56e+2。

2. toFixed（decimalPoints）

给数字指定小数位数。例如，给 356 指定 2 个小数位就变成了 356.00。

3. toPrecision（length）

将数字转换为指定长度。如果指定的位数多于原数字的位数，则自动添加小数位；反之，如果指定的位数少于原数字的位数，则自动采用指数计数方式。

案例演练 手机时钟原型设计

【案例导入】

星期天下午二毛闲来无事，躺在床上无聊地翻阅着自己的手机，不经意间，他打开了手机的时钟界面。咦，怎么变样了呢？原来，二毛发现时钟界面的颜色变得跟昨天晚上看到的不一样了。昨天晚上手机的时钟界面还是黑色的，现在却变成白色的了。经过一番研究，二毛发现，原来手机时钟有两种显示模式：默认和省电模式。默认模式就是钟表盘是白色的，而时间指针和刻度是黑色的；省电模式就是钟表盘是黑色的，而时间指针和刻度是白色的。不知道什么时候，二毛不小心点选了默认模式，所以现在看到的时钟界面和昨天晚上的不一样了。二毛是个爱钻研的好孩子，他立刻想到在 Axure RP 中也能做出这么一套时钟原型，而且指针位置与真实的时间是匹配的。本案例完成效果如图 11-20 所示。

图 11-20 本案例效果

【操作说明】

按照二毛的思路，先描述指针型手机时钟的效果：秒针转一圈，分针走一小格（1 分钟）；分针走一圈，时针走一大格（1 小时）。这种现象要一直不停地继续下去，这才是本例问题的关键。在 Axure RP 中能够让某个动作自动重复执行的方法至少有 3 种。

（1）元件的【显示时】和【隐藏时】两个事件配合。例如，【显示时】隐藏对象，【隐藏时】显示对象，这样就能轻松实现循环。

（2）使用表单的【文本内容改变时】事件。例如，可以使用时间函数让文本框元件中的时间文字发生改变，从而触发【文本内容改变时】事件，在【文本内容改变时】事件中再添加【设置文本】动作获取时间，以便让文本框元件中的时间文字发生改变，而时间文字发生改变又会触发【文本内容改变时】事件，从而实现循环。

（3）使用【获取焦点时】和【失去焦点时】事件配合获得循环效果。元件 A【获取焦点时】，让元件 B 获取焦点，从而导致元件 A 失去焦点，元件 A 失去焦点触发【失去焦点】事件，在该事件中让元件 A 获取焦点，从而触发【获取焦点】事件。

这里还有一个问题：上述 3 种方法虽然都可以实现动作循环，但是还需要一个引子来触发它们的运行，就好比一个炸药包要由引信才能引爆一样，在 Axure RP 中，这个引子一般都是由【页面载入时】或元件的【载入时】来完成的。下面看看二毛的设计步骤吧！

【案例操作】

（1）启动 Axure RP 程序，在页面中绘制出手机时钟所需的各个元件，包括默认（白盘）和省电（黑盘）模式下的表盘（两个表盘大小要一样）以及 3 个时间指针，还有两个胶囊形状的图片作为数字时钟的背景。必要的话，也可在专业绘图软件中绘制，如图 11-21 所示。

（2）将两种模式的表盘中心对齐（白盘在上，黑盘在下），将时针、分针和秒针移到白色表盘上并且都指向 12 点的位置，如图 11-22 所示。

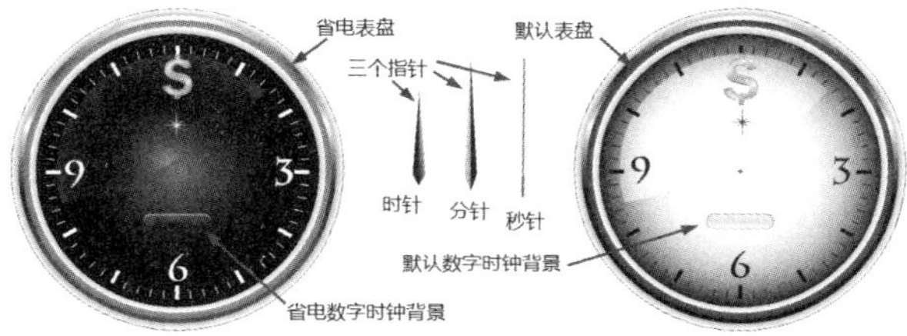

图 11-21　钟表各个元件

图 11-22　将 3 个时间指针都指向 12 点位置

- 将 3 个时间指针都指向 12 点位置非常重要，这直接影响到后面三个指针的角度是否正确。
- 为了让 3 个指针都沿着表盘的同一个中心点旋转，二毛在绘制指针时在每个指针的另一端特意延长一部分透明区域，使每个指针所在图像的中心点正好位于高度二分之一处。

（3）在页面中创建一个没有任何颜色的矩形元件并将其转换动态面板，该动态面板便是本例的一个关键角色，将该动态面板设置为隐藏状态。

（4）在当前页添加一个【页面载入时】事件，在打开的【用例编辑】对话框中添加【显示】动作，配置的动作对象是动态面板，如图 11-23 所示。

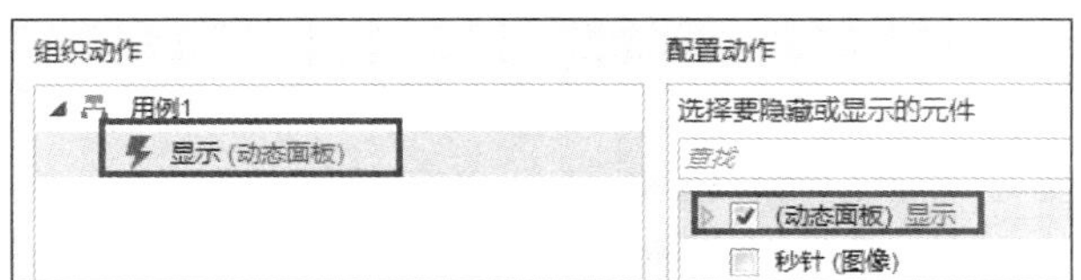

图 11-23　【显示】动作设置

（5）再添加一个【旋转】动作，配置的动作对象分别是“秒针”“分针”“时针”，为这 3 个对象设置相同的参数，即旋转方式都是“到达”，方向都是“顺时针”，锚点都是“中心”，如图 11-24 所示。

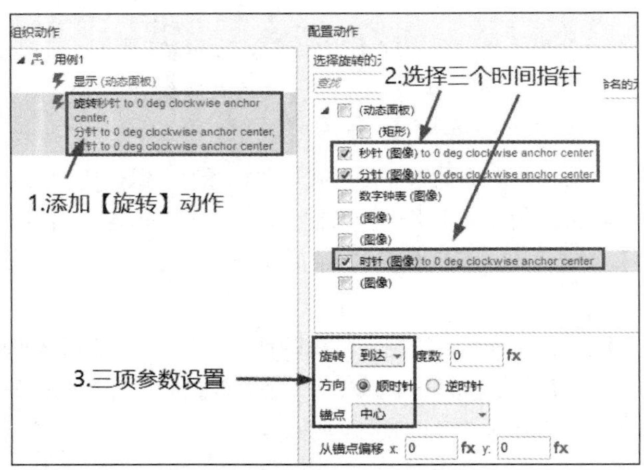

图 11-24 【旋转】动作设置

接下来，二毛要使用本地电脑的时间值获得每个指针的正确位置。

（6）在【用例设置】对话框中，先选择“秒针”，然后单击度数参数右侧的【fx】按钮，在弹出的【编辑值】对话框中插入时间函数[[Now.getSeconds()]]，这是获取当前电脑系统时间中的秒数函数。因为秒针转一圈（360 度）正好是一分钟，也就是秒针跳动一个时间刻度就是 1 秒，所以，秒针转动一秒的角度就是 6 度。默认状态下，Axure RP 将 12 点钟的位置定为 0 度，因此，获取秒针准确角度的算式是当前秒数乘以 6。例如，15 秒在钟表盘的角度就是 90 度（15×6）。由此可知，秒针角度的正确设置应该是[[Now.getSeconds()*6]]，如图 11-25 所示。

（7）与“秒针”设置方法相同，“分针”到达角度的设置则只需获取当前系统的分钟数值，然后再乘以 6 就可以准确得到分针位于钟表盘的角度位置，所以分针角度的正确设置应该是[[Now.getMinutes()*6]]，如图 11-26 所示。

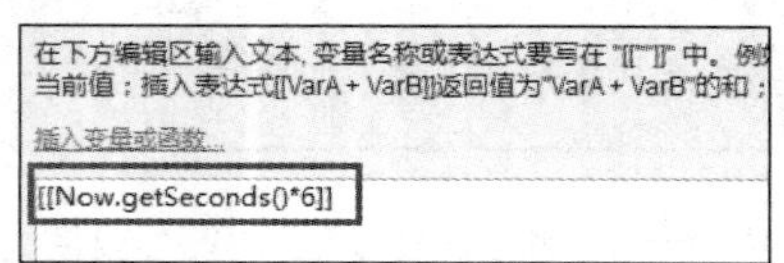

图 11-25 获取秒针角度设置

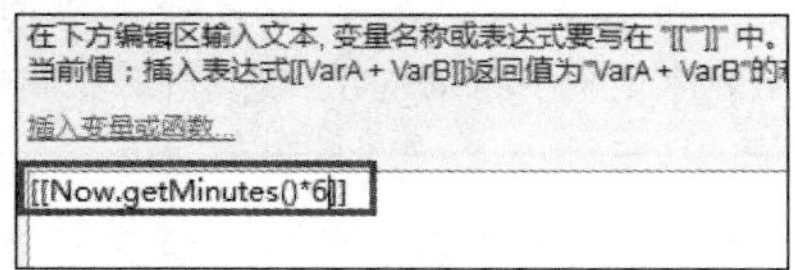

图 11-26 获取分针角度设置

（8）“时针”设置相对复杂一些。二毛是这么分析的：在钟表盘上，时针走一小时的角度是 30 度（360÷12），如果分针的角度没有在 12 点的位置，则时针的角度也不会恰好指向整点位置。例如，4 点 30 分时，时针应位于 4 点和 5 点的中间位置，所以，时针的准确位置除了与本身的小时数有关外，还与分钟数有关。

分针转一圈（360 度），时针走一大格（30 度），也就是说，分针转 12 度，时针才转 1 度，所以要得到时针的角度位置，应该先算出整点的时针角度。例如，4 点 25 分，先计算 4 点整时，时针的角度是 120 度（30×4），然后加上因为分针转动而导致时针也转动的角度。这个角度应该等于分钟数乘以 6 再除以 12，简化一下就是分钟数除以 2。因此，对于“时针”到达角度的设置应该是[[Now.getHours()*30+Now.getMinutes()/2]]，如图 11-27 所示。

（9）设置完成后，按【F5】键预览，可以看到当前的系统时间。因为在二毛预览原型时，他的系统时间是下午 18 点 43 分，所以时钟原型显示效果如图 11-28 所示。

图 11-27　设置获取时针角度

图 11-28　页面载入时效果

但是，现在的 3 个时间指针不会实时转动，因为二毛还没有设置用于循环的用例，接下看看二毛设置循环的具体过程。

（10）在【属性】子面板中选择刚刚完成的【旋转】动作并按【Ctrl+C】组合键复制，然后选择页面中的动态面板，在“更多事件”下拉列表中找到【显示时】并单击右侧的【粘贴】按钮，双击【显示时】事件下的“用例 1”，打开【用例编辑】对话框，添加【隐藏】动作，设置配置动作对象是动态面板，如图 11-29 所示。

（11）设置完成后，单击【确定】按钮。确保动态面板仍然处于选择状态，在更多事件中找到并单击【隐藏时】事件，在打开的【用例编辑】对话框中添加【等待】动作，等待时间使用默认的 1 000 毫秒（即 1 秒），再添加【显示】动作，将配置的动作对象设置为动态面板，如图 11-30 所示。

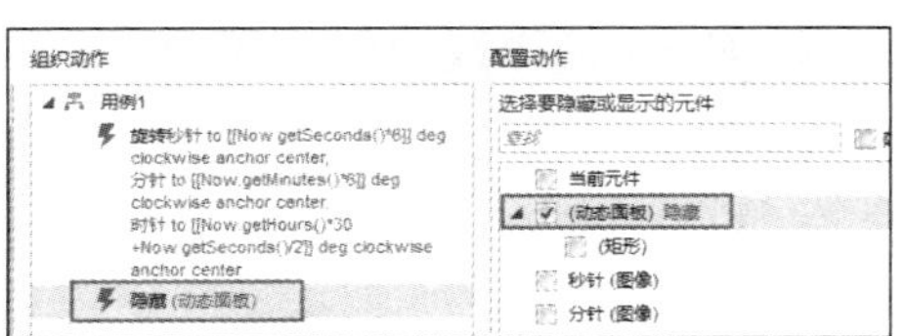

图 11-29　添加【隐藏】动作

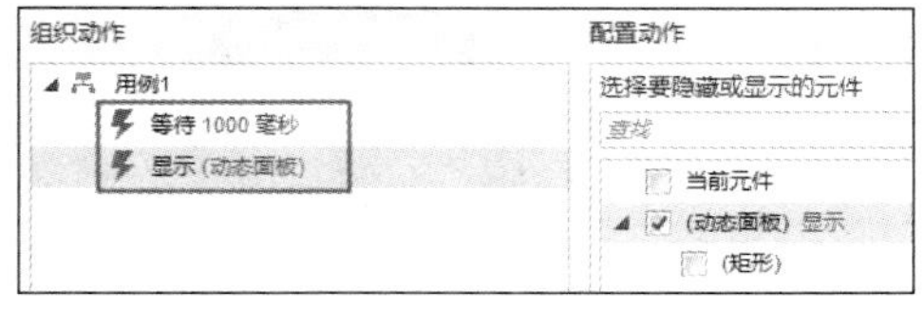

图 11-30　【隐藏时】事件设置

（12）单击【确定】按钮返回【属性】子面板中，可以看到在动态面板下的【显示时】和【隐藏时】两个事件中添加的用例，如图 11-31 所示。

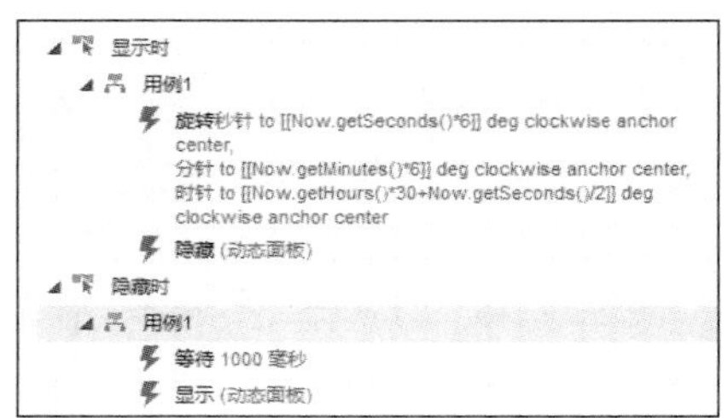

图 11-31　动态面板事件设置

至此，二毛完成了手机时钟原型的初步设计，接下来，二毛要添加数字型日期和时间。相比前面的设置，数字型的日期和时间设置比较简单。

（13）在表盘中间偏下和表盘外侧左上角位置各添加一个标签元件并分别将其命名为“数字时钟”和“本地日期”，然后双击前面添加的【页面载入时】事件下方的“用例 1”，在打开的【用例编辑】对话框中添加【设置文本】动作，配置动作对象分别为“本地日期”和“数字时钟”，对“本期日期”添加的函数是[[Now.toLocaleDateString()]]，对“数字时钟”添加的函数是[[toLocaleTimeString()]]，单击【确定】按钮返回【用例编辑】对话框，可以看到这两个元件中的函数设置，如图 11-32 所示。

（14）单击【确定】按钮后，在【属性】子面板中选择刚刚添加的【设置文本】动作并将其复制到动态面板的【显示时】事件中，如图 11-33 所示。

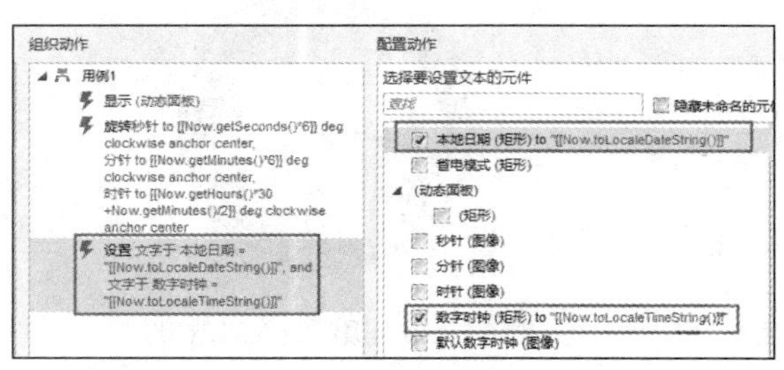

图 11-32　【设置文本】动作设置

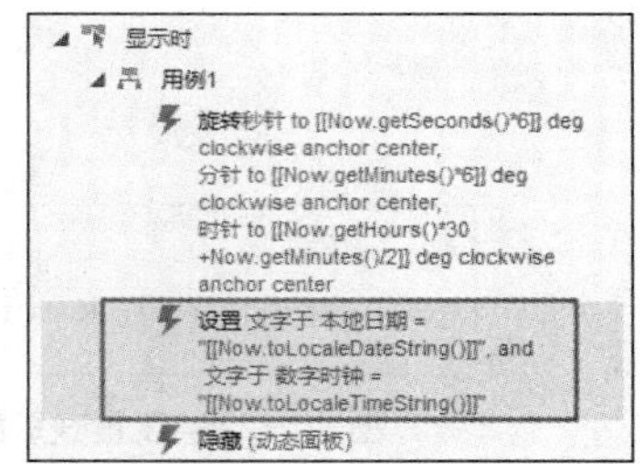

图 11-33　复制到【显示时】的动作

（15）按【F5】键预览时钟原型效果，现在可以看到真实的数字时钟效果了，如图 11-34 所示。

看到自己的成果显现在屏幕上，二毛激动不已，离成功就差最后一步了。接下来，二毛要做的就是切换表盘的两种模式：默认模式和省电模式。这个问题对于二毛而言非常简单，只需要使用【显示】和【隐藏】动作就能轻松完成。

（16）将黑色表盘与白色表盘的中心位置对齐，将黑色表盘位置排列到最底层，可在【大纲】面板中查看黑色表盘的排列顺序是否正确。

（17）在时钟下方添加“省电模式”文字，将该文本标签原位复制一个并将文本内容改为“默认模式”，然后将“默认模式”文本标签设为隐藏状态，如图 11-35 所示。

图 11-34　时钟预览效果

图 11-35　添加的两个文本标签

（18）选择“省电模式”元件，在【属性】子面板中双击【鼠标单击时】事件，在打开的【用例编辑】对话框中添加【隐藏】动作，配置动作对象是“省电模式”元件“默认表盘”和“默认数字时钟背景”，再添加【显示】动作，配置动作对象是“省电数字时钟背景”“省电表盘”和“默认模式”文本标签元件，并且将“默认模式”文本标签元件设置为“置于顶层”，如图 11-36 所示。

（19）选择“默认模式”元件，在【属性】子面板中双击【鼠标单击时】事件，在打开的【用例编辑】对话框中添加【显示】动作，配置动作对象是“省电模式”元件“默认表盘”和“默认数字时钟背景”，并且将“默认模式”文本标签元件设置为“置于顶层”。添加【隐藏】动作，配置动作对象是“省电数字时钟背景”“省电表盘”和“默认模式”文本标签元件，如图 11-37 所示。

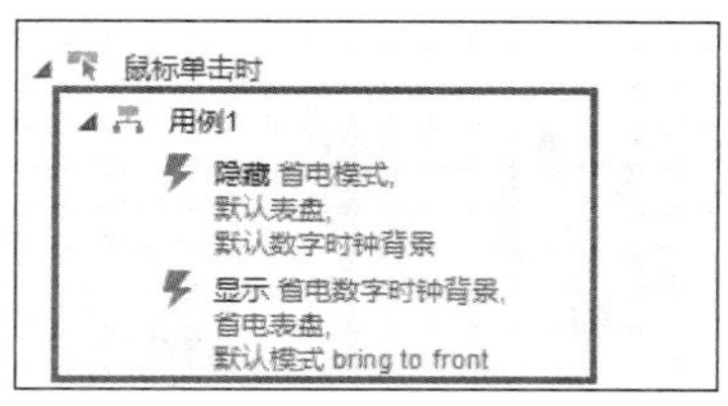

图 11-36 设置“省电模式”用例

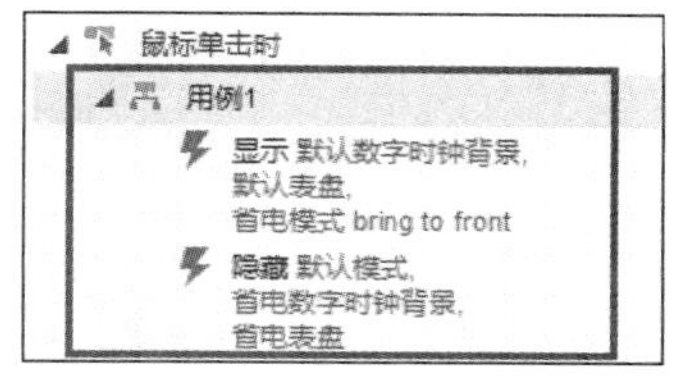

图 11-37 设置“默认模式”用例

（20）按【F5】键预览，可以看到时钟的指针与本地电脑系统的时间一致，单击“省电模式”可以切换到黑色表盘，单击“默认模式”可以切换到白色表盘，如图 11-38 所示。

图 11-38 预览默认和省电模式

最后，二毛在设计的时钟原型下方放置了一张手机外壳图片，就出现了本例导入时显示的效果图。

本章总结

通过本章的学习，读者应熟练掌握全局变量和局部变量的含义，要准确区分全局变量和局部变量的不同之处，能够使用传递的变量值设计出高保真交互模型；要熟练掌握各个函数的作用，并能熟练地将函数和变量结合应用到交互原型设计中。

PART 12

第12章

插入条件

本章导读

- 本章将学习条件的运用以及如何设置条件
- 在本章中，还要学习 IF 和 ELSE IF 两种类型的条件语句

效果欣赏

学习目标

- 掌握插入条件的方法

- 掌握“任何”和“全部”条件的区别及用法
- 掌握各个条件选项的使用方法
- 熟练掌握 IF 和 ELSE IF 的区别
- 熟练掌握使用条件设计出高保真的页面登录效果

技能要点

- “任何”和“全部”的区别
- IF 和 ELSE IF 的区别
- 变量和函数在条件中的高级应用

12.1 认识条件

条件主要用于判断，达到某个条件可以执行某个动作，是交互中不可缺少的重要内容。本节主要学习有关条件的基础知识。

12.1.1 理解条件

条件常用的格式是：如果条件成立，就执行相应的动作。例如，如果全局变量 $a>3$，就显示一个圆形。在这里，$a>3$ 就是一个条件，显示一个圆形就是条件成立后执行的一个动作。

条件可以是一个，也可以是多个。如果是多个，可以设置只要满足其中的一个就可以执行相应的动作，这个叫“或者”(or)；也可以要求满足所有的条件才可以执行相应的动作，这个叫“并且”(and)。例如，如果你是男性并且年龄在 30 岁以上（需要同时满足两个条件），那么可以获得一个扫把；如果你是本店员工或者会员（两个条件满足一个就行），就可以获得一份生日蛋糕。

还有一种情况的条件：如果满足条件，就执行相应的动作；如果不满足这个条件，则执行其他动作。例如，如果你是男性并且年龄在 30 岁以上，就可以获得一个扫把；如果不具备这两个条件，则可以获得一把牙刷。

在 Axure RP 中，条件是使用 IF 和 ELSE IF True 表示的，IF 即“如果”之意，ELSE IF True 即“其他如果是”之意，就是不满足 IF 条件的其余条件叫作 ELSE IF True。例如，上面的假设可以改为：IF 你是男性并且年龄在 30 岁以上，那么可以获得一个扫把，ELSE IF True，则可以获得一把牙刷。

12.1.2 插入条件的方法

在【用例编辑】对话框中单击【添加条件】按钮，如图 12-1 所示。

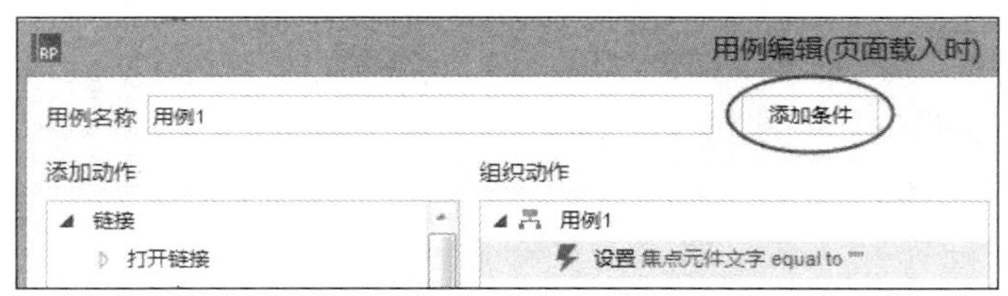

图 12-1 【添加条件】按钮

单击【添加条件】按钮后，打开图 12-2 所示的【条件设置】对话框。

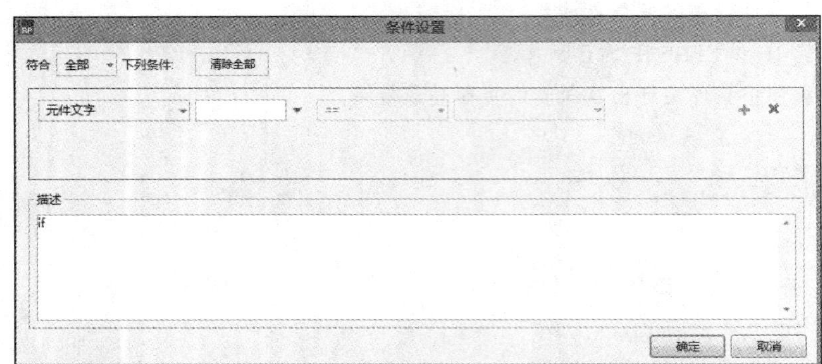

图 12-2 【条件设置】对话框

在一个用例中可以插入一个条件，也可以插入多个条件，只要单击右侧的+按钮，即可添加新的条件，如图 12-3 所示。

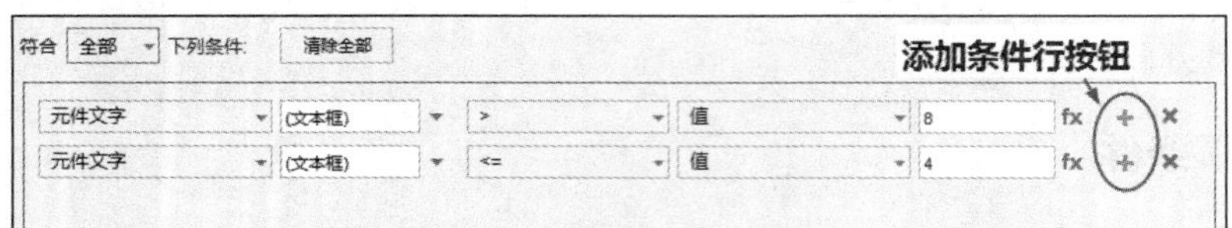

图 12-3 插入多个条件

12.2 条件的高级应用

条件只有与变量和函数结合才能发挥它的作用，这也是高保真交互原型必备的要求。本节将学习在条件中如何应用变量和函数。

12.2.1 条件的两种方式

在【条件设置】对话框中的“符合”下拉列表中可以看到“全部”和“任何”两个选项，如图 12-4 所示。

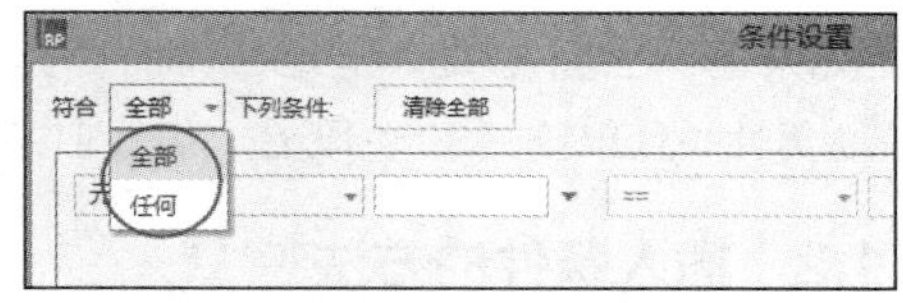

图 12-4 条件符合选项

“全部”是指事件触发后只有同时满足【条件设置】对话框中设置的所有条件，才继续下一步动作，否则不执行任何动作，相当于“和”(and)、“并且”。

例如，如果在本地居住 10 年（条件 1）并且在本地缴纳社保满 5 年（条件 2），就能参加摇号购买经济适用房（下一步动作）。

“任何”是指事件触发后只要满足【条件设置】对话框中的任意一个条件，即可执行下一步动作，相当于“或者”(or)。

例如，如果在本地居住 10(条件 1)或者在本地缴纳社保满 5 年(条件 2)，就可能参加摇号租住廉租房（下一步动作）。

12.2.2 条件设置选项

在【条件设置】对话框中可以选择设定条件的对象、选择逻辑运算符以及设置条件的内容等，如图 12-5 所示。

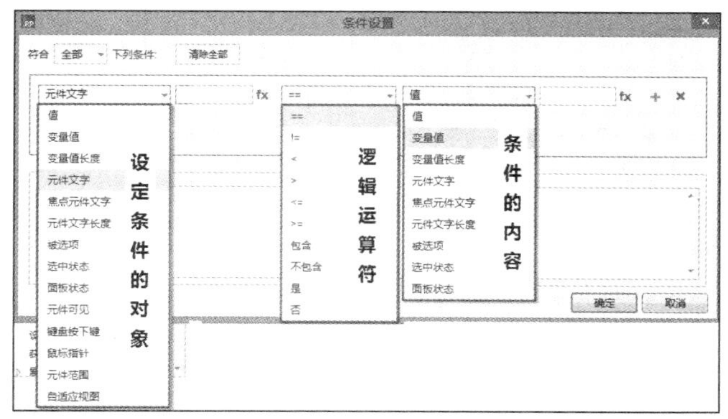

图 12-5　条件设置选项

扫码看视频教程

下面介绍【条件设置】对话框中的参数。

设定条件的对象

值：将局部变量或者函数作为设定条件的对象。例如，当局部变量是数值时，可以产生某个结果，该条件设置如图 12-6 所示。

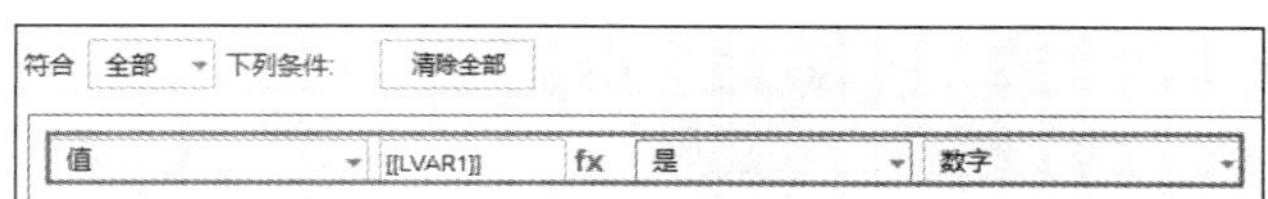

图 12-6　值条件设置

图 12-6 说明：当变量 LVAR1 是数字时满足条件，如果是文本就不符合条件了。

变量值：将全局变量作为设定条件的对象。例如，当全局变量包含“老林”字符时，可以产生某个结果，该条件设置如图 12-7 所示。

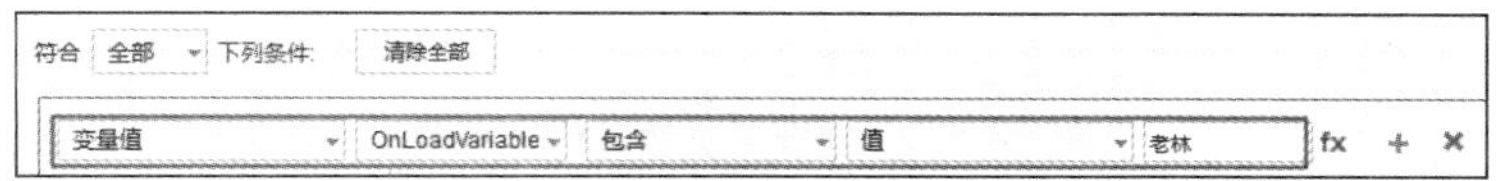

图 12-7　变量值条件设置

图 12-7 说明：当全局变量 OnLoadVariable 包含“老林”字符时满足条件。例如，全局变量是“老林是个好同志”或者“老林就是林老师”时，都符合设置的条件。

变量值长度：将全局变量值的字符长度作为设定条件的对象。例如，当全局变量满足 8 个字符长度时，可以产生某个结果，该条件设置如图 12-8 所示。

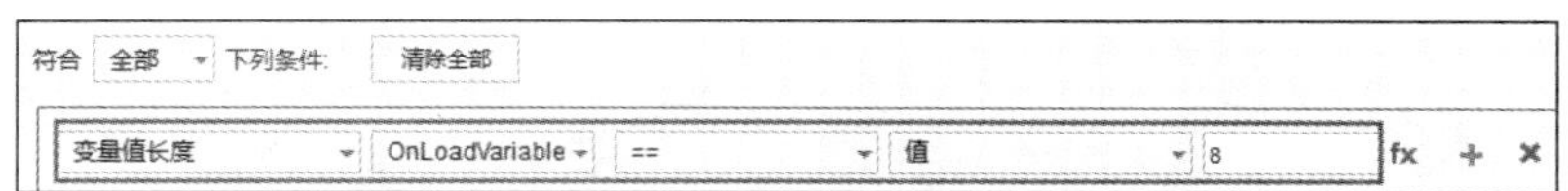

图 12-8　变量值的长度条件设置

图 12-8 说明：当全局变量 OnLoadVariable 等于 8 时符合设置的条件，如果全局变量是 7 或者其他数值，就不符合设置的条件了。

元件文字：将元件上的文件作为设定条件的对象。例如，当某个元件上的文字为指定的文本时，可以产生某个结果。该条件设置如图 12-9 所示。

图 12-9　元件文字条件设置

图 12-9 说明：当文本框中输入的文本是“老林”两个字时，满足设置的条件；如果文本框中输入的是“林老”就不符合设置的条件了。

焦点元件文字：将获取了焦点的元件上的文字作为设定条件的对象。例如，获取焦点元件上的文字不包含某些字符时，会产生某个结果。该条件设置如图 12-10 所示。

图 12-10　焦点元件文字条件设置

图 12-10 说明：当获取焦点的元件上的文字不包含“老赵”时，满足设定的条件，如焦点元件上的文字包含“老林”“老刘”等时，都符合设定的条件。

因为【焦点元件文字】只针对获取焦点的元件设定条件，所以当使用它设置条件时，无需制定任何元件。在预览交互时，只要元件获取了焦点，就可判定该元件上的文字是否符合要求。

元件文字长度：将元件上的文字的字符数作为设定条件的对象。例如，在文本框中输入的字符不超过 6 个时，会产生某个结果。该条件设置如图 12-11 所示。

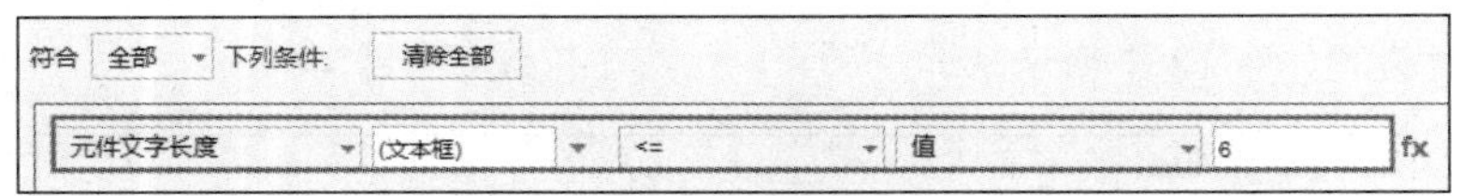

图 12-11　元件文字长度条件设置

图 12-11 说明：在文本框中输入的字符个数小于等于 6 时，满足设定的条件。比如，在文本框中输入“老林是谁”4 个字符或者“老林是林老师”6 个字符满足设定的条件，但是如果输入“老林是个好同志”7 个字符就不满足设定的条件了。

被选项：将列表框或者下拉列表框中的选项作为设定条件的对象。例如，当下拉列表中的被选项是某个指定的选项时，会产生某个结果。该条件设置如图 12-12 所示。

图 12-12　被选项条件设置

图 12-12 说明：当下拉列表框中的选项是“北京市”时，满足设定的条件。

选中状态：将元件的选中状态作为设定条件的对象。例如，当选择指定的单选按钮后，会产生某个结果。该条件设置如图 12-13 所示。

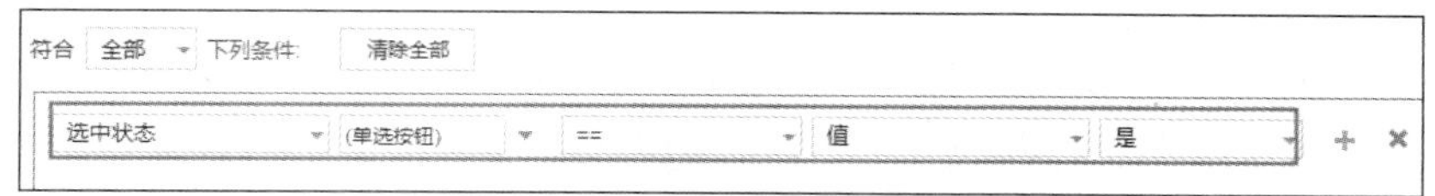

图 12-13　选中状态条件设置

图 12-13 说明：当指定的某个单选按钮被选中时，满足设定的条件。当然，也可以设置当指定的某个单选按钮不被选中时方可满足设定的条件，如图 12-14 所示。

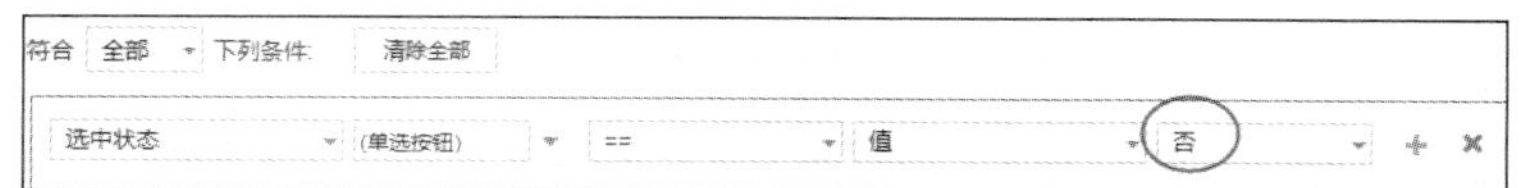

图 12-14　非选中状态条件设置

【选中状态】只对普通元件和表单元件中的单选按钮和复选框有效，对其他表单元件无效。

面板状态：选择或不选择动态面板的某个状态作为设定条件的对象。例如，当选择动态面板中的第四个状态时会产生某个结果。该条件设置如图 12-15 所示。

图 12-15　动态面板的条件设置

图 12-15 说明：当动态面板中的第 4 个状态不被选中时可以满足设定的条件。

元件可见：将元件是否可见作为设定条件的对象。例如，当某个元件不可见时可以产生某个结果。该条件设置如图 12-16 所示。

图 12-16　元件可见的条件设置

图 12-16 说明：当椭圆元件被隐藏时可以满足设定的条件了。

键盘按下键：将按下或者不按下键盘上的某个键或者组合键作为设定条件的对象。例如，当按下键盘的【Ctr+A】组合键后可以产生某个结果。该条件设置如图 12-17 所示。

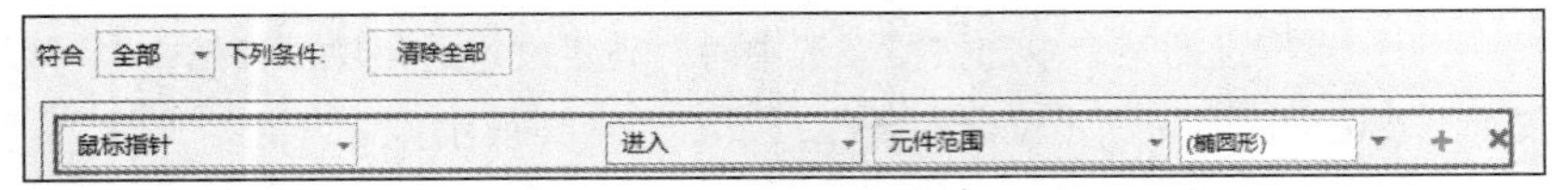

图 12-17　键盘按下键的条件设置

图 12-17 说明：当按下键盘组合键【Ctrl+A】时满足设定的条件。

鼠标指针：将鼠标指针的某种行为作为设定条件的对象。例如，当鼠标指针进入指定的元件上时，会产生某个结果。该条件设置如图 12-18 所示。

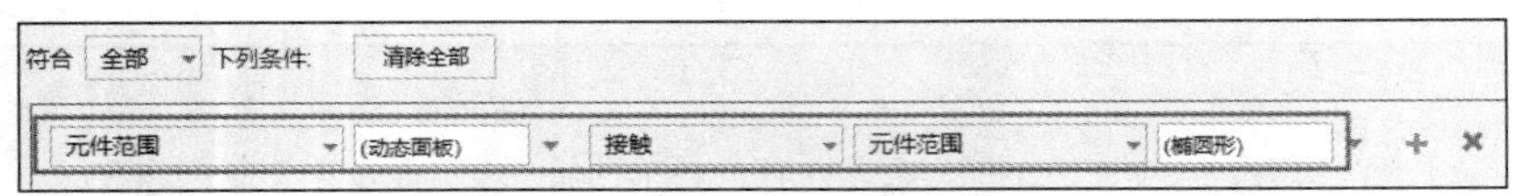

图 12-18　鼠标指针的条件设置

图 12-18 说明：当鼠标指针进入指定的椭圆元件范围后满足设定的条件。

元件范围：为某个元件接触或者未接触到另一个元件时会产生某个结果。该条件设置如图 12-19 所示。

图 12-19　元件范围的条件设置

图 12-19 说明：当动态面板接触到指定的椭圆时满足设定的条件。

自适应视图：当视图是或不是指定的某个自适应视图时会产生某个结果。该条件设置如图 12-20 所示。

图 12-20　自适应视图的条件设置

图 12-20 说明：当自适应视图是中等分辨率时满足设定的条件。如果设置自适应视图不是中等分辨率时满足设定的条件，如图 12-21 所示。

符合　全部　下列条件:　清除全部

自适应视图　!=　自适应视图　中等分辨率

图 12-21　自适应视图不是指定的视图的条件设置

12.2.3　切换 IF/ELSE IF

一个事件中可以添加多个用例，而每个用例都可以添加条件。默认状态下，在用例中添加的第一个条件用 IF 表示，从第二个用例开始，添加的条件则用 ELSE IF 表示，如图 12-22 所示。如果要将 ELSE IF 切换成 IF 或者要将 IF 切换成 ELSE IF，则只需要在相应的条件上右击，从弹出的快捷菜单中执行【切换为 IF/ELSE IF】命令即可，如图 12-23 所示。

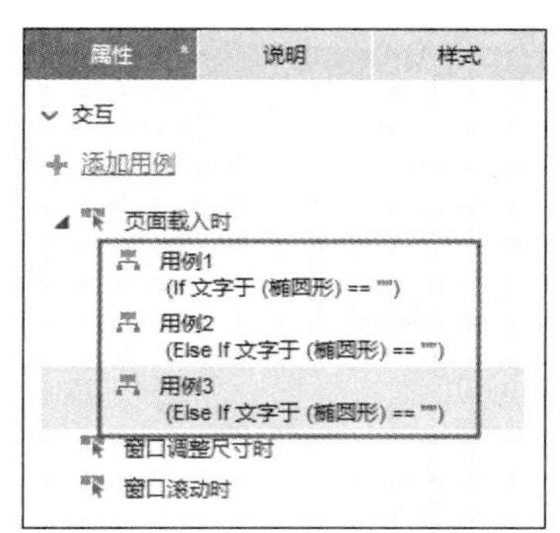

图 12-22　在多个用例中插入的条件

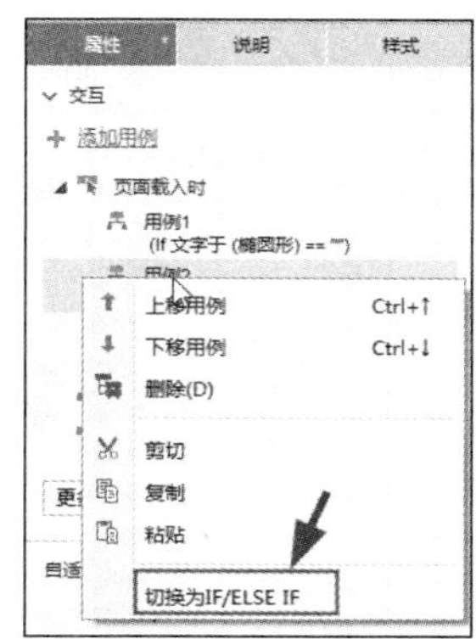

图 12-23　【切换为 IF/ELSE IF】命令

那么，IF 和 ELSE IF 有什么区别呢？

先看下面的表述。

如果（IF）是 6 岁以下的孩子，就可以拿两个苹果；

如果（IF）是 4 岁以上的孩子，可以拿 4 个苹果。

再看下面的表述。

如果（IF）是 6 岁以下的孩子，就可以拿两个苹果；

其他如果（ELSE IF）是 4 岁以上的孩子，可以拿 4 个苹果；

假设现在有个 10 岁的孩子，根据上面第一种表述，他应该获得 4 个苹果，根据第二种表述，他也应该获得 4 个苹果，此时，IF 和 ELSE IF 执行的结果相同。

假设有个 5 岁的孩子，根据第一种表述，他可以获得 4 个苹果，根据第二种表述，他只能获得两个苹果。这是为什么呢？原因在于：IF…IF…是并列关系，也就是在执行时，程序要逐一判断每个条件是否符合要求。例如，上面说的 5 岁的孩子，采用 IF…IF…方式时，程序要从第一个 IF 判断到最后一个 IF，第一个 IF 可以让 5 岁孩子获得两个苹果，第二个 IF 可以让 5 岁的孩子获得 4 个苹果，所以取最后一个满足要求的作为最终的结果。

下面使用 Axure RP 的条件实现上述效果。

（1）首先在页面中创建一个文本框元件和两个文本标签元件，如图 12-24 所示。

（2）将两个文本标签元件隐藏起来，如图 12-25 所示。

图 12-24　创建的元件　　　　图 12-25　隐藏两个文本元件

（3）选择文本框元件并双击【属性】子面板中的【文本改变时】事件，在打开的【用例编辑】对话框中单击【添加条件】按钮，设置的第一个条件如图 12-26 所示。

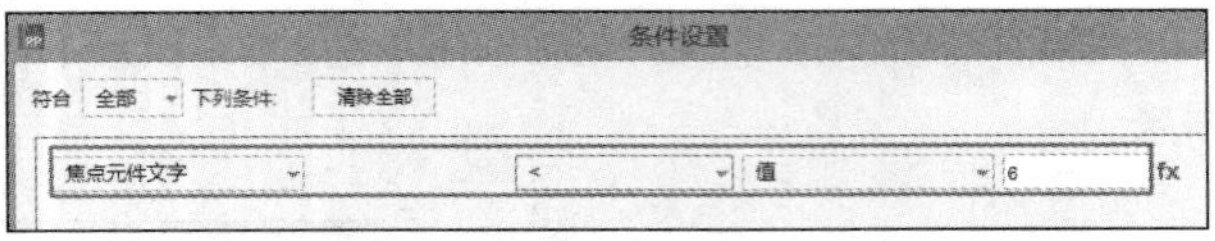

图 12-26　添加的第一个条件

（4）设置第一个条件后，再添加【显示】和【隐藏】动作，具体参数设置如图 12-27 所示。

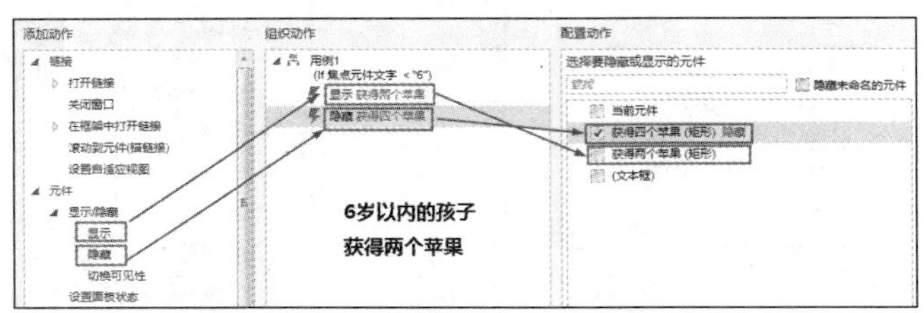

图 12-27　【显示/隐藏】动作参数设置

（5）单击【确定】按钮后，再次双击【文本改变时】事件添加第二个用例，在打开的对话框中添加第二个条件，如图 12-28 所示。

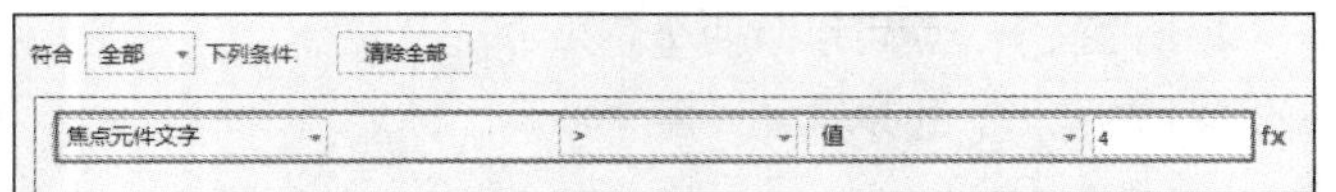

图 12-28　添加的第二个条件

（6）与第一个条件相似，设置完成第二个条件后，再添加【显示】和【隐藏】两个动作，配置动作对象设置如图 12-29 所示。

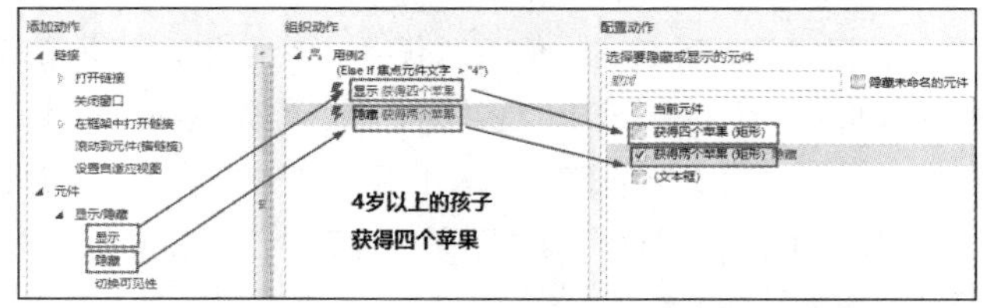

图 12-29　【显示/隐藏】动作参数设置

单击【确定】按钮完成用例设置，在【属性】子面板中可以看到文本框元件中添加了两个用例，条件格式是 IF...ELSE IF，如图 12-30 所示。按【F5】键预览，当输入“5”时，显示“获得两个苹果”，如图 12-31 所示。

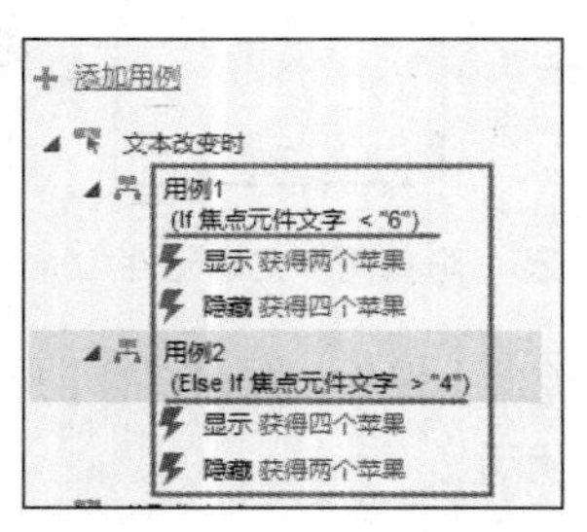

图 12-30　用例列表

获得两个苹果

图 12-31　5 岁的孩子获得两个苹果

再试试 IF...IF 方式，在“用例 2”上右击，从弹出的快捷菜单中选择【切换为 IF/ELSE IF】命令，现在两个用例条件都变成了 IF，如图 12-32 所示。再次按【F5】键预览，当输入“5”时，显示“获得四个苹果”，如图 12-33 所示。

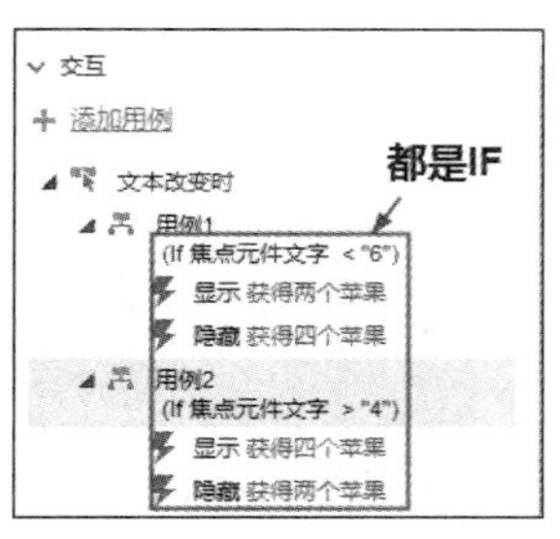

图 12-32　都设置为 IF

5

获得四个苹果

图 12-33　5 岁的孩子获得四个苹果

当条件逻辑都设置为 IF 时，预览时输入数字“5”，仔细观察就会发现，页面中先显示“获得两个苹果”后，迅速隐藏并显示“获得四个苹果”，这也能看出 IF 和 ELSE IF 的区别。如果说 IF…IF…是并列关系，那么，IF…ELSE IF…就是排除的关系，也就是说在执行时，如果 IF 符合要求，就不会执行 ELSE IF 的条件。因此，按照第二种表述，虽然 5 岁的孩子也满足第二个条件获得四个苹果，但是因为首先执行了 IF 条件，按照该条件，5 岁孩子可以获得两个苹果，已经满足了要求，程序就不会继续执行 ELSE IF 的条件了。

通过上面的分析，不难得出下面的结论：使用 IF…IF…模式时，无论是否符合要求，每个 IF 都要按顺序执行一遍；使用 IF…ELSE IF…时，当按顺序找到符合的条件时，其余的条件就不再被执行。

案例演练　网购倒计时系统

【案例导入】

二毛在淘宝、天猫、京东商城等网站网购时，经常看到倒计时的牌子。自从学习了 Axure RP 的条件命令后，他就琢磨着是否可以通过插入条件做出倒计时的效果。这不，还真让他给琢磨出来了。本案例完成效果如图 12-34 所示。

图 12-34　本例效果

【操作说明】

倒计时效果可以利用元件的显示和隐藏事件来实现，即在元件显示时，显示相应的时间数值，之后再隐藏该元件，而元件的隐藏正好触发该元件的隐藏事件，在隐藏事件中添加等待动作，让其等待1秒后再添加显示动作让隐藏的元件显示出来。如此循环往复，就可以达到倒计时的效果。当然，对于倒计时时间数字的显示还需要设置，例如，不能让时间值出现一位数字，必须是两位数字；也不能让时间值出现负数等。这就需要使用条件进行判断和识别，所以，在本例中可以充分体会到条件在原型中的高级应用。

【案例操作】

（1）在 Axure RP 中创建 7 个矩形元件，在前六个矩形元件中分别输入“04”“时”“12”“分”“30”“秒”，将最后一个矩形转换为动态面板并将其设置为隐藏状态，如图 13-35 所示。

图 12-35　创建的各个元件

此处创建的动态面板具有非常重要的作用，接下来你会看到，正是因为这个动态面板循环不停地显示和隐藏，才使得倒计时得以显示出来。由于该动态面板已经被设置成隐藏状态，为了让其【显示时】事件有效，需要在载入页面时将其显示出来。

不转换成动态面板也可以对普通元件应用【显示时】和【隐藏时】事件，在此转换动态面板主要是便于区分而已。

（2）添加一个【页面载入时】事件，在打开的【用例编辑】对话框中添加【显示】动作，配置动作对象是动态面板，如图 12-36 所示。

（3）选择页面中的动态面板，添加一个【显示时】事件，在打开的【用例编辑】对话框中首先添加一个条件，参数设置如图 12-37 所示。

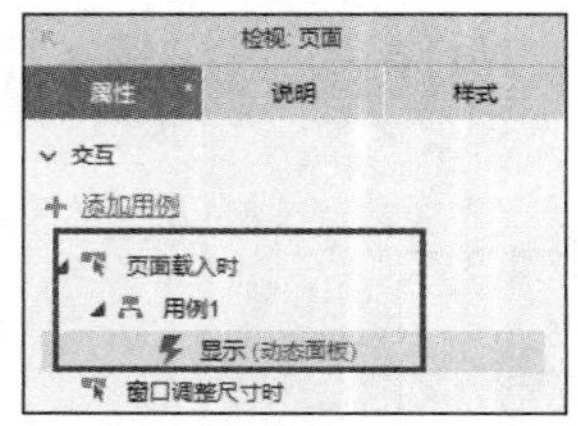

图 12-36　设置【页面载入时】事件

图 12-37　条件设置

上面的条件设置含义是：当秒数显示的数值大于 0 时。

（4）单击【确定】按钮，返回【用例编辑】对话框并添加一个【设置文本】动作，配置动作对象为“秒”元件，单击右下角的【fx】按钮，在弹出的【编辑文本】对话框中定义局部变量并插入如图 12-38 所示的变量和函数。

局部变量的名称也可以保持默认的 LVAR1 不变，将其命名为 Second 主要为了便于识别，“[[Second-1]]”的含义是：当前秒数减去 1。

将前面的条件添加进来就是：如果当前秒数大于 1，就用当前秒数减去 1，这是载入页面时当前秒数显示的数值。如果现在预览网页，则秒数由原来的 30 变成 29 之后再也不会变化了。如何让秒数按秒倒计时呢？先看看二毛是怎么做的。

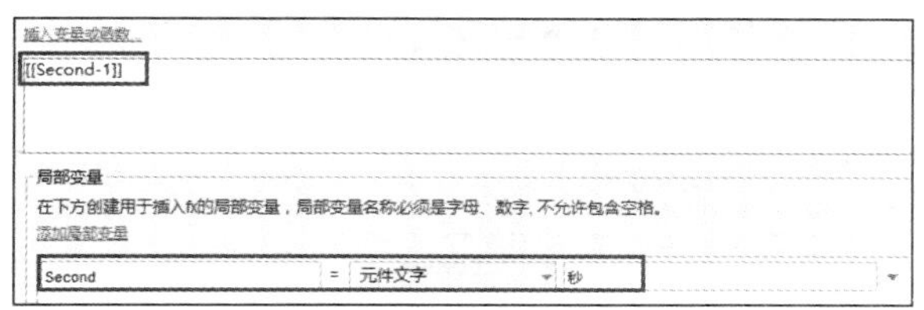

图 12-38　定义并应用局部变量

（5）选择动态面板，双击【显示时】事件再添加一个用例，并在该用例中添加一个【隐藏】动作，配置动作对象为该动态面板。默认状态下，该用例使用的条件方式为 ElSE IF True，在用例 2 上右击，从弹出的快捷菜单中执行【切换 IF/ELSE IF】命令，将其转换为 IF True，如图 12-39 所示。由于用例 1 和用例 2 使用的都是 IF 方式，所以二者是并列关系，也就是说当大于 1 的秒数减去 1 之后，会将该动态面板隐藏起来。正是有了用例 2，才出现下面的设置。

（6）选择动态面板，添加一个【隐藏时】事件，在打开的【用例编辑】对话框中先添加一个【等待】是动作，默认是 1000 毫秒（即 1 秒），再添加一个【显示】动作，配置动作对象是该动态面板，如图 12-40 所示。

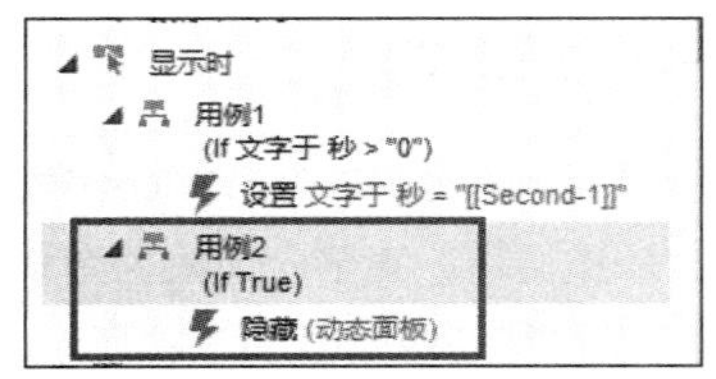

图 12-39　在新用例中添加隐藏动作

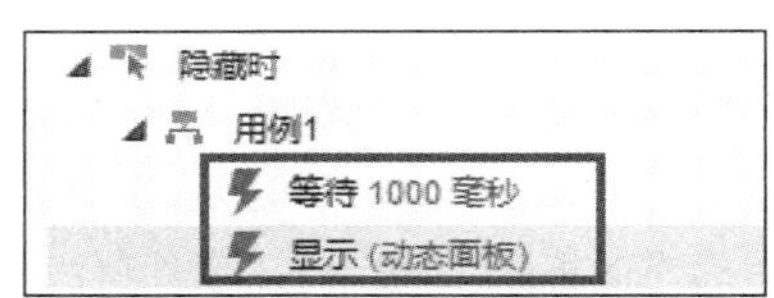

图 12-40　【隐藏时】事件设置

现在将两个用例连续起来描述：当动态面板显示时，大于 1 的秒数会减去 1，然后再隐藏动态面板，因为动态面板隐藏，所以继续执行【隐藏时】事件，等待 1 秒后，再将动态面板显示出来，又因为显示动态面板，所以又执行【显示时】事件，如此循环下去，直至秒数变为 0，如图 12-41 所示。

图 12-41　预览秒数变化

现在需要解决一个问题：秒数小于 10 时，只显示一位数字，二毛想仍然以 2 位数显示小于 10 秒的秒数，如 09、08、07 等。

（7）选择动态面板并双击【显示时】事件再添加一个新的用例，在【用例编辑】对话框中添加一个条件：当秒数元件中的数字长度少于 2 个数字时，如图 12-42 所示。

图 12-42　添加的条件

（8）添加完条件后，再添加一个【设置文本】动作，配置动作对象是秒数元件，单击右下角的【fx】

按钮，在弹出的【编辑文本】对话框中将秒数元件中的文字定义为局部变量，然后插入定义的局部变量并在前面添加一个 0，如图 12-43 所示。

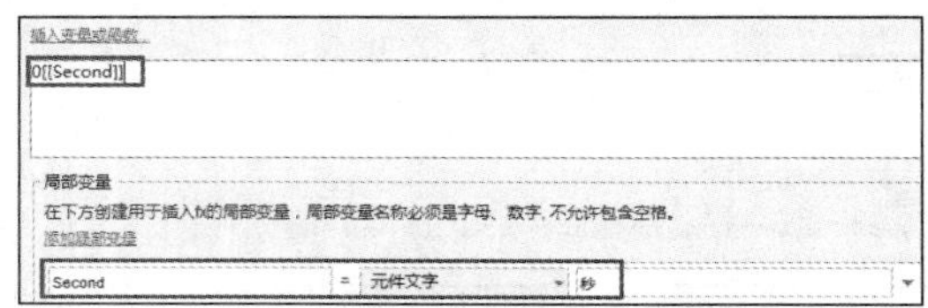

图 12-43　定义并应用局部变量

（9）设置完成后，在新建的用例上右击，从弹出的快捷菜单中执行【切换 IF/ELSE IF】命令，将条件方式其转换为 IF，如图 12-44 所示。

（10）按【F5】键预览，现在秒数显示就正常了，当秒数小于 10 时，前面会自动添加一个 0，如图 12-45 所示。

图 12-44　设置 IF 方式

图 12-45　秒数倒计时

不过预览后会发现：当秒数倒计时到 00 秒时就停住了。二毛现在需要对分钟做出设置，即当秒数到 00 时，分钟数减一个数，秒数从 59 开始重新倒计时，依次循环，直至分钟数也为 00 时。

（11）对动态面板的【显示时】事件再添加第四个用例，设置其条件如图 12-46 所示。

图 12-46　条件参数设置

上面的条件意思是：当秒数等于 0 且分钟数大于 0 时。

（12）设置完条件后，再添加一个【设置文本】动作，配置动作对象是“秒”和“分钟”。将“秒”值设置为“59”，选择“分”后，单击下方的【fx】按钮，在打开的对话框中定义局部变量并插入该局部变量，如图 12-47 所示。

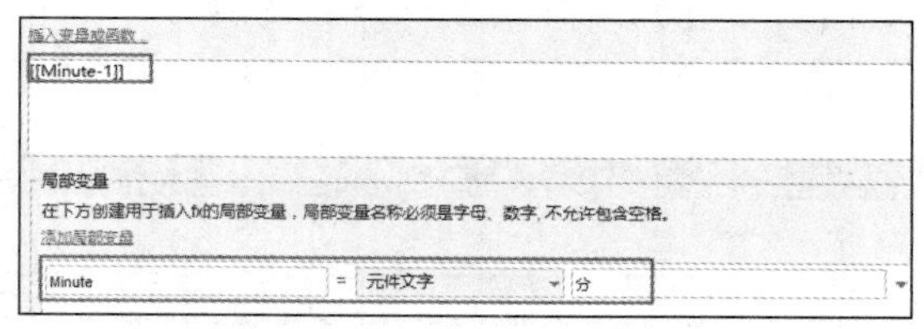

图 12-47　定义并应用局部变量

（13）单击【确定】按钮返回【用例编辑】对话框，可以看到设置完成的动作，如图 12-48 所示。

（14）单击对话框中的【确定】按钮完成用例的设置，在【属性】子面板中将用例 4 中的条件方式设置为 IF，而不是 ELSE IF，再使用鼠标将该用例拖动到第一个用例的下方，如图 12-49 所示。

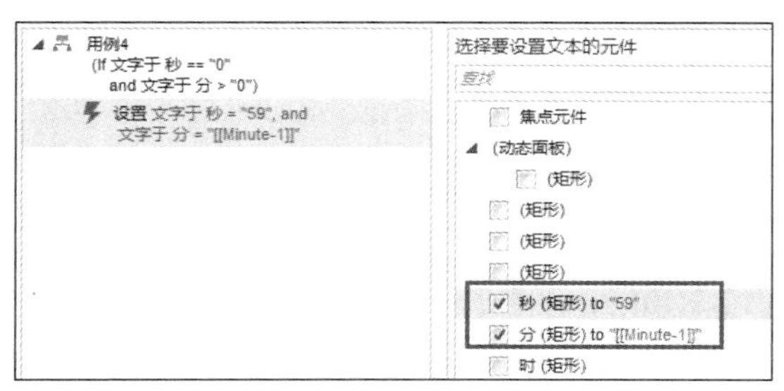

图 12-48　配置的动作对象设置

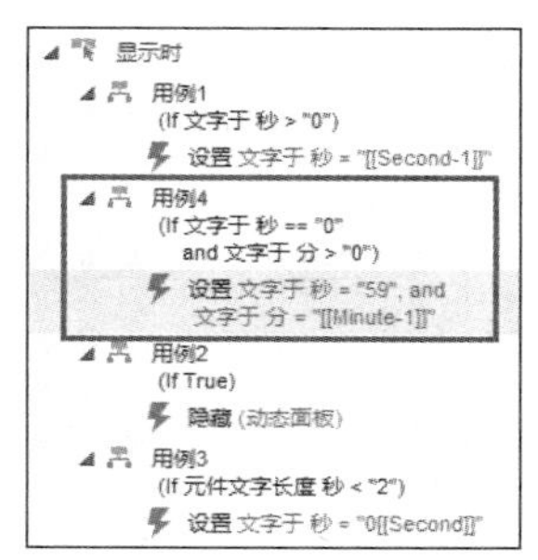

图 12-49　创建的第 4 个用例

（15）按【F5】键预览效果，经过预览发现存在的问题是：分钟数小于 10 时，只显示一位数，如图 12-50 所示。

图 12-50　预览效果

对于分钟数会显示一位数的问题，二毛借鉴了处理秒数的方法。

（16）将“用例 3”选中并按【Ctrl+C】组合键，然后选择【显示时】事件并按【Ctrl+V】组合键，得到“用例 3”的副本，双击该副本，在打开的【用例编辑】对话框中重新设置条件，如图 12-51 所示。

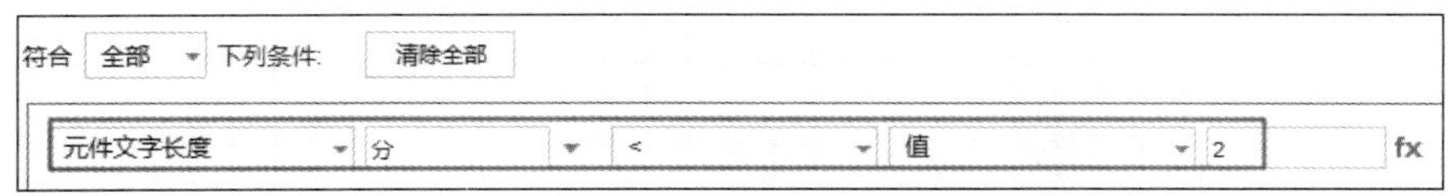

图 12-51　条件设置

（17）单击【确定】按钮返回【用例编辑】对话框，将【设置文本】的配置动作对象由原来的“秒”改为“分”，然后单击右下角的【fx】按钮，在打开的对话框中重新定义并应用局部变量，如图 12-52 所示。

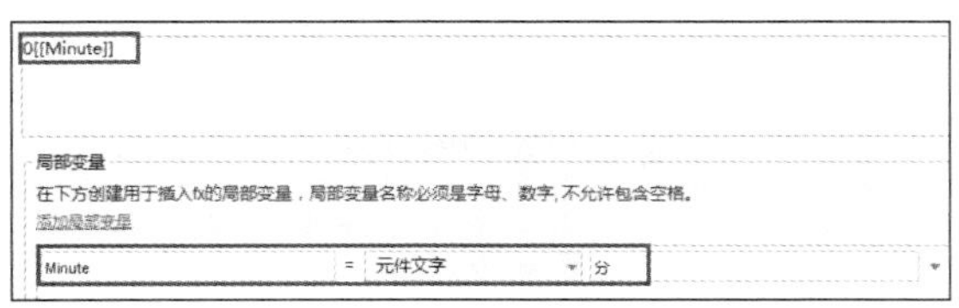

图 12-52　定义并应用局部变量

（18）再次预览倒计时原型时会发现，分钟和秒数倒计时到 00 分 00 秒时就停住了，前面的小时数并没有发生变化，也就是说，小时数并未参与到倒计时中，如图 12-53 所示。

图 12-53　小时数并未参与倒计时

对小时数的设置与前面对分钟和秒数的设置原理相同，二毛是这样做的。

（19）再添加一个用例，在弹出的【用例编辑】对话框中添加 3 个条件，即当秒数和分钟数都是

0，并且小时数大于 0 时，如图 12-54 所示。

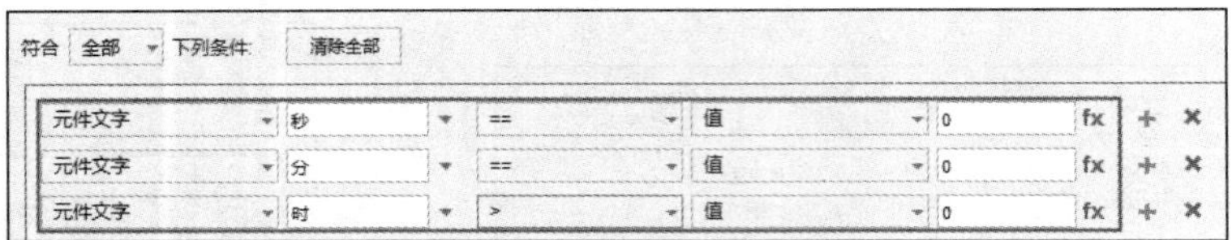

图 12-54 条件设置

（20）单击【确定】按钮返回【用例编辑】对话框，再添加一个【设置文本】动作，配置动作对象是“分”和“时”，将“分”值设置为“59”，对“时”值的设置仍然通过局部变量解决。在【配置动作】栏中选择“时”元件后，单击右下角的【fx】按钮，在弹出的对话框中定义并应用局部变量，如图 12-55 所示。

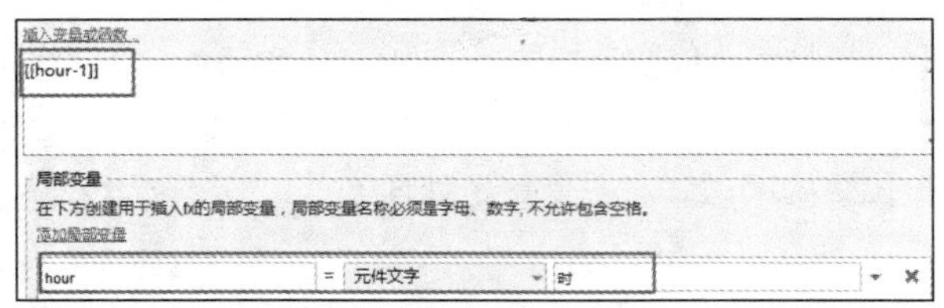

图 12-55 定义并应用局部

（21）设置完成后，单击【确定】返回【用例编辑】对话框，可以看到相关参数设置的效果，如图 12-56 所示。

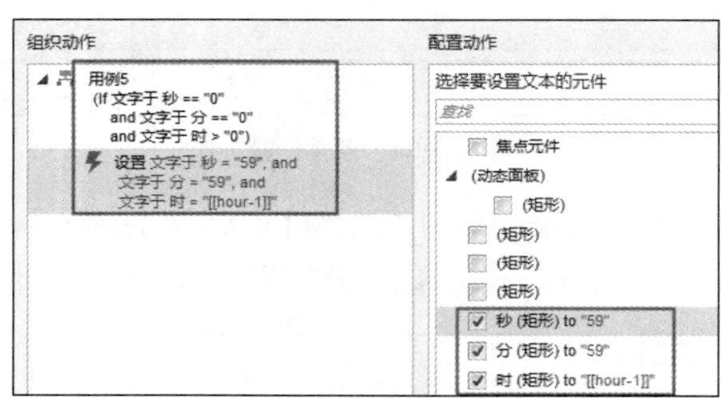

图 12-56 用例设置

（22）单击【确定】按钮完成用例的设置后，同样将 ELSE IF 改为 IF，如图 12-57 所示。

（23）按【F5】键预览会发现，当分钟和秒数都倒计时到 0 时就停止了，小时数未曾发生改变，如图 12-58 所示。

图 12-57 【属性】子面板中的用例　　图 12-58 小时数不变

二毛一开始也纳闷，问题究竟出在哪里呢？后来，他找出了原因。原来是数值的问题，由于经过前面的设置，分钟和秒低于一位数时，会在前面自动添加一个“0”变成了“00”，而刚才设置条件时，输入的是“0”不是“00”，如图 12-59 所示。

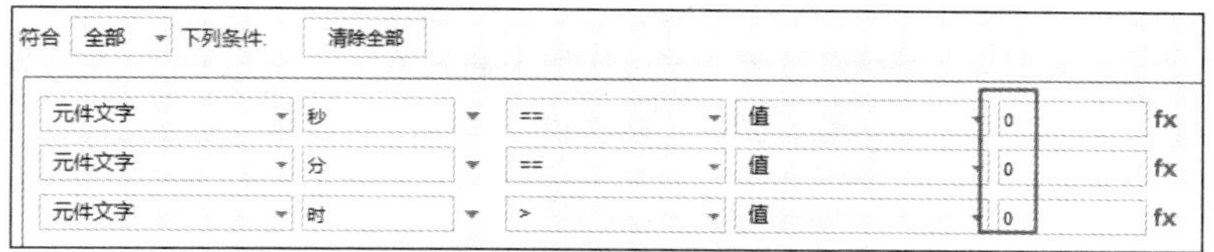

图 12-59　原来设置的条件

（24）知道了原因，二毛很快对条件中的数值格式进行重新设置，如图 12-60 所示。

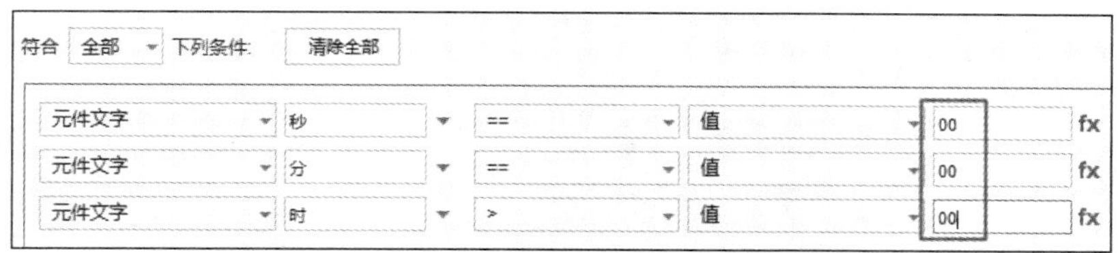

图 12-60　原来设置的条件

（25）预览原型就会发现倒计时的效果比较正常了，如图 12-61 所示。

图 12-61　预览倒计时效果

（26）对于低于 10 的小时数仍显示一位数的问题，可参考前面对分钟和秒数设置的方法，也在低于 10 的小时数前面添加一个“0”来解决，对此添加的用例如图 12-62 所示。为了让更多的读者看清楚二毛所设置的用例，特别整理了【显示时】事件中的所有用例供参考，如图 12-63 所示。

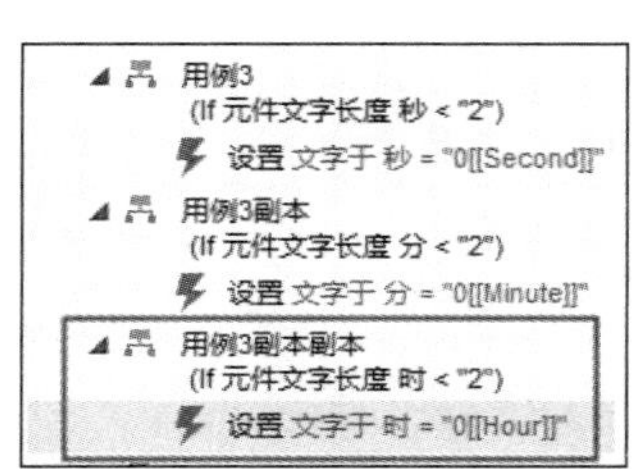

图 12-62　设置小时的位数

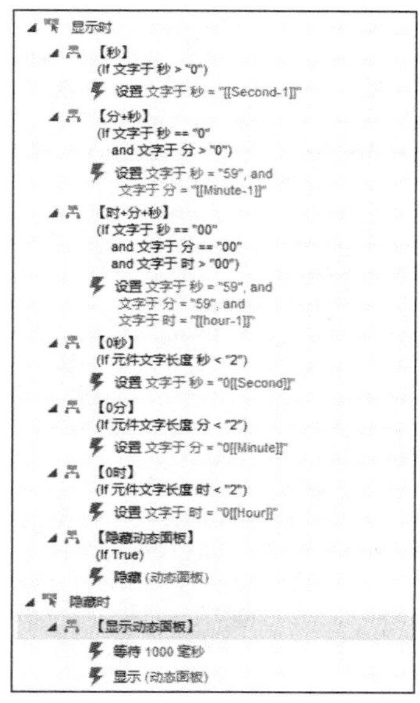

图 12-63　动态面板的所有用例设置

本章总结

通过本章的学习，读者应熟练掌握如何在交互原型中插入条件，掌握条件中各个条件选项的含义及使用方法，要深刻理解 IF 和 ELSE IF 区别，熟练将条件灵活运用到交互设计中。

PART13

第13章

自适应视图

本章导读

- 本章将学习如何在原型中使用自适应视图
- 在本章中，还将学习自适应视图的事件和动作

效果欣赏

学习目标

- 掌握自适应视图创建的方法

■ 掌握各个自适应视图之间的继承关系
■ 掌握自适应视图的事件和动作应用

技能要点

■ 设置自适应视图切换的条件
■ 自适应视图中的基本视图与其他视图的关系
■ 【自适应视图改变时】事件的应用

13.1 自适应视图基础

本节将学习自适应视图的概念以及创建和编辑自适应视图的方法。

13.1.1 什么是自适应视图

简单地说，自适应视图就是页面中的内容会自动随着浏览器窗口或者屏幕大小的改变而自动切换到对应的页面视图。一个比较典型的例子就是我们使用智能手机时，通过设置自动切换为横屏和竖屏显示时，网页中的内容会自动调整，如图 13-1 所示。

图 13-1 手机的自适应视图

13.1.2 创建自适应视图

Axure RP8 创建自适应视图有 3 种方法。

（1）执行【项目】→【自适应视图】命令。

（2）在页面的【属性】子面板中单击【管理自适应视图】按钮，如图 13-2 所示。

（3）在页面的【属性】子面板中勾选“启用”选项，如图 13-3 所示。

此时，在页面视图左上角的位置也能找到【管理自适应视图】按钮，如图 13-4 所示。

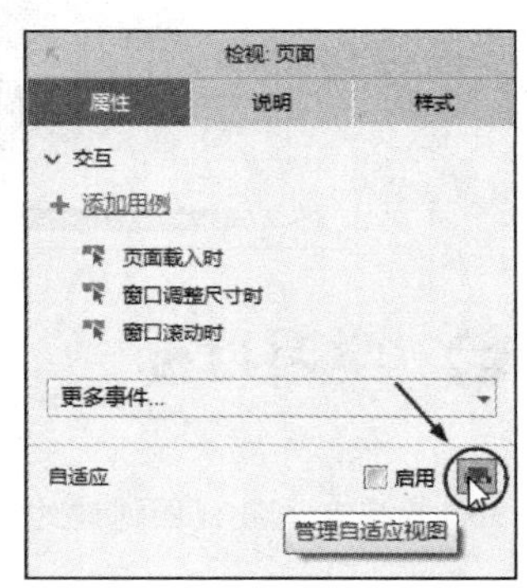

图 13-2 手机的自适应视图

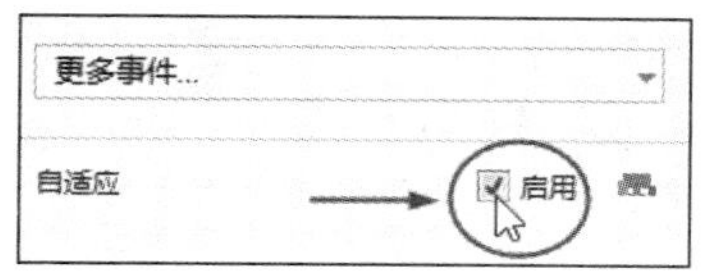

图 13-3　勾选“启用”选项

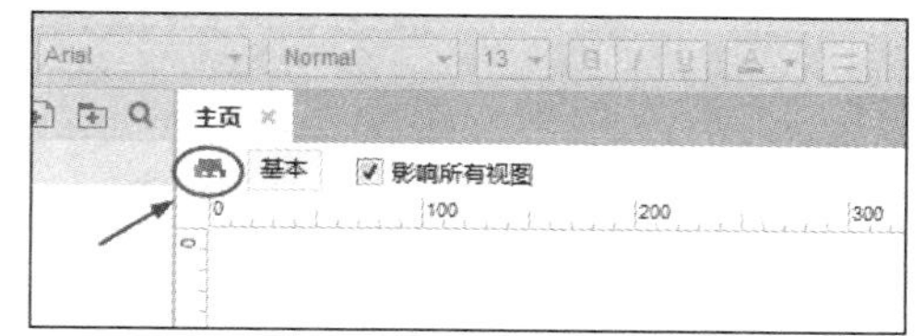

图 13-4　页面左上角出现的【管理自适应视图】按钮

使用上面 3 种方法都可以打开【自适应视图】对话框，如图 13-5 所示。

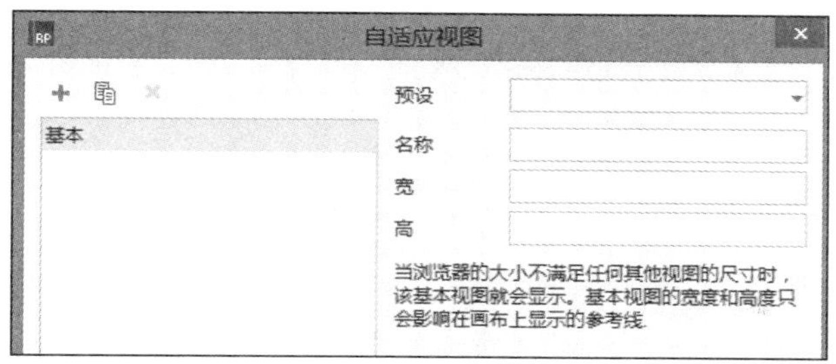

图 13-5　【自适应视图】对话框

默认状态下，【自适应视图】对话框中只有一个基本视图。基本视图是指当浏览器的尺寸大小不满足任何其他自适应视图条件时显示的视图。单击对话框左上方的【添加视图】按钮➕即可创建新的视图。从“预设”下拉列表中可以选择预设的屏幕尺寸，在“名称”文本框中可以输入自定义视图的名称，根据屏幕的尺寸可以自定义视图的宽度和高度，尤其是宽度参数，这是自适应视图的一个重要指标，设置条件“<=”和“>=”可以控制自适应视图在什么情况下自动切换相应的自适应视图。例如，当浏览器的宽度小于等于 800 像素时，自动切换到对应的视图中，如图 13-6 所示。

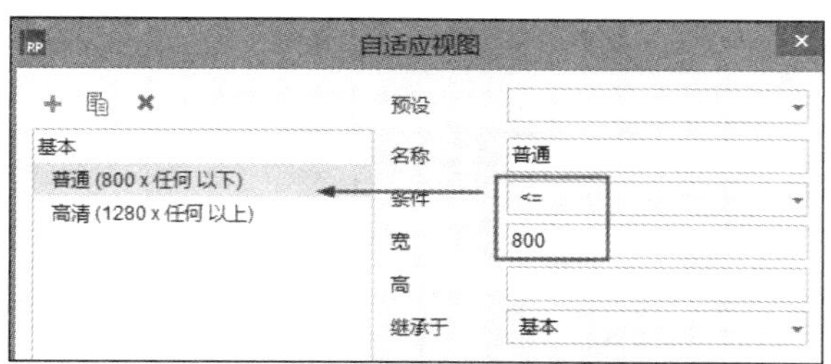

图 13-6　自适应视图参数设置

“继承于”参数可以控制新视图与哪个视图存在继承关系。例如，创建的新视图继承于“基本”视图，则在基本视图中创建的对象在新视图中都会出现并且在基本视图中编辑元件时，新视图中的元件也会跟着变化；但默认状态下，修改新视图中的元件时，继承于的视图中的内容不会随之改变，如果要让继承于的视图内容随着新视图改变，则需要在页面视图左上角勾选【影响所有视图】选项，如图 13-7 所示。

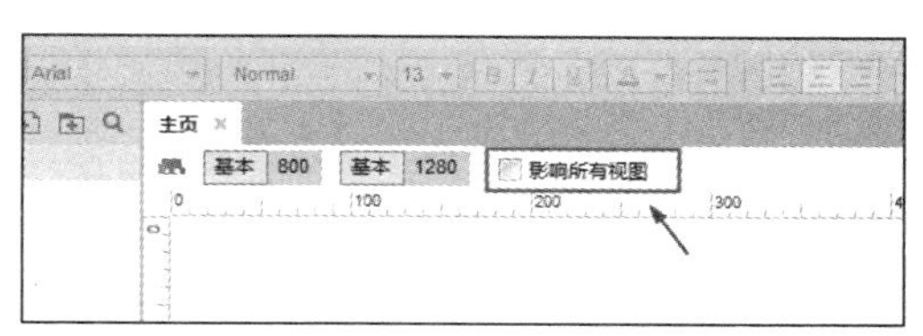

图 13-7　【影响所有视图】选项

创建自适应视图后，对应的页面中会显示自适应视图辅助线，但是默认视图中不会显示该辅助线，执行【排列】→【网格和辅助线】→【显示自适应视图辅助线】命令，可以控制该辅助线的显示和隐藏。

13.2 自适应视图事件和动作

自适应视图也有自己独有的【自适应视图改变时】事件和【自适应视图】动作，本节就来学习它们的用法。

13.2.1 自适应视图事件

因为【自适应视图改变时】事件属于页面事件，不属于元件事件，所以要激活该事件，就必须取消页面中所有元件的选择状态，在【属性】子面板中可以找到该事件，如图 13-8 所示。与其他事件一样，也可以根据需要对【自适应视图改变时】事件添加任意用例和动作，例如，可以设置当自适应视图改变时，出现当前视图窗口的宽度和高度，下面举例说明。

（1）在【自适应视图】对话框中创建两个自适应视图，一个是宽度大于等于 1 024 像素时，一个是小于等于 600 像素时，两个视图都继承于基本视图，参数设置如图 13-9 所示。

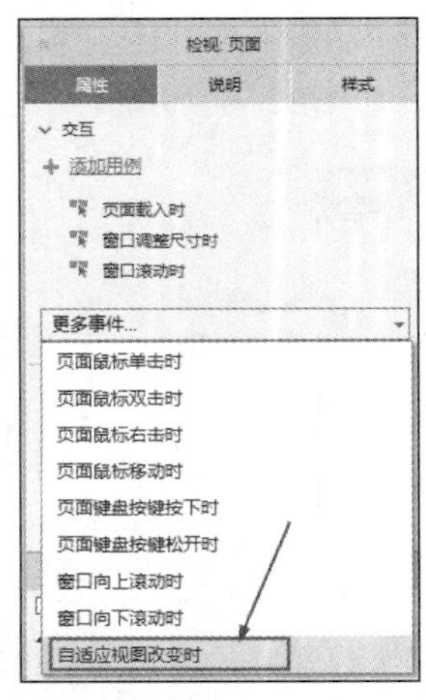

图 13-8 【自适应视图改变时】事件

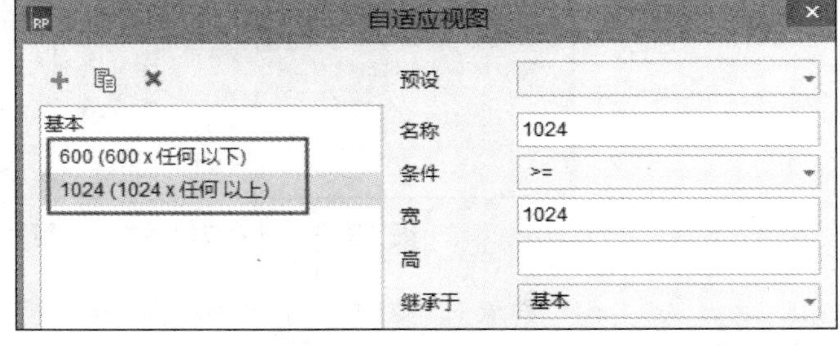

图 13-9 新建自适应视图

（2）在【属性】子面板中勾选“启用”选项，在基本视图中添加元件，如图 13-10 所示。

（3）单击“600”视图标签进入该视图编辑页面，由于该视图继承了基本视图，所以内容与基本视图完全相同，只是比基本视图增多了一条垂直参考线，该参考线正好是指向宽度为 600 像素的位置，如图 13-11 所示。

根据参考线的位置，调整当前视图的元件，调整的基本原则是：内容不变，布局基本不变，颜色不变，但是元件的大小可以改变，调整后的效果如图 13-12 所示。

（4）进入“1024”视图页面，使用同样的方法调整该视图中的元件，调整后的效果如图 13-13 所示。

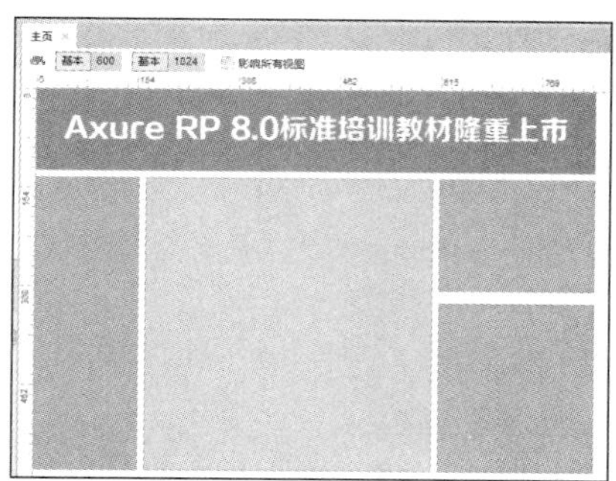

图 13-10　基本视图布局

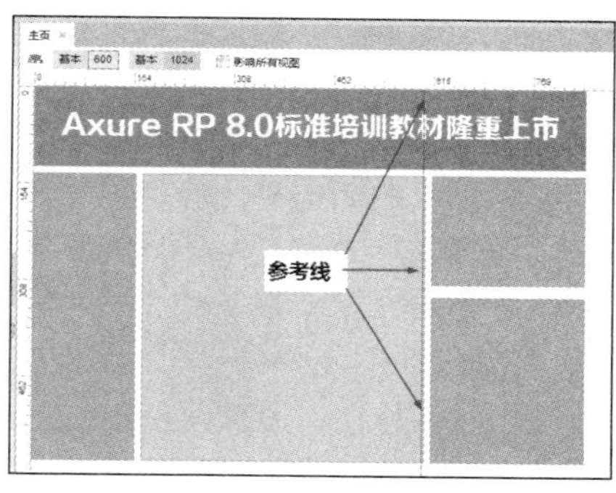

图 13-11　默认“600”视图布局

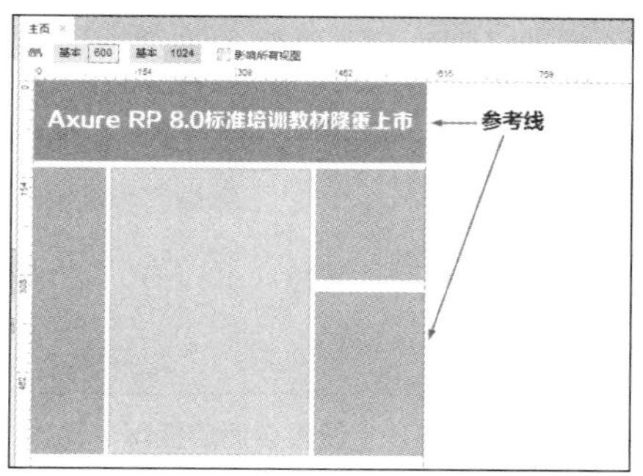

图 13-12　调整后的“600”视图布局

图 13-13　调整后的“1024”视图布局

（5）将中间的矩形命名为“提示”，在【属性】子面板中双击【自适应视图改变时】事件，在打开的【用例编辑】对话框中添加【设置文本】动作，在【配置动作】栏中选择“提示”元件，单击右下角的【fx】按钮，在打开的【编辑文本】对话框中添加表示当前窗口宽度和高度的两个函数，如图 13-14 所示。

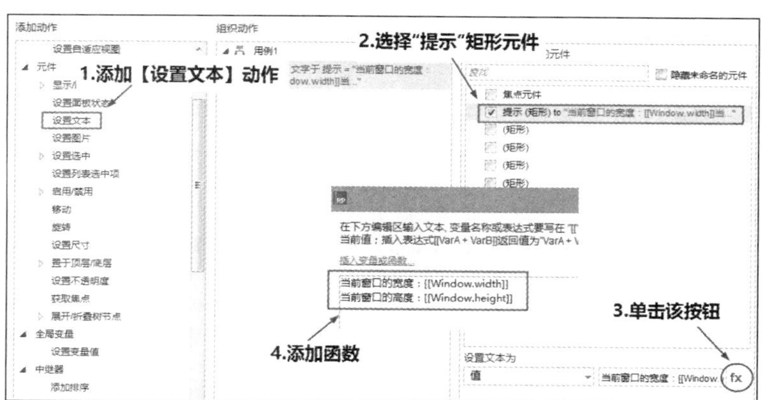

图 13-14　用例参数设置

设置完成后，按【F5】键预览，使用鼠标改变浏览器窗口大小，当检测到窗口的宽度高于或者低于设定的条件时，程序会自动切换到相应的视图，并且中间的矩形元件也会显示当前窗口的尺寸，如图 13-15 所示。

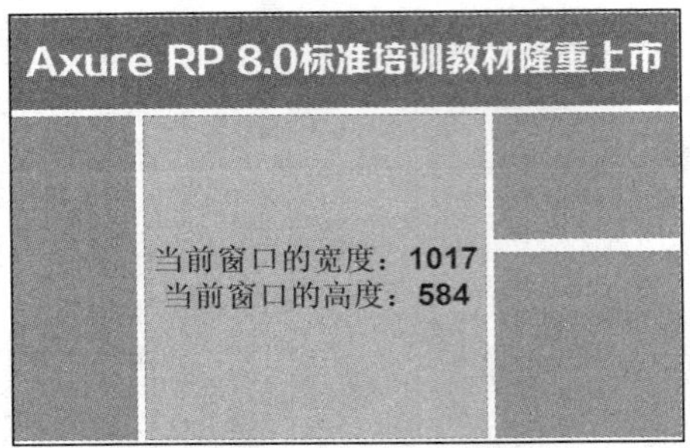

图 13-15　预览【自适应视图改变时】效果

13.2.2　自适应视图动作

在【用例编辑】对话框中可以找到【设置自适应视图】动作，如图 13-16 所示。

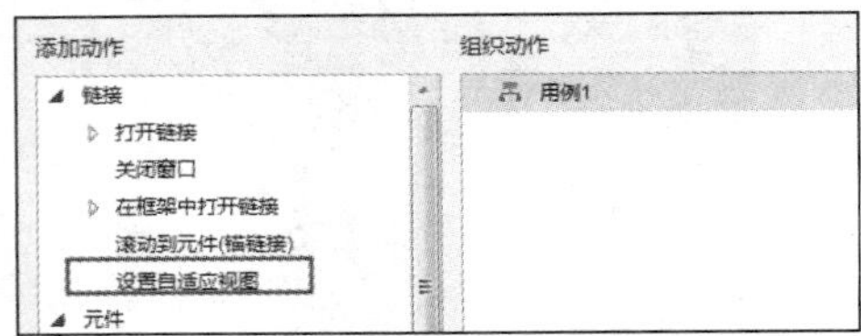

图 13-16　【设置自适应视图】动作

使用【设置自适应视图】动作可以设置自适应视图的自动切换或者手动指定某个自适应视图。例如，可以在当前视图中双击切换到某个自适应视图，然后再单击使视图切换到自动适应状态。下面继续使用上面练习中创建的自适应视图来演示【设置自适应视图】动作的使用方法。

（1）在【属性】子面板的更多事件列表中单击【鼠标双击时】事件，在弹出的【用例编辑】对话框中添加【设置自适应视图】动作，在【配置动作】栏中选择“1024”视图，如图 13-17 所示。

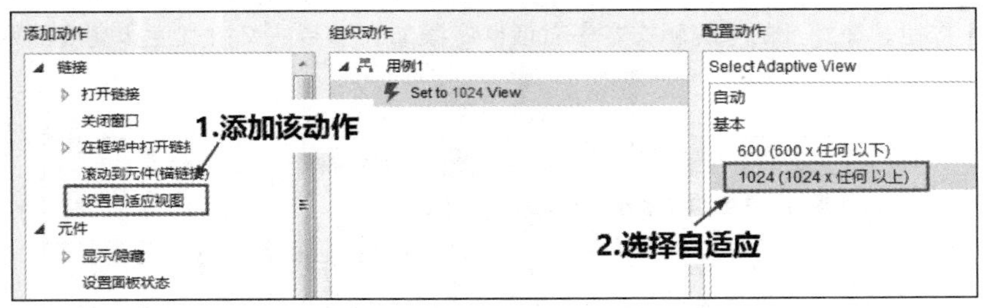

图 13-17　【双击鼠标时】用例设置

（2）将设置好的用例复制到【鼠标单击时】事件中，然后双击复制的用例，在打开的【用例编辑】对话框中将“1024”设置为“自动”，如图 13-18 所示。

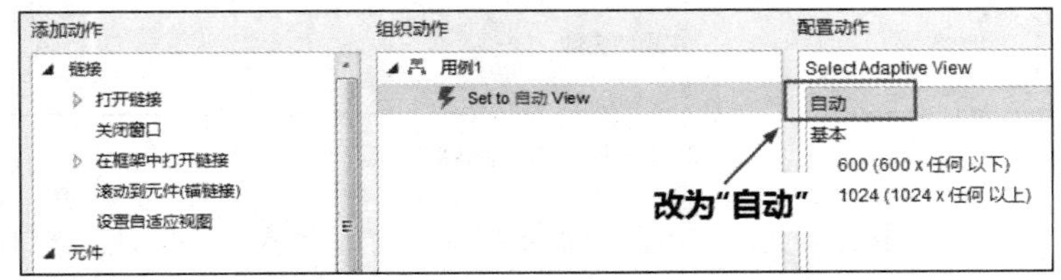

图 13-18　【单击鼠标时】用例设置

按【F5】键预览，使用鼠标调整浏览器窗口时，自适应视图可自动根据窗口尺寸选择相应的视图，在某个自适应视图中双击时，当前的视图会切换到“1024”视图大小，单击页面时，当前视图又恢复到默认的状态。

案例演练　移动设备出版物自适应视图

【案例导入】

二毛不久前模仿聚划算购物网站做了一个首页的原型，网页原型的宽度是 1200 像素。通过学习 Axure RP，二毛才知道，原来网页还可以设置自适应视图，于是，他想把自己制作的这个网页原型再根据手机、平板电脑等移动设备的屏幕尺寸做几个自适应视图，以便使用这些移动设备访问网页原型时，网页能自动改变视图，这样就能更好地浏览网页了。本案例完成效果如图 13-19 所示。

图 13-19　自适应视图

【操作说明】

根据设备屏幕的宽度可以自定义自适应视图的布局。目前使用较多的移动设备是苹果的 iPhone、IPad 和安卓系统的智能手机及平板，微软公司的 Surface Pro 也有一定的市场占有率。根据常用的移动设备的分辨率，可以考虑将宽度为 1024 像素、768 像素、480 像素以及 320 像素作为自适应变化视图的参考，这些数值也是 Axure RP 自适应视图提供的预设数值。在这 4 种视图中，需要重新调整每个视图中的布局。调整视图的布局时，仍然要遵循本章所讲的 App 尺寸设计规范，尤其是字号和行距的问题。下面来看看二毛的制作步骤吧！

【案例操作】

（1）打开已经完成的网页首页原型“案例-开始.rp”，如图 13-20 所示。

图 13-20　打开的原型版面

（2）执行【项目】→【自适应视图】命令，在打开的对话框中自带一个基本视图，可直接使用程序自带的 4 个预设创建 4 个自适应视图，如图 13-21 所示。

可以看出，这 4 个自适应视图分别是以 1024 像素、768 像素、480 像素和 320 像素作为自适应视图的依据。

（3）在页面的【属性】子面板中勾选【自适应参数】栏右侧的“启用”选项，这样可以在文档标题栏（标签）位置显示自定义各个自适应视图的名称，如图 13-22 所示。

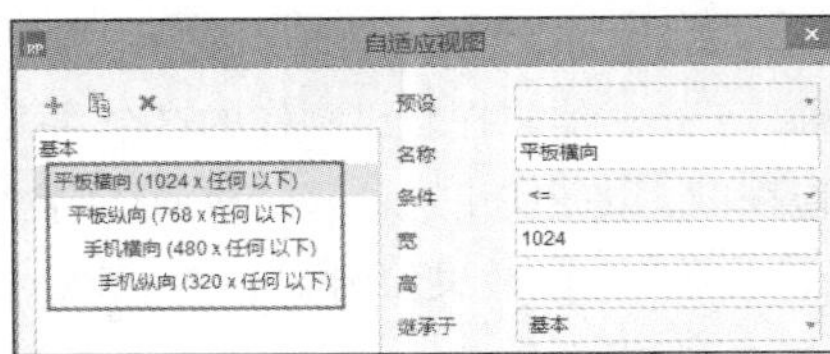

图 13-21　从预设中创建 4 个自适应视图

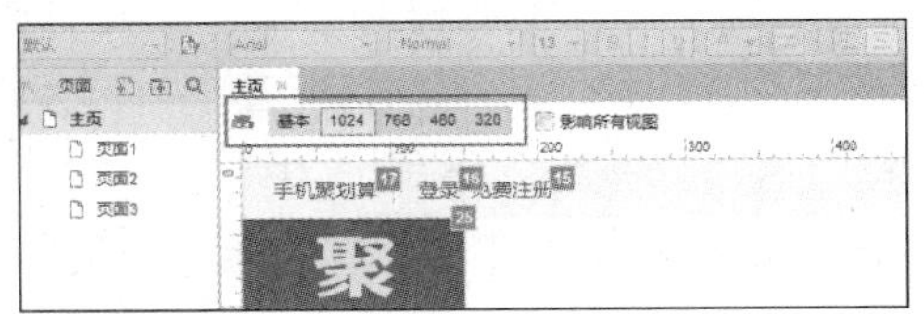

图 13-22　显示的自定义视图名称

（4）单击“1024”，可以进入该自适应视图的编辑页面，使用相关工具改变图像、文本的大小和位置。调整时，要参考右侧在 1024 像素处显示的紫色参考线，让全部内容显示在该参考线的左侧以内。必要的话，需要对版式进行一些改变。另外还要说明一点：动态面板变小后，里面包含的每个状态都要根据动态面板的尺寸做出适当的改变，调整后的效果如图 13-23 所示。

图 13-23　“1024”自适应视图调整后的视图

（5）单击“768”进入该自适应视图，使用与步骤（4）的方法同样完成对该视图的编辑，但是在调整该视图时，由于版面宽度比基本视图的宽度小了很多，再通过缩放图像大小的方法已经不合适了，所以版式需要调整，调整后的视图布局如图 13-24 所示。

（6）使用相同的方法，完成对另外两个自适应视图版式的调整，如图 13-25 所示。

图 13-24 “768”自适应视图

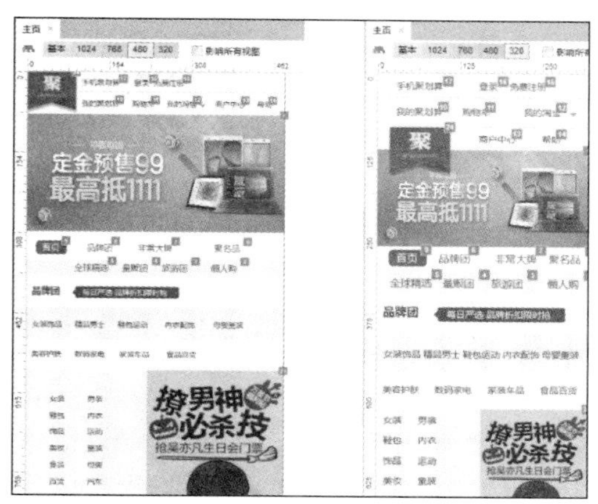

图 13-25 “480”和“320”自适应视图

（7）保存当前的 RP 文档后按【F5】键，可以在本地电脑浏览器中预览，使用鼠标改变浏览器窗口的宽度，随着浏览器窗口的变化，当前网页的视图会自动适应浏览器宽度，实现了自适应视图。

本章总结

通过本章的学习，读者应理解并熟练掌握自适应视图的用途以及创建和编辑自适应视图的方法，另外，还要掌握自适应视图事件和动作的应用。

PART14

第14章

发布交互原型

本章导读

■ 通过前面各个章节的学习，我们现在已经能够设计出高保真的交互原型了，那么，设计完成的原型如何发布出去让别人欣赏呢？本章将解决这个问题

■ 在本章中，还会学习如何快速生成文字性的Word格式的说明书

效果欣赏

学习目标

■ 掌握原型快速预览的方法

- 掌握生成 Word 说明的方法以及各项参数设置
- 掌握生成 HTML 文件的方法和步骤
- 熟练掌握将原型发布到 Axure Share 的方法
- 熟练掌握将原型发布到移动设备预览的方法

技能要点

- 生成便于用户阅读的 Word 说明书
- 在网页浏览器中预览 HTML 文档
- 在手机等移动设备中生成仿真 App 效果
- 生成器和配置文件在发布原型时使用的方法

14.1 预览交互原型

在 Axure RP 中完成的原型可以在本地预览，也可以发布到 Axure Share 网站预览，本节将学习这两种预览的设置方法。

14.1.1 本地预览

执行【发布】→【预览】(【F5】) 命令或者在样式工具栏中单击【预览】按钮▶，即可预览当前的原型文件。如果用户电脑上安装了多款网页浏览器，则可以执行【发布】→【预览选项】(【Ctrl+F5】) 命令，在打开的【预览选项】对话框中选择相应的浏览器，如图 14-1 所示。

提示

图 14-1 中显示的浏览器名称与电脑中安装的浏览器是关联的，如果你的电脑中没有安装火狐浏览器或者 Safari 浏览器，则【预览选项】对话框不会出现这些浏览器的名称。

默认状态下，预览原型时，网页浏览器的左边会自动打开一个侧边栏，如图 14-2 所示。

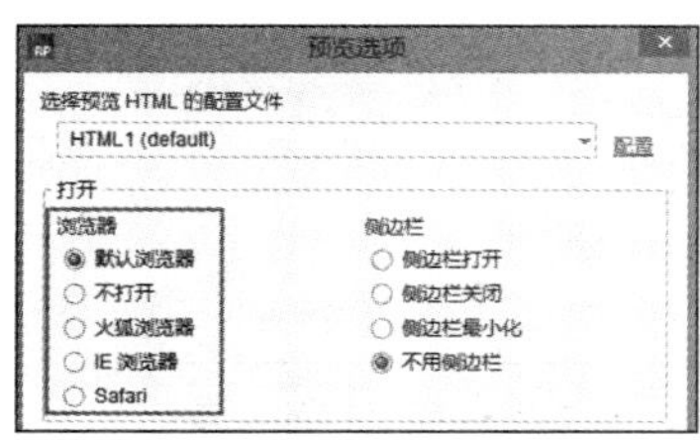

图 14-1 选择预览的浏览器

图 14-2 侧边栏

如果想关闭侧边栏或者预览网页时最小化侧边栏，则可以在【预览选项】对话框中设置，如图 14-3 所示。

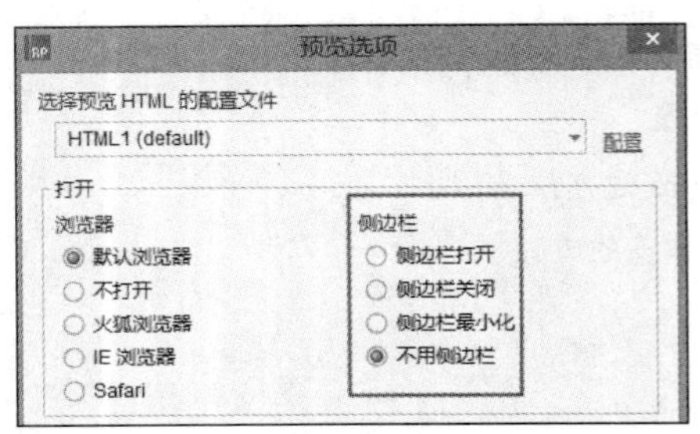

图 14-3　设置侧边栏

14.1.2　在线预览

要将自己设计的交互原型发布到 Axure Share 网站中，首先需要注册一个账号，否则会弹出【登录】对话框，如图 14-4 所示。

图 14-4　【登录】对话框

如果你有自己的账号，则可以直接登录，如果没有账号，则可以通过该对话框创建一个账号。或者可以在样式工具栏中单击右侧的【登录】按钮登录或者注册账号，如图 14-5 所示。登录成功后，样式工具栏中会显示你的用户名，如图 14-6 所示。

图 14-5　【登录】对话框

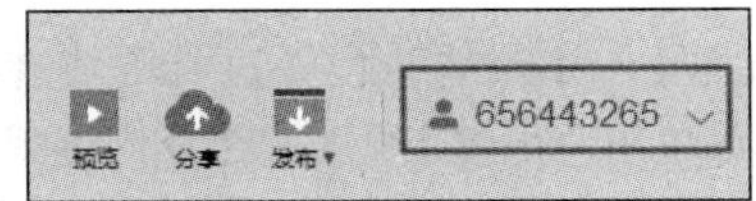

图 14-6　显示的用户账号

现在可以执行【发布】→【发布到 Axure Share】（F6）命令或者在样式工具栏中单击【分享】按钮进行发布。在弹出的【发布到 Axure Share】对话框中可以选择“创建一个新项目”，然后输入要发布项目的名称、密码和原型存放的文件夹，如图 14-7 所示。

单击【发布】按钮即可上传当前的原型文档，发布成功后会弹出一个对话框，上面显示原型发布到的地址，如图 14-8 所示。

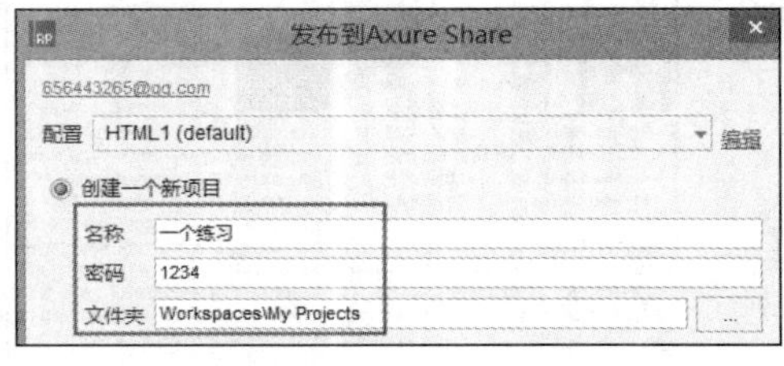

图 14-7　设置【创建一个新项目】参数

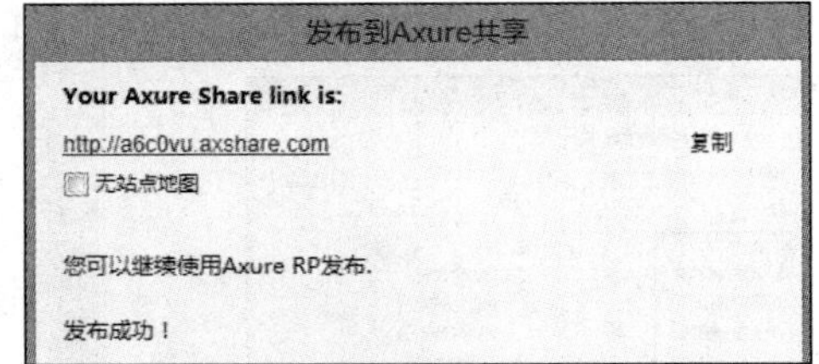

图 14-8　成功发布原型后的提示

单击【复制】按钮可复制预览的网址给他人，只要电脑联网，就能在任何地方看到你的杰作了。如果设置，访问的密码（在发布原型时，密码是可选项），则在打开你的预览网页时会弹出要求输入密码的提示，如图 14-9 所示。

图 14-9　输入访问密码

登录成功后，会发现在线显示的网页效果与我们在本地电脑中预览的效果一样。

14.2　生成交互原型说明书

我们购买电器时，在包装中会带有一本说明书，以便用户了解电器的性能和使用方法。与此类似，Axure RP 生成的原型也可以配备说明书，而且该程序提供了自动生成交互原型说明书的功能，这对程序开发人员来说非常实用。本节将学习如何生成 Word 说明书。

14.2.1　设计一个交互原型

为了更好地学习如何生成说明书，先设计一个简单的交互原型，通过设计该原型了解设计过程，更好地掌握生成说明书时各个参数的含义。

（1）新建 Axure RP 文档并创建多个页面，分别命名各个页面，如图 14-10 所示。

（2）双击“目录”进入该页面编辑视图中，在顶部位置添加一个矩形元件并输入如图 14-11 所示的文本。

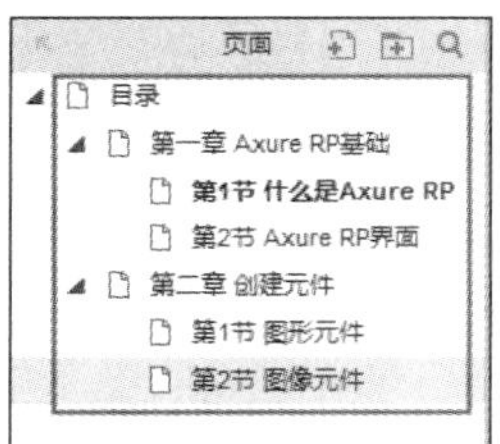

图 14-10　重命名页面

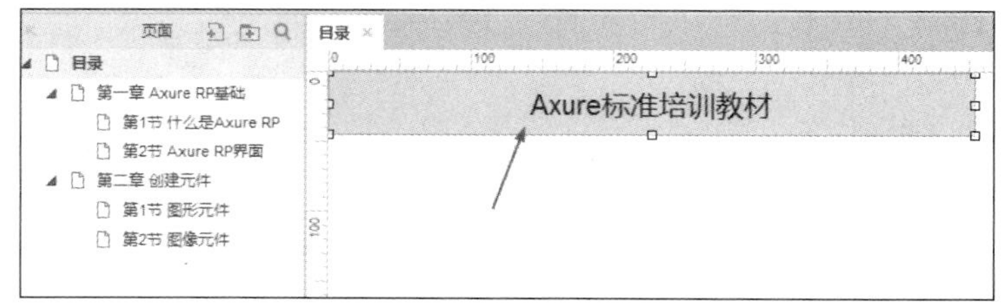

图 14-11　创建矩形元件

（3）右击矩形元件，从弹出的快捷菜单中选择【转换为母版】，在弹出的对话框中将拖放行为设置为“固定位置”，将母版命名为“教材名称”，如图 14-12 所示。

（4）选择页面中的母版元件，在右侧的【说明】子面板中输入图 14-13 所示的文字。

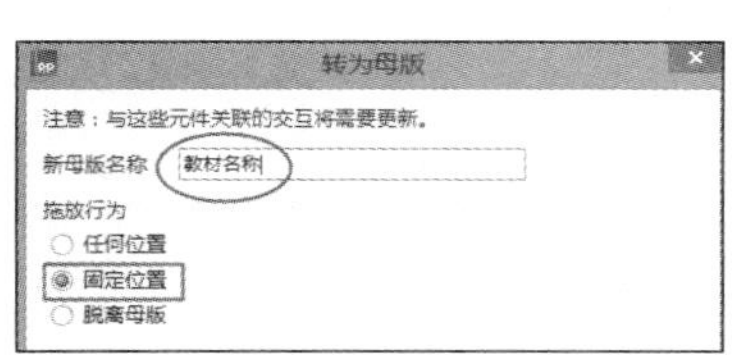

图 14-12　转为母版设置

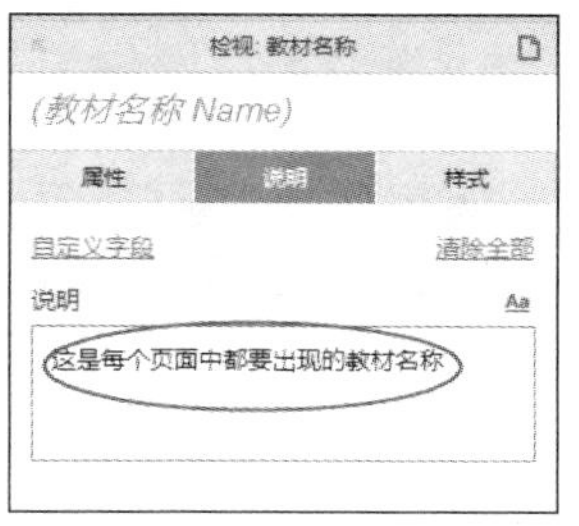

图 14-13　添加文字说明

（5）使用鼠标从【页面】面板中将每个页面拖到目录页面视图中，页面中会自动生成带有链接功能的矩形元件（即引用页面），并且每个矩形元件上都自动标有对应页面的名称，如图 14-14 所示。

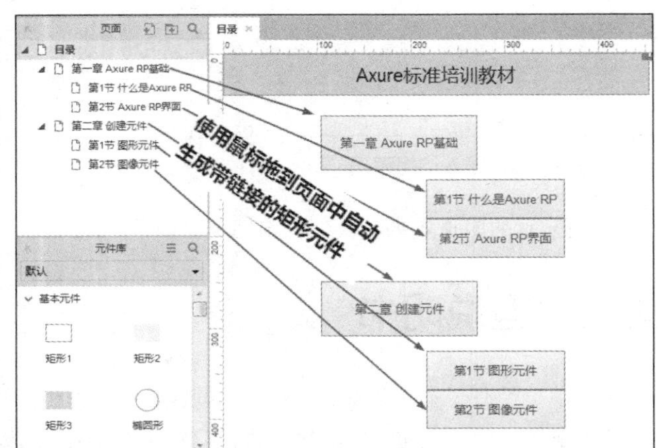

图 14-14　生成引用页面

（6）给每个元件命名并使用与步骤（4）相同的方法，对页面中的每个章节标题添加说明文字，如图 14-15 所示。

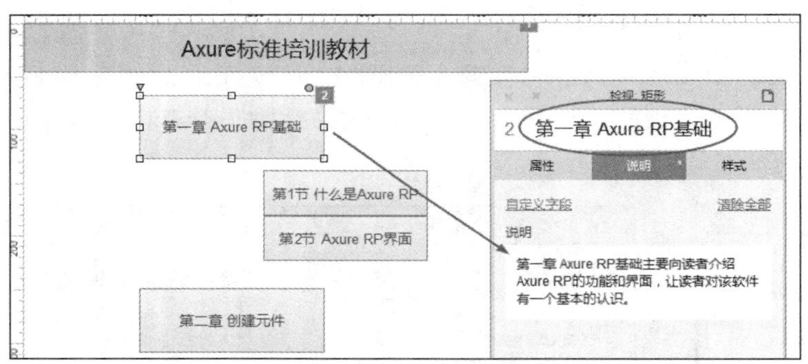

图 14-15　给元件命名并添加文字说明

（7）双击“第一章 Axure RP 基础”页面进入其页面编辑视图，从【母版】面板中将“教材名称”母版拖到页面中，然后创建一个三级标题元件并输入“本章重点”字样，使用与步骤（3）相同的方法将该元件转为母版，如图 14-16 所示。

（8）同样给该母版元件添加文字说明，如图 14-17 所示。

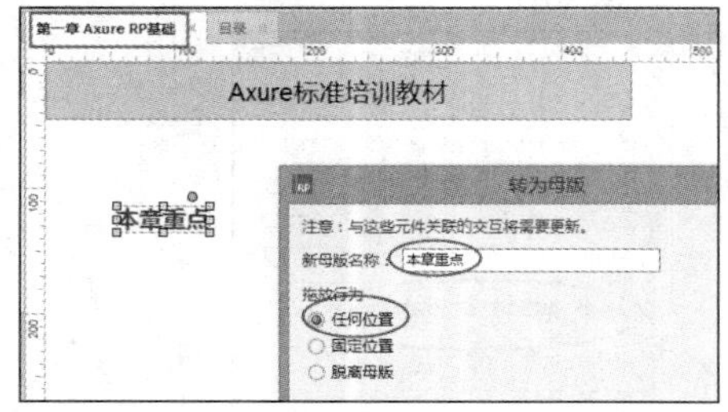

图 14-16　创建第二个母版元件

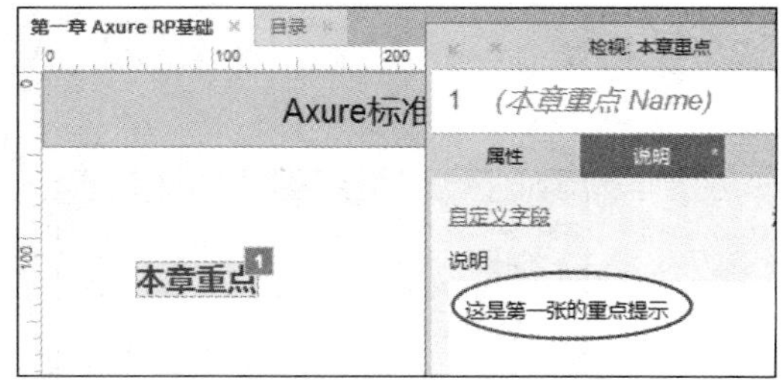

图 14-17　给母版添加文字说明

（9）在页面中添加一些重点内容，给元件命名并添加说明文字，如图 14-18 所示。

（10）使用上面的方法对其他页面也添加相应的内容并添加文字说明，在此略过，不再重复介绍，请读者自行完成。

（11）使用第 14 章所学的知识建立一个自适应视图，如图 14-19 所示。

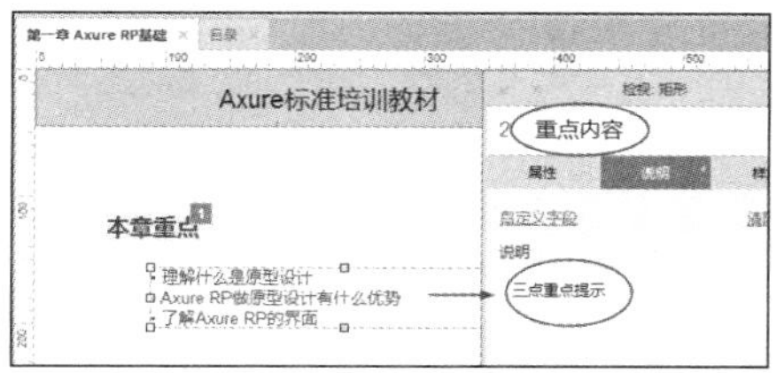

图 14-18　添加的其他文字及说明

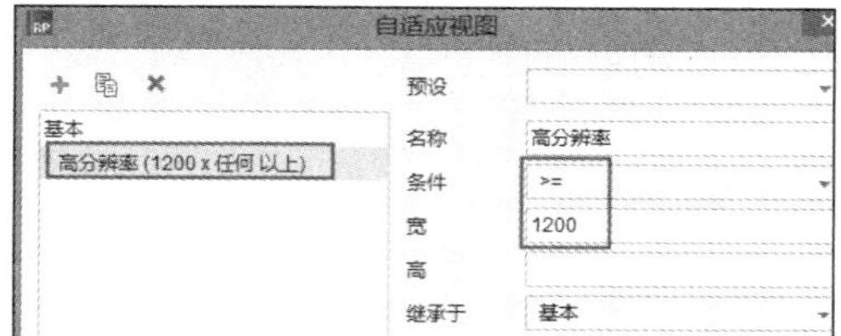

图 14-19　建立自适应视图

至此，本例基本完成，接下来使用本例素材演示如何生成说明书。

14.2.2　生成 Word 格式说明书

生成 Word 说明书的方法是：执行【发布】→【生成 Word 说明书】(【F9】)命令，打开如图 14-20 所示的【生成 Word 说明书】对话框。

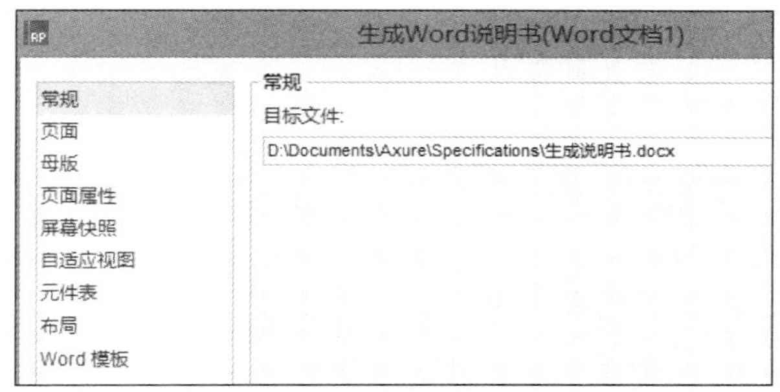

图 14-20　【生成 Word 说明书】对话框

通常情况下可以保持各项默认参数，直接单击右下角的【生成】按钮，即可自动生成 Word 格式的说明书。

下面介绍【生成 Word 说明书】对话框中的参数。

1. 【常规】

该参数可以指定保存 Word 文档的位置。默认生成的 Word 格式是.docx，需要使用 Word 2007 或者以上版本打开，如果使用 Word 2003，则无法直接打开，需要安装支持.docx 格式的兼容包方可打开。

2. 【页面】

该参数主要用于设置 Axure RP 页面中的哪些内容出现在说明书中。

（1）标题部分。该选项用于控制是否在说明书中显示说明书的标题，内容可以自定义，默认标题内容是“页面”，如果不选择该项，则在生成说明时不会出现该项内容。

（2）包含站点地图列表。该项控制页面面板中的页面结构图是否显示在说明书中，默认是显示的，如果不选择该项，则生成的说明书中不会出现这些内容。

（3）生成所有页面。选择该项，可以将【页面】面板中的所有页面都包含在说明书中，如果不勾选该项，则可以从下面的列表中选择要生成说明书的页面。

3.【母版】

该参数与前面的【页面】设置基本类似，只是它专门控制 Axure RP 的【母版】面板中的相关母版是否出现在说明书中。默认状态下，【母版】面板中的所有内容都出现在说明书中。

只包含生成的母版：勾选该选项，则说明书中只列出在该项下方母版列表中选择的母版名称，由于默认状态下，“生成所有母版”处于选择状态，因此，说明书中的母版列表和 Axure RP【母版】面板中的列表内容一致。

如果取消选中“生成所有母版”选项，从其下面的列表中选择某个母版，则勾选“只包含生成的母版”选项时，生成的说明书不会包含未选择的母版。如果从列表中选择了某个母版，但是未勾选“只包含生成的母版”选项，则生成的说明书中会包含【母版】面板中列出的所有母版名称。

在【母版】选项界面的下方还有几个参数，其作用分别如下。

（1）只包含生成页面使用的母版。选择该项时，说明书中出现的母版列表内容仅限在【页面】选项中选择生成说明书包含且使用了该母版的页面，如果生成说明书中的页面未使用到【母版】面板中的母版，则该母版名称不会出现在说明书中；如果取消选中“只包含生成页面所使用的母版”选项，则无论包含在说明书中的页面是否使用到该母版，它都会出现在说明书中。

（2）不生成类型为脱离的母版。勾选该项时，如果母版类型为“脱离母版”，这种母版的名称就不会出现在说明书中。在【母版】面板中右击母版，从弹出的快捷菜单中选择【脱离母版】命令即可更改母版的类型。

（3）页面部分中记录母版：要看出该选项的作用，首先双击【母版】面板中的母版元件进入母版编辑页面，选择母版包含的元件，如母版中带文本的矩形元件，然后给该矩形命名并添加用例，如图 14-21 所示。

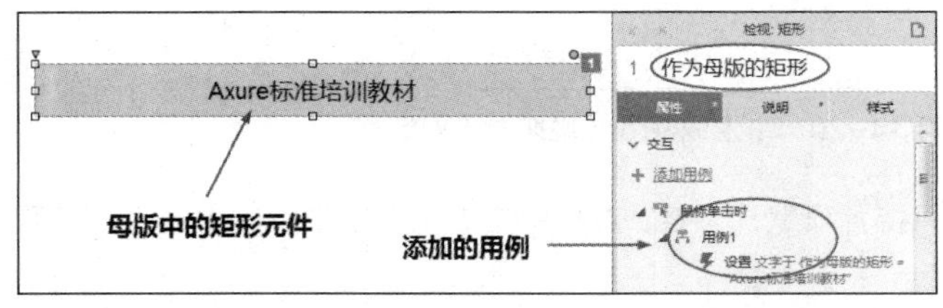

图 14-21　给母版中的矩形命名并添加用例

然后对选中的元件添加文字说明，如图 14-22 所示。

图 14-22　给母版中的矩形添加说明

接下来取消元件的选择状态并在【说明】子面板中输入针对页的说明文字，如图 14-23 所示。

图 14-23　给母版中的矩形所在的页面添加说明

以上设置完成后，在生成 Word 说明时，如果不勾选“页面部分中记录母版”选项，则在页面部分的元件表中显示的内容如图 14-24 所示。

脚注	名称	说明
1		这是每个页面中都要出现的教材名称
2	第一章 Axure RP 基础	第一章 Axure RP 基础主要向读者介绍 Axure RP 的功能和界面，让读者对该软件有一个基本的认识。

图 14-24　未选择“页面部分中记录母版”选项时的元件表

如果如果不勾选“页面部分中记录母版”选项，则在页面部分的元件表中显示的内容如图 14-25 所示。

脚注	名称	交互	说明
1			这是每个页面中都要出现的教材名称
2	第一章 Axure RP 基础		第一章 Axure RP 基础主要向读者介绍 Axure RP 的功能和界面，让读者对该软件有一个基本的认识。
A1	作为母版的矩形	鼠标单击时：用例 1：Set 文字于作为母版的矩形=“Axure 标准培训教材”	这是母版中包含的矩形和文字

图 14-25　选择“页面部分中记录母版”选项时的元件表

注意在勾选“页面部分中记录母版”选项后，页面中的快照右上角的蓝色脚注图标上会出现一个“A”，如图 14-26 所示。

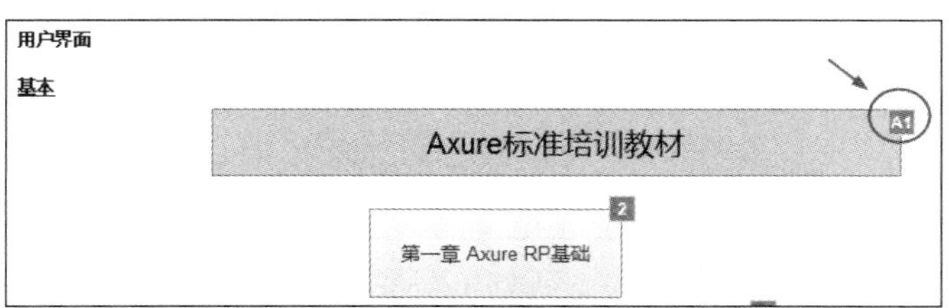

图 14-26　选择“页面部分中记录母版”选项时导致脚注图标变化

（4）只在首次使用时记录：如果同一个母版在多个页面中使用，则勾选该项后，只在使用该母版的第一个页面的元件表中出现对该母版的记录，其余页面中虽然也可能用到了该母版，但元件表中不会记录该母版的信息。

（5）不包含母版说明：首先需要弄清楚的是：此处所说的母版说明是指进入母版编辑状态的页面说明，并非是指母版所在页面的说明。如果不勾选该项，则在生成的 Word 说明书的相关页面中会出现对母版的说明文字，如图 14-27 所示。

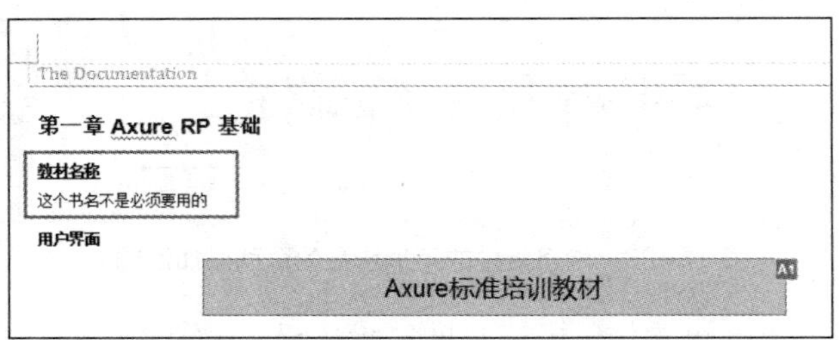

图 14-27　页面中出现的母版说明

如果勾选“不包含母版说明”选项，则在生成的 Word 说明书的相关页面中不会出现对母版的说明文字，如图 14-28 所示。

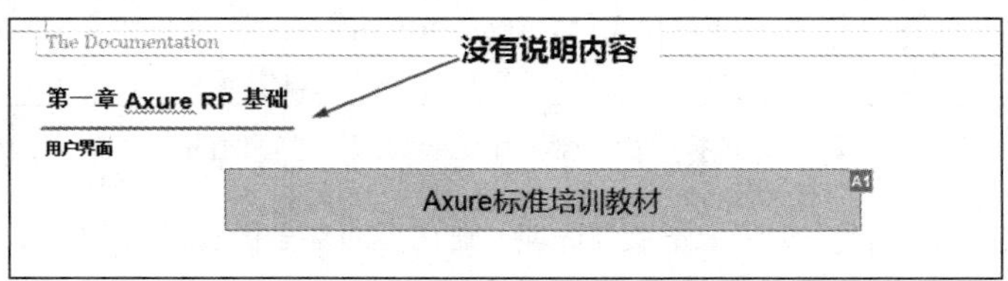

图 14-28　页面中未出现母版说明文字

（6）只在首次使用时记录：选择该项，则在说明书的页面部分显示母版信息时，只会在首次使用母版的页面上显示母版信息，其余页面即便使用了该母版，也不会显示母版信息。

（7）不包含母版说明：勾选该项，则在页面部分显示母版信息时，不会出现母版的说明文字，也就是在 Axure RP 的【说明】子面板中添加的说明文字不会出现在说明书的页面部分。

4. 【页面属性】

该选项主要控制在 Word 说明书中要显示的与页面相关的属性信息。

（1）包含页面说明：选择该选项，在【说明】子面板中输入的说明文字和自定义字段后输入的说明文字会显示在 Word 说明书中。图 14-29 所示是在【说明】子面板中输入的页面说明文字。

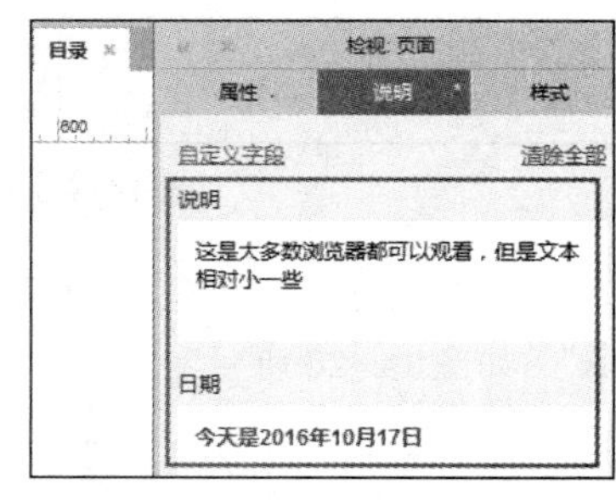

图 14-29　页面说明文字

生成 Word 说明书后，在页面中会显示对应的页面说明文字，如图 14-30 所示。

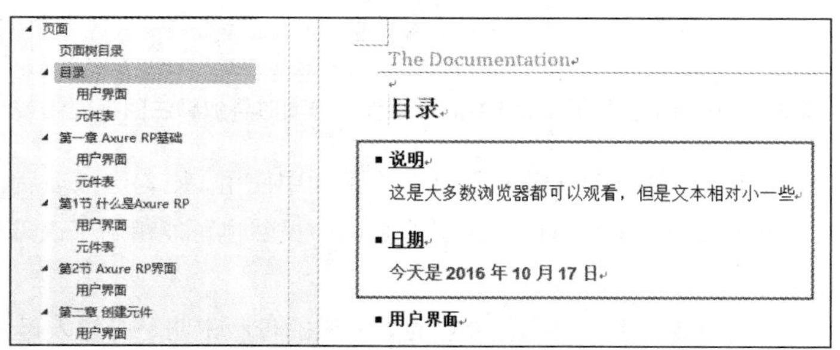

图 14-30　说明书中显示的页面说明文字

如果不选择“包含页面说明”选项，则生成 Word 说明后，在页面中不会出现这些页面说明文字，如图 14-31 所示。

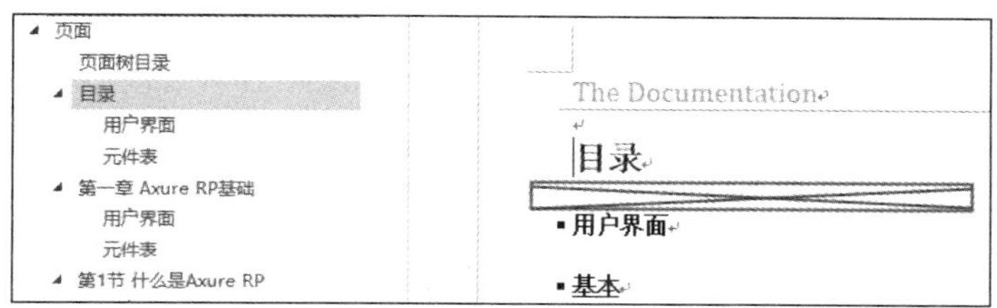

图 14-31　说明书中未显示页面说明文字

（2）显示页面说明名称作为标题：勾选该项，在生成的 Word 说明书中会出现与 Axure RP【说明】子面板中一一对应的说明名称；如果不选择该项，则在生成的 Word 说明书中不会有这些页面说明的名称，只是列出页面说明的内容。

（3）使用标题基本样式：勾选该项，将使用 Axure RP 自带的基本样式，生成 Word 说明书后，在导航栏中不会出现页面说明的名称。

如果不勾选该项，则使用 Axure RP 的三级标题样式生成 Word 说明书后，导航栏中会出现页面说明的名称。

（4）包含页面交互：勾选该选项，则生成的 Word 说明书中会包含在页面中添加的交互信息，通过"标题部分"可以输入页面交互的名称。勾选"使用标题基本样式"选项，页面交互样式的名称将使用 Axure RP 自带的标题基本样式，采用这种样式的名称不会出现在说明书中的导航栏中；如果不勾选"使用标题基本样式"选项，则生成 Word 说明书后，页面交互的名称会出现在说明书中的导航栏中。

（5）包含在页面/母版中使用的母版列表：勾选该选项，在生成的 Word 说明书中，页面部分或母版部分中都会出现使用母版情况的说明。

（6）包含母版使用情况报告（仅限于母版）：勾选该选项，在生成的 Word 说明中的母版部分中会列出每个母版的使用情况报告。

（7）包含动态面板和中继器：勾选该项后，生成的 Word 说明书会包含动态面板和中继器的文字说明。

5. 【快照】

（1）包含快照：勾选该项，则生成的 Word 说明书中会包含 Axure RP 原型中每个页面的快照。

（2）快照标题：为生成的屏幕快照命名，默认名称为"用户界面"。

（3）快照中显示脚注：勾选该选项，则生成 Word 说明书之后，在原型的快照图片上会显示脚注标号，如果不选该项，则快照中不会显示脚注标号。

（4）显示快照边框：勾选该项，则说明书中的快照会显示一个黑色边框。

（5）脚注不随快照缩放：如果不选择该项，则当输出的 Word 说明书使用较大的页面版面（如 A3 纸等）时，脚注编号会变大一些，当输出的说明书使用较小的页面版面（如 32 开等）时，脚注编号会变小一些。如果勾选"脚注不随快照缩放"选项，则无论输出的说明书使用多大的尺寸，蓝色脚注都保持固定的尺寸。

（6）应用默认页面载入时和元件载入时用例：如果使用了页面的【页面载入时】事件和元件的【载入时】事件，勾选该选项后，在生成的 Word 说明书中会显示载入的效果。

（7）包含子菜单：如果在原型中使用了 Axure RP 自带的经典菜单元件，那么选择“包含子菜单”选项会生成展开菜单的快照。如果不选择“包含子菜单”选项，则不会在快照中显示展开的菜单内容。

（8）包含展开的树状菜单：如果在原型中使用了 Axure RP 自带的树状菜单元件，那么选择“包含展开的树状菜单”选项会生成展开树状菜单的快照。如果不选择“包含展开的树状菜单”选项，则不会在快照中显示展开的树状菜单内容。

（9）在内联框架中显示默认页面：如果 RP 页面中应用了内联框架且内联框架引用了页面或者指定了链接内容，则勾选该项后会在说明书中显示框架中的内容。

（10）不使用背景样式：如果在原型中使用页面的【样式】子面板中的参数设置了页面背景样式（如设置了背景色或者背景图案等），则勾选此项后，在 Word 说明书中不会出现设置的背景。

（11）不使用草图效果：如果在页面的【样式】子面板中设置了草图效果，则勾选该项后，在生成的 Word 说明书中，快照不会使用草图效果。如果不选择该项，则说明书中的快照会按照页面样式中的草图设置保留快照效果。

（12）最大宽度相对于页面/列宽度的比例：该选项用来控制 Word 说明书中快照的宽度。如果 Word 说明书中的布局是单列，则以页面的宽度作为参照，如果将比例设置为 50%，则快照的宽度占页面宽度的一半。如果 Word 说明书中的布局是等宽的双列，则以单列的宽度作为参照，如果将比例设置为 50%，则快照的宽度占页面宽度的四分之一。

（13）最大高度相对于页面高度的比例：该选项用来控制 Word 说明书中快照的最大高度，该选项在需要滚屏的原型中非常有用。

（14）允许跨页时分割快照：如果原型中的一个页面放置的内容非常多，需要向下滚屏方可显示完整，那么在输出的 Word 说明书中，其快照可能被等比缩放在一个页面中，这样做的结果会使快照中的内容变得很小，以致于很难让人看清。在这种情况下，如果勾选“允许跨页时分割快照”选项，则可以让需要滚屏的大尺寸快照显示在多个页面中。

6. 【自适应视图】

该栏参数可以控制在生成的 Word 说明书中哪些自适应视图生成快照，默认状态下，程序将生成所有自适应视图的快照。可以从列表中自定义要生成快照的自适应视图。

7. 【元件表】

该栏参数提供了许多配置功能，可以管理 Word 说明书中包含的元件说明信息。

（1）包含元件表：只有选择该选项，后面的选项才可以继续设置。如果没有选择该项，则在 Word 说明书中不会生成元件表。

Axure RP 允许添加任意数量的元件表并输出到 Word 说明中，只要单击“添加”链接就可以创建，当然，单击“清除”链接可以删除创建的元件表。

（2）表格标题：在右侧的文本框中可以输入元件表的名称。例如，创建两个元件表，一个命名为“重要说明”，另一个命名为“一般说明”。

（3）选择和指定列：在下面的列表中会列出所有元件的说明字段。

由于每个说明字段在生成的 Word 说明书中都会单独占据一列，所以，如果字段比较多，在说明书中每个列的宽度就较小，从而可能会导致阅读困难。针对这种情况，可以将字段内容分成多个元件表格来展示，也就是单击上面介绍的“添加”链接创建多个元件表格。

（4）行过滤器：对出现在 Word 说明书中的元件表格内容进行过滤筛选。

（5）只包含有脚注的元件：包含有脚注的元件就是在元件右上角带有蓝色标号标志的元件。默认状态下，Axure RP 在输出 Word 说明书时选择了该选项，这样在生成的 Word 说明书中的元件表格中只列出了带有脚注的元件。如果不选择“只包含有脚注的元件”选项，则说明书中的元件表会包含未添加脚注的元件。

(6)删除只有脚注和标签数据的行：在原型中可能存在这样的现象：选择某个元件添加一个用例，而用例中什么也没有。在这种情况下，如果未勾选“删除只有脚注和标签数据的行”选项，则会在 Word 说明书中将这些内容列在元件表格里；如果勾选该项，则元件表格中不会列出这样的脚注。另外，还可以按脚注标号、名称、交互、说明、元件提示等对出现在元件表格中的内容进行过滤和筛选，只要在过滤器下方选择要筛选的依据并在右侧输入具体的内容即可。

(7)列过滤器：对元件表中的列进行过滤。如果选择“删除空列”选项，则会在元件表中删除没有内容的空列；如果未选择“删除空列”选项，则元件表中会保留这些空列。

(8)列标题：单击右侧的“显示”链接可以显示隐藏的列标题内容并可以重新命名。

(9)允许跨页断行：当说明书中的元件表格内容太多需要跨页显示时，该选项非常有用。不勾选该选项时，一个单元格中的内容是不允许跨页显示的，也就是必须在一个单元格中显示完整，如果无法在一页的末行显示完整，则会将整行内容移动到下一页开始的位置显示出来。如果勾选“允许跨页断行”选项，则在一页的末行内容放不下时，会自动断开将内容移动到下一页的单元格中，毫无疑问，这种方式非常不便于阅读。

8. 【布局】

设置该栏中的参数可以将生成的说明书分成单列显示成双列显示，默认状态下生成的说明书单列显示。

9. 【Word 母版】

设置该栏中的参数，可以编辑、导入和创建新的 Word 母版，而且可以将 Word 中的样式与 Axure RP 中的样式一一对应。如果要编辑当前使用的 Word 母版，则可以单击“编辑”链接，启动 Word 程序，可以根据需要设置 Word 母版的内容，例如，可以输入中文的内容，将原来的英文替换掉或者改变 Word 文档的大小等，设置完成后保存 Word 母版即可。如果还有其他的 Word 母版，则可以单击“导入”链接将其导入进来，这样在生成 Word 说明书时会采用新导入的母版。如果要新建一个 Word 母版，则可以单击“新建模板”链接。

(1)使用 Word 内置样式：Word 说明书中的各级标题和文字将采用 Word 内置的样式设置。

(2)使用 Axure 默认样式：Word 说明书中的各级标题和文字将采用 Axure 默认的样式设置。这些样式设置在【元件样式编辑器】对话框中可以找到。

设置上面各项参数之后，就可以输出 Word 格式的说明书了，当然，可以继续在 Word 程序中适当修改和编辑原型说明书，使之更加美观和便于阅读。

14.3 发布原型

无论 Axure RP 生成的交互原型发布到何处，其实质都是一样的，那就是 Axure RP 所做的原型都是由 HTML+CSS+JavaScrip 构成的网站。

14.3.1 将原型发布到本地

前面已经学习了如何在 Axure RP 中输出 Word 格式的说明书文件，现在再来学习如何使用 Axure RP 输出 HTML 格式的网页文件。

Axure RP 在本地输出网页文件方法是：执行【发布】→【生成 HTML 文件】（F8）命令或者在样式工具栏中单击【HTML】按钮，打开如图 14-32 所示的【生成 HTML】对话框。

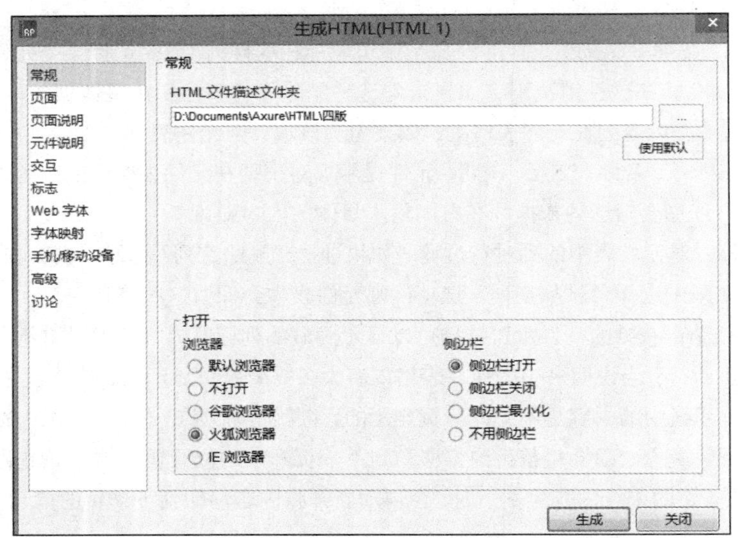

图 14-32 【生成 HTML】对话框

1. 【常规】

该栏参数主要指定 HTML 文件存放的位置以及使用哪个浏览器预览网页。

2. 【自适应视图】

该栏参数可指定在网页中显示哪些自适应视图，默认状态下，将在网页中输出所有设置的自适应视图。

3. 【页面】

该栏参数可以指定在网页中包含原型的哪些页面，默认状态下，将在网页中包含原型中的全部页面。

4. 【页面说明】

该栏参数可以指定在网页中包含哪些页面说明的内容，默认状态下，将在网页中包含原型页面中添加的全部说明。

显示页面说明名称：页面说明是指在页面的【说明】子面板中添加的页面说明文字，页面说明名称则是指如图 14-33 所示的圈红的名称。选择“显示页面说明名称”选项，则在生成的网页文件中的侧边栏就会列出这些名字，如图 14-34 所示。

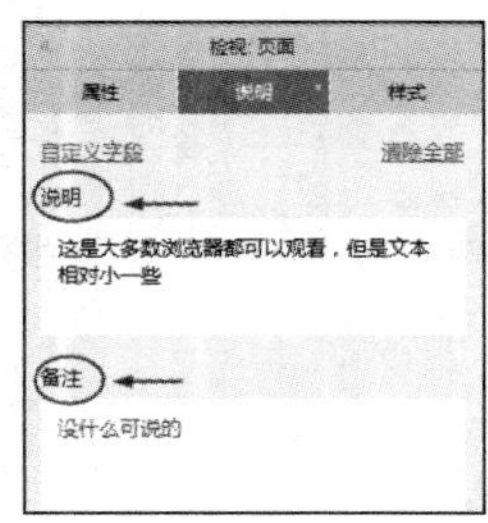

图 14-33 页面说明名称

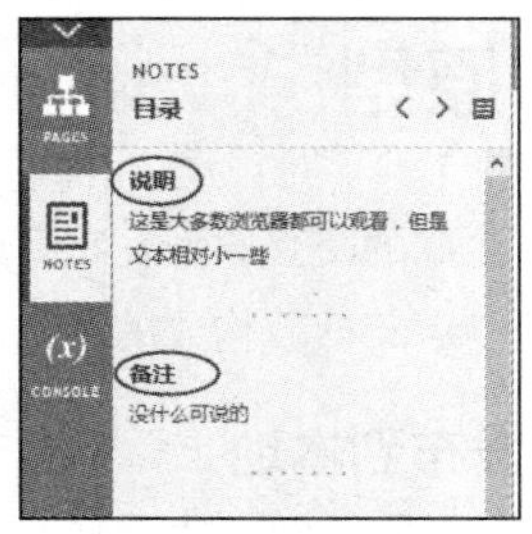

图 14-34 侧边栏中的页面说明名称

如果不选择“显示页面说明名称”选项，则在生成的网页文件中的侧边栏不会列出这些名字。

5. 【元件说明】

该栏参数主要用于设置在网页中的元件说明选项。默认状态下，网页中包含原型中的所有元件说明内容。

（1）包含元件说明脚注：选择该项后，在生成的网页中可以看到表示元件说明脚注的图标。如果不选择“包含元件说明脚注”选项，则在生成的网页中不会显示这些标志。

（2）使用名称作为说明标志：勾选该项后，网页中的元件说明脚注图标会变成该元件的名称，如果不勾选该选项，则网页中的元件说明脚注将以蓝色图标显示，这也是默认的显示方式。

（3）在侧边栏中包含元件说明：勾选该项，在网页的侧边栏中会显示元件的说明文字。如果不勾选该项，则网页侧边栏中不会显示元件的说明文字。

6. 【交互】

该栏中的参数可以控制原型中的交互在网页中的显示方式，参数如图 14-35 所示。

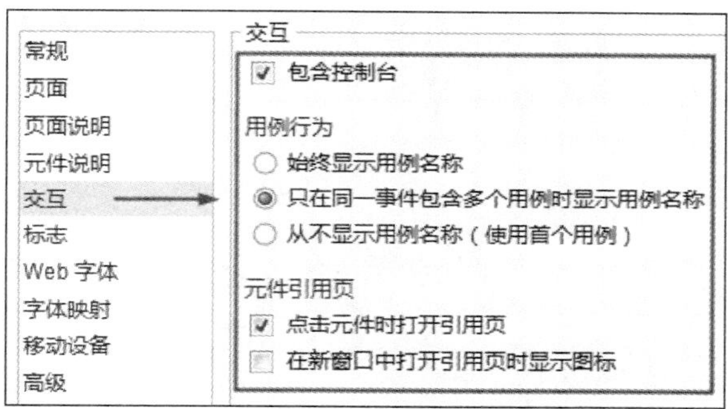

图 14-35　交互参数栏

（1）包含控制台：勾选该项，在生成的网页后，浏览器的侧边栏会显示 CONSOLE（控制台）项，在该项中，可以显示页面中的交互内容，如图 14-36 所示。如果不勾选“包含控制台”选项，则网页浏览器中不会出现 CONSOLE（控制台）项，如图 14-37 所示。

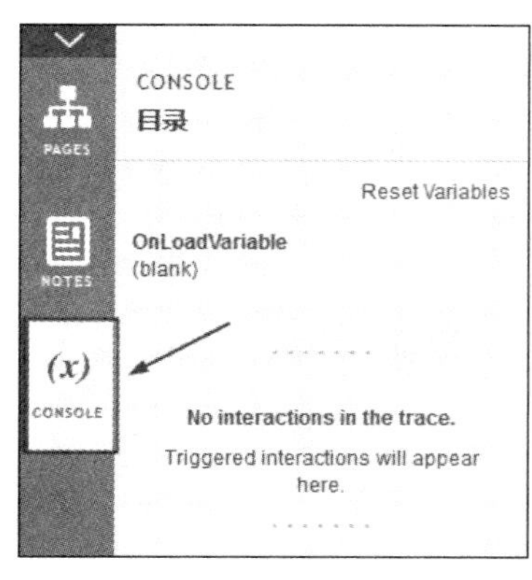

图 14-36　侧边栏显示控制台

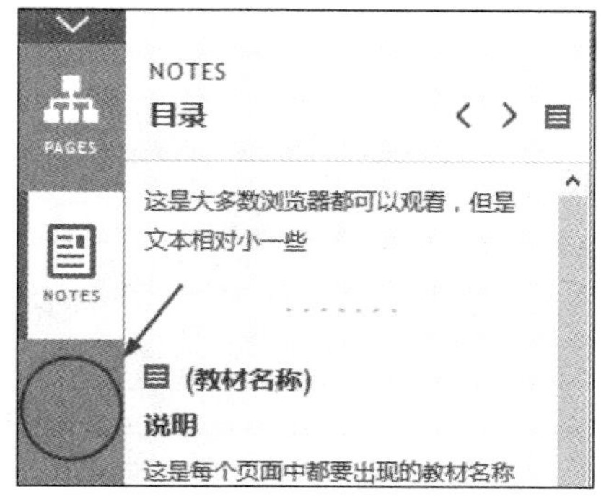

图 14-37　侧边栏不显示控制台

（2）用例行为：该栏参数主要控制在浏览器中是否显示用例名称。例如，对一个元件添加了两个用例，如图 14-38 所示。

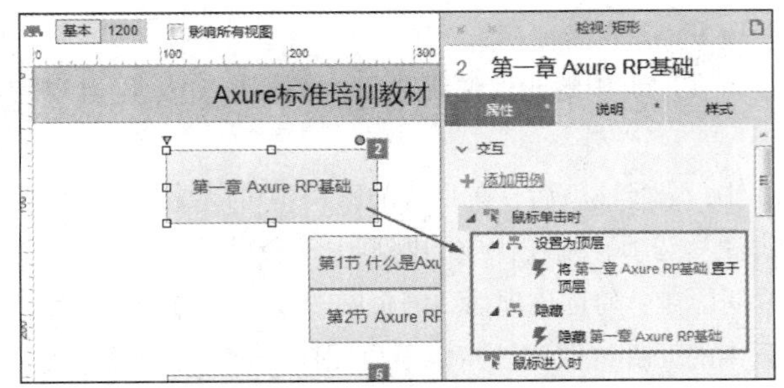

图 14-38　一个元件添加两个用例

针对元件中添加的用例，下面 3 个选项的含义如下。

始终显示用例名称：无论元件中的事件添加了多少个用例，在浏览器中预览网页时，当鼠标和元件进行交互时，都将弹出针对该元件事件的用例，如图 14-39 所示。

只在同一事件包含多个用例时显示用例名称：勾选该项后，如果在同一个元件中的同一个事件中添加了多个用例，则使用鼠标和该元件交互时会弹出这些用例名称，如果在一个事件中只包含了一个用例，则不会弹出用例名称，如图 14-40 所示。

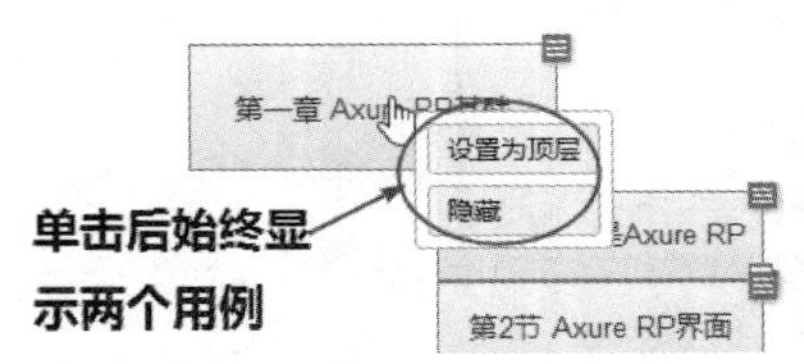

图 14-39　一个元件添加两个用例

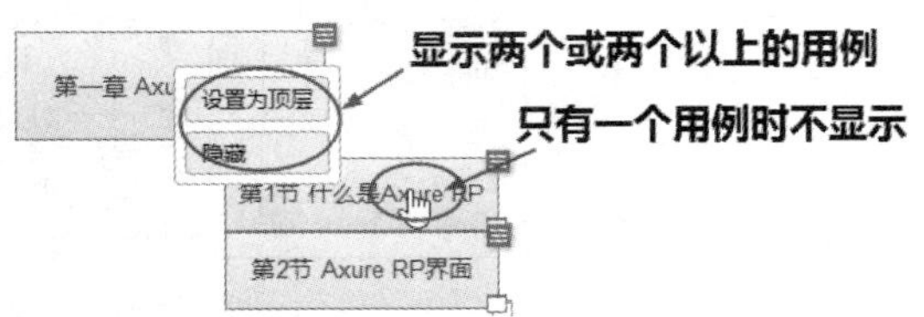

图 14-40　一个元件添加两个用例

从不显示用例名称：无论元件添加多少个用例，使用鼠标和元件交互时，都不显示用例，如果一个元件有多个用例，则默认执行的是第一个用例。

（3）元件引用页：该栏中的两个参数可对引用页进行控制。生成引用页最简单的方法就是从【页面】面板中将某个页面图标拖曳到页面中，默认状态下，生成引用页的元件是矩形，如图 14-41 所示。

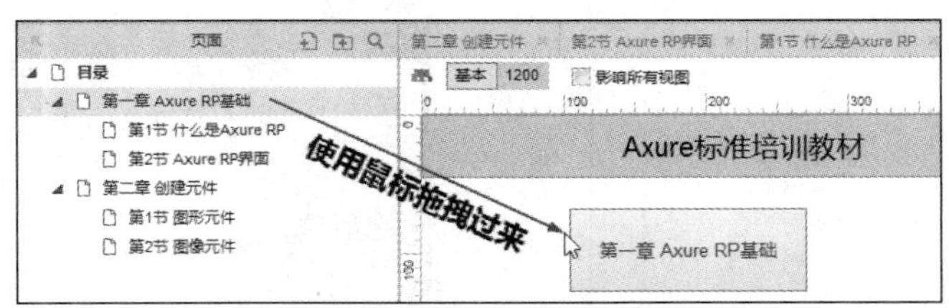

图 14-41　生成引用页

点击元件时打开引用页：勾选该项时，在网页浏览器中单击某个元件，如果该元件使用了引用页，则会打开引用的页面，如图 14-42 所示。如果不勾选该项，则单击元件时不会打开引用页，如图 14-43 所示。

图 14-42　单击按钮会打开引用页　　　图 14-43　单击按钮不会打开引用页

在新窗口中打开引用页时显示图标：勾选该选项会在元件图标的右下角显示一个表示在新窗口中打开引用页的图标，单击该图标会在新窗口打开引用页。

7. 【标志】

可在浏览器侧边栏中设置要显示的标志图像和标题文字。

标志：勾选该选项，可以在网页的侧边栏上显示指定的标志，单击【导入】按钮可以指定什么样的图像作为标志，单击【清除】按钮可以清除导入的标志。

标题：勾选该选项，可以在下方的文本框中输入作为标题的文本。

预览网页时，导入的标志图像和输入的标题文本将出现在网页侧边栏标志图像的下方。

8. 【Web 字体】

所谓 Web 字体，就是把放在网络上的一个字体文件嵌入当前网页上，客户端浏览该网页时，字体显示效果就像本机安装的效果一样。使用这种方法可以让在互联网中显示的网页文件正确地显示比较特殊的字体，而无需将特殊字体设置成图片格式。Web 字体栏参数如图 14-44 所示。

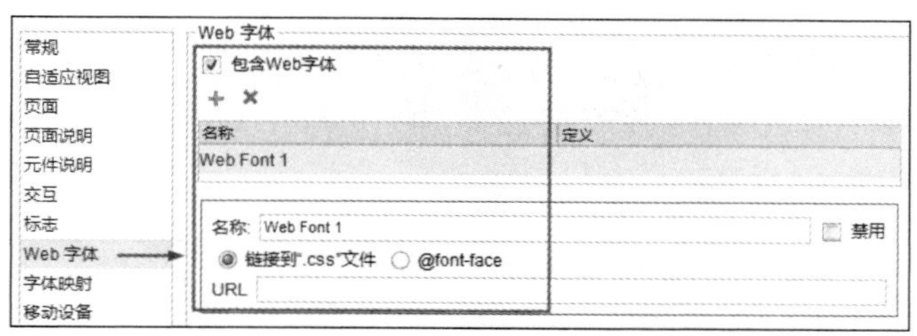

图 14-44　Web 字体参数

（1）包含 Web 字体：只有勾选该项，下方设置的 Web 字体方有效。单击+按钮可以在下方添加定义的 Web 字体，单击✖按钮可从下方列表中删除选择的 Web 字体。

（2）名称：输入 Web 字体的名称，该名称将来要在样式工具栏中的字体列表中使用，不要使用中文定义 Web 字体名称。

（3）禁用：勾选该选项后，被禁用的 Web 字体会应用于网页原型中，也就是 Web 字体会失去效果。

（4）链接到“.CSS”文件：可以通过 CSS 样式表设置 Web 字体，在下方的 URL 地址栏中可以输入 CSS 文件的相对路径或绝对路径。

下面学习如何设置 CSS 字体文件。

首先在 Axure RP 中为一段文本指定一款比较特殊字体，如“汉仪秀英体简”，该款字体效果如图 14-45 所示。

图 14-45　在 Axure RP 中指定特殊字体

如果你的电脑中没有安装秀英体，那么就会影响网页原型最终显示的效果。有什么方法可以让没有安装秀英字体的电脑准确显示网页原型的效果呢？接下来就来解决这个问题。现在只需要输入文本，无需关注使用了什么字体，当然，默认状态下，Axure RP 会使用 Arial 字体，如图 14-46 所示。

图 14-46　在 Axure RP 中输入文本

现在，需要找一个能提供 Web 字体的网站，比较著名的是"谷歌字体"，它的网址是：www.google.com/fonts，但自从谷歌公司 2010 年 3 月退出中国大陆市场后，就没有再在中国大陆开展业务，所以目前我们无法使用这个网站上的字体内容，况且谷歌字体对中文的支持力度并不理想，毕竟是个洋玩意儿。在国内，有一家名为"有字库"网站可以帮助我们获取 Web 字体的相关代码，它的网址是：http://www.youziku.com。登录该网站后，需要先注册会员，然后在搜索框中输入"秀英"两个字进行搜索，搜索结果会显示在下面，如图 14-47 所示。

单击【使用】按钮，弹出一个新的界面，在该界面中单击"CSS 模式"，然后在下方输入要使用秀英体的文本，如图 14-48 所示。

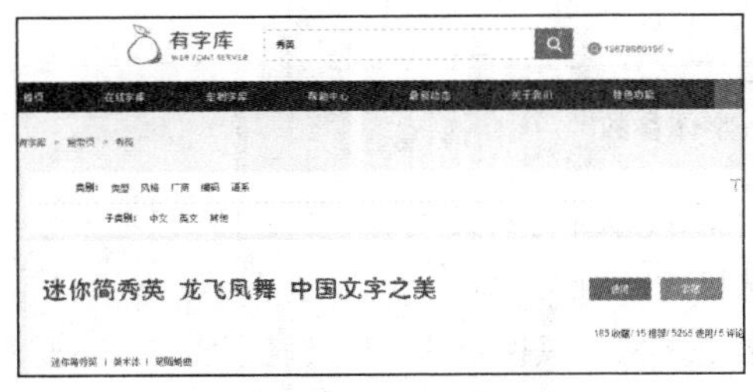

图 14-47　搜索到的字体

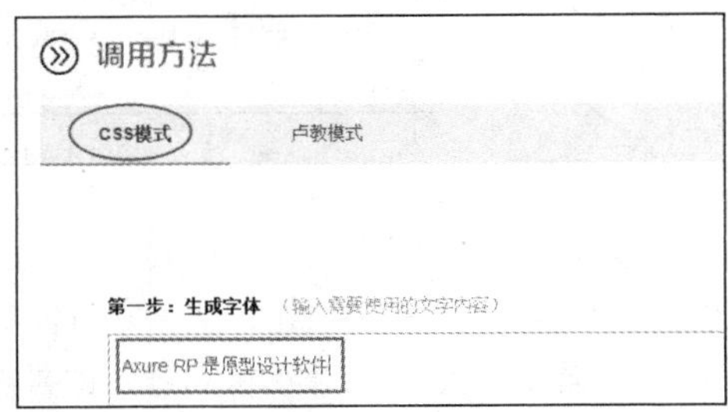

图 14-48　在 CSS 模式中输入文本

输入完毕后，单击下方的【生成】按钮，即可生成相关代码，从代码中可以看到 CSS 文件所在的目录位置，如图 14-49 所示。

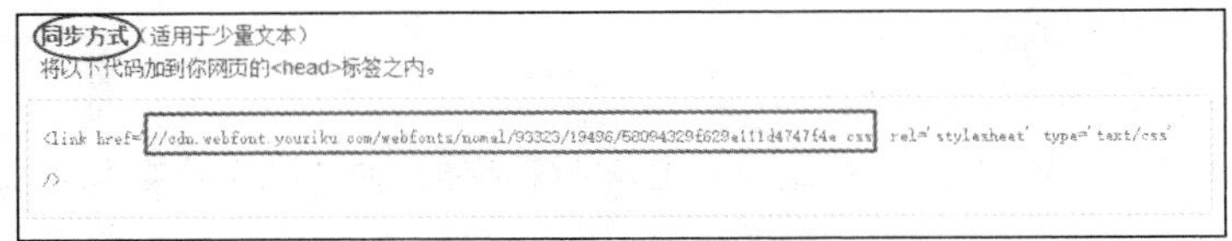

图 14-49　生成的代码中包含 CSS 文件路径位置

图 14-49 中显示的 CSS 文件的代码位置如下。

//cdn.webfont.youzikul.com/webfonts/nomal/93323/19496/58094329f629e111d4747f4e.css

将该代码复制到网页浏览器中浏览可以看到 CSS 代码完整的内容，这就是我们需要的 CSS 文件，如图 14-50 所示。

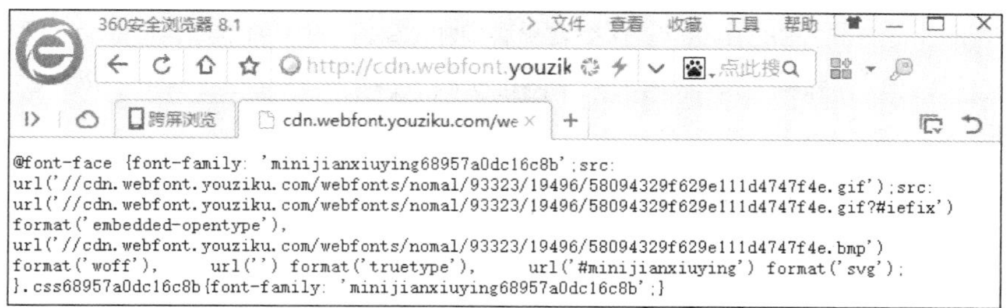


```
@font-face {font-family: 'minijianxiuying68957a0dc16c8b';src:
url('//cdn.webfont.youziku.com/webfonts/nomal/93323/19496/58094329f629e111d4747f4e.gif');src:
url('//cdn.webfont.youziku.com/webfonts/nomal/93323/19496/58094329f629e111d4747f4e.gif?#iefix')
format('embedded-opentype'),
url('//cdn.webfont.youziku.com/webfonts/nomal/93323/19496/58094329f629e111d4747f4e.bmp')
format('woff'),    url('') format('truetype'),    url('#minijianxiuying') format('svg');
}.css68957a0dc16c8b{font-family: 'minijianxiuying68957a0dc16c8b';}
```

图 14-50　CSS 代码内容

另外，还要注意现在网页浏览器地址栏中的地址在我们复制的地址前面自动添加了“http:”，如图 14-51 所示。

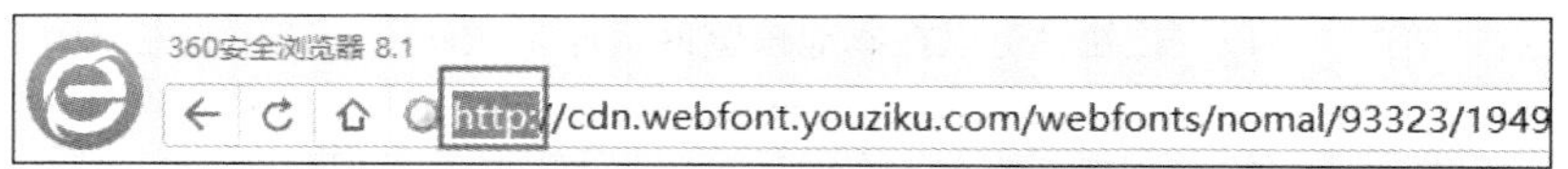

图 14-51　自动添加的“http:”

这个网址后面会用到，而且要一并使用自动添加的“http:”。

从 CSS 代码中可以看到，Web 字体名称是“minijianxiuying68957a0dc16c8b”，如图 14-52 所示。

```
@font-face {font-family:
'minijianxiuying68957a0dc16c8b';src:
url('//cdn.webfont.youziku.com/webfonts/nomal/93323/
19496/58094329f629e111d4747f4e.gif');src:
url('//cdn.webfont.youziku.com/webfonts/nomal/93323/
19496/58094329f629e111d4747f4e.gif?#iefix')
```

图 14-52　Web 字体的名称

虽然该字体的名称过长，不便于记忆，但是只能使用这个名称，无法更改。现在需要将该字体名称复制下来，然后在 Axure RP 中选择输入的文字并将复制的字体名称粘贴到样式工具栏的字体下拉列表框中，再按回车键确认，如图 14-53 所示。

图 14-53　给文本指定字体

提示

虽然指定了字体名称，但是由于本地电脑中没有安装秀英体或秀英体在本地电脑中根本就不叫“minijianxiuying68957a0dc16c8b”，所以现在的文本字体并没有发生变化。

按【F8】键打开【生成 HTML】对话框，在【Web 字体】栏中新建一个 Web 字体并将其命名为“minijianxiuying68957a0dc16c8b”，这个名称必须和 CSS 代码中的字体名称一致，然后选择“链接到 CSS 文件”选项，并将 CSS 代码的完整网址从网页浏览器地址栏复制到 URL 文本框中，如图 14-54 所示。

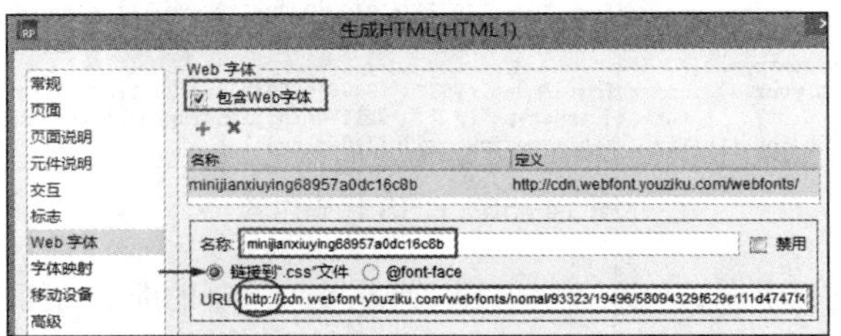

图 14-54　Web 字体参数设置

设置完成后，单击“生成”按钮，可以在本地预览网页原型文件，无论你的电脑中是否安装秀英字体，打开网页浏览器后都能看到真实的秀英字体效果，如图 14-55 所示。

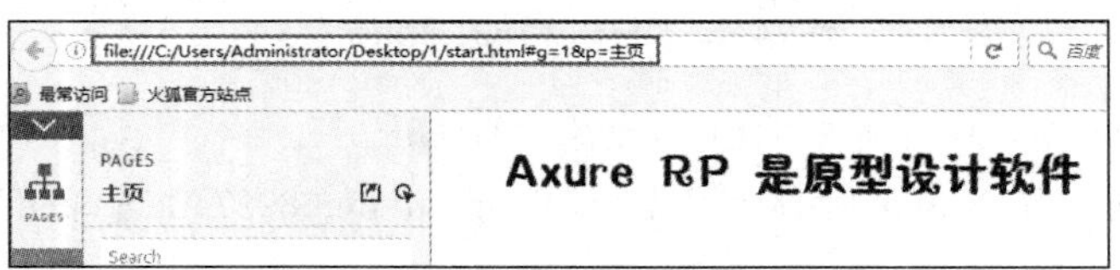

图 14-55　在本地预览字体效果

也可以将这个网页原型文件发布到 Axure Share 进行在线预览，同样会显示真实的秀英字体效果，如图 14-56 所示。

@font-face：选择该选项，可以将互联网中的 CSS 代码复制过来或者输入自定义的 CSS 代码。例如，可以将图 14-50 中的 CSS 代码内容复制过来，和前面的 URL 设置一样，需要在每个“//”前面添加“http:”，如图 14-57 所示。

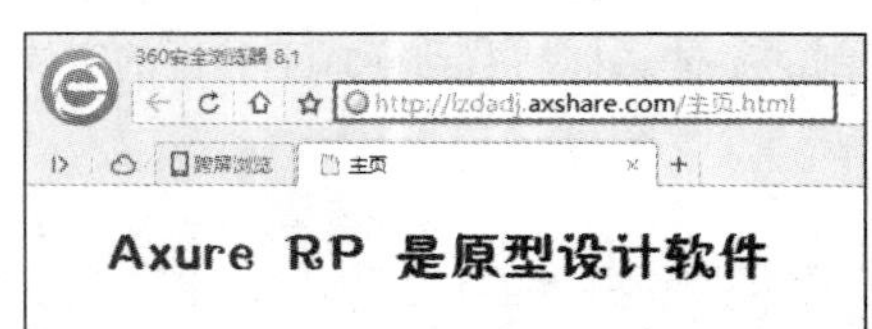

图 14-56　在 Axure Share 中预览字体效果

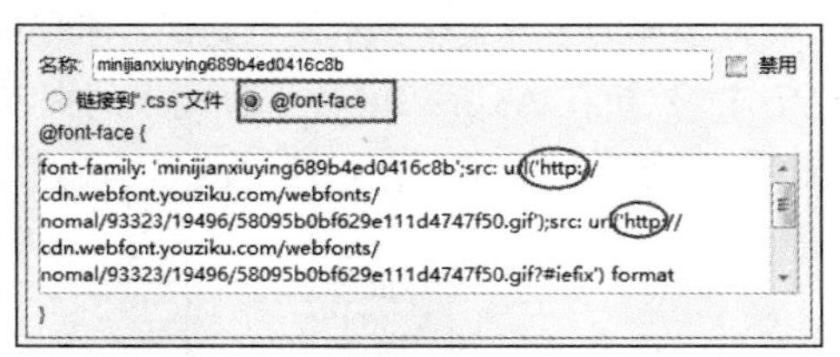

图 14-57　搜索到的字体

按【F5】键预览即可看到秀英字体的真实效果。除了使用其他 Web 字体网站的 CSS 代码外，还可以将特殊字体复制到网页输出文件夹中，然后自己编写 CSS 文件或者代码，以显示正确的特殊字体，当需要在其他电脑上预览网页原型时，只需要将整个网页文件夹一起复制过去，而无需再安装这些字体，即可显示正确的字体效果。如果要将 CSS 字体文件放在本地的网页文件夹中，则需要进行下面的操作：首先在【样式工具栏】中给输入的文本指定一个字体名称，如输入“xiuying”，如图 14-58 所示。将使用的后缀为 TTF 的字体也命名为“xiuying”，然后将其放在网页文件原型所在的文件夹中，如图 14-59 所示。

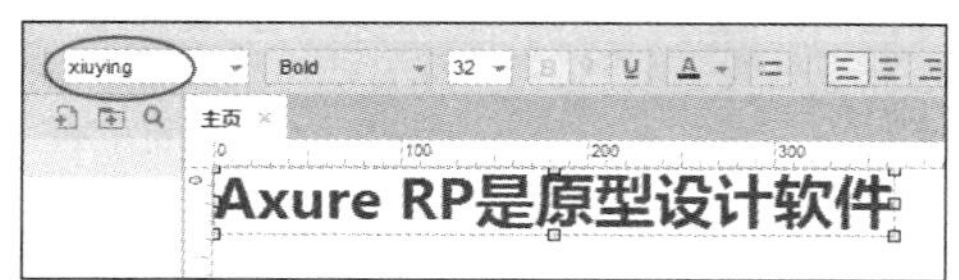

图 14-58　自定义字体名称

图 14-59　将命名的字体复制到网页文件夹中

打开记事本程序并输入如图 14-60 所示的代码。

Font-family 后面的 xiuying 表示 Web 字体名称，这个也必须和前面定义的字体名称一致；url 后面的 xiuying.ttf 表示 Web 字体使用的字体是 TrueType，而且该字体位于网页文件输出文件夹的根目录中；format 后面的 truetype 表示字体格式是 TTF 字体。

图 14-60　自定义代码

本例使用的是 TTF 字体，字体效果显示正常，如果使用其他类型的字体可能就会出现问题，具体请参阅相关书籍关于 CSS 代码的说明。

将编辑好的记事本文件另存为“xiuying.css”，注意在保存类型中选择“所有文件”，如图 14-61 所示。

图 14-61　保存为 CSS 文件

将保存的“xiuying.css”文件存放到网页原型文件夹的根目录中，使其位置与 CSS 文件中的 URL 路径位置一致，如图 14-62 所示。

按【F8】键打开【生成 HTML】对话框，在【常规】栏中将 HTML 文件存放到网页原型文件夹中，如图 14-63 所示。

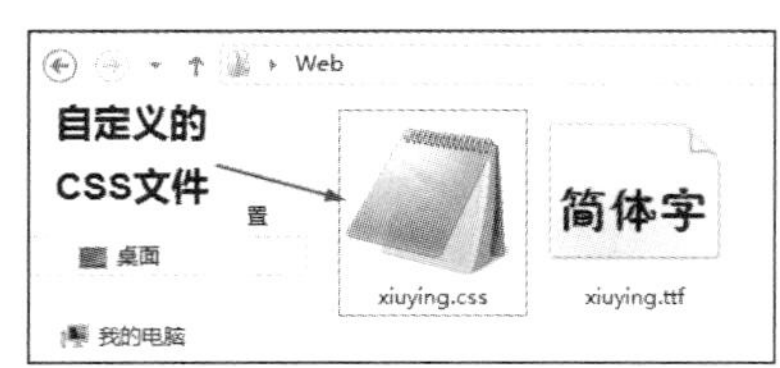

图 14-62　保存的自定义 CSS 文件

图 14-63　指定网页输出位置

在【Web 字体】栏中新建一个 Web 字体并将其命名为“xiuying”，这个名称必须和命名的字体名称一致，然后选择“链接到 CSS 文件”选项，在 URL 文本框中输入“xiuying.css”，如图 14-64 所示。

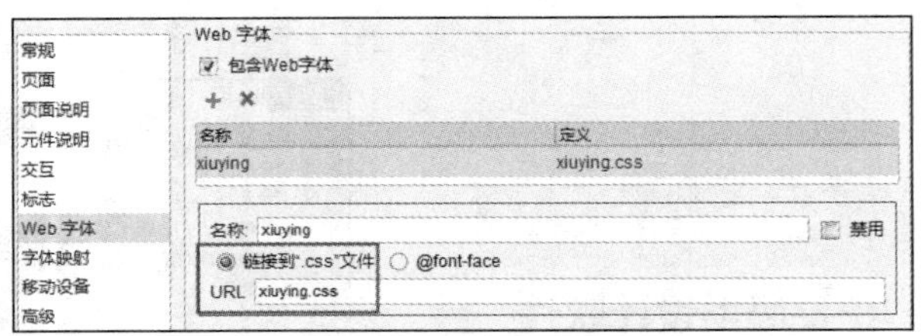

图 14-64 设置 Web 字体

单击【生成】按钮，即可输出 HTML 文件，在网页原型文件夹 Web 中可以看到输出的网页文件、文件夹以及在前面步骤中复制的字体和自定义的 CSS 文件，如图 14-65 所示。

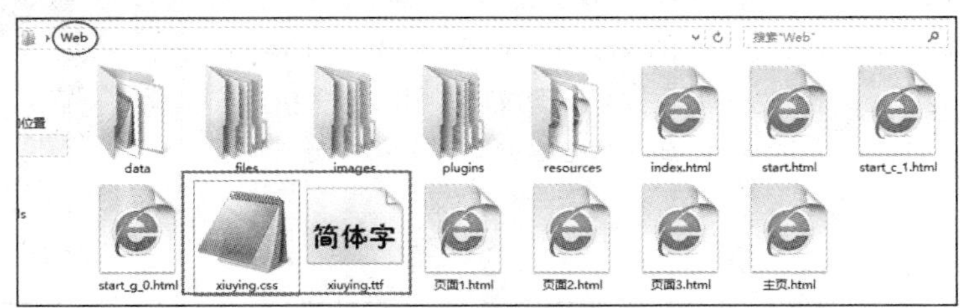

图 14-65 网页文件夹中的文件

现在如果没有自动打开浏览器预览网页效果，则可以双击网页文件夹中的“start.html”进行预览，预览效果如图 14-66 所示。

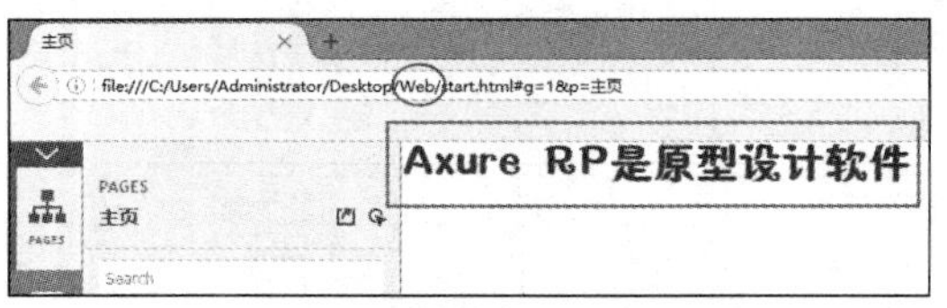

图 14-66 预览的字体效果

因为上面的操作是将 CSS 文件放在网页文件夹 Web 的根目录下，所以在 CSS 文件中指定 CSS 文件的 URL 时直接使用了“xiuying.css”。如果将 CSS 文件放在网页文件夹中的某个子文件夹中，又该如何设置 URL 呢？

下面首先在网页原型文件 Web 中建立一个“css”子文件夹并将“xiuying.css”文件移动到该子文件夹中，如图 14-67 所示。

对此，只需要修改两项即可解决这个问题：一项是修改 CSS 文件代码中的 URL，另一项是修改 Web 字体 URL 路径。

打开“css”子文件夹中的“xiuying.css”文件，在 url 后面的括弧中将原来的“xiuying.ttf”改为“../xiuying.ttf”，如图 14-68 所示。

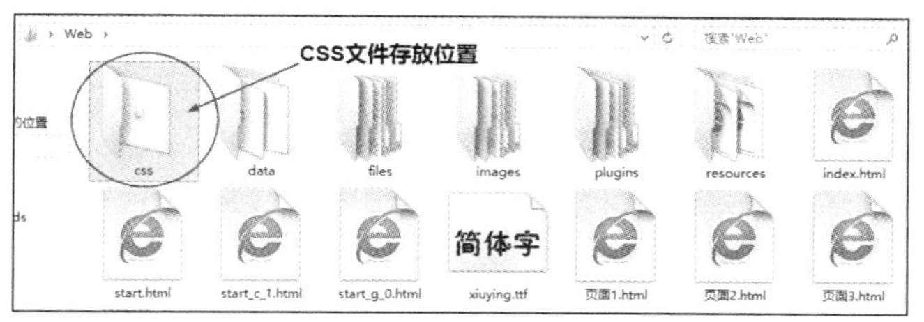

图 14-67　将 CSS 文件放在子文件夹中

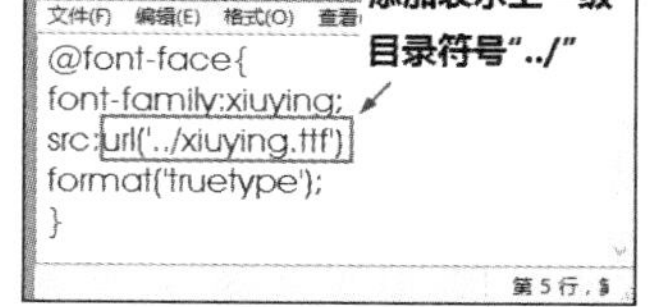

图 14-68　在 CSS 代码中修改 URL

“../xiuying.ttf”表示“xiuying.ttf”文件位于上一级目录中，情况的确如此，“xiuying.ttf”字体文件就是在 css 文件的上一级目录中。在【生成 HTML】对话框中，将 URL 由原来的“xiuying.css”也改为“css/xiuying.css”，如图 14-69 所示。

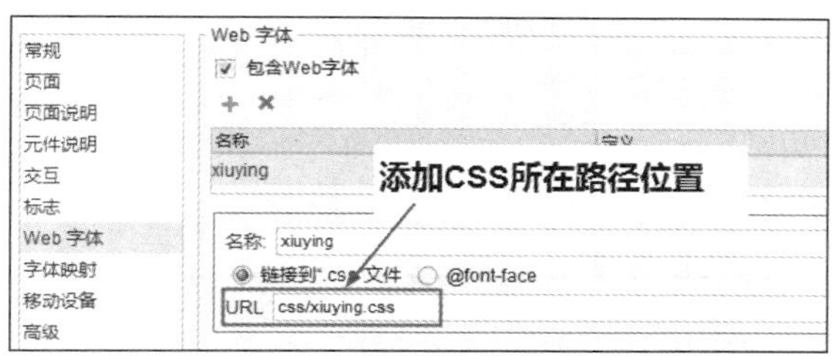

图 14-69　重新制定 URL 路径

通过上面的修改，现在可以预览网页文件了，预览效果同前面一样。当然，也可以选择“@font-face”选项，在下面输入 CSS 代码。仍用上面练习的 RP 文件为例进行操作。在网页输出文件夹 Web 中，将创建的“xiuying.css”文件删除，按【F8】键，在打开的【生成 HTML】对话框中选择 Web 字体栏中的“@font-face”，然后将图 14-70 所示的 CSS 代码输入文本框中即可。

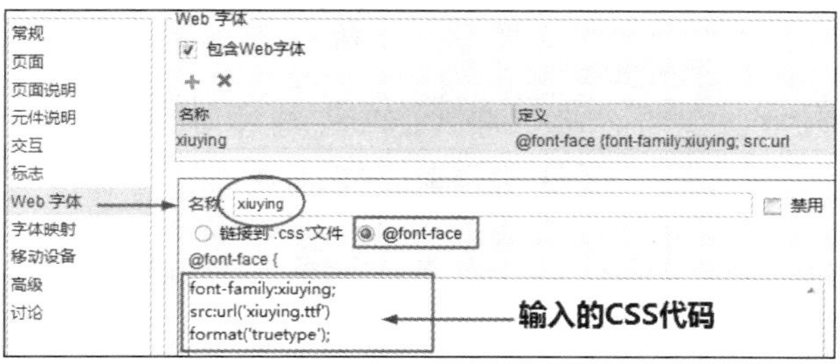

图 14-70　在 Web 字体栏中输入的自定义 CSS 代码

单击【生成】按钮，可以预览与前面相同的文字结果，如图 14-71 所示。

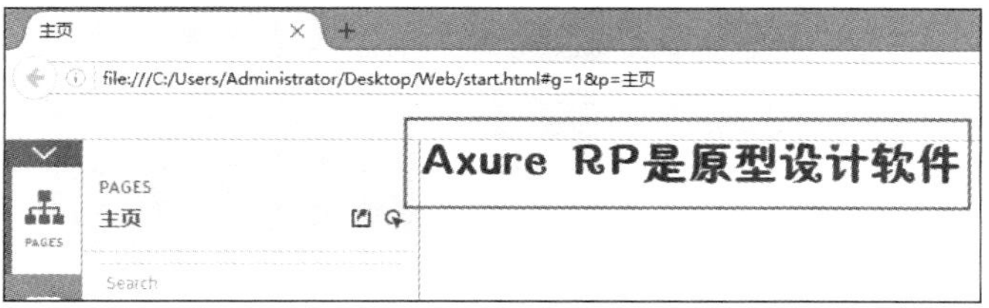

图 14-71　预览网页

9. 【字体映射】

字体映射是指将原型中使用的一些字体替换成 Web 字体。例如，在原型中使用了“宋体”“黑体”，又定义了 Web 字体“ABC”，则通过字体映射功能可以将“宋体”和“黑体”全部映射为“ABC”，预览时，原型中使用“宋体”和“黑体”的文字全部变成“ABC”字体。下面举例说明字体映射的使用方法。在 Axure RP 页面中创建三行文本，第一行使用默认的字体设置，第二行使用“黑体”，第三行使用“宋体”，如图 14-72 所示。

使用本节前面讲到的方法，在有字库网站中搜索“秀英”字体，然后在其 CSS 栏中输入上面的文本，如图 14-73 所示。

图 14-72　在 Axure RP 中输入的文本

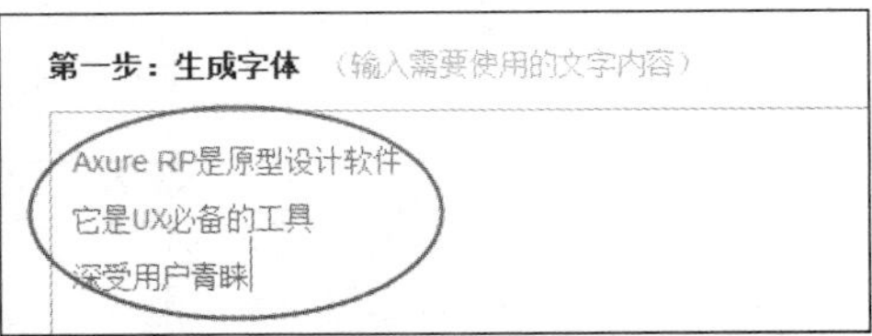

图 14-73　在有字库网站中输入对应的文本

提示

由于中文字体比较大，处理的方式也就有别于英文字体。每次使用 Web 字体时，如果中文文本内容不同，就需要重新生成 CSS 代码。

单击【生成】按钮，即可获得 CSS 文件路径，将该路径复制到浏览器地址栏浏览该文件，如图 14-74 所示。

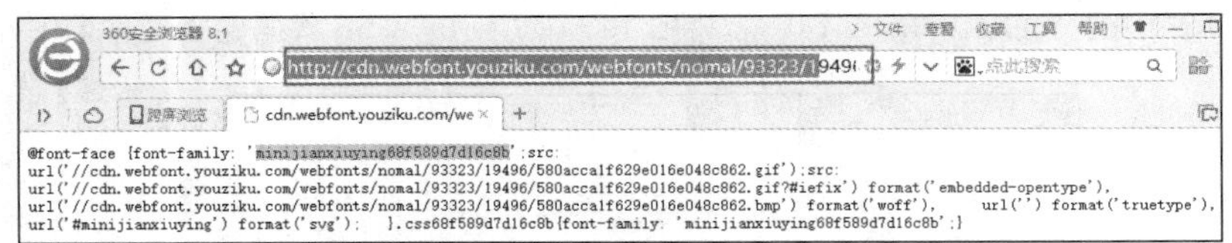

图 14-74　浏览 CSS 文件

接下来使用本节前面讲到的方法先定义一个 Web 字体，根据刚才生成的 CSS 代码可知，Web 字体的名称是“minijianxiuying68f589d7d16c8b”，同时要注意 URL 后面要添加“http:”，如图 14-75 所示。

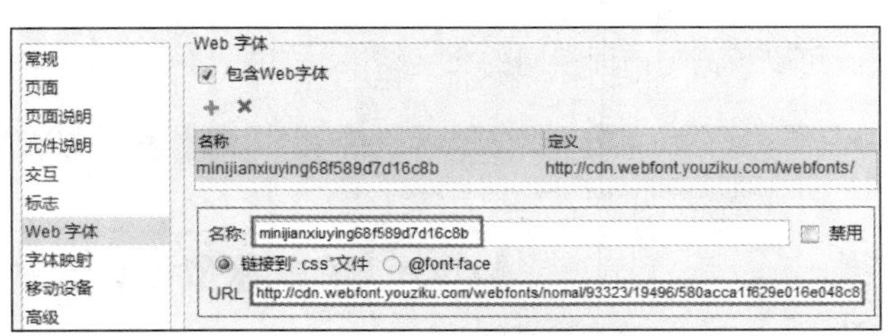

图 14-75　自定义 Web 字体

此时单击【生成】按钮预览网页，则网页中的字体和 Axure RP 中显示的一样，如图 14-76 所示。

图 14-76　预览网页的文字

最后，设置字体映射将三行不同字体全部变成同一种字体效果。按【F8】键，打开【生成 HTML】对话框，在【字体映射】栏中单击三次+按钮，添加三个字体映射，选择每个字体映射，在字体中分别选择默认的 Arial、黑体、楷体，然后在 font-family 中将 Web 字体的名称复制过来，如图 14-77 所示。

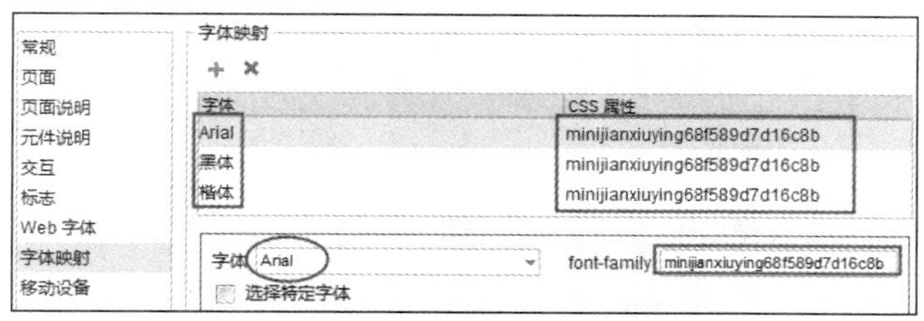

图 14-77　字体映射设置

单击【生成】按钮，即可生成 HTML 文件并进行预览。现在三行文本已经全部变成了相同的秀英字体效果，如图 14-78 所示。

图 14-78　字体映射效果

字体：选择被映射的字体，也就是 Axure RP 中的文字应用的字体。

font-family：选择要映射的字体，也就是定义的 Web 字体。

选择特定字体：只有勾选该项后，下面的三个参数才有效，但要注意该选项主要对英文字体有效，对中文支持效果不够理想。在 Axure RP 中通过字体类型选项设置的文本效果（如斜体、粗体、粗黑等）无法真实地在网页中显示出来，如图 14-79 所示。

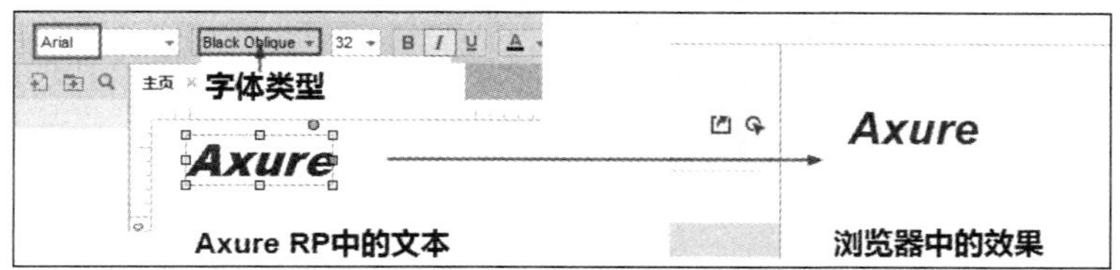

图 14-79　Axure 中的文本与浏览器中的文本显示不一致

为了解决这个问题，可以勾选“选择特定字体”选项，以便让在 Axure RP 中添加了斜体、粗体、粗黑等字体类型的文本在网页预览时对应哪种效果的 CSS 字体。要注意，CSS 虽然也有字体类型的代码，但无法和 Axure RP 中的字体类型完全一致。

字体类型：可选择 normal（正常）、italic（斜体）、oblique（倾斜）oblique 等，这些选项就是样式工具栏字体右侧的类型选项，如图 14-80 所示。

font-weight：可设置的参数有 normal（正常）、bold（加粗）等，或者输入数值。

font-style：可设置的参数有 normal（正常）、italic（斜体）、oblique（倾斜）等。

例如，在 Axure RP 中设置了“Arial 字体”，字体类型为“Negreta cursiva”，如图 14-81 所示。

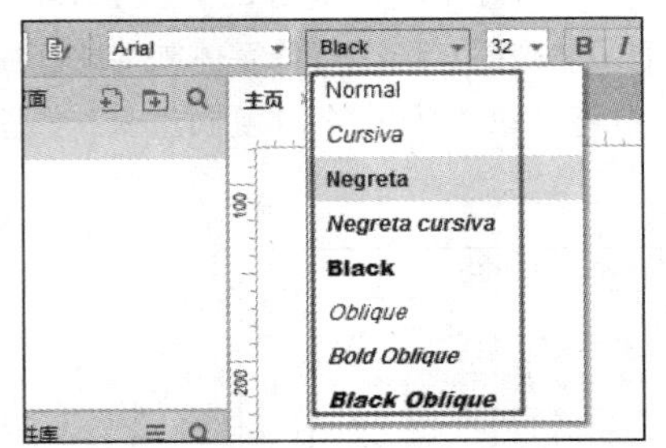

图 14-80　字体类型选项

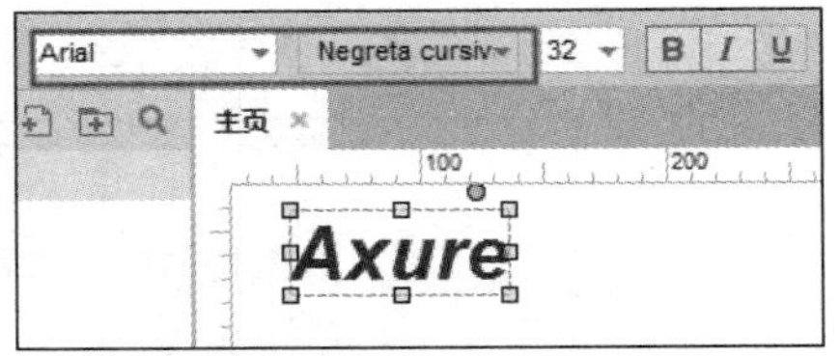

图 14-81　Axure RP 中设置的字体和字体类型

在【字体映射】栏中新建一个字体映射，字体选择“Arial”，在 font-family 文本框中输入 Web 字体“ABC”，勾选“选择特定字体”选项，在【字体类型】下拉列表中选择“Negreta cursiva”，在 font-weight 文本框中输入“Bold”（加粗），在 font-style 文本框中输入“Oblique”，如图 14-82 所示。

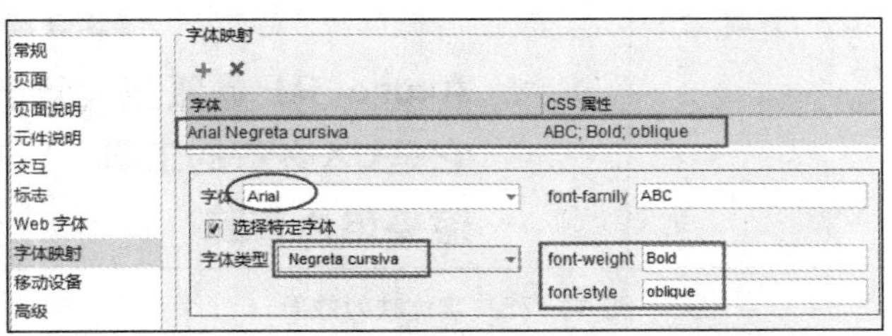

图 14-82　特定字体设置

单击【生成】按钮生成 HTML 文件并预览，可以看到网页浏览器中的字母虽然采用了 Web 字体 ABC，但添加了加粗和倾斜效果。

10. 【高级】

该栏参数主要设置字体单位转换以及是否在网页文件中应用草图设置。

字号以磅为单位代替像素：选择该项，HTML 文件中的字号将以“磅”为单位取代以默认的以“像素”为单位来衡量字号大小。由于默认状态下，Axure RP 将项目的 DPI 设置为 72，对于 Mac 显示器而言，是否勾选“字号以磅为单位代替像素”选项来输出 HTML 文件，对字号大小并无影响；但勾选该项后，输出的 HTML 文件放在 PC 显示器上观看，显示的字号要比在 Axure RP 中显示的字号大一些，如图 14-83 所示。可以执行【项目】→【项目设置】命令改变项目 DPI 的默认设置，如图 14-84 所示。

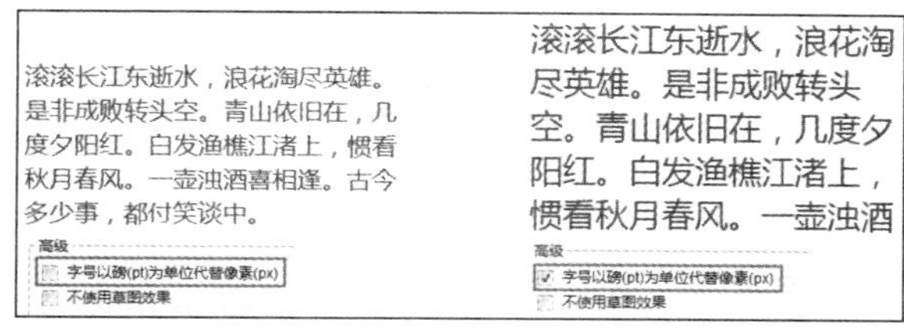

图 14-83　在 PC 显示器中改变字号单位对输出结果的影响

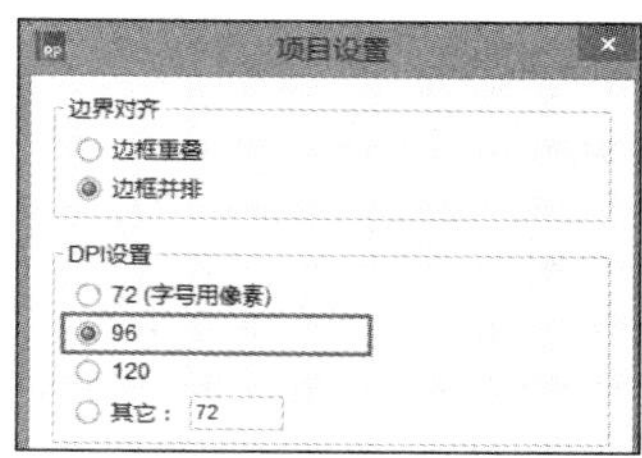

图 14-84　设置项目的 DPI

如果将项目 DPI 设置为 96，那么对于 PC 显示器而言，是否勾选“字号以磅为单位代替像素”选项，对输出的字号而言也没有影响，如图 14-85 所示。但是如果是通过 Mac 显示器显示 HTML 文件，则显示的字号要比 Axure RP 中的小一些。

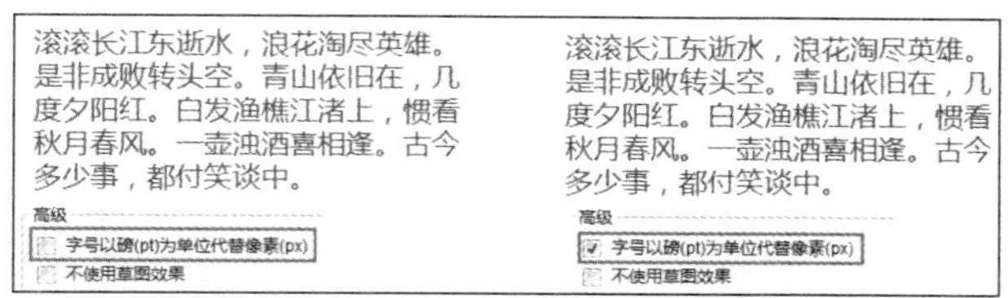

图 14-85　PC 显示器显示的 HTML 字号大小相同

如果将项目 DPI 设置为 120，那么无论对于 PC 显示器，还是 Mac 显示器而言，勾选“字号以磅为单位代替像素”选项输出后的 HTML 文件，其字号都比在 Axure RP 中显示的小一些，只是 Mac 显示器显示的字号会更小，如图 14-86 所示。

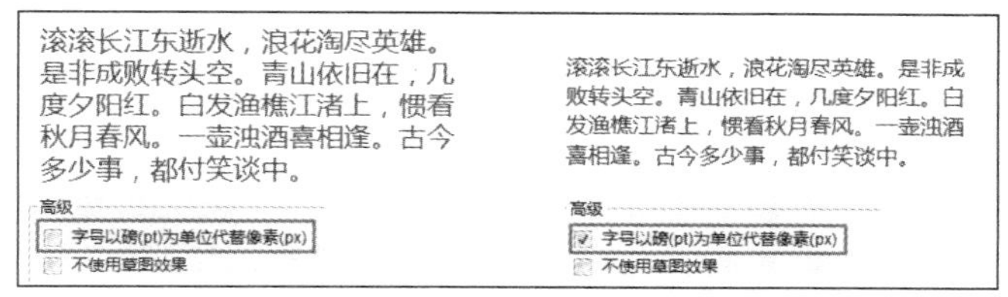

图 14-86　项目 DPI 影响字号尺寸

所以，如果是在 Mac 电脑运行 Axure RP，则使用 72DPI 的项目设置比较理想，如果是在 PC 上运行 Axure RP，则使用 96DPI 的项目设置比较理想。当然，不排除有的 PC 显示器也会采用 120DPI 的标准。

提示

➢ 以上是基于显示器的默认设置，通常 Mac 显示器是 96DPI 分辨率，而 PC 显示器是 96DPI。

➢ 与 PPI 不同，DPI 是“点/英寸”之意，是衡量设备分辨率的标准，PPI 是“像素/英寸”之意，是衡量图像分辨率的标准。

不使用草图效果：勾选该项后，如果在 Axure RP 页面属性中设置了草图效果，则输出的 HTML 文件不会应用这些草图设置。

11. 【讨论】

该选项栏主要用于在发布的 HTML 原型中添加讨论版块，让更多的用户发表对原型的看法以及其他问题等，该栏参数不多，如图 14-87 所示。

包含讨论：在联网的前提下，勾选该选项并设置了正确的项目 ID 后，生成的 HTML 文件会在侧边栏中出现一个“DISCUSS”版块，如图 14-88 所示。

图 14-87 【讨论】选项栏

项目 ID：该参数需要登录 https://share.axure.com 网站获取，单击上面的“访问 share. share.com 获取新的 ID”蓝色链接文字，即可登录 Axure Share 网站。如果有一个账号，则在“LOG IN”标签中输入邮箱和密码登录即可；如果没有账号，则在“SIGN UP”标签中注册一个新账号，如图 14-89 所示。

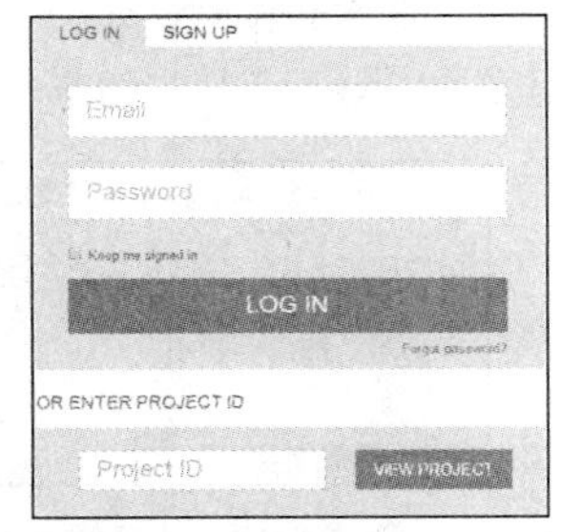

图 14-88 HTML 侧边栏添加的讨论版块　　图 14-89 登录和注册账号界面

成功登录后，双击项目文件夹打开文件夹中的项目，即可看到每个 RP 文件对应的 ID，如图 14-90 所示。如果只是注册了账户，但没有上传过 RP 原型文件，则可以单击上面的“New Project”（新建项目）按钮，在弹出的窗口中输入项目名称和密码，密码是可选的，但最好对项目添加密码，这里添加密码“123456”，如图 14-91 所示。

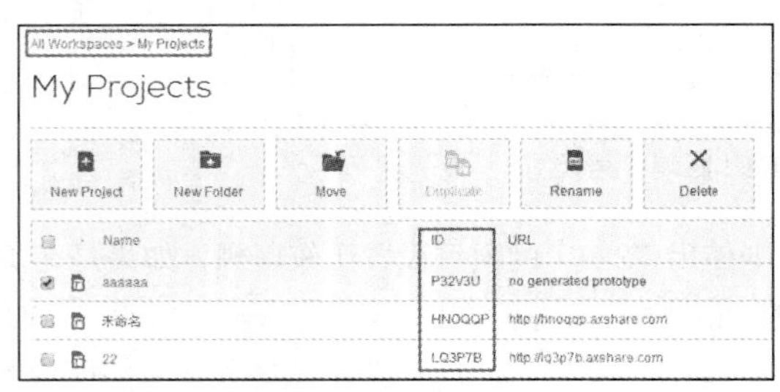

图 14-90 查看 ID

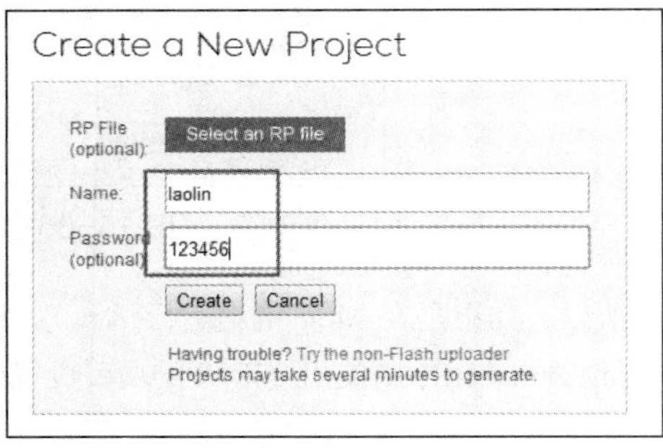

图 14-91 创建新的项目界面

单击【Create】（【创建】）按钮可以创建一个新项目，而且列出了项目 ID，这是因为项目中还没有上传 RP 原型文件，所以 URL 一栏是空的，如图 14-92 所示。

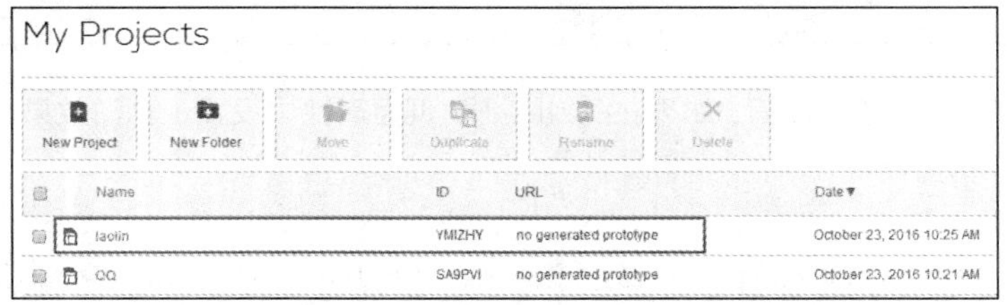

图 14-92 创建新的项目列表

复制新建项目的 ID，然后返回 Axure RP，在【生成 HTML】对话框的【讨论】栏中粘贴复制过来的项目 ID，如图 14-93 所示。确保在“常规”栏中设置了使用带侧边栏的浏览器打开网页预览，然后单击下方的【生成】按钮，稍等片刻后，在浏览器的侧边栏中出现一个输入密码的提示框，如图 14-94 所示。

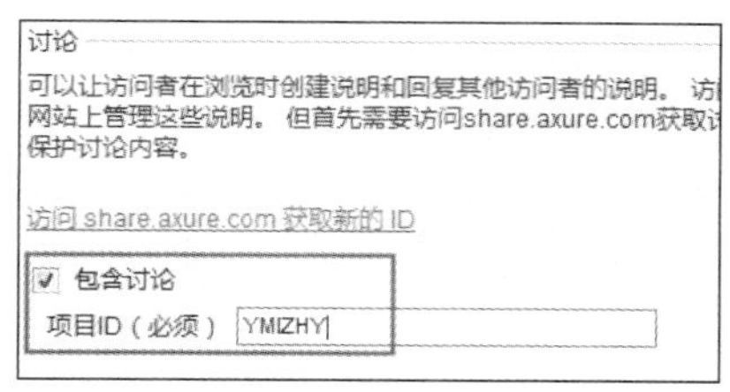

图 14-93　粘贴项目 ID

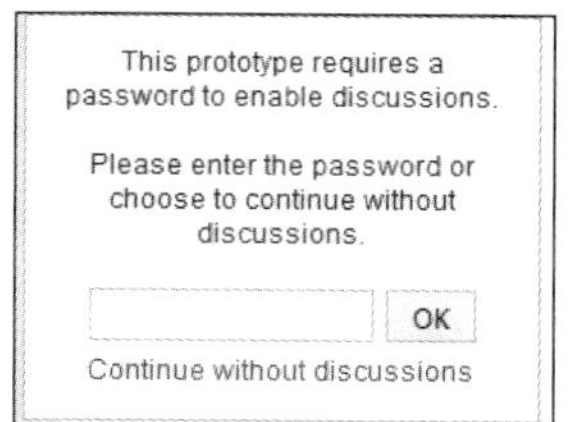

图 14-94　弹出的输入密码提示框

如果不输入密码，则也可以单击下面的紫色文字链接，这样打开的网页不会带讨论区，输入密码“123456”，然后单击【OK】按钮。如果使用的是火狐浏览器，则还会显示一个是否记住密码的提示框，如图 14-95 所示。

选择记住密码就无需每次访问该网页时都要输入密码，但不在自己的电脑上浏览网页时，最好不要单击【记住】按钮，可单击右上角的【×】按钮不让程序记住密码，现在在浏览器的侧边栏出现了讨论版块“DISCUSS”，如图 14-96 所示。

图 14-95　是否记住密码提示框

图 14-96　侧边栏的讨论版块

如果联网的话，在本地生成 HTML 网页的同时，该 RP 原型文件也上传到了 Axure Share 中，如图 14-97 所示。现在可以在讨论区中输入评论和问题了，输入的信息会上传到 Axure Share 服务器中，而不是留在本地，所以即便删除本地的网页文件，这些讨论内容还是被保留的。

现在已经学完了【生成 HTML】对话框中的全部参数，如果生成 HTML 文件时都要修改这些参数就太麻烦了，可以将不同的 HTML 参数设置分别创建一个 HTML 配置来解决这个问题。具体操作方法是：执行【发布】→【更多生成器和配置文件】命令，打开【管理配置文件】对话框，编辑或者建立自己需要的 HTML 配置文件，默认状态下，程序只包含一个 HTML 配置文件，如图 14-98 所示。

图 14-97　侧边栏的讨论版块

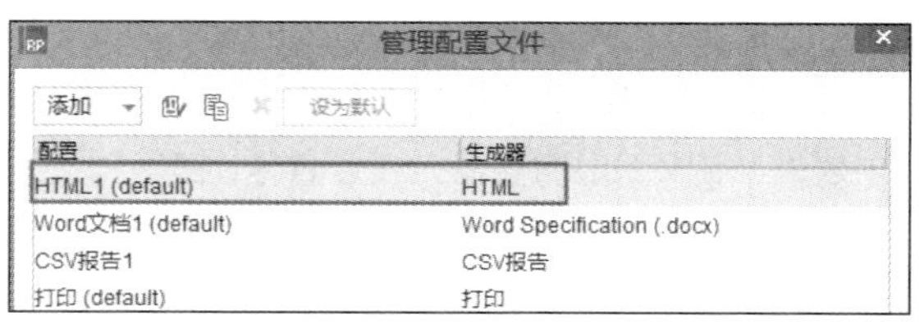

图 14-98　默认的 HTML 配置文件

双击默认的 HTML 配置名称，可打开【生成 HTML】对话框对其进行编辑，【生成 HTML】对话框中的各项参数设置请参阅前面的讲解。也可以在【管理配置文件】对话框上面的“添加”下拉列表中选择“HTML”，添加一个新的 HTML 配置，如图 14-99 所示。使用此方法，可以创建多个 HTML 配置。同样可以双击新建的 HTML 配置对其进行修改和编辑。选择一个 HTML 配置并单击上面的【设为默认】按钮，可将其设置为默认的配置文件，如图 14-100 所示。

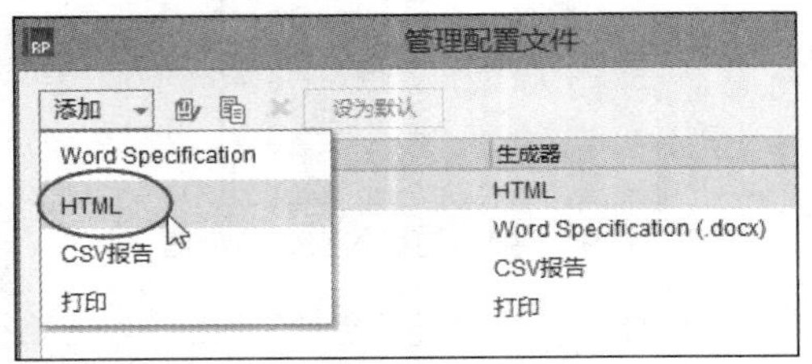

图 14-99　添加新的 HTML 配置

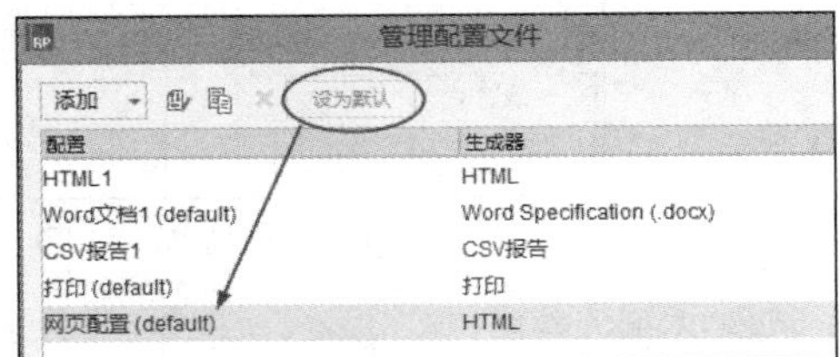

图 14-100　设置默认的 HTML 配置

现在再按【F8】键输出 HTML 文件时，在打开的对话框标题栏上会显示指定的默认 HTML 配置名称，如图 14-101 所示。

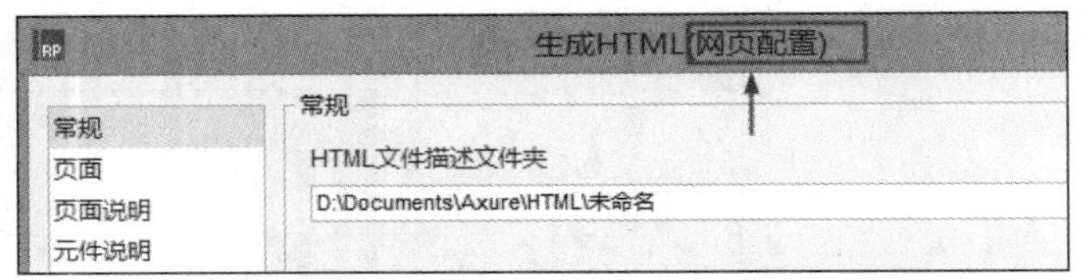

图 14-101　设置默认的 HTML 配置

实际上，在【管理配置文件】对话框中直接双击某个 HTML 配置文件后，在打开的对话框底部单击【生成】按钮也可以将 RP 文件输出为网页。

提示　如果在将整个 RP 文档生成 HTML 文档后，又在 Axure RP 中修改了某个页面中的元件，则只需执行【发布】→【在 HTML 文件中重新生成当前页】(【Ctrl+F8】) 命令即可，而无需将整个 RP 文档再发布一次。

14.3.2　将原型发布到 Axure Share

设置完成 HTML 配置后关闭窗口，然后执行【发布】→【发布到 Axure Share】(【F6】) 命令或者在样式工具栏右侧单击按钮，即可打开如图 14-102 所示的对话框，如果有 Axure Share 账号，则可以直接登录，如果没有账号，则可以使用前面所学的方法在 Axure Share 注册一个账号并登录，然后从【配置】下拉列表中选择合适的配置文件或者单击最右侧的“编辑”链接对配置文件进行编辑。有两种选择可以将 RP 原型发布到 Axure Share。

一种是创建一个新项目，需要输入项目名称，密码和文件夹可选，然后单击下方的【发布】按钮，即可将 RP 原型文件上传，上传成功后会显示图 14-103 所示的提示信息。

单击上面的蓝色文字链接可以访问发布到 Axure Share 的原型，单击右侧的“复制”链接，可以将左侧的网址复制到其他位置保存网页原型地址。

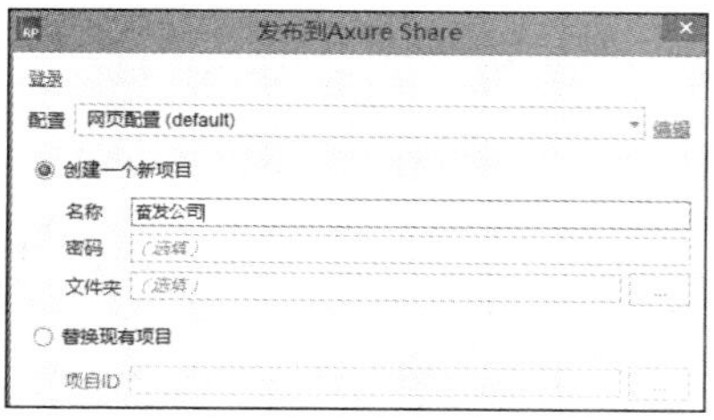

图 14-102 【发布到 Axure Share】对话框

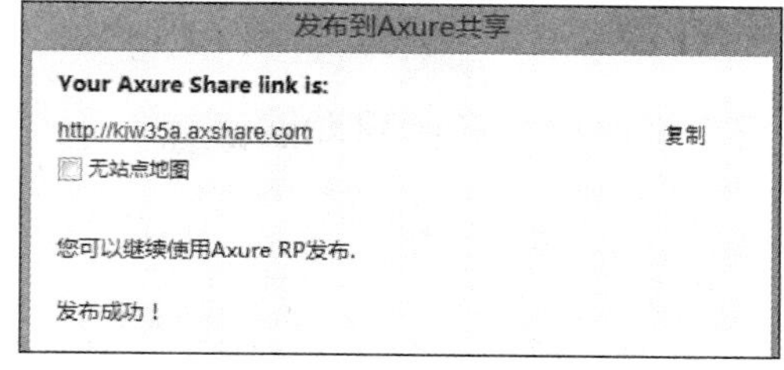

图 14-103 发布成功提示

另一种方式是用当前的 RP 原型文件替代 Axure Share 中指定的原型文件，如果你记得某个项目的 ID，则可以直接输入项目 ID，如果记不住，则可以单击右侧的按钮，从弹出的列表中选择要替换的项目，如图 14-104 所示。

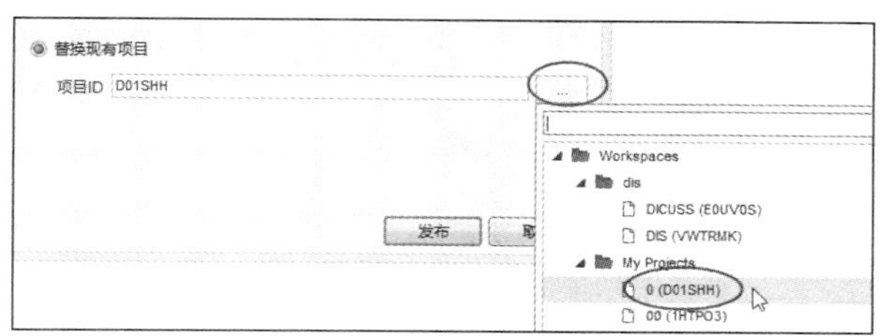

图 14-104 替换现有项目

将 RP 原型发布到 Axure Share 之后，只要记住网址就可以通过互联网在任何地方浏览了，如果忘记了 RP 原型网址，则可以登录 Axure Share 官网（https://share.axure.com/），然后在自己的项目文件夹中找到相应的项目就可以看到该原型的网址了，如图 14-105 所示。

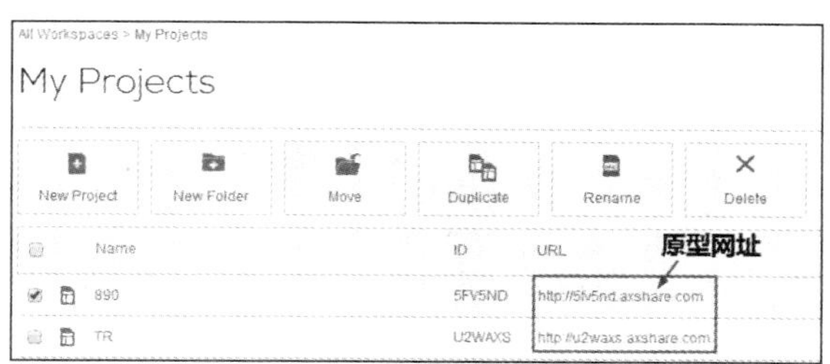

图 14-105 查看原型网址

除了使用 Axure RP 自带的发布到 Axure Share 功能发布 RP 原型到 Axure Share 外，还可以将 RP 文件直接上传到 Axure Share 官网，方法是：将 RP 文件保存到本地电脑中，然后登录到 Axure Share，指定要发布到哪个项目文件夹，然后在该文件夹中新建一个空项目，之后单击该项目最后面的【upload】按钮，即可上传本地的 RP 文件，如图 14-106 所示。

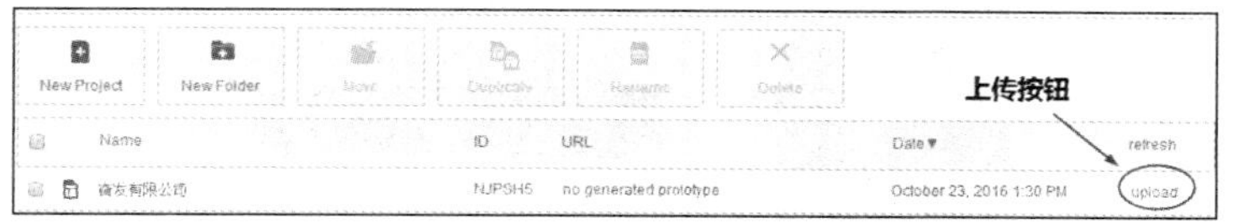

图 14-106 上传 RP 文件按钮

在其他用户通过互联网访问我们的原型时，如果我们在发布项目或新建项目时添加了密码，则会要求用户输入访问密码，否则无法访问这个原型。

14.3.3 将原型发布到移动设备

在手机上看的原型其实也是网页文件，因此，将原型发布到移动设备实际上还是通过执行【发布】→【发布到 Axure Share】命令实现的。

首先需要借助前面使用过的【生成 HTML】对话框来设置发布到移动设备中的原型参数。在打开的【生成 HTML】对话框中选择【手机/移动设备】栏，该栏参数主要用于设置在手机、平板等移动设备上显示的网页原型或手机 App 原型。参数如图 14-107 所示。

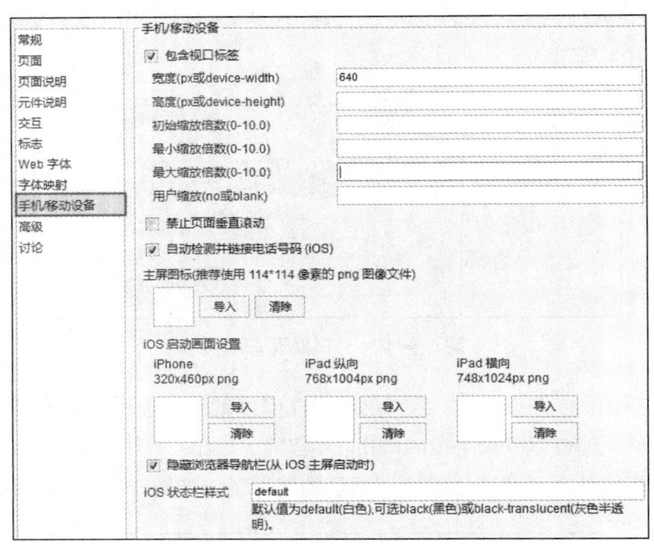

图 14-107 【手机/移动设备】参数栏

包含视口标签：勾选该选项，下方几个与视口有关的参数方可被激活。

宽度：用于设置网页原型在手机/移动设备上的宽度值，可以输入 px （像素）值，如 640 像素、768 像素，也可以输入表示设备宽度的参数“device-width”或者输入表示自动宽度的“auto”。在不设置其他选项的情况下，如果输入“device-width”，则网页宽度和设备的宽度匹配，如果输入“auto”，则无论是纵向放置设备，还是横向放置设备，网页宽度与都与屏幕匹配。图 14-108 所示就是将宽度设置为“auto”后的效果。

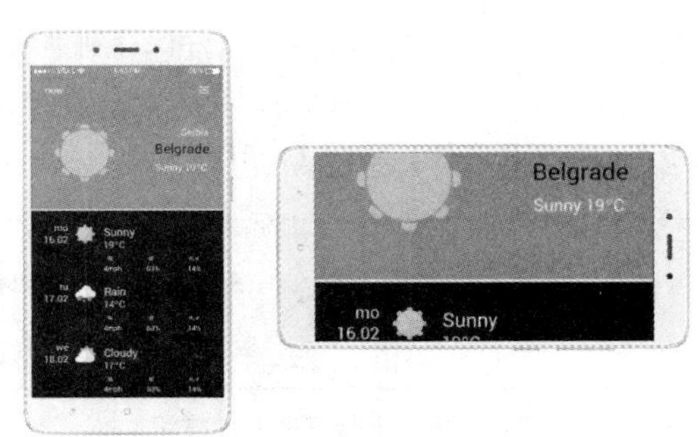

图 14-108 自动宽度

高度：用于设置网页原型在手机/移动设备上的高度，与宽度参数设置相似，一般情况下该参数无需设置，因为我们在使用手机、平板电脑等移动设备阅读时，通常习惯上下滚动屏幕，对网页的高度一般不做要求。

初始缩放倍数：用于载入 HTML 文件时显示的页面视图大小。

最小缩放倍数：设置用户触屏缩放的最小倍数。

最大缩放倍数：设置用户触屏缩放的最大倍数。

如果将初始缩放倍数设置为 2，将最小缩放倍数设置为 1，将最大缩放倍数设置为 1，则实际初始缩放倍数是 1，而不是 2，也就是说，初始缩放倍数不能大于最大缩放倍数，当然也不能小于最小缩放倍数。用公式表示就是：最小缩放倍数≤初始缩放倍数≤最大缩放倍数。

用户缩放：设置是否允许用户使用触屏缩放功能。如果输入“no”，则表示禁止触屏缩放视图，如果不输入任何字符，则允许用户使用触屏缩放功能。

提示

实际上未必一定要输入“no”表示禁止缩放，输入“yes”也可以表示禁止，同样道理，不输入任何字符标志允许缩放，输入“1”也表示允许缩放，读者也可以试试其他字符。

禁止页面垂直滚动：勾选该项，则禁止页面垂直滚动，通常手机界面中带有 App 图标的页面是禁止页面垂直滚动的，但浏览网页时一般允许垂直滚动。

自动检测并链接电话号码：选择该项后，当预览的网页上出现类似电话号码的数字时，会自动设置为链接状态，点击该数字可以启动拨打电话状态，但是该选项只对 iOS 有效，对安卓系统无效。

主屏图标：用于设置在手机屏幕上代表 HTML 文件的 App 图标，Axure RP 建议使用宽高都是 114 像素的 PNG 格式的位图。通过该项设置，可以让 HTML 文件像真的 App 那样，在启动之前可以在屏幕上看到 App 图标，主屏图标在移动设备显示的效果如图 14-109 左图所示。

iOS 启动画面设置：当在 iOS 设备中点击某个 App 图标时会启动该程序，在进入程序界面前，可以设置一个启动画面，该选项就是负责设置这样启动画面的。启动画面效果如图 14-109 右图所示。

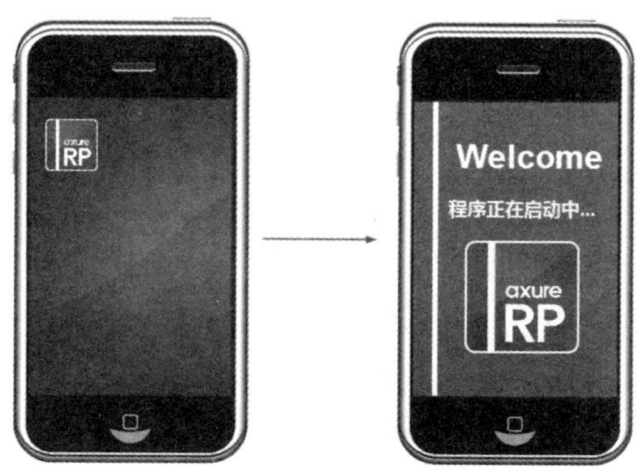

图 14-109　主屏图标及启动画面

隐藏浏览器导航栏：勾选该项，当单击主屏图标访问网页原型时，Safari 浏览器的导航栏将被隐藏起来，这样看起来就更像 App 了。

iOS 状态栏样式：可输入 default、black、black-translucent 三个单词分别表示状态栏的颜色是白色、黑色和半透明灰色。

在大多数情况下，将网页文件输出到手机等移动设备上浏览时，可将如图 14-110 所示的参数设置作为默认状态。

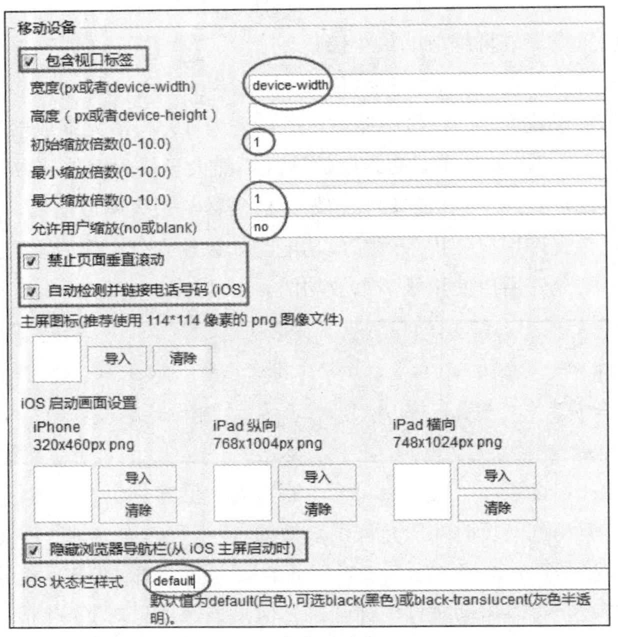

图 14-110　手机/设备默认参数设置

提示

某些手机、平板电脑等移动设备可能需要特殊设置，所以，还要根据所使用的具体设备查阅相关说明，尤其是关于设备屏幕分辨率的大小问题。

在此，需要强调一点，发布到手机上的原型显示的内容只有屏幕视口显示的范围，不要把手机的外壳一起发布，如图 14-111 左图所示的原型适合通过电脑浏览器浏览，如果要通过手机预览真实的 App 效果，则需要发布如图 14-111 右图所示的原型。

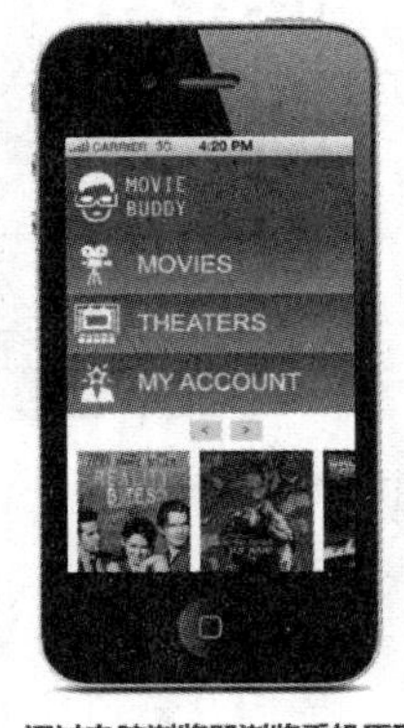

通过电脑浏览器浏览手机原型

通过手机直接预览的原型

图 14-111　在电脑和移动设备上预览原型的差别

通过前面的学习我们已经知道，将 RP 原型发布成功后会弹出一个提示框，其中列出了该原型访问的网络地址，可在电脑的浏览器中打开原型进行预览，那么，通过手机预览的原型该怎么访问呢？如果直接将通过电脑浏览器访问的网址复制到手机浏览器中浏览，虽然可以打开网页，但是界面和手机屏幕不匹配，因为默认状态下会带有站点地图。可以通过下面两种方法解决。

第一种方法是：在 RP 原型发布成功后，在弹出的对话框中勾选“无站点地图”选项，如图 14-112 所示，然后将蓝色网址输入手机浏览器中浏览。

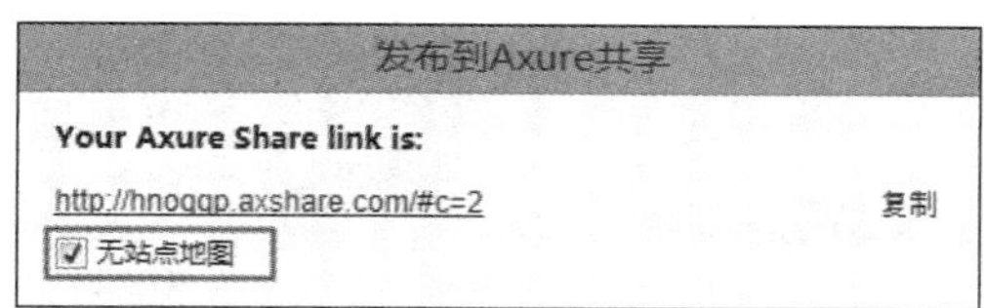

图 14-112　选择无站点地图选项

第二种方法是：在电脑浏览器中打开带侧边栏的 HTML 原型，然后单击侧边栏 PAGES 项顶部的【获得链接】按钮，如图 14-113 所示。

在弹出的列表中选择“Without Sidebar”（不带侧边栏）选项，如图 14-114 所示，然后将上面的链接地址复制到手机浏览器中访问即可。

图 14-113　获取链接按钮

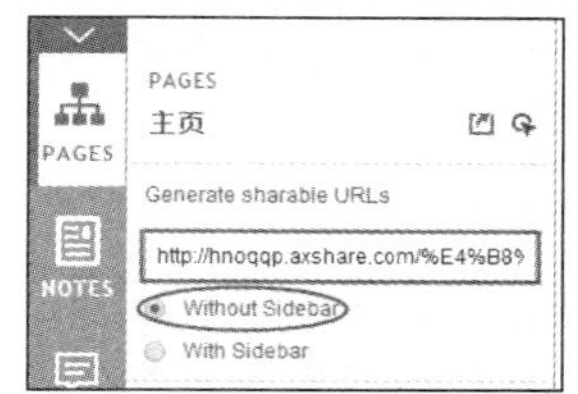

图 14-114　获取链接按钮

上面的两种方法虽然可以在手机等移动设备上浏览网页原型，但是设置起来还是比较麻烦。不过值得高兴的是，Axure 官方开发了一款免费且能够在 iOS 和安卓系统中直接浏览 RP 原型的客户端——Axure Share，只要打开移动设备中安装的 Axure Share 客户端并且登录自己的 Axure Share 账号，就能在线实时看到自己发布的 RP 原型，点击某个项目即可在移动设备上浏览了。

案例演练　制作并发布 App 原型

【案例导入】

学完发布交互原型这一章后，二毛赶紧把上一次做好的聚划算首页原型按照老师所讲的方法试了一下，结果自适应效果非常好。现在他又想亲自体验一下如何在互联网中预览自己设计的手机 App 原型，而且他还特意买了一部新的 iPhone 7，还想将自己设计的 App 原型发布到 iPhone 7 手机中浏览。本例 App 预览效果以及 App 原型程序图标如图 14-115 所示。

图 14-115　苹果手机预览电子书原型以及原型桌面图标

【操作说明】

如果要在电脑浏览器中体验发布的苹果手机 App 原型，最好先设计 App 原型母版。App 原型模版实际上就是一个 RP 文档，只不过它包含一个专门用来查看原型效果的页面。这个 App 原型模版的构成元素包含一个手机外壳图像、内联框架元件和辅助线等。设置完 App 原型模版后，就可以在内联框架引用的页面中添加内容了。如果内容很多很长，则可以使用动态面板来解决。将原型放在手机中预览时，不要把 App 原型模板一起发布，而只要发布屏幕范围内的内容。

【案例操作】

首先设计的是手机 App 原型模板。

（1）启动 Axure RP 程序，在【页面】面板中设置页面并用英文或者汉语拼音命名，如图 14-116 所示。

（2）双击“iPhone7”页面，然后添加 iPhone7 机身外壳图像并将该元件命名为“iPhone7”，如图 14-117 所示。

图 14-116　创建并设置的页面

图 14-117　添加的手机外壳

（3）在当前页面中，从【元件库】面板中拖出一个内联框架放在手机屏幕上，将内联框架宽度设置为 750 像素，高度设置为 1334 像素，将其命名为“contents”，如图 14-118 所示。

（4）选择内联框架元件，在右侧的【属性】子面板中勾选“隐藏描边”选项，并将框架滚动条设置为“从不显示”，如图 14-119 所示。

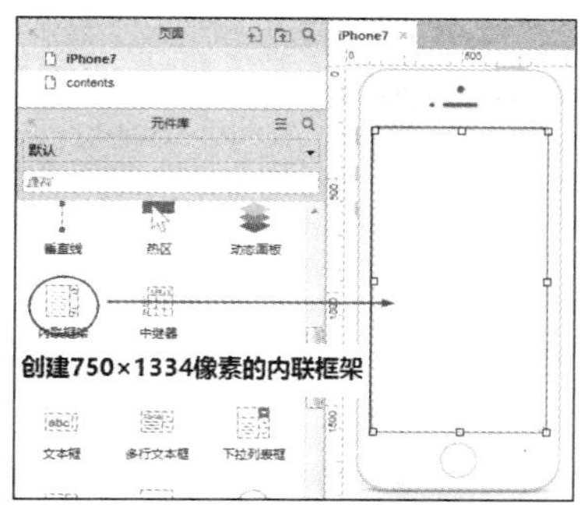

图 14-118　添加内联框架

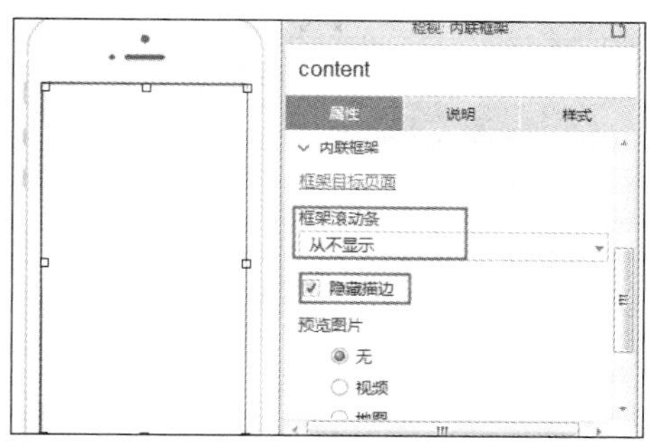

图 14-119　设置【内联框架】选项

（5）双击内联框架，在弹出的对话框中，选择“contents”页面作为要在框架中显示的页面内容，如图 14-120 所示。

（6）双击“contents”页面，在该页面中添加一个宽度为 750 像素、高度为 1334 像素的占位符并在样式工具栏中设置其 x 和 y 的坐标值都为 0，按【Ctrl】键，从标尺上拖出水平和垂直的两条全局参考线，并分别与占位符的右边和底边对齐，如图 14-121 所示。

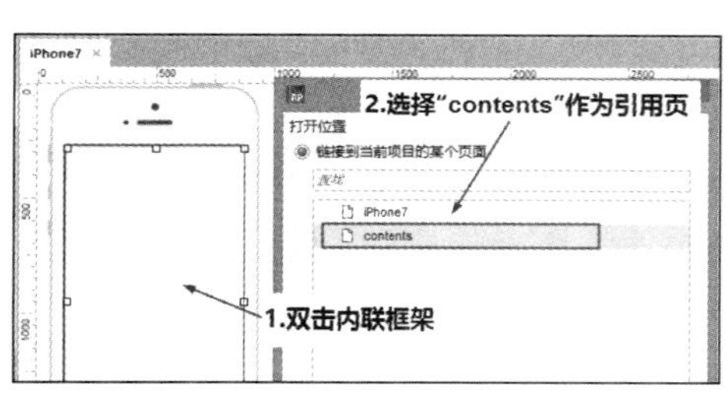

图 14-120　设置内联框架链接属性

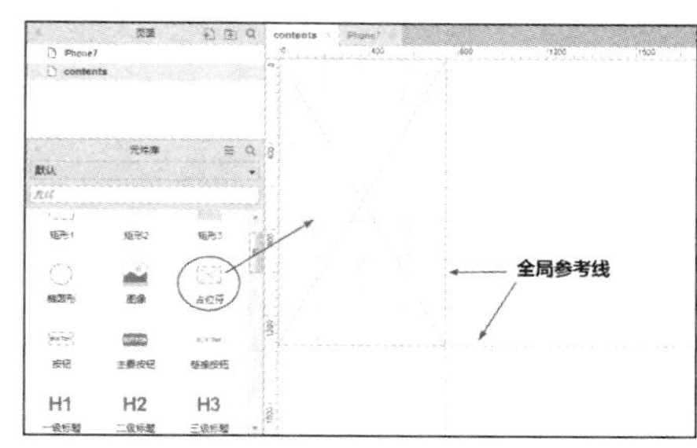

图 14-121　创建占位符

设置全局辅助线的目的是在以后添加内容时作为参考，不至于将添加的内容放到手机屏幕范围之外的区域。

至此，苹果手机 App 原型模板就完成了。二毛又用相同的方法设计了 Android 手机的 App 原型模板，不妨你也试试。接下来，二毛准备往“contents”页面中添加内容，二毛想模仿的是手机上阅读的电子书，我们接着往下看。

（7）二毛把刚才设计完成的苹果手机 App 原型模板打开并存为一个副本后，又将“contents”页面中的占位符删除，只保留了两条紫色的全局辅助线。为了防止不小心移动了辅助线，他在两条辅助线上分别右击并执行了【锁定】命令。

（8）根据第 14 章中学习的 iOS 尺寸设计规范中的相关知识，分别在当前页添加高度为 40 像素的状态栏、高度为 88 像素的导航栏以及高度为 98 像素的主菜单栏，如图 14-122 所示。

（9）添加文本元件，宽度也要设置为 750 像素（或者数值再小一些），高度可以任意，之后右击该文本元件，从弹出的快捷菜单中执行【转换为动态面板】命令，将其转为动态面板，然后将动态面板的高度设置为 1 110 像素，如图 14-123 所示。

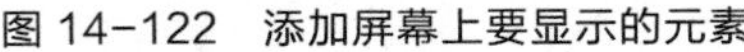

图 14-122　添加屏幕上要显示的元素

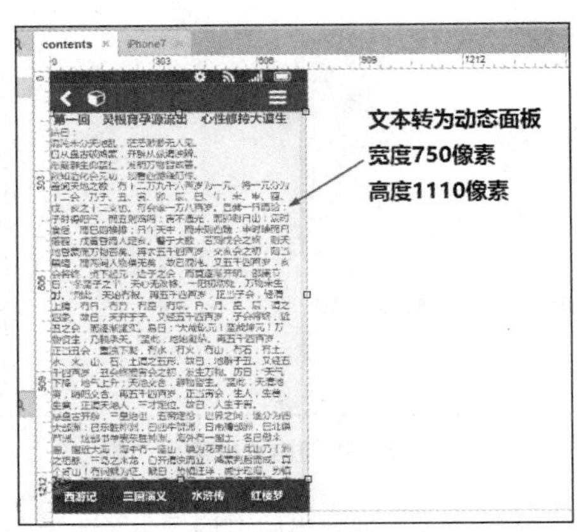

图 14-123　转为动态面板

（10）选择动态面板，在右侧的【属性】子面板中将【滚动条】设置为“自动显示垂直滚动条”，如图 14-124 所示。

至此，本例效果已经完成，按【F5】键可在本地浏览器预览原型效果了。接下来，二毛要将该原型发布到他的苹果手机中预览。

（11）执行【发布】→【生成 HTML 文件】(【F8】) 命令，在打开的对话框中将页面设置为只有“contents”，如图 14-125 所示。

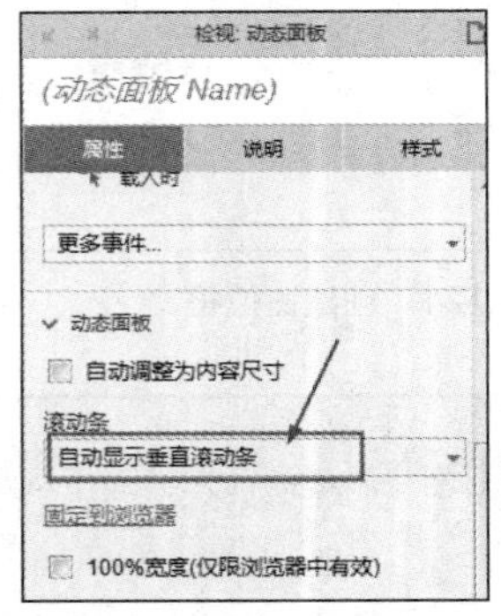

图 14-124　自动显示滚动条

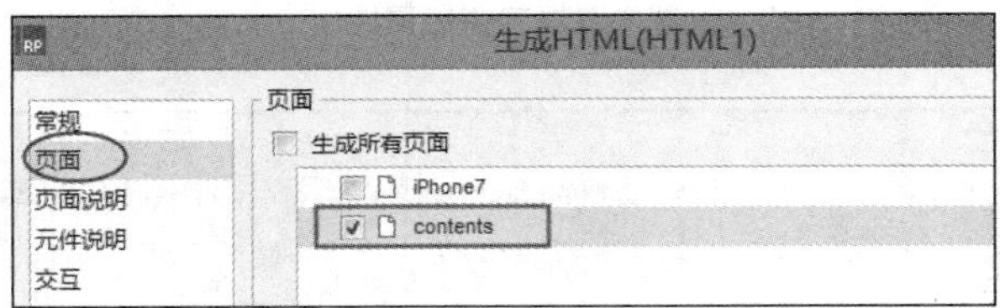

图 14-125　选择生成 HTML 的页面

提示

之所以没有选择“iPhone 7”页面，是因为现在要通过手机预览原型，因此，作为手机外壳的图像就无需输出 HTML 文件了。

（12）在“手机/移动设备”栏中勾选“包含视口标签”选项，将宽度设置为“device-width”，将初始缩放倍数和最大缩放倍数分别设置为“1”，将允许用户缩放参数设置为“no”，如图 14-126 所示。

（13）设置主屏图标，该图标可以放在苹果手机的桌面上，点击该图标即可启动 App 原型程序；

还可以设置 App 原型程序启动画面。另外，不要忘记勾选“隐藏浏览器导航栏”选项。如果不勾选该项，则在苹果手机中预览 App 原型时，浏览器会出现导航栏，这将影响 App 原型预览效果，显得不够真实。参数最终设置如图 14-127 所示。

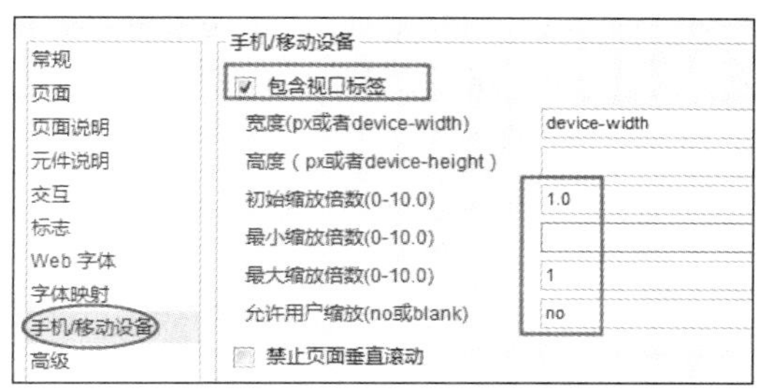

图 14-126　视口标签设置

图 14-127　设置主屏图标和启动画面

（14）设置完成后，单击【关闭】按钮，然后执行【发布】→【发布到 Axure Share】(【F6】) 命令，在打开的对话框中先登录自己的 Axure Share 账号，然后在【配置】栏中选择“HTML1”，可以单击右侧的“编辑”文本链接看看其参数是否是上一步骤中设置完成的参数。输入项目的名称、访问密码以及 App 原型所在的目录文件夹，如图 14-128 所示。

（15）单击【发布】按钮，即可将当前的设计的 RP 文档发布到 Axure Share 中，发布成功后，在显示的提示对话框中勾选“不带侧边栏”选项，然后单击右侧的“复制”文本链接，如图 14-129 所示。

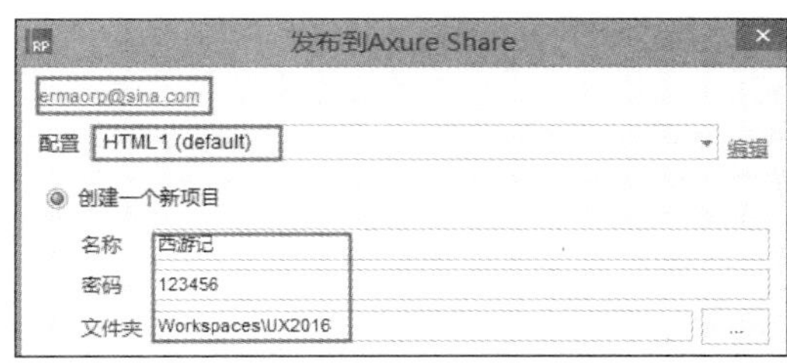

图 14-128　发布到 Axure Share 参数设置

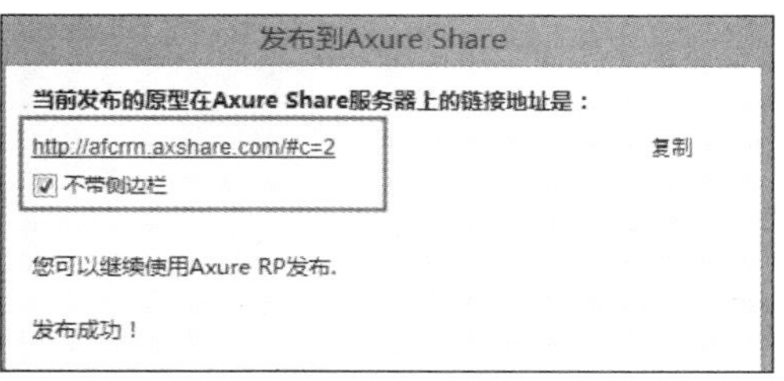

图 14-129　发布成功提示

（16）将复制的链接记录下来，然后在苹果手机中打开 Safari 浏览器，输入复制的 App 原型网址和访问密码，即可浏览发布的 App 原型了。

（17）由于二毛想看看自己设计并发布的 App 原型是否和真的 App 程序一样，于是他在 Safari 浏览器底部先单击【分享】按钮，然后单击【添加到主屏幕】按钮，在弹出的对话框中输入名称“西游记”并单击右上方的“添加”文本，这样就可以将步骤（13）中设置的主屏图标放到手机屏幕中了，如图 14-130 所示。

用手指点击该图标可以看到设置的启动画面并进入 App 原型中，二毛惊讶地发现，简直和真的 App 一模一样。

图 14-130　屏幕上的图标

本章总结

通过本章的学习，读者应熟练掌握 RP 原型在本地预览和通过在线预览的方法，要熟练掌握将 RP 文档发布为 HTML 文件并能通过电脑和手机在互联网中预览，还要认识到生成 RP 原型文档的说明书的重要性，以及如何快速生成供用户阅读的 Word 格式的说明书。

PART15

第15章

团队合作项目

本章导读

■ 本章将学习在 Axure RP 中创建并应用团队合作项目，以便于多人协作以及团队成员间之间的交流和沟通，降低成本、提高原型设计效率

■ 在本章中，还会学习怎样在 Axure Share 和 SVN 中建立团队项目，以及如何使用团队项目

效果欣赏

学习目标

■ 掌握创建团队项目的方法

- 掌握签出和签入的用法及作用
- 掌握获取团队项目的方法
- 熟练掌握提交和获取团队项目变更的方法
- 熟练掌握管理团队项目的方法

技能要点

- 在 Axure Share 和 SVN 创建团队项目的步骤
- 团队项目中各种颜色标志的含义
- 签入和签出的区别及作用
- 正确使用团队项目副本

15.1 关于团队项目

Axure RP 的团队合作项目功能能帮助 UX 团队获得不可估量的价值，本节将了解团队项目的工作原理、团队项目的作用以及如何创建和获取团队项目。

15.1.1 团队合作形式

如果一个 RP 项目具备一定的规模和复杂性，就需要安排一个 UX 团队来完成，团队中的每个 UX 设计师都会被安排一个或多个工作模块，那么如何保证一个 RP 项目内每个 UX 设计师之间工作进度上的同步和协同？如何保证每个 UX 设计师之间沟通通畅？答案就是借助于 Axure RP 提供的团队合作项目功能来解决这些问题。Axure RP 支持两种形式的团队合作形式：一种是使用 HTML 原型中的讨论功能，另一种是使用团队项目。

1. HTML 原型中的讨论功能

该功能的基本的意思是，将原型发布为带讨论功能的 HTML 文件后，其他用户可以凭借原型发布者提供的项目 ID 和密码访问发布到 Axure Share 中的原型并能通过“DISCUSS”（讨论）面板发表自己的见解，原型发布者也可以回复其他用户提出的意见和见解，实现原型发布者和其他用户之间的交流互动，如图 15-1 所示。

由此可见，原型中有了讨论功能，UX 设计师之间就可以在 RP 文档中进行讨论并发表自己的见解。不过这种方法也有缺点，它只能进行交流沟通，其他 UX 设计师不能随时编辑和修改 RP 文档，只有原型发布者才有权限修改并重新上传 RP 文档，因此，从严格意义上讲，讨论功能根本算不上是真正的团队合作形式。

图 15-1 HTML 原型中的讨论功能

2. 团队项目

团队项目是 Axure RP 中真正的团队合作形式，它允许 UX 设计团队之间在同一个 RP 项目中分工协作共同完成原型设计任务。团队项目的基本意思为：将 Axure RP 共享项目文件放在服务器或共享目录中，这个服务器或共享目录就像一个共享仓库，存储着构成整个 RP 项目的所有元素。在这个大仓库中会有许多文件和文件夹，它们都有很重要的作用，任何人不能随意修改这个大仓库中的文件。团队中的每个 UX 设计师都可以通过一个“获取”指令获得这个大仓库中的项目资料，获取的同时会在自己的电脑上建立那个大仓库的复制，也就是共享项目副本文件。如果 UX 设计师要上传自己的工作成果，则需要通过“提交”指令来完成。图 15-2 简要展示了团队项目协作流程。

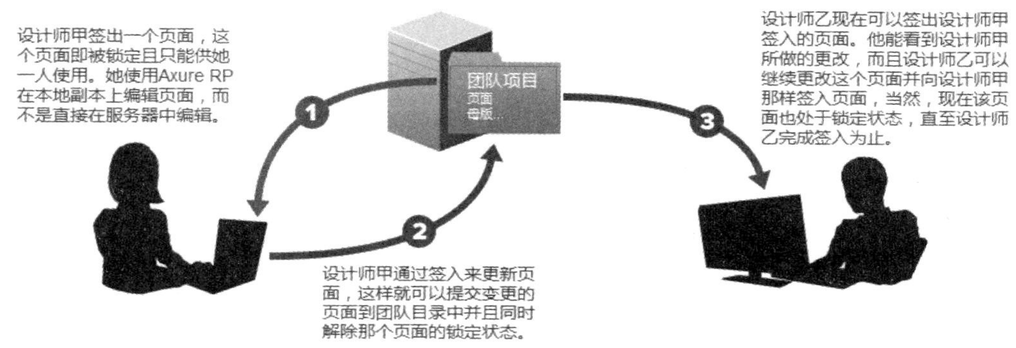

图 15-2　团队项目协作示意图

或许你会问：一个团队项目中有多个 UX 设计师，如果某个 UX 设计师要编辑存放在大仓库中的原型文件该怎么操作呢？多个 UX 设计师围绕同一个团队项目工作时是否会产生冲突呢？答案是：不但不会产生冲突，而且会安排得井井有条。因为团队项目中存在“签出”和“签入”制度，这就好比员工上班需要签到和签退一样，每个人的活动都是有记录的，如果在哪个环节出了问题，随时可以找到“责任人”。

提示

➢ 要想实现团队型项目，所有 UX 设计师必须使用相同版本的 Axure RP，可以在 Mac 系统中使用，也可以在 Windows 中使用。

➢ 团队项目并非必须多人协作方可使用，一个人也可以使用团队项目，如果要这么做，最好使用多台电脑，这样做的好处在于：随时可以恢复到之前的版本，工作起来更安心。

15.1.2　创建团队项目

Axure RP 创建团队项目的方法有两种：一种直接新建团队项目，另一种是从现有的 RP 文件创建团队项目。

1. 直接新建团队项目

执行【文件】→【新建团队项目】命令，打开如图 15-3 所示的【创建团队项目】对话框。

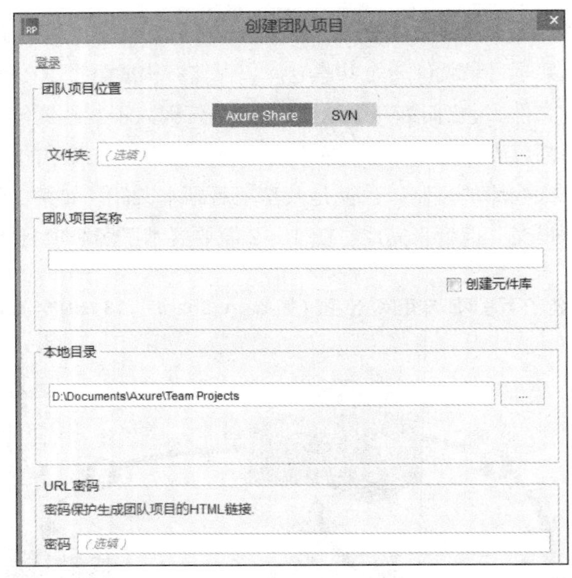

图 15-3 【创建团队项目】对话框

可以看出，创建的团队项目文件存放的位置有两种，一种是存放在 Axure Share 服务器中，另一种是存放在 SVN 服务器中。

提示

SVN 是“Subversion”的简称，它是一个开放源代码的版本控制系统，它主要用于多人共同开发同一个项目，以期共用资源。SVN 可是局域网中的一个共享文件夹，也可以是本地电脑中的一个文件夹。

2. 将项目文件放在 AxureShare 中

如果要将团队项目文件存放在 Axure Share 服务器中，首先需要按照第 14 章中介绍的方法注册一个账号并登录到 Axure Share 中，此时，【创建团队项目】对话框左上角的蓝色链接文字会显示用户的名称，如图 15-4 所示。

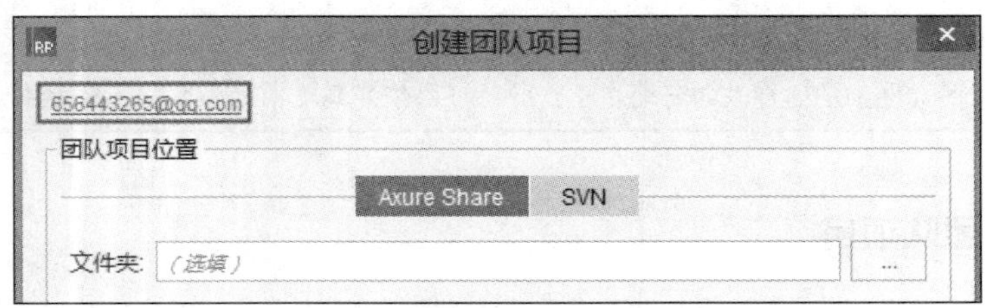

图 15-4 登录成功显示用户名

文件夹：用于指定项目文件存放的位置，本选项是可选项，如果不做设置，则创建的项目文件会存放到用户的“My Projects”文件夹中，当然也可以指定存放的位置，方法为：单击右侧的文本框或者最右侧的按钮，在弹出的位于 Axure Share 服务器中的用户文件夹目录列表中选择存放位置，如图 15-5 所示。

团队项目名称：给创建的团队项目文件起个名字，如图 15-6 所示。

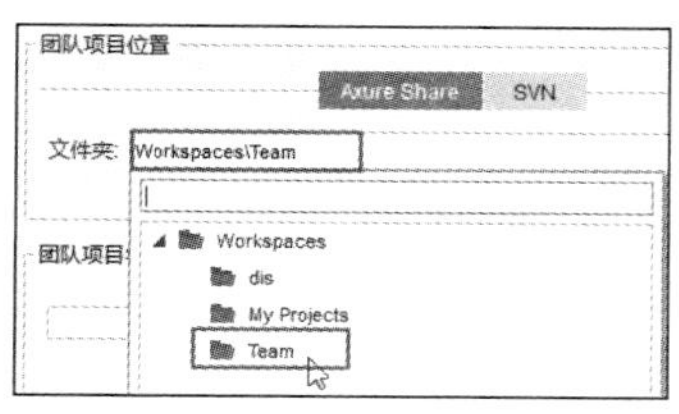

图 15-5　指定团队项目文件存放的目录位置

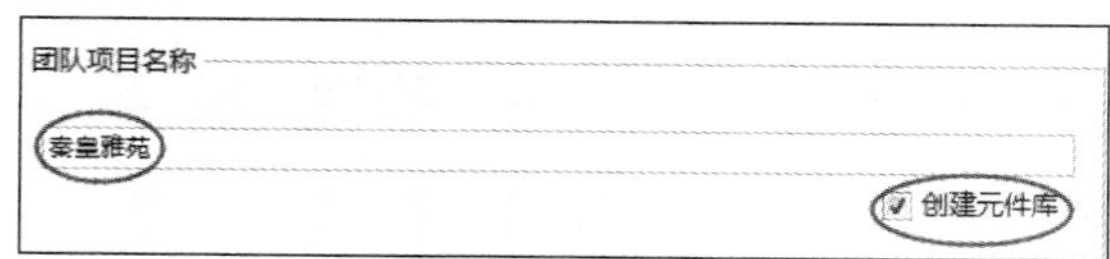

图 15-6　命名团队项目文件

创建元件库：勾选该项后，当单击下方的【创建】按钮创建团队项目后，会在 Axure RP 中自动进入创建元件库程序界面，程序左上角的面板不再显示【页面】面板，而是【元件库页面】面板，如图 15-7 所示。

在这种状态下，如果要在元件库中创建新元件，则需要先执行【签出】操作，才可以在页面中添加和编辑对象，元件创建完毕后，还需要执行【签入】结束操作。如果不勾选“创建元件库”选项，则单击下方的【创建】按钮创建团队项目后，在 Axure RP 程序界面的左上角位置显示的仍然是【页面】面板，如图 15-8 所示。

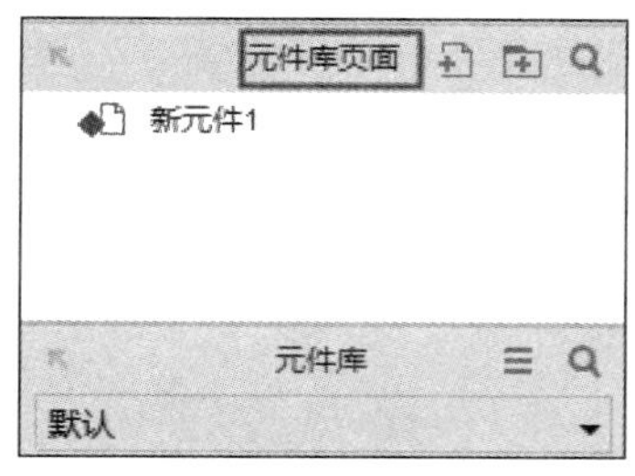

图 15-7　【元件库页面】面板

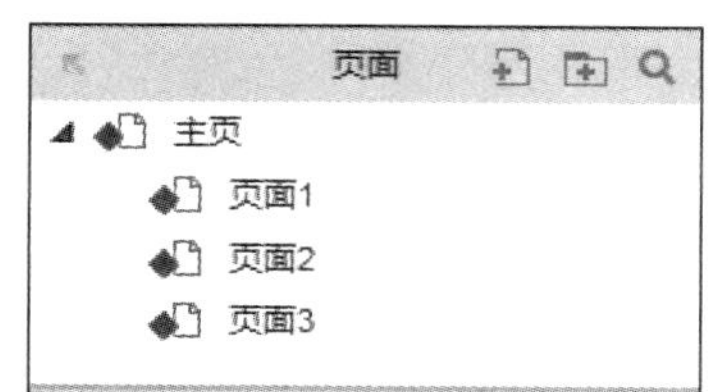

图 15-8　【页面】面板中的页面

本地目录：用于指定项目文件副本在本地电脑存放的位置，这个目录必须是空的，否则创建时会出现提示，如图 15-9 所示。

URL 密码：用于设置访问团队项目所需的密码。虽然是可选项，但是最好设置密码，如图 15-10 所示。

图 15-9　指定项目文件副本在本地的存放位置

图 15-10　指定团队项目文件存放的目录位置

设置完成后，单击【创建】按钮，弹出【成功】对话框表示创建团队项目成功，如图 15-11 所示。

创建团队项目成功后，在 Axure Share 中可以看到刚刚创建的团队项目，文件图标以洋红色显示，这有别于普通 RP 文件的青色图标，同时还能看到分配给团队项目的 ID 以及 URL，如图 15-12 所示。

图 15-11　创建团队项目成功提示

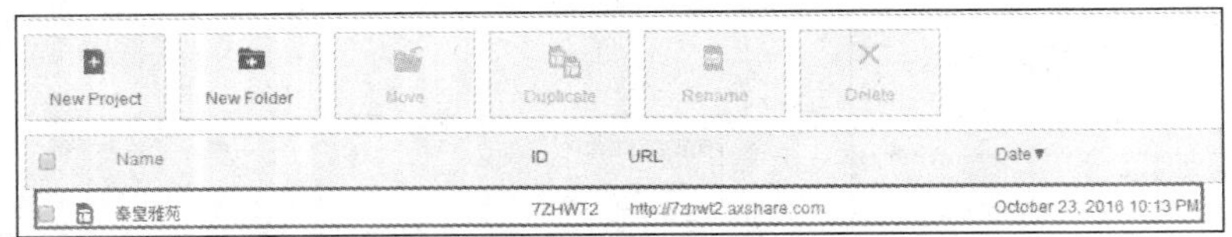

图 15-12　Axure Share 中存放的团队项目

3. 将项目文件放在 SVN 中

除了将创建的项目文件放在 Axure Share 服务器中，还可以将项目文件放在 SVN 中，如图 15-13 所示。

从对话框中可以看出，SVN 参数设置与 Axure Share 参数设置基本相同，只是 SVN 没有“URL 密码”参数。不过要注意，这里的“团队目录”与 Axure Share 不同，它指的是一个网络驱动器（或者本地的一个目录），也就是局域网中作为服务器中的共享盘或者是一个共享文件夹，如图 15-14 所示。

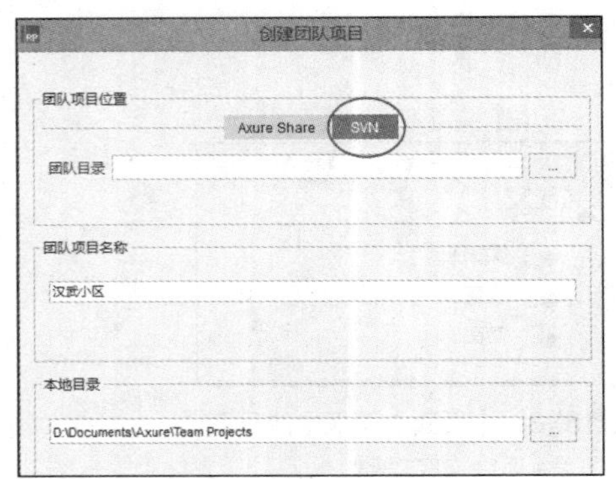

图 15-13　将项目文件放在 SVN 中

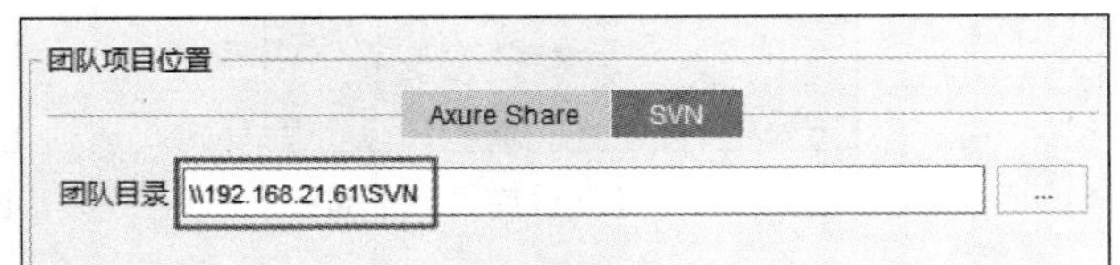

图 15-14　指定网络驱动器作为存放目录

提示　网络驱动器的目录前面要加“//”，而不是“\\”，如“\\192.196.21.61\SVN”，其中，“\\192.168.21.61”表示网络驱动器所在服务器的 IP 地址，“SVN”则是位于该驱动器中的一个共享文件夹。

当然，如果该团队项目文件只是供自己使用，则完全可以在本地电脑中指定一个驱动器来存放。例如，放在本地电脑的“E:\TeamProjects”中，如图 15-15 所示。在“团队项目名称”中输入名字，在“本地目录”中指定项目副本存放的目录位置，如图 15-16 所示。

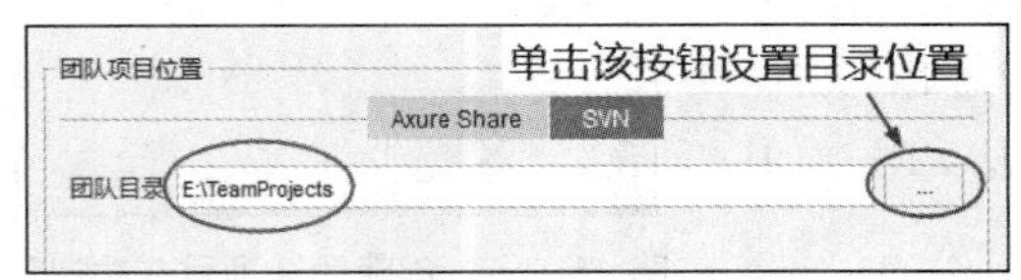

图 15-15　指定本地电脑驱动器存放团队项目

图 15-16　命名团队项目名称和指定本地目录

参数设置完成后，单击对话框下方的【创建】按钮，即可创建一个团队项目。现在打开指定的团队项目目录位置就会发现在该目录下，程序创建了一个以团队项目名称命名的文件夹，如图 15-17 所示。

双击该文件夹打开后，里面包含了多个子文件夹和几个其他文件，如图 15-18 所示。

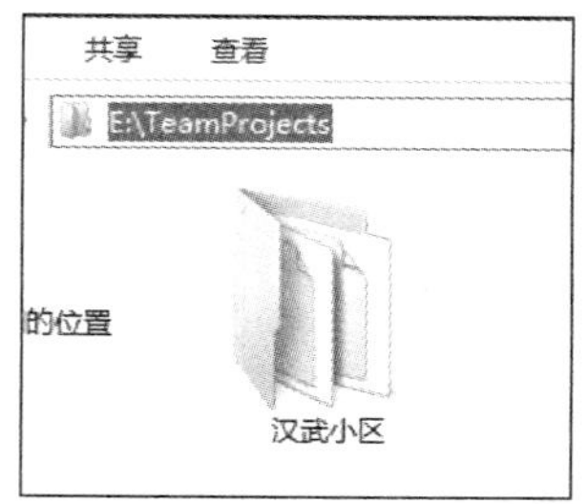

图 15-17　团队项目文件存放在指定的位置

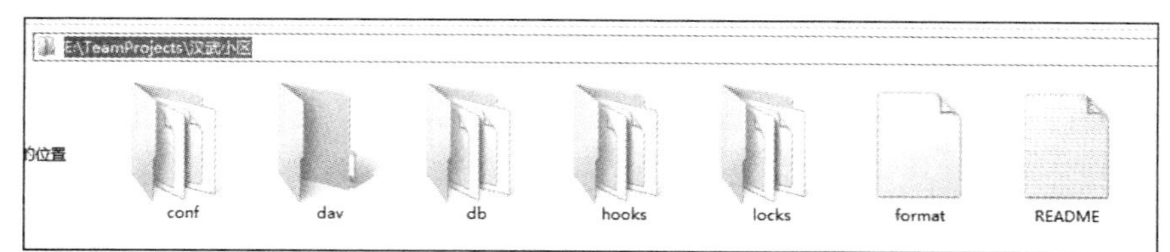

图 15-18　项目文件夹中的子文件夹和文件

同样，也可以打开本地目录，在该目录下存放的是项目文件的副本，包含一个团队项目和一个名为“DO_NOT_EDIT”的子文件夹，如图 15-19 所示。

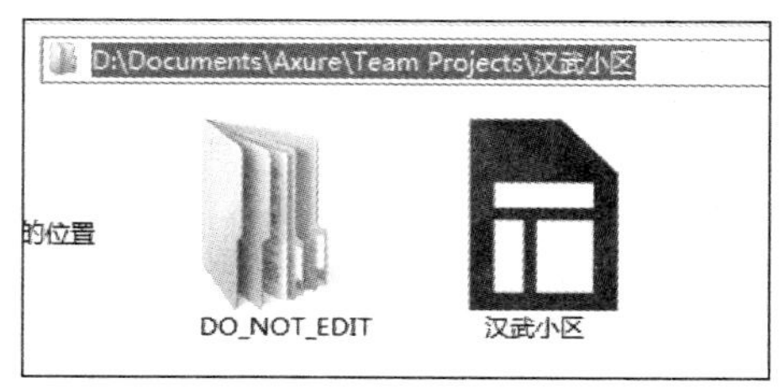

图 15-19　本地目录中的文件夹和文件

4. 从现有的 RP 文件新建团队项目

如果已经打开或新建了一个 RP 文件，则可以从当前的 RP 文件新建团队项目，方法是：执行【团队】→【从当前文件创建团队项目】命令，同样打开与直接新建团队项目相似的对话框框，不同的是，这里的对话框没有“创建元件库”选项，而且在团队项目名称中已经自动输入了当前 RP 文档的名称，如图 15-20 所示。

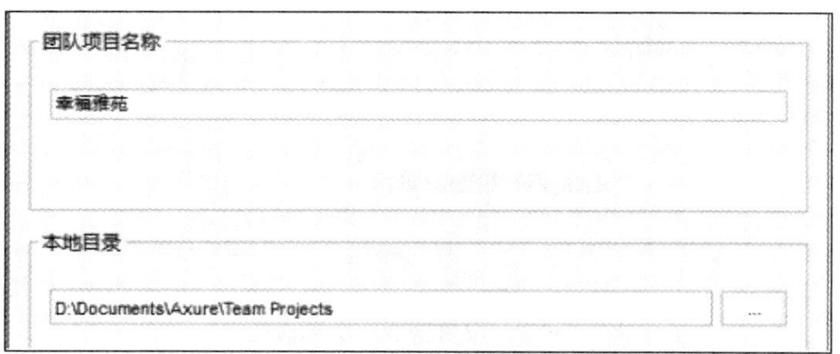

图 15-20　从 RP 文件创建

设置完成后，单击【创建】按钮就可以创建一个团队项目了。

15.1.3 获取团队项目

获取团队项目是指团队项目组成员从 Axure Share 或者 SVN 中获得团队项目的副本以供自己编辑项目使用。获取团队项目副本的方法是：执行【团队】→【获取并打开团队项目】命令或者执行【文件】→【打开团队项目】命令都可以打开【获取团队项目】对话框，如图 15-21 所示。

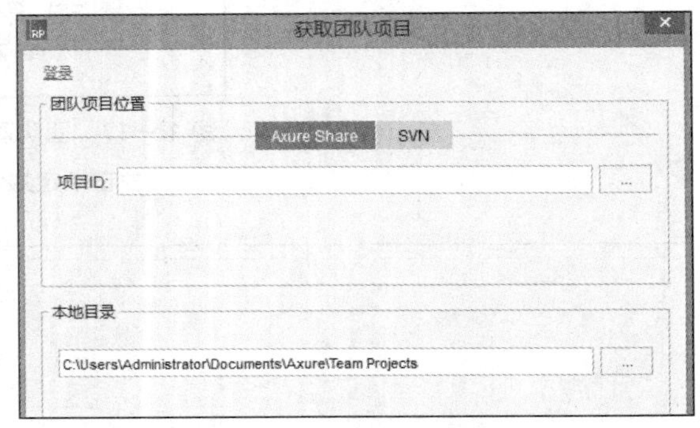

图 15-21 【获取团队项目】对话框

1. 从 Axure RP 中获取团队项目

根据获取团队项目的用户不同，可以将获取团队项目分为两种情况：一种是团队项目的创建者要获取团队项目；另一种是非团队项目组成员要获取团队项目。

（1）团队项目的拥有者获取团队项目。

团队项目的创建者也就是团队项目的拥有者，拥有者要获取团队项目时，只要打开 Axure RP 并登录到 Axure Share 账号中，然后执行【获取并打开团队项目】命令，在打开的对话框中输入要获取项目的 ID 或者从直接从列表中选择要获取的项目即可，如图 15-22 所示。

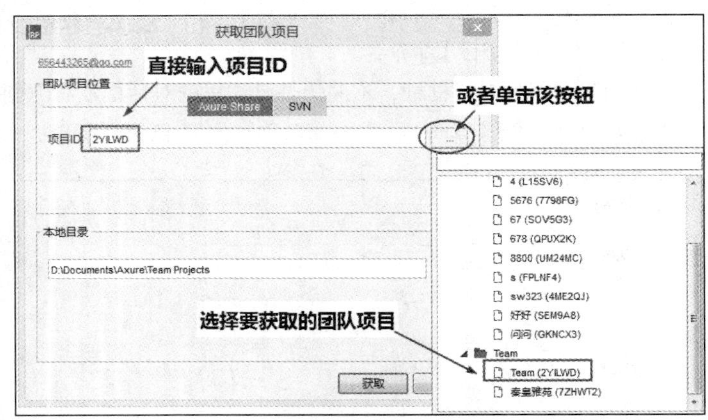

图 15-22 设置获取团队项目的 ID

本地目录必须是一个空的文件夹，设置完成后，单击【获取】按钮，即可获取团队项目的副本。

（2）非团队项目成员要获取团队项目。

如果要获取团队项目的用户不是团队项目的拥有者或者团队项目的成员，那么，即便输入正确的项目 ID，也无法获取。图 15-23 是其他用户使用团队项目的 ID 要获取团队项目副本的设置。单击【获取】按钮后，由于该用户不是团队项目成员，所以会弹出图 15-24 所示的提示。

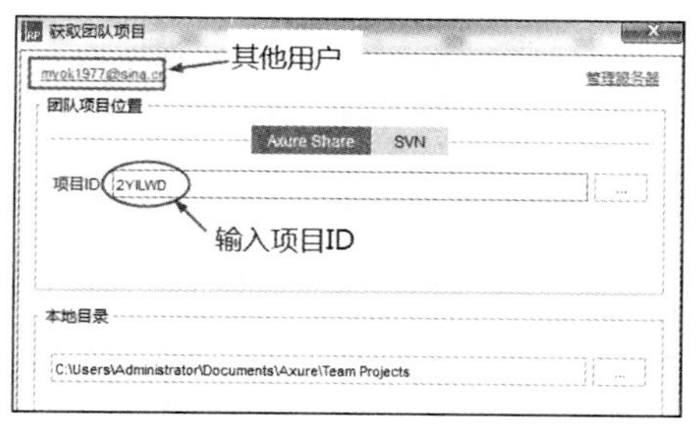

图 15-23　其他用户获取团队项目设置

图 15-24　无法获取团队项目的提示

通过红色提示文字，不难看出，该用户要获取团队项目，就必须被邀请成为团队项目的成员。那么,该用户怎样才能被邀请呢？这就需要团队项目的拥有者或者该团队项目的其他成员来邀请他加入团队项目。团队项目的拥有者或项目的其他成员登录到 share.axure.com 服务器并进入允许获取的团队项目所在文件夹（Axure Share 成为工作空间），然后单击“invite people”（邀请他人）链接，如图 15-25 所示。

单击“invite people”链接会弹出一个对话框，在该对话框中输入被邀请人的邮箱，如果有多个被邀请人，则邮箱之间用逗号分开，在下方还可以输入 500 字以内的邀请语，如图 15-26 所示。

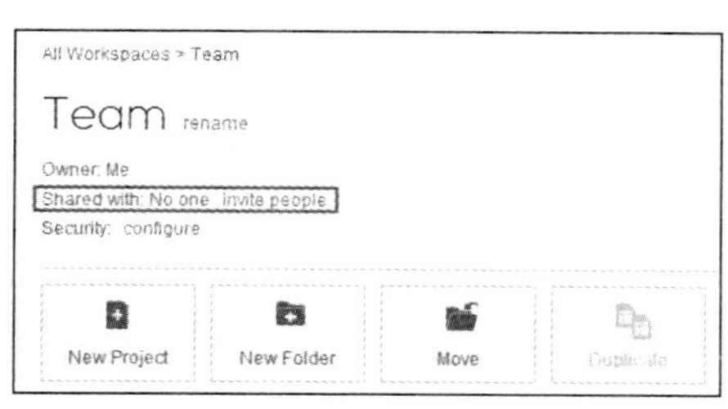

图 15-25　邀请他人文字链接

图 15-26　输入被邀请人邮箱

设置完成后，单击下面的【Invite】按钮即可发出邀请，现在就可以在当前页中看到 pending（待定）人员名单，也就是刚才发出邀请的那些邮箱地址，由于被邀请人还未同意加入这个团队项目，所以在 Share with（获得共享）人员名单中显示 No one（无人），如图 15-27 所示。

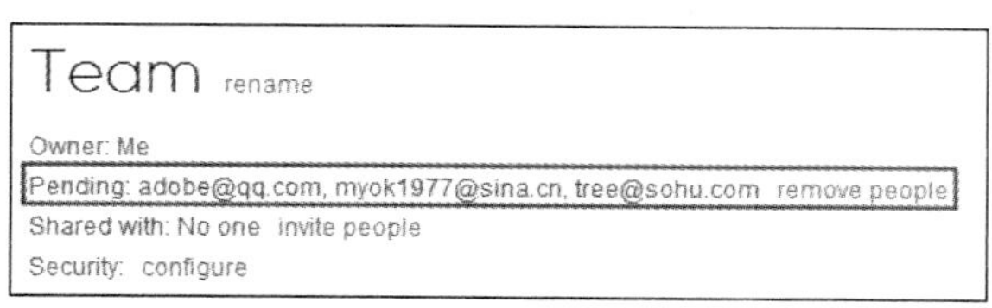

图 15-27　显示待定人员用户邮箱

如果被邀请人登录到 share.axure.com，就会看到发过来的邀请函，单击“Accept”蓝色文字链接表示接受邀请，单击“Decline”蓝色文字链接表示拒绝邀请，如图 15-28 所示。被邀请人接受邀请后，可以看到加入的团队项目以及该项目的拥有者和待定加入团队项目的其他被邀请人，如图 15-29 所示。

图 15-28　被邀请人收到的邀请函

图 15-29　被邀请人的账户中显示的团队项目

被邀请人加入团队合作项目后，还可以单击“invite people”蓝色文字链接继续向他人发出邀请，或者单击“unjoin”蓝色文字链接退出团队合作项目，如图 15-30 所示。

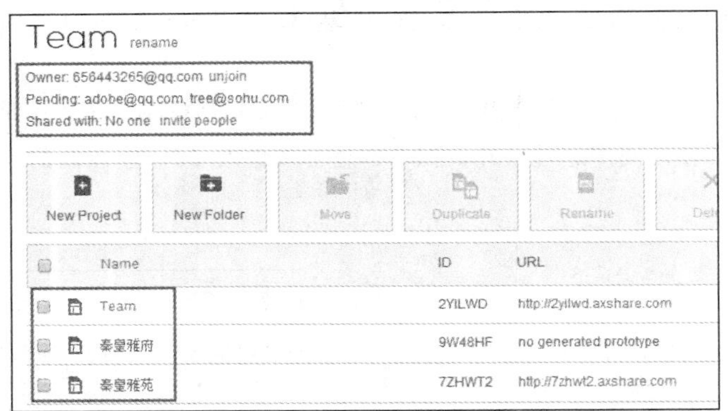

图 15-30　被邀请人账户中的团队项目

被邀请人接受邀请后，发出邀请函的项目拥有者或项目的其他成员在自己的账号中就能看到接受邀请人的名单，如图 15-31 所示。

获得团队项目成员资格后，被邀请人就可以执行【获取并打开团队项目】命令获取团队项目副本文件了。

图 15-31　团队项目拥有者账户中显示的接受邀请的名单

提示

➢ 如果用多台电脑进行项目协同操作，则每台电脑都需要按照上面的方法获取团队项目的副本，而不能将一台电脑的项目副本复制到另一台电脑中。

➢ 每天电脑只需获取一次团队项目副本，以后没有特殊情况，就不用每次都下载，应用时，直接打开团队项目文件即可。

2. 从 SVN 中获取团队项目

如果团队项目放在 SVN 中，例如，“\\192.168.21.61\SVN”，团队项目名称为“iPhone 7”，则

执行【获取并打开团队项目】命令后，在打开的对话框中，要在【团队目录】文本框中输入“\\192.168.21.61\SVN\ iPhone7”，而不是“\\192.168.21.61\SVN”，如图 15-32 所示。

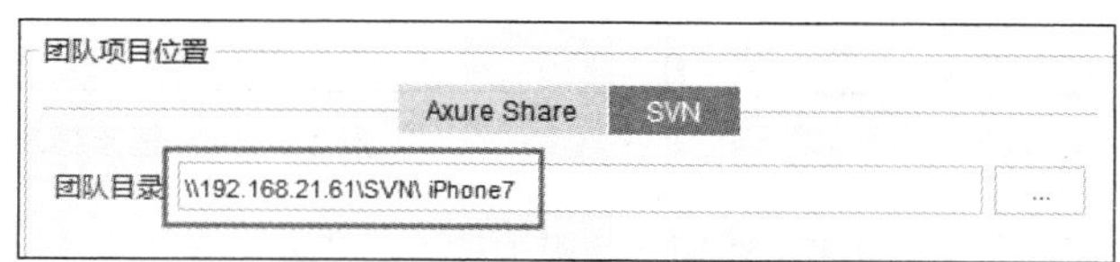

图 15-32　输入获取团队项目的 SVN 目录

15.1.4　将团队项目导出为 RP 文档

既可以从当前的 RP 文档创建一个团队项目，也可以将一个团队项目导出为一个普通的 RP 文档。当团队项目目录被移动或者想保存当前团队项目的一个状态时，可以执行【文件】→【导出团队项目到文件】命令，将当前的团队项目导出为一个独立的 RP 文档，导出后的 RP 文档与原团队项目以及它的副本之间没有任何关联。当然，还可以使用前面介绍的方法，再将导出的 RP 文件转为团队项目文件。

15.2　使用和管理团队项目

要使用团队项目提高工作效率，每个 UX 设计师都必须先熟练掌握团队项目的使用方法以及与团队项目相关的工具和命令的使用方法。

15.2.1　签出和签入团队项目

团队项目目录无论是放在 Axure Share，还是放在 SVN 中，如果团队项目中的成员要编辑其中的一个元件、一个页面、一个母版，甚至更多的页面和母版，都必须先执行【签出】命令；编辑完成后还需要执行【提交】或【签入】命令，才可以将自己编辑的结果上传到服务器中。这就好比是你要开公司的车出去办事，先要在有关部门进行车辆借出登记，用完车后还需要将车入库并进行车辆入库登记，这里借出就是“签出”，入库就是“签入”。

扫码看视频教程

提示

每个 UX 设计师都是在本地的共享项目副本上工作的，并不是直接在服务器或共享目录中工作，所以要执行“签出”和“签入”操作，这一点要弄清楚。

打开本地团队项目副本后，如果没有执行【签出】命令，那么文档中的任何元件、母版和页面等都是无法编辑的，如果向页面中添加一个元件或者执行其他编辑操作，鼠标指针会变成⊘标志，而且在页面视图右上角还会出现一个“签出”提示，如图 15-33 所示。

单击这个签出提示即可执行【签出】命令，也可以执行【团队】→【签出】（签出后面会加页面或母版名称）命令，将当前页面或母版签出。如果要签出所有页面或母版，则执行【团队】→【签出全部】命令。页面或母版签出后就可以任意编辑和修改该页面或母版的属性以及页面或母版上的元件了。执行【签出】命令后会在页面或者母版缩略图中添加一个绿色圆形标志，如图 15-34 所示。

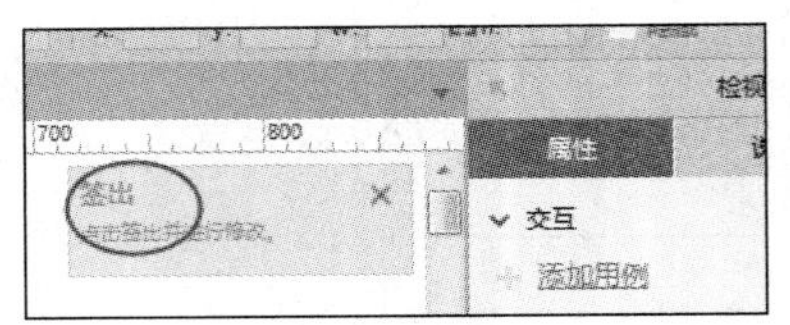

图 15-33　签出提示

图 15-34　签出标志

另外，还可以在【页面】面板或者【母版】面板中的页面或者母版上右击，从弹出的快捷菜单中执行【签出】命令，签出当前右击的页面或者母版。

有时还会发生这样的情况：签出一个页面或母版是想进一步修改原型，然而不久就发现自己所进行的修改已经陷入崩溃，此时最好的办法就是从头开始，但是因为现在已经执行了【保存】命令，所以无法撤销本地的项目。如果还没有发送变更到共享目录，则可以执行【撤销签出】命令解决这个问题。

所谓撤销签出，就是撤销不想要的项目工作，将受影响的项目恢复到签出前的状态。具体操作方法是：执行【团队】→【撤销签出】（命令后面会添加页面名称或者母版名称）或者【撤销全部签出】命令，撤销前面的签出操作。如果在执行撤销签出命令之前，没有将当前的更改提交到团队项目目录中，则所做的操作将全部被丢失，执行【撤销签出】命令后也会弹出警告提示对话框。

还可以在【页面】面板或者【母版】面板中的页面或者母版上右击，从弹出的快捷菜单中执行【撤销签出】命令。签出被撤销后，页面和母版中的绿色小圆圈会变成蓝色的小菱形标志，该标志表示团队项目已经处于签入状态。

完成对项目的编辑和修改后，可以执行【签入】命令结束签出状态，方法是：执行【团队】→【签入】（该命令后面会显示页面或母版的名称）命令，可以签入一个页面或母版；如果要签入所有的页面或母版，则执行【团队】→【签入全部】命令。执行【签入】命令后，本地副本项目处于禁止编辑状态。除了使用上面的方法执行【签入】命令外，也可以在【页面】面板或【母版】面板中的页面或者母版上右击，从弹出的快捷菜单中执行【签入】命令。另外，还需要说明一点，如果页面中还包含子页，则在包含子页的页面上右击，从弹出的快捷菜单中执行【更多团队操作】命令后，会弹出与子页相关的团队项目操作，如【获取子页面变更】、【提交子页面变更】、【签出子页面】、【签入子页面】、【撤销签出子页面】等。

15.2.2　编辑团队项目

我们已经知道，项目组成员要编辑本地的副本文件必须执行【签出】命令，但是如果一个或多个页面或者母版已经被其他项目组成员签出，则在执行【签出】命令时会弹出图 15-35 所示的【无法签出】对话框。

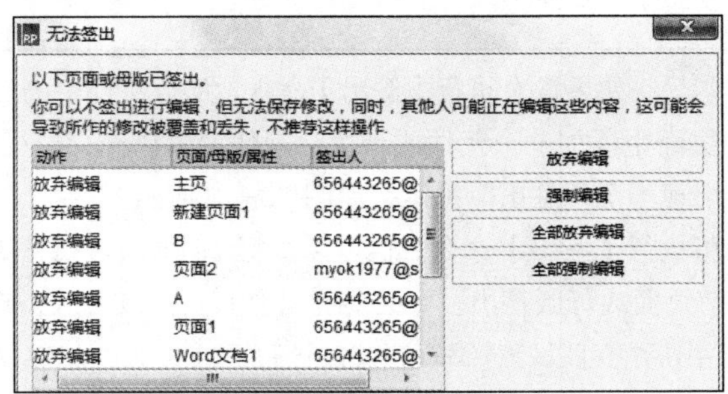

图 15-35　【无法签出】对话框

如果想放弃对某个页面或者母版的编辑，可以单击【放弃编辑】按钮，如果要放弃所有编辑，则单击【全部放弃编辑】按钮；如果仍然想继续编辑某个页面或者母版，则可以单击【强制编辑】按钮；如果要继续编辑所有的页面和母版，则单击【全部强制编辑】按钮。但是，要知道强制编辑的后果：强制签出属于非正常签出，说明在签出前，该页面或者母版已经被其他成员签出了，那么，强制签出这些页面或母版后，虽然也能编辑，但是在提交和签入时会出现冲突，有可能导致你的更新内容完全丢失。被强制签出的页面或者母版，会在其图标上添加一个黄色小三角形。

在签出状态下，可以对项目文档做任何编辑和修改，包括添加和删除页面、模板以及元件等。当在项目中添加新页面或者新母版时，会在页面和母版缩略图上出现一个绿色加号标志，表示这是新添加的页面和母版，如果在原有的页面或母版中添加元件，则不会出现加号标志。

完成对页面或母版的编辑后，想将更新的内容上传到服务器中，并且不想再继续编辑页面或母版，则需要执行签入命令而不是提交命令。但要注意，如果页面或母版已经被其他项目组成员正常签出或者强制签出，那么，在执行签入命令时会出现图 15-36 所示的【强制签出】对话框。

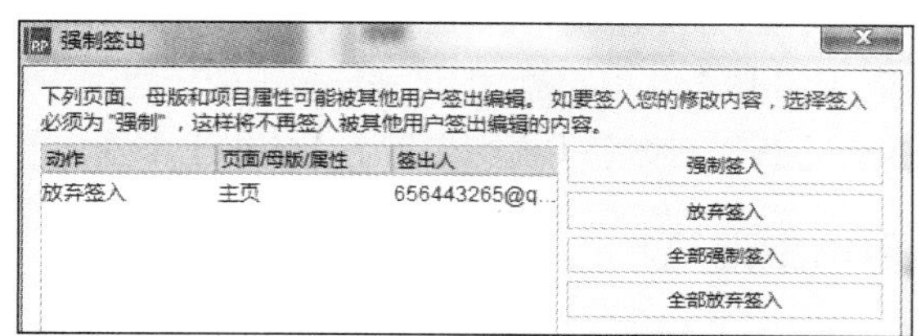

图 15-36 【强制签出】对话框

如果选择【强制签入】命令，则对某页面或母版的更改会更新到团队项目目录，其他签出该页面或母版的用户将无法再签入；如果选择【全部强制签入】命令，则对项目的所有更改都会强制签入团队项目目录中；当然，也可以不执行签入操作，只要选择【放弃签入】或者【全部放弃签入】命令即可。

15.2.3 提交和获取更新

在签出状态下，虽然能够对项目文件做任意修改和编辑，但是这只是在本地项目副本中的修改，并非在服务器中修改团队项目。如果要将修改的内容上传到服务器中作为团队项目的一部分并且想继续编辑副本，则需要执行提交命令而不是签入命令。方法是：执行【团队】→【提交（页面或母版名称）更新到团队目录】命令，该命令只是提交当前页面中的更新。如果要提交所有更改的页面和母版的内容，则执行【团队】→【提交所有变更到团队目录】命令。另外，还可以在要提交的页面或母版中右击，从弹出的快捷菜单中执行【提交变更】命令。

扫码看视频教程

不但可以将自己更新的内容提交到服务器，而且可以随时从服务器获取更新后的项目（因为在团队项目中，随时有项目组成员提交更新内容），获取更新的方法是：执行【团队】→【从团队目录获取（页面或母版名称）更新】命令，可以获取一个页面或母版的更新内容；如果要获取全部页面和母版的更新内容，则执行【团队】→【从团队目录获取全部变更】命令。与【提交变更】一样，也可以在要获取的页面或母版中右击，从弹出的快捷菜单中执行【获取变更】命令。

15.2.4 管理团队项目

通过管理团队项目命令，可以随时对页面、母版和文档进行签出、签入、获取和提交变更等操作，方法是：执行【团队】→【管理团队项目】命令，打开管理团队项目对话框，在该对话框中单击【刷新】按钮，可以在列表区域中显示相关的条目内容，如图 15-37 所示。

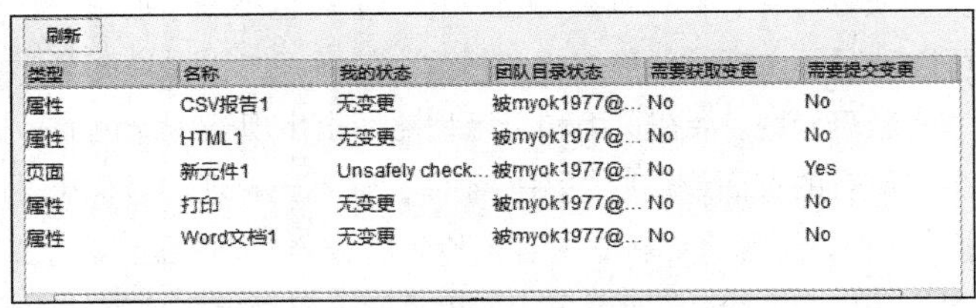

图 15-37　列出的条目内容

通过条目列表，可以按照类型、名称、用户状态、团队目录状态、是否需要获取变更以及是否需要提交变更等进行排序查看，只要单击这些标题，即可按照单击的标题进行排序。在某个条目上右击，可以在弹出的快捷菜单中执行【获取变更】、【提交变更】、【签出】、【签入】和【撤销签出】等操作。

15.2.5 浏览团队项目历史记录

在团队合作项目中，每个成员提交和签入的团队项目都会有清晰的记录，通过查看这些记录，可以随时查看每个项目成员签入的团队项目和说明文字，并且可以将某个成员签入的项目导出为独立的 RP 文档。

浏览团队项目历史记录的方法是：执行【团队】→【浏览团队项目历史记录】命令。在【团队项目历史记录】对话框中指定开始和结束日期后，单击【获取】按钮，即可获取指定日期范围内的签入记录。

可以从列表中选择某个历史记录条目，在下方可以看到该文档的签入说明，单击【导出 RP 文件】按钮，即可将选择的历史记录条目导出为独立的 RP 原型文档。导出后的 RP 文档是一个独立的原型文档，与该团队项目没有任何关系。

15.2.6 重新指向团队项目

当团队项目所在目录发生改变时，例如，将团队项目移动到其他目录，或者改变了团队目录文件夹的名称等，都可看作是团队目录发生改变，此时，再执行【签出】、【提交】、【签入】等命令时，就会出现一个警告对话框。

在团队项目所在目录发生改变而团队项目中的文件没有被改动的前提下，可以重新指定该团队项目的目录。方法是：执行【团队】→【重新指向移动位置的团队目录】命令，如果团队目录在 Axure Share 中，则执行【重新指向移动位置的团队目录】命令会弹出如图 15-38 所示的【重新指定团队目录】对话框。

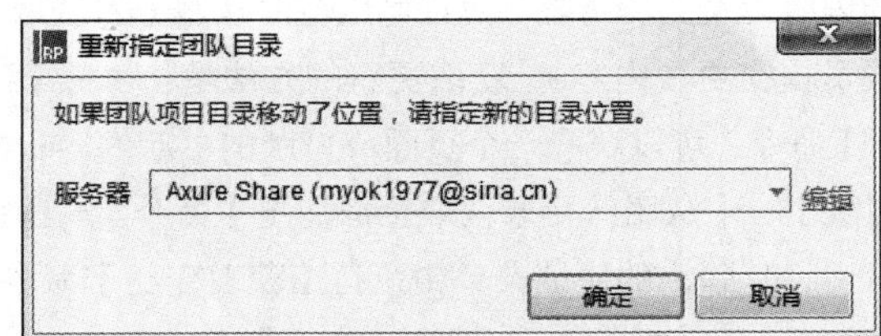

图 15-38　重新指定位于 Axure Share 中的目录

单击右侧的蓝色文字链接“编辑”，在打开的对话框中单击【添加】按钮➕添加新的服务器设置，输入有效的服务器地址、邮箱和密码。设置完成后单击【确定】按钮，返回【重新指定团队目录】对话框，从【服务器】下拉列表中选择新添加的服务器即可。

如果需要重新指定的团队目录是在 SVN 中，则执行【重新指向移动位置的团队目录】命令后会弹出如图 15-39 所示的对话框。

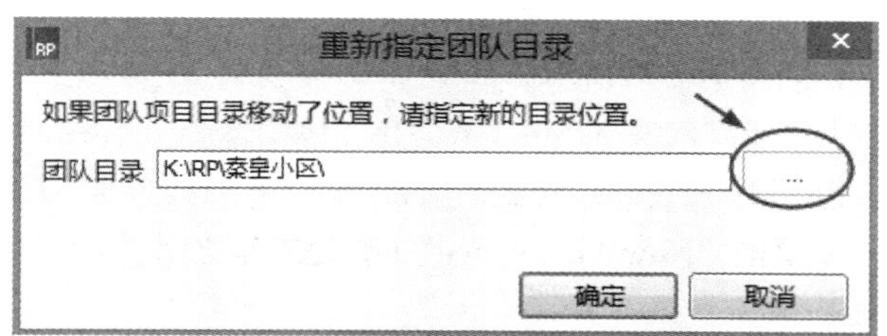

图 15-39　重新指定位于 SVN 中的目录

单击团队目录最右侧的按钮会弹出【浏览文件夹】对话框，在该对话框中设置需要重新指向的目录，设置完成后，单击【确定】按钮。

如果在设置 SVN 时，将团队项目保存在本地电脑中，则执行【重新指向移动位置的团队目录】命令后，会弹出【请选择包含团队项目的目录】对话框。在该对话框中指定团队项目所在位置，然后单击【选择文件夹】按钮即可。

15.2.7　清理本地副本

如果团队项目是建立在 SVN 中，则在执行签入命令时，或许偶尔会遇到一条错误的提示消息：工作副本被锁定。导致这个错误的原因会很多，如连接服务器失败、计算机操作故障、病毒扫描程序等。针对这个概率很小的问题，通常可以执行【团队】→【清理本地副本】命令来解决。执行该命令后，会弹出【清理本地副本】对话框。在该对话框中清楚地告诉我们该如何解决“工作副本被锁定”的问题。需要我们操作就是第 1 条和第 2 条，即保存项目并将项目导出为 RP 文档进行备份。

➔ 案例演练　建立团队项目

【案例导入】

经过近一个月的努力，二毛终于学完了整个 Axure RP 原型设计课程。在最后一节课上，老师讲解了团队项目的应用。他和同学林凯对此都比较好奇，也非常感兴趣，想亲身体会一下团队项目的应用，于是二人一拍即合，决定合作建立一个基于 Axure Share 服务器的二人团队合作项目。经过抓阄决定，二毛作为团队项目拥有者和发布者，林凯是团队项目中一员。二人还决定开发一个简单的手机 App 项目，以验证团队项目的实用性。

【操作说明】

在 AxShare 中建立团队项目不算太复杂，首先二毛需要在 AxShare 注册账号并成功登录，然后在自己工作空间中建立相应的团队目录，也就是文件夹；再在 Axure RP 中使用相同账户建立团队共享项目文件。如果林凯要加入二毛的项目，那么二毛必须向林凯发出邀请，林凯接受邀请后就可以成为团队中的一员了。根据各自的分工，二毛和林凯可以分别对相关页面和母版进行签出、提交变更、获取变更、签入等操作。

【案例操作】

首先看看二毛的操作步骤。

（1）登录到 AxShare 官网服务器，网址是 share.axure.com，进入网页界面后，单击“SIGN UP”（注册）进入注册界面，用自己的有效邮箱申请一个账号。二毛的账号是 ermaorp@sina.com，密码用他自己的生日，勾选下方的“I agree to theAxureTerms”（我同意 Axure 条款），然后单击下方的“SIGN UP”进行注册，如图 15-40 所示。

（2）注册成功后，接着登录到二毛自己的“WORKSPACES”（工作空间）中，默认状态下，新建的账户中都会有一个名为“My Projects”（我的项目）的工作空间，他不想用默认的工作空间作为团队项目存放的位置，于是单击“NewWorkspace”（新建工作空间）创建了一个名为“UX2016”的工作空间，如图 15-41 所示。

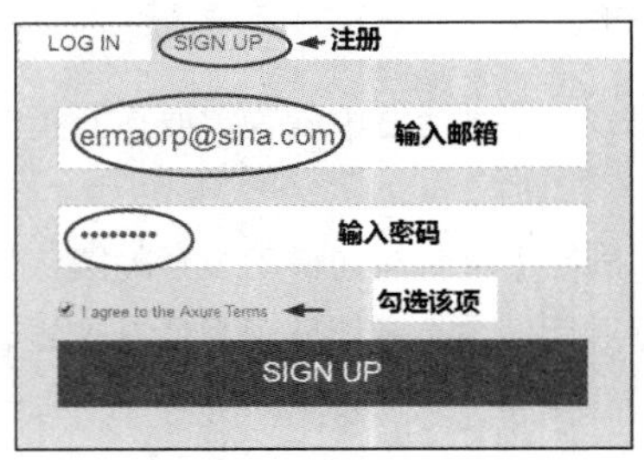

图 15-40　账户注册界面

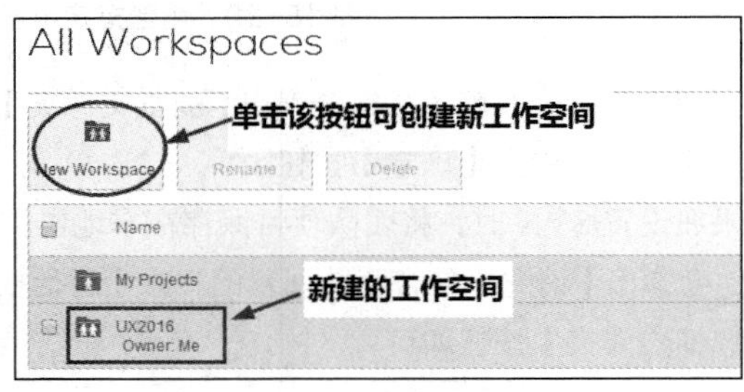

图 15-41　二毛新建的工作空间

（3）启动 Axure RP 软件，二毛打开了尚未做完的一个原型文件，该文件包含三个页面和一个母版，如图 15-42 所示。

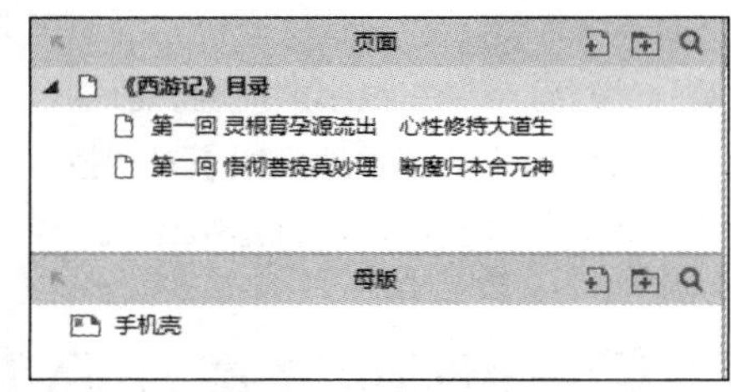

图 15-42　打开的 RP 文档

（4）执行【团队】→【从当前文件创建团队项目】命令，在弹出的对话框中用申请的 AxShare 账号登录，然后指定团队项目位置为“UX2016”，默认团队项目名称就是 RP 文档名称，可以更改为其他名称，指定本地目录为一个空文件夹，最后设置 URL 密码，如图 15-43 所示。

单击【创建】按钮后，生成团队项目，成功创建团队项目后，【页面】中的页面和【母版】面板中的母版文件图标都会添加一个蓝色的小菱形，这就是项目签入标志，如图 15-44 所示，也就是说，二毛现在也无法编辑页面和母版。

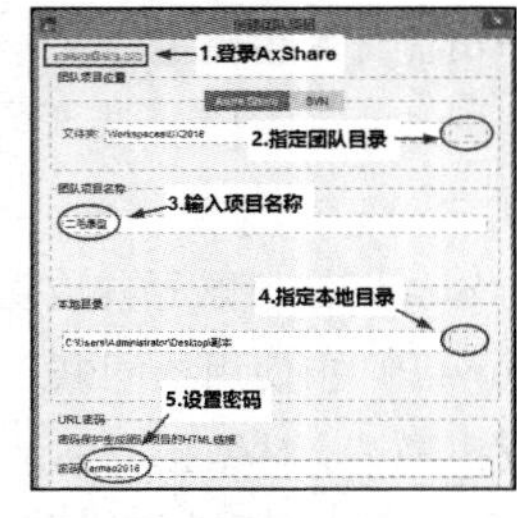

图 15-43　创建团队项目设置

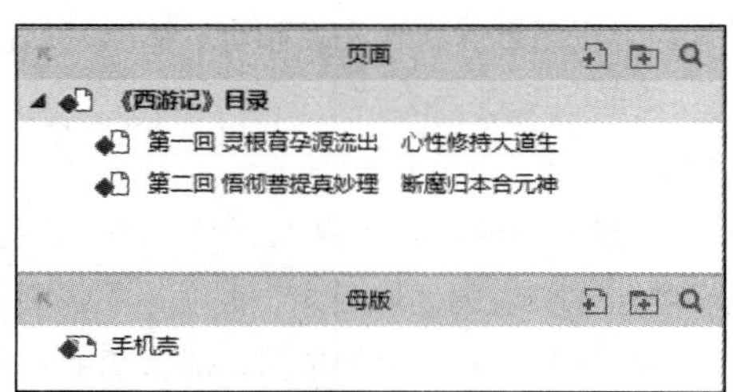

图 15-44　处于签入状态的页面和母版

虽然团队项目已经建立，但是除了二毛自己，其他人都无法通过 AxShare 使用这个项目，接下来二毛要向林凯发出邀请，让林凯加入这个项目中。

（5）再次登录 AxShare ，在自己的工作空间中单击“UX2016”文件夹图标，打开该文件夹看到刚建好的团队项目（洋红色文件图标），可以看到该团队项目的名称是“二毛原型”，项目 ID 是“A3H93M”，URL 是“http://a3h93m.axshare.com”，可以看出，默认状态下，URL 使用了项目 ID 作为域名的一部分，如图 15-45 所示。

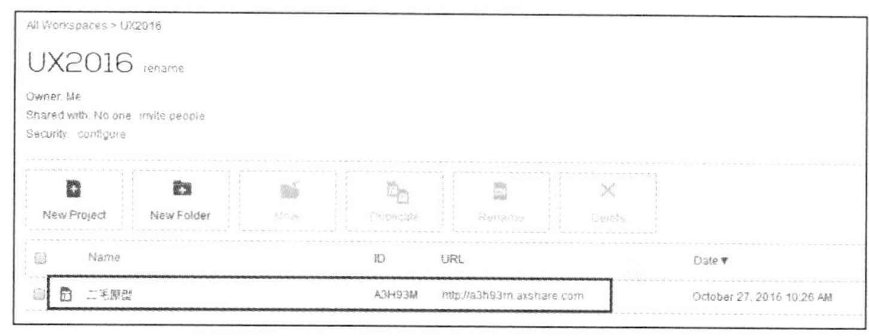

图 15-45　工作空间中的团队项目

（6）单击上面的“invite people”（邀请他人）蓝色文字链接，在打开的对话框中填写林凯的邮箱并输入邀请语，在此，不勾选“Invite asViewer Only”（仅作为观众）选项，如图 15-46 所示。

单击【Invite】按钮即可发送邀请，发出邀请后，如果对方没有接受邀请，则在工作空间中的“Pending”（待定）右侧会显示待定人的邮箱，如图 15-47 所示。

图 15-46　填写邀请他人信息

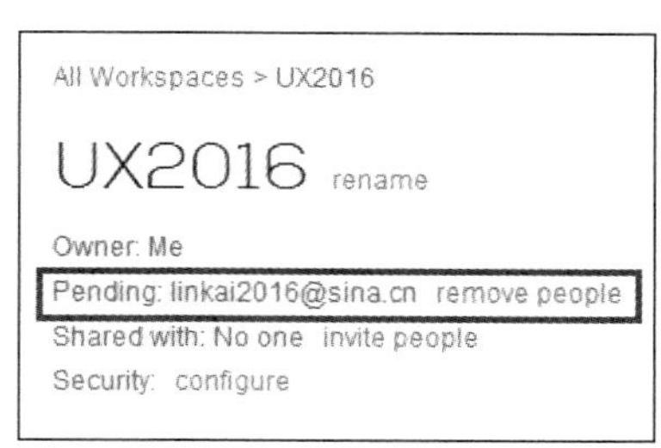

图 15-47　显示的待定人员

至此，二毛的操作暂告一段落，接下来就是林凯接受邀请的操作步骤了。

（7）林凯接到二毛的电话要求加入他的团队项目后，也要向二毛一样登录到 AxShare 官网服务器，登录的账户必须是二毛发送邀请的账户，也就是“linkai2016@sina.cn”，登录成功后，会在他的工作空间中明显地看到二毛发过来的邀请，如图 15-48 所示。

（8）对于收到的邀请，林凯有两个选择：接受和拒绝。单击“Decline”就可以拒绝，当然，他不能这么做。林凯单击“Accept”蓝色链接文字接受邀请后，他的工作空间中就多了一个“UX2016”项目文件夹，并且下方显示拥有者是“ermaorp@sina.com”，也就是二毛，如图 15-49 所示。

图 15-48　显示的邀请

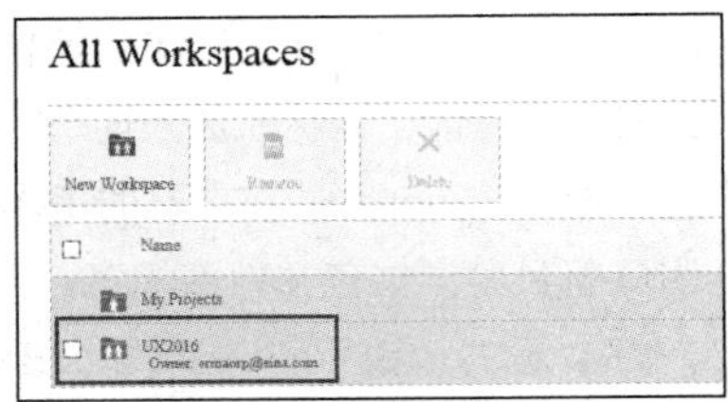

图 15-49　林凯工作空间中显示的团队项目

林凯单击“UX2016”后可以进入该目录，并且能看到团队项目文件以及该项目文件的 ID（A3H93M）和预览原型的 URL（http://a3h93m.axshare.com），这与二毛工作空间中显示的完全一致，如图 15-50 所示。

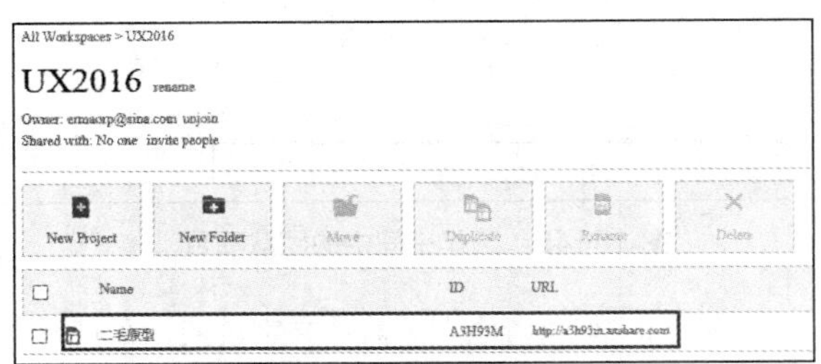

图 15-50　林凯工作空间中显示的团队项目

接下来林凯还要获取这个团队项目的副本，才能在自己的电脑中正常工作。

（9）林凯在自己的电脑中启动了与二毛相同版本的 Axure RP 并且成功用自己的邮箱登录到了 AxShare。不同的是，二毛使用的是 Windows 操作系统，而林凯使用的是苹果电脑。林凯在 Axure RP 中执行【团队】→【获取并打开团队项目】命令，在打开的对话框中，确保已经登录，然后输入二毛共享的团队项目 ID“A3H93M”，如果没有复制或记不住项目 ID 也没关系，可以单击右侧的按钮，从弹出的列表选择团队项目；最后在本地目录中指定一个本地空文件夹，如图 15-51 所示。单击【获取】按钮，林凯就可以在本地目录中得到团队项目的副本文件了。

至此，二毛和林凯各自完成了与团队项目相关的操作，此后二人可以直接打开本地副本项目文件进行编辑。但是如果二毛和林凯要编辑团队项目中的某个页面或模板时，必须先执行【签出】命令，编辑完成要执行【签入】命令。下面截取了几个步骤来看看二毛和林凯是怎么使用团队项目的。

（10）二毛现在想在“《西游记》目录”页面中添加“目录”两个字，可是现在本地项目处于签入状态，页面无法编辑。于是二毛用鼠标右击“西游记目录”页，在弹出的快捷菜单中执行【签出】命令，如图 15-52 所示。

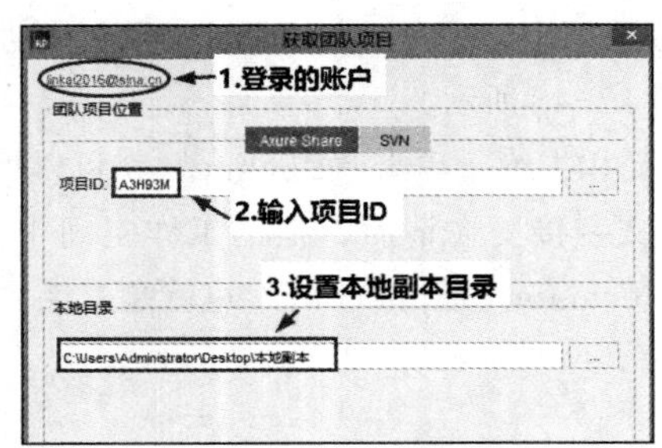

图 15-51　林凯获取团队项目设置

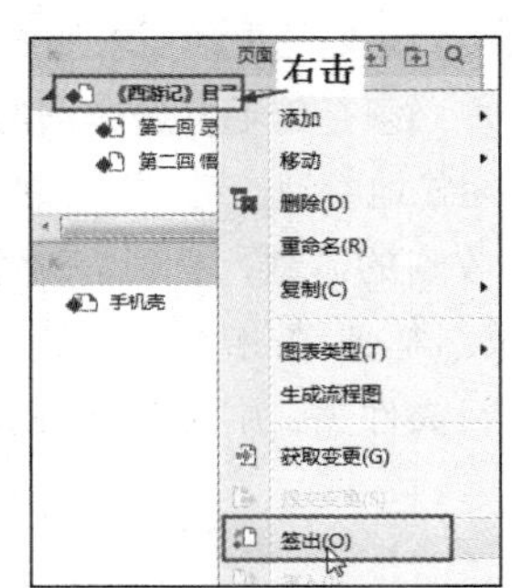

图 15-52　执行【签出】命令

(11)签出后的页面会出现一个绿色的小圆圈标志，签出页面后，二毛很快就在页面中添加了“目录”两个字，如图 15-53 所示。

(12)正所谓无巧不成书，就在二毛编辑“《西游记》目录”页面但还未执行【提交变更】或者【签入】命令时，另一边的林凯也想对“《西游记》目录”页面进行编辑，但是当他对“《西游记》目录”页面执行【签出】时，却弹出了图 15-54 所示的【无法签出】对话框。

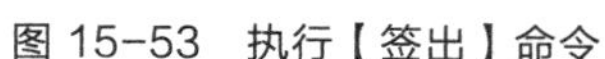
图 15-53 执行【签出】命令

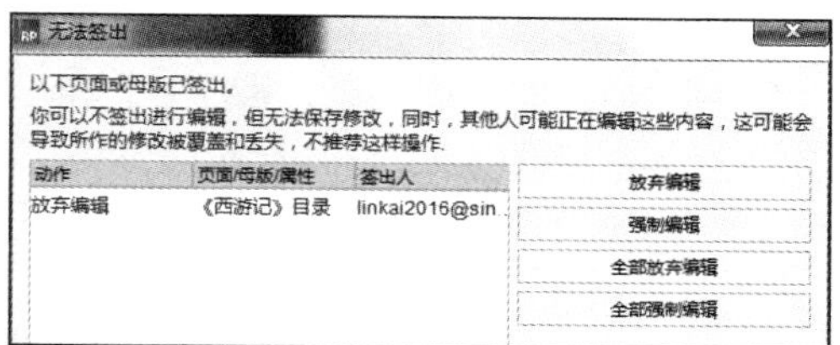

图 15-54 【无法签出】对话框

(13)林凯知道，现在二毛正在编辑“《西游记》目录”页面，按说应当执行【放弃编辑】命令，但是他好奇，想试试强制编辑页面的后果，于是，他执行了【强制编辑】命令。由于林凯执行了非正常签出命令，所以在他的【页面】面板中，“《西游记》目录”页面图标上出现了一个黄色的小三角以示提醒，林凯按照自己的想法在当前页中添加了一个矩形框，如图 15-55 所示。

(14)林凯完成编辑后，右击“《西游记》目录”页面，从弹出的快捷菜单中执行了【签入】命令，他已经料想到会弹出【强制签出】对话框，如图 15-56 所示。

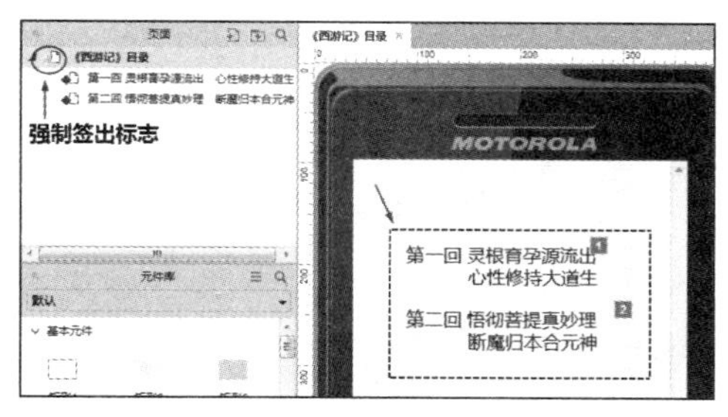

图 15-55 执行【签出】命令

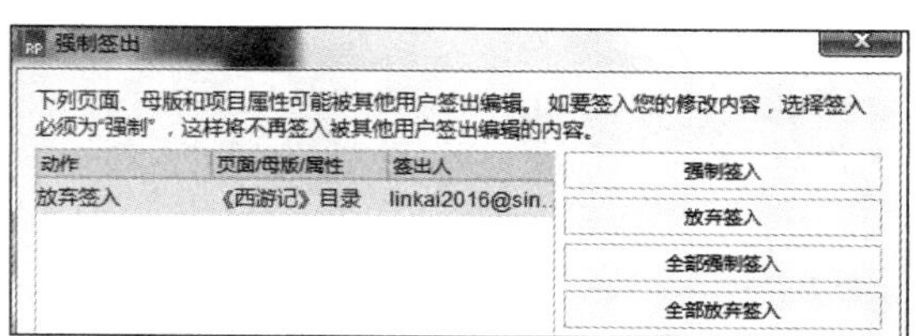

图 15-56 【强制签出】对话框

林凯还是冒着被二毛骂的风险依然执行了【强制签入】命令，反正他心里清楚，这只是做个练习，只有亲身实践了才知道会产生什么后果。编辑完成后，林凯还是长了个心眼，他按【Ctrl+S】组合键将当前编辑的页面在本地副本上进行了保存，然后打电话给二毛说，他也编辑了那个页面，让二毛获取更新后的项目看看。

(15)再说这边的二毛，他接到林凯的电话后并没有生气，而是很高兴地按照林凯的建议在“《西游记》目录”页面上右击，从弹出的快捷菜单中执行了【提交变更】命令，结果弹出了图 15-57 所示的【解决冲突】对话框。

(16)二毛心里清楚，林凯这是故意戏弄他，页面出现冲突就是两个人同时编辑相同的页面所致，对于起冲突的页面或者模板，Axure RP 会用红色的小正方形作为提示，如图 15-58 所示。

(17)既然如此，二毛也毫不犹豫地选择了【使用我的】解决冲突的页面，接着他执行了【签入】命令完成本次编辑。当然，二毛也学林凯，他给林凯打了电话，让林凯重新获取团队项目看看。

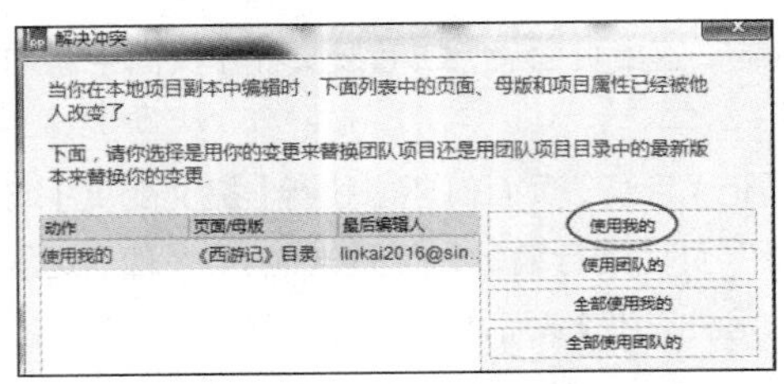

图 15-57 【解决冲突】对话框

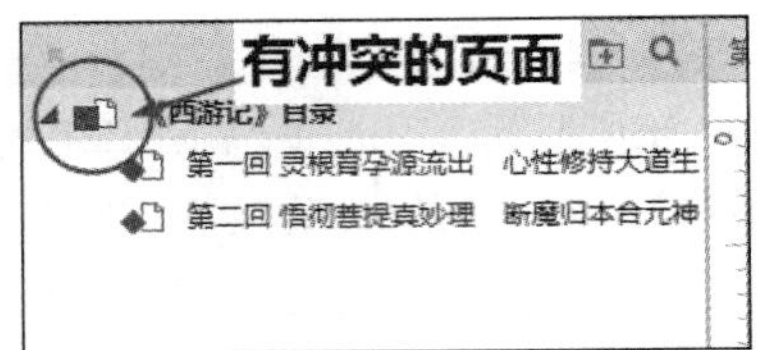

图 15-58 起冲突的页面

（18）林凯接到二毛的电话，执行了【团队】→【从团队目录获取全部更新】命令，结果他发现自己添加的矩形边框没了，反而添加了“目录”两字，如图 15-59 所示。

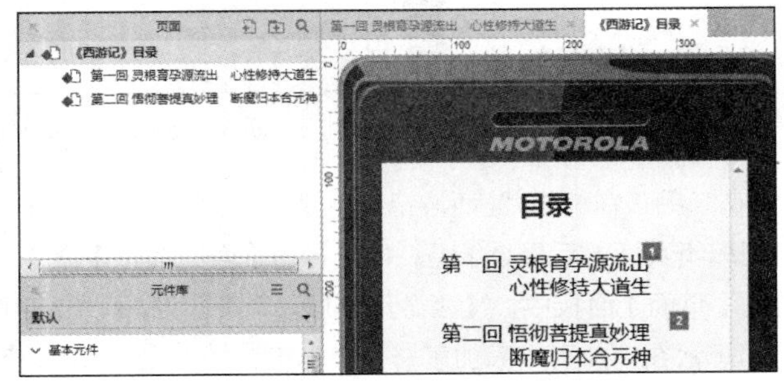

图 15-59 林凯获取更新后的首页

通过亲身实践，二毛和林凯都弄明白了 Axure RP 中团队合作项目的使用方法，而且更重要的是弄明白了既然是团队合作项目，就一定要加强团队合作意识，而不是与项目组成员唱反调，只有大家齐心协力才能顺利完成团队合作项目。

本章总结

通过本章的学习，读者应熟练掌握团队合作项目的原理和流程，并且能在 Axure Share 和 SVN 中创建自己的团队项目；要熟练掌握团队项目签出和签入的作用，能够区分提交和获取团队项目的不同之处和各自的作用，能够通过管理团队项目快速实现签出、签入、获取和提交更新等操作；能够利用团队项目的历史记录准确查找到自己想要的某个团队项目工作状态；团队项目目录位置发生改变时，要熟练掌握重新指向团队目录的操作方法；最后，如果在签入团队项目到 SVN 时，偶尔出现工作副本被锁定的错误，能够使用清理本地副本命令正确处理。

附录

快捷键

显示和隐藏左侧面板【Ctrl+Alt+[】
显示和隐藏右侧面板【Ctrl+Alt+]】
打开【Ctrl+O】
存储【Ctrl+S】
新建【Ctrl+N】
退出程序【Alt+F4】
撤销【Ctrl+Z】
重做【Ctrl+Y】
放大视图【Ctr++】
缩小视图【Ctrl+-】
100% 实际大小视图【Ctrl+0】
按【空格】键切换为抓手工具
显示和隐藏网格【Ctr+'】
显示和隐藏页面辅助线【Ctr+,】
显示和隐藏全局辅助线【Ctr+.】
相交选择模式【Ctrl+1】
包含选择模式【Ctrl+2】
钢笔工具【Ctrl+4】
锚点工具【Ctrl+5】
全选【Ctrl+A】
复制【Ctrl+C】
粘贴【Ctrl+V】
锁定【Ctrl+K】
取消锁定【Ctrl+Shift+K】
左对齐【Ctrl+Alt+L】
居中对齐【Ctrl+Alt+C】
右对齐【Ctrl+Alt+R】
顶部对齐【Ctrl+Alt+T】
垂直居中【Ctrl+Alt+M】
底部对齐【Ctrl+Alt+B】
置于顶层【Ctrl+Shift+]】
置于底层【Ctrl+Shift+[】
上移一层【Ctrl+]】
下移一层【Ctrl+[】
水平分布【Ctrl+Shift+H】
垂直分布【Ctrl+Shift+U】
群组【Ctrl+G】
取消群组【Ctrl+Shift+G】
粘贴包含锁定的元件【Ctrl+Alt+V】
斜向等距复制【Ctrl+D】
切割工具【Ctrl+6】
裁剪工具【Ctrl+7】
粘贴【Ctrl+V】
格式刷工具【Ctrl+9】
粘贴为纯文本【Ctrl+Shift+V】
左对齐【Ctrl+Shift+L】
水平居中对齐【Ctrl+Shift+C】
右对齐【Ctrl+Shift+R】
加粗字体【Ctrl+B】
倾斜字体【Ctrl+I】
加下画线【Ctrl+U】
重命名页面/文件夹【F2】
页面之后添加新页面【Ctrl+回车键】
添加文件夹【Ctrl+Shift+回车键】
上移页面【Ctrl+向上箭头】
下移页面【Ctrl+向下箭头】
降低页面级别【Ctrl+向右箭头】
提升页面级别【Ctrl+向左箭头】
关闭当前页【Ctrl+W】
关闭所有页面【Shift+Ctrl+W】
向后切换页面【Shift+Ctrl+Tab】
向前切换页面【Ctrl+Tab】
连接模式工具【Ctrl+3】
连接锚点工具【Ctrl+8】
打印【Ctrl+P】
生成 HTML 格式【F8】
预览【F5】
预览选项【Ctrl+F5】
发布到 Axure Share【F6】
生成 HTML 文件【F8】
在 HTML 文件中重新生成当前页【Ctrl+F8】
生成 Word 说明书【F9】